WIGAND F. GROSSE – OETRINGHAUS

Fertigungstypologie unter dem Gesichtspunkt der Fertigungsablaufplanung

Betriebswirtschaftliche Forschungsergebnisse

Band 65

Fertigungstypologie

unter dem Gesichtspunkt der Fertigungsablaufplanung

Von

Dr. Wigand F. Große-Oetringhaus

DUNCKER & HUMBLOT / BERLIN

Gedruckt 1974 bei Bartholdy & Klein, Berlin 65
Printed in Germany
ISBN 3 428 03122 9

Meinem Vater (†)
und meiner Mutter

Vorwort

Für eine überschaubare Darstellung von betriebswirtschaftlich relevanten Untersuchungsfeldern und vor allem für eine rationelle genormte Anwendungsmöglichkeit spezifischer Erklärungs- und Entscheidungsmodelle zur Charakterisierung und Gestaltung von Vorgängen in Unternehmung und Markt, bedarf es einer leistungsfähigen Typologie.

Die vielfältigen Erscheinungsformen der ökonomisch und sozio-technisch relevanten Untersuchungsgegenstände sind auf der Grundlage sinnvoller Abstraktionen und Differenzierung anhand wesentlicher Merkmalsausprägungen in eine zielorientierte Beziehung — d. h. in eine Ordnung — zu bringen.

Eine solche Typologie liefert die vorliegende Arbeit für Erscheinungsformen des Fertigunsgbereiches von Industrieunternehmen. Auf der Basis der Entscheidungs- und Systemtheorie wird in bestechender Klarheit eine Typologie der Fertigung vorgestellt. Es handelt sich um einen außerordentlich leistungsfähigen und vor allem auch elastischen Ansatz zur Bildung von Elementar- und Verbundtypen.

Sowohl für theoretische als auch für praktische Arbeiten wird hier ein wertvolles Ordnungsinstrument zur Kennzeichnung des Fertigungsbereiches von Industrieunternehmungen gegeben. Die Merkmale zur Kennzeichnung des Subsystems Fertigung leiten sich aus den Eigenarten von Output, Prozeß und Input ab. Ausgehend von den jeweils relevanten Elementartypen lassen sich problembezogene Verbundtypen bilden.

Auch bei sich ändernden sozio-technischen und ökonomischen Bedingungen in der Unternehmung und in der Umwelt behält der hier gewählte Ansatz aufgrund seiner Erweiterungsfähigkeit seine Anwendbarkeit.

Für die entscheidungs- und systemtheoretisch orientierte Betriebswirtschaftslehre stellt diese Arbeit ein wichtiges Fundament dar; für die Unternehmungspraxis kann sie die Behandlung insbesondere von Planungs- und Organisationsaufgaben erleichtern.

Prof. Dr. Knut Bleicher — Prof. Dr. Dietger Hahn

Gießen

Inhaltsverzeichnis

Abbildungsverzeichnis

Zeitschriften-Abkürzungsverzeichnis

BFuP	= Betriebswirtschaftliche Forschung und Praxis
HBR	= Harvard Business Review
HdB	= Handwörterbuch der Betriebswirtschaft
HdSW	= Handwörterbuch der Sozialwissenschaften
HdW	= Handbuch der Wirtschaftswissenschaften
HWO	= Handwörterbuch der Organisation
IO	= Industrielle Organisation
J. of Ind. Eng.	= Journal of Industrial Engineering
M SC	= Management Science
OR	= Operations Research
ZfB	= Zeitschrift für Betriebswirtschaft
ZfbF	= Schmalenbachs Zeitschrift für betriebswirtschaftliche Forschung
ZfhF	= Schmalenbachs Zeitschrift für handelswissenschaftliche Forschung
ZfhF, N. F.	= Schmalenbachs Zeitschrift für handelswissenschaftliche Forschung, Neue Folge
ZfürO	= Zeitschrift für Organisation
ZwF	= Zeitschrift für wirtschaftliche Fertigung

0. Einleitung

Moderne *theoretische Betriebswirtschaftslehre* kann u. a. dadurch charakterisiert werden, daß betriebswirtschaftliche Sachverhalte in größerem Ausmaß quantitativ durchdrungen wurden. In diesem Zusammenhang wurde eine kaum noch zu überblickende Fülle quantitativer Erklärungs- und Entscheidungsmodelle entwickelt. Von der Praxis wird diesen Modellen oft ein zu hoher Abstraktionsgrad vorgeworfen und die praktische Anwendbarkeit bestritten. Es soll zwar nicht die Notwendigkeit rein theoretischer Forschung angezweifelt werden, und sicherlich braucht theoretische Forschung nicht immer den Nachweis unmittelbar praktischer Anwendungsmöglichkeit zu führen. Aber es bleibt zu fragen, worin der Sinn einer theoretischen Betriebswirtschaftslehre bestehen soll, die den praktischen Bezug vollständig ignoriert, ob es nicht sinnvoller ist — auch bei hohem Abstraktionsgrad — zumindest in Richtung (!) auf die praktische Anwendungsmöglichkeit zu forschen.

In dieser Richtung ist auf dem Gebiet der Unternehmensforschung durch die Entwicklung der Simulation ein wichtiger Schritt getan worden. In bezug auf die gesamte Betriebswirtschaftslehre gelang aber wohl der Entscheidungstheorie im Zusammenhang mit der Zielforschung der bedeutendste Fortschritt. Hier wurde ein *praxisbezogener Ansatz* gefunden, der die Betriebswirtschaftslehre konsequent auf die wesentliche Problemstellung der Praxis, die Entscheidung, ausrichtet. In diesem Zusammenhang sind auch die Systemtheorie und die Kybernetik zu erwähnen, die z. B. auf die Verwirklichung von integrierten Informationssystemen und die Anwendung der elektronischen Datenverarbeitung ausgerichtet sind. Vielen theoretischen Arbeiten, die sich mit diesen Ansätzen der modernen Betriebswirtschaftslehre beschäftigen, ist jedoch ein — für die unmittelbar praktische Anwendbarkeit — zu hoher Abstraktionsgrad gemeinsam, mit dem Erklärungs- und Entscheidungsmodelle entwickelt werden.

Somit hat die moderne theoretische Betriebswirtschaftslehre bedeutende Ansätze entwickelt, die Modell- und Verfahrensentwicklung zur Lösung betriebswirtschaftlicher Probleme aus der Isolation gegenüber praktischer Anwendbarkeit zu befreien, d. h. sie zeigt Ansätze auf, die *Kluft* zwischen abstrakt-theoretischer Forschung und den Erfordernissen der betriebswirtschaftlichen Realität zu überbrücken. Diese Kluft wird vor allem durch den Abstraktionsgrad der Theorie gegenüber der

Realität gebildet. Der Versuch einer *Überbrückung* muß daher dann im Ansatz stecken bleiben, wenn der Abstraktionsgrad der Modell- und Verfahrensentwicklung so hoch ist, daß kein Bezug zur Realität erkennbar ist und keine Aussage darüber getroffen wird, in welcher Weise der Abstraktionsgrad vermindert werden kann, um eine praktische Anwendungssituation zu erfassen. Wenn also ein *Verfahren theoretisch entwickelt* wird, das *praktisch anwendbar* sein soll, muß gleichzeitig ausgesagt werden, in welcher Weise der Bezug zur Realität durch Verminderung des Abstraktionsgrades hergestellt werden kann. In dieser Aussage liegt quasi die Gebrauchsanweisung des Verfahrens und damit der Brückenschlag zur Praxis. Hierin kommt aber nur eine der beiden denkbaren Richtungen zum Ausdruck, in denen die genannte Kluft überbrückt werden kann. Sie zielt vom theoretisch entwickelten Modell oder Verfahren ausgehend in Verminderung des Abstraktionsgrades auf die Realität hin.

Es bleibt aber nun zu fragen, ob man den Brückenschlag nicht auch in umgekehrter Richtung vornehmen kann, indem man *von der Realität ausgeht*. Eine reine Deskription von realen Erscheinungsformen, für die die Anwendungsmöglichkeit eines bestimmten quantitativen Verfahrens zutrifft, bleibt insofern unbefriedigend, als nur wenige reale Erscheinungsformen erfaßt werden können, und somit generelle Aussagen nicht getroffen werden können. Diese Methode scheitert an der Vielfalt realer Erscheinungsformen. Der Praxisbezug wird grundsätzlich dadurch nicht erreicht, daß die konkrete Wirklichkeit der jeweiligen praktischen Anwendungssituation nur im Ausnahmefall getroffen werden kann. Weicht die praktische Anwendungssituation von der beschriebenen ab, bleibt das Anwendungsproblem unklar.

Kommt nun für die Anwendbarkeit von Erklärungs- und Entscheidungsmodellen ein verhältnismäßig großer Untersuchungsbereich in Betracht, dann ist die Vielfalt der realen Erscheinungsformen innerhalb dieses Bereiches nahezu beliebig groß. Deshalb müssen die vielfältigen realen Erscheinungsformen durch Abstraktion *zu wesentlichen Erscheinungsformen* verdichtet werden. Es muß das Ziel dieses Abstraktionsprozesses sein, daß von wenigen wesentlichen Erscheinungsformen Rückschlüsse auf beliebig (!) viele reale Erscheinungsformen gezogen werden können.

Dieses Ziel kann zum einen nur dann erreicht werden, wenn der Abstraktionsgrad nur so hoch gesetzt wird, daß der Bezug zur Realität nicht verloren geht. Zum anderen wird das Ziel nur dann erreicht, wenn eine Methode gefunden wird, die den Abstraktionsprozeß für einen Untersuchungsbereich auf eine *systematische Grundlage* stellt. Die wesentlichen Erscheinungsformen, die durch Verdichtung der vielfältigen realen Erscheinungsformen gefunden wurden, müssen sich zu einer vollständigen Gesamtordnung ergänzen, die konsequent auf das Ziel des Untersuchungsbereiches ausgerichtet ist. Nur dann werden die Beziehungen der wesentlichen Erscheinungsformen untereinander und die Gesetzmäßigkeiten ihrer Bildung soweit deutlich, daß sich Rückschlüsse auf die Vielfalt der Realität ziehen lassen.

Das Problem, die Kluft zwischen Theorie und Praxis zu überbrücken, hier in der weiteren Zielsetzung, *die Anwendbarkeit von Erklärungs- und Entscheidungsmodellen* in der Realität zu prüfen, wird somit von der Realität ausgehend betrachtet. In einem ersten Schritt muß die Vielfalt der Realität zu wesentlichen Erscheinungsformen verdichtet werden, in denen sich die *Anwendungsbedingungen*, die die Praxis an theoretisch entwickelte Verfahren stellt, kristallisieren. In einem zweiten Schritt wäre dann zu prüfen, ob die Verfahren entsprechende *Eigenschaften* aufweisen, um diese Anwendungsbedingungen erfüllen zu können.

In der vorliegenden Untersuchung wird nur der erste Schritt getan, der in der Verdichtung der vielfältigen realen Erscheinungsformen zu wesentlichen Erscheinungsformen liegt, um Anwendungsbedingungen für Erklärungs- und Entscheidungsmodelle zu formulieren. Die Frage, welche Erscheinungsformen wesentlich sind, kann nur im Hinblick auf das Ziel des Untersuchungsbereiches beantwortet werden. Hieraus bezieht der Verdichtungs- bzw. Abstraktionsprozeß seine Systematik. Für die Systematisierung dieses Prozesses muß die theoretische Forschung die Grundlagen entwickeln. Besteht nun das Ziel des *systematischen Verdichtungsprozesses* darin, Anwendungsbedingungen zu formulieren, die die Praxis an theoretisch entwickelte Modelle stellt, dann leistet die theoretische Forschung einen Beitrag zur Überbrückung der genannten Kluft zwischen Theorie und Praxis, und zwar nicht wie meist üblich dadurch, daß sie die Verfahren weiterentwickelt, sondern indem sie quasi auf der anderen Seite der Kluft ansetzt und eine *Methode* erarbeitet *zur systematischen Erfassung von Anwendungsbedingungen.*

Die *Typologie* stellt eine Methode dar, den erforderlichen Verdichtungs- und Abstraktionsprozeß von der Realität ausgehend vornehmen zu können. In der vorliegenden Literatur über theoretische — von einem bestimmten Untersuchungsbereich losgelöste — Probleme der Typologie ist die typologische Methode als eine systematische Denk- und Untersuchungsmethode erst ansatzweise behandelt worden.

Es fehlt zunächst eine klare *Konzeption*, die über den Sinn bzw. über den Zweck dieser Methode eine Aussage trifft. In der vorliegenden Untersuchung wird die Konzeption für die typologische Methode als systematische Formulierung von Anwendungsbedingungen für Erklärungs- und Entscheidungsmodelle gefaßt. Erweitert man diese Kurzformel, dann wird die *typologische Methode* verstanden als eine spezifische Methode der gedanklichen Durchdringung von vielfältigen realen Erscheinungsformen, um in einer zielgerichteten, systematischen Verdichtung zu wesentlichen Erscheinungsformen Anwendungsbedingungen für quantitative Erklärungs- und Entscheidungsmodelle, insbesondere Planungsverfahren, zu formulieren.

Es fehlt weiterhin ein in sich geschlossenes und hinreichend differenziertes *begriffliches Instrumentarium*, und zum anderen eine ausreichende *Präzisierung des Typenbildungsprozesses*, um die typologische Methode auf einen bestimmten Untersuchungsbereich anwenden zu können.

Die vorliegende Untersuchung macht in den *ersten beiden Kapiteln* den Versuch, die theoretischen Grundlagen der Typologie unter der Zielsetzung ihrer Anwendbarkeit weiterzuentwickeln. Die Darstellung ist besonders dann sehr dicht, wenn auf bereits vorhandene Literatur zurückgegriffen werden kann. Der *theoretische typologische Teil* ist deshalb so knapp bemessen, weil das Ziel verfolgt wird, die Grundlagen nur soweit darzustellen, daß sie eine geschlossene Systematik ergeben. In der angewandten Darstellung werden deshalb vertiefende Aspekte behandelt. Theoretische und angewandte Darstellung bilden daher eine Einheit. Auf eine theoretische Fundierung verschiedener Aspekte, die erst im angewandten Teil behandelt werden, wird verzichtet, z. B. betrifft dies die Möglichkeit, Typen durch Experimente zu bilden.

Im *dritten Kapitel* wird die theoretisch entwickelte typologische Methode auf den Untersuchungsbereich, die Fertigungsablaufplanung einer Industrieunternehmung angewandt. Dieser Untersuchungsbereich soll typologisch durchdrungen werden. Aber bereits die Kurzdarstellung bzw. die Abgrenzung des Untersuchungsbereiches muß mit einer Denkmethode erfaßt werden, die der typologischen Methode adäquat ist. Hierfür ist der *systemtheoretische Ansatz* der Betriebswirtschaftslehre der weitaus leistungsfähigste. Um insbesondere Merkmale aus dem Untersuchungsbereich präzise ableiten zu können, muß der Fertigungsprozeß der Industrieunternehmung stark verdichtet in einem systemtheoretischen Zusammenhang gestellt werden. Dabei werden vor allem die Ansätze Gutenbergs, Kosiols, Heinens und Ulrichs zusammengefaßt, soweit sie kompatibel sind. Der Systembegriff wird ebenso wie der Typbegriff zu einem tragenden Begriff der vorliegenden Untersuchung. Damit wird offensichtlich, daß der Untersuchungsbereich sehr umfangreich ist. Es zeigt sich, daß der Versuch, *systematisch Fertigungstypen* zu bilden, die der Fertigungsablaufplanung adäquat sind, fast einem Versuch gleichkommen kann, eine Industriebetriebswirtschaftslehre auf typologischer Grundlage zu schreiben. Hierzu liegt bereits eine Arbeit von Erich Schäfer vor[1].

Die Zielsetzung der vorliegenden Untersuchung ist durch die Ausrichtung auf die Fertigungsablaufplanung jedoch enger. Ferner sollen bei der Bildung der Fertigungstypen die Gesetzmäßigkeiten ihrer Bildung und damit ihr Bezug zur theoretischen Typologie deutlich werden. Die Fertigungstypen werden nicht isoliert aneinandergereiht, sondern sie sollen in einen *Gesamtzusammenhang* gestellt werden — entsprechend der Zielsetzung, systematisch wesentliche Erscheinungsformen zu bilden, von denen Rückschlüsse auf die vielfältigen realen Erscheinungsformen gezogen werden können. Dadurch wird aus der *typologischen Ordnung* (zielgerichtete Struktur) ein typologisches System (ganzheitliche Ordnung), in dem die Elementartypen die Elemente darstellen. Die Bildung der Elementartypen erfolgt mit Merkmalen, die in einem systematischen, stufenweise verfeinernden Konkretisierungsprozeß aus dem Untersuchungsziel abgeleitet werden. Somit steht dem Abstraktionsprozeß der Typenbildung ein Konkretisierungsprozeß der Merkmalsableitung gegenüber. Das grundlegende System aus Elementartypen wird durch spezifische Verbindung der Elementartypen zu Verbundtypen verdichtet.

In der auf die Fertigungsablaufplanung bezogenen Untersuchung des dritten Kapitels wird das Schwergewicht auf die Bildung der grundlegenden *Elementartypen* gelegt. Insofern ist für die Untersuchung eine systemanalytische Betrachtung kennzeichnend. Obwohl die Bildung von *Verbundtypen* besonders aussagefähig ist, kann dieser Bildungsprozeß im fertigungsablaufplanungsbezogenen dritten Kapitel nur in den wesentlichen Grundzügen behandelt werden. Hier ist für eine Erweiterung auf die theoretischen Grundlagen des zweiten Kapitels zu verweisen.

In Anbetracht des großen Untersuchungsbereiches strebt die vorliegende Untersuchung größtmögliche Dichte an. Schon deshalb wird der Abstraktionsgrad für eine typologische Arbeit relativ hoch angesetzt. Die vorliegende Untersuchung ist keine terminologische Arbeit in dem Sinne, daß Begriffe als sprachliche Bezeichnungen diskutiert und verschiedene Varianten miteinander verglichen werden. Es wird nur ein einziges in sich geschlossenes Begriffssystem angestrebt. Die sprachlichen Bezeichnungen sollen möglichst einfach sein und mit dem Sprachgebrauch weitestgehend im Einklang stehen. Die Diskussion mit ähnlichen oder anderen Meinungen wird in die Fußnoten verwiesen. In der vorliegenden Untersuchung sind typologische Begriffe sprachliche Ver-

---

[1] Vgl. *Schäfer*, E., Der Industriebetrieb — Betriebswirtschaftslehre der Industrie auf typologischer Grundlage, Bd. 1, Köln—Opladen 1969 und Bd. 2, Opladen 1971. Ferner dazu den Besprechungsaufsatz von *Hax*, K., Industriebetriebslehre auf typologischer Grundlage, in: ZfbF, 23 (1971) 4, S. 248—250.

dichtungen vielfältiger realer Erscheinungsformen zu wesentlichen Erscheinungsformen. Dabei kommt es weniger auf die sprachlichen Bezeichnungen, also die Terminologie, an, als vielmehr auf die *Erfassung von Ablaufplanungsproblemen im Fertigungsbereich* einer Industrieunternehmung, auf *die Kausalität und die Finalität der Problemerfassung*, auf den *systematischen Überblick* über diese Probleme, auf die *integrative Betrachtung*, also die Betrachtung ihrer wechselseitigen Abhängigkeit, für die der *systemorientierte Ansatz* besonders geeignet ist.

Die vorangegangene Einführung in den Untersuchungsablauf deutete an, daß in Anbetracht des großen Untersuchungsbereiches bei der weitgreifenden Konzeption *verschiedene Abstriche* gemacht werden müssen. Der größte Abstrich ist der, daß darauf verzichtet wird, anhand z. B. eines bestimmten Planungsverfahrens die Leistungsfähigkeit der typologischen Methode nachzuweisen. Dieser Nachweis bestünde in einem ersten Schritt darin, daß die wesentlichen Eigenschaften dieses Planungsverfahren formuliert würden, um sie dann in einem zweiten Schritt mit den wesentlichen Erscheinungsformen des Untersuchungsbereiches zu vergleichen. In diesem Vergleich würden zwei Gruppen von Anwendungsbedingungen einander gegenübergestellt. Auf der einen Seite die Eigenschaften des Verfahrens als *Anwendungsbedingungen des Verfahrens* an die Realität und auf der anderen Seite die wesentlichen Erscheinungsformen der Fertigung als *Anwendungsbedingungen der Realität* an das Verfahren. Der Vergleich mündet in einem dritten und letzten Schritt in eine Aussage, bei welchen wesentlichen Erscheinungsformen der Fertigung das betreffende Planungsverfahren in welchem Grad anwendbar ist bzw. — in umgekehrter Betrachtung — wie es modifiziert werden muß, um den als wesentlich erkannten Anwendungsbedingungen der Realität zu entsprechen. Diese umgekehrte Betrachtungsrichtung war anfänglich für die moderne theoretische Betriebswirtschaftslehre als charakteristisch aufgezeigt worden. Dieser Richtung war die typologische Betrachtungsrichtung gegenübergestellt worden. In dem geschilderten Vergleich treffen beide Betrachtungen aufeinander. Die Kluft zwischen Theorie und Praxis schließt sich. Ist das Anwendungsproblem für die wesentlichen Erscheinungsformen geklärt, dann lassen sich auch Rückschlüsse auf die Anwendungsprobleme für die Vielfalt der realen Erscheinungsformen ziehen.

Die Untersuchung könnte in einer ähnlich diametralen Methodik weitergeführt werden. Die Typenbildung wird hier ablaufplanungsbezogen durchgeführt; eine Betrachtung quasi in umgekehrter Richtung, also eine *typbezogene Ablaufplanungsgestaltung* würde ebenso die Leistungsfähigkeit der Typbildung nachweisen können. Aber auch auf diesen Nachweis muß verzichtet werden.

Aber auch bei dem hier erfaßten Untersuchungsbereich sind Abstriche zu machen. So bleibt eine fundierte *Theorie der optimalen Typenbildung* im Ansatz stecken. Diese könnte auch nur dann aussagefähig weiterentwickelt werden, wenn die Typenbildung aus den Erkenntnissen der modernen Logik abgeleitet wird. Diese Ableitung hätte allerdings nicht der Intention dieser Untersuchung entsprochen, da sie den Abstraktionsgrad zumindest partiell noch weiter gesteigert hätte. Weiterhin ist zu erwähnen, daß eine *detailliertere Verbundtypenbildung* die wesentlichen Zusammenhänge einer realitätsnahen Fertigungsablaufplanung exakter aufzeigen könnte. Ein systematisches Einfügen von detaillierten und umfassenden *Beispielen* praktischer Fertigungsablaufplanung in realen Industrieunternehmungen könnte die Lesbarkeit dieser Untersuchung ebenso wie den Nachweis ihrer Praxisnähe verbessern.

Nach Meinung des Verfassers ist es nicht möglich, alle diese Punkte in einer einzigen Untersuchung angemessen zu berücksichtigen, ohne ihre Lesbarkeit zu gefährden. Der Verfasser hofft, daß sich die typologisch-orientierte Betriebswirtschaftslehre als eine fruchtbare Entwicklung erweisen und daß diese Richtung innerhalb der modernen Betriebswirtschaftslehre durch weiterführende Arbeiten mit dem systemorientierten und dem entscheidungsorientierten Ansatz integriert werden wird[2], ohne daß der Eindruck sprachlich-formaler Spielereien entsteht, sondern daß durch systematische Erfassung der Realität Entscheidungshilfen bereitgestellt werden, so daß sich die Kluft zwischen Theorie und Realität verengt.

[2] Zur Integration des entscheidungstheoretischen Ansatzes mit dem systemtheoretischen Ansatz der Betriebswirtschaftslehre vgl. *Heinen*, E., Der entscheidungsorientierte Ansatz der Betriebswirtschaftslehre, in: ZfB, 41 (1971) 7, S. 429—444; ferner *Kirsch*, W. u. *Meffert*, H., Organisationstheorien und Betriebswirtschaftlehre, Wiesbaden 1970, S. 11 ff.

1. Statische Betrachtung der theoretischen Typologie: Grundlegende Ergebnisse

1.0. Methodische Vorbemerkungen

Um den Fertigungsbereich typologisch untersuchen zu können, muß zunächst eine *typologische Untersuchungsmethode* entwickelt werden, da diesbezügliche Ansätze in der Literatur für eine systematische Untersuchung nicht ausreichen. Die Ansätze in der Literatur sind jedoch in bezug auf das begriffliche Instrumentarium, auf dem die Entwicklung einer typologischen Untersuchungsmethode aufbauen kann, schon relativ weit entwickelt. Trotzdem ist auch hierfür eine Systematisierung und Verfeinerung erforderlich. Dieses in der Literatur entwickelte begriffliche Instrumentarium erfaßt primär das *Denkergebnis* der typologischen Untersuchungsmethode. Das Denkergebnis ist der einzelne Typus bzw. der Typenverbund und schließlich die den Untersuchungsbereich umfassende typologische Ordnung. Da die Literatur primär das Denkergebnis betrachtet, wird im folgenden vom Denkergebnis ausgegangen. Eine Betrachtung dieses Ergebnisses bzw. des sich hierauf beziehenden begrifflichen Instrumentariums wird hier *statisch* genannt. Eine Betrachtung des *Denkprozesses*, der zu diesen Ergebnissen führt, also die Betrachtung der typologischen Untersuchungsmethode (des Typenbildungsprozesses), wird hier als *dynamisch* bezeichnet. Diese Betrachtung soll zunächst nur ergänzend insoweit angedeutet werden, als dies zur unmittelbaren Erklärung des Ergebnisses notwendig ist.

1.1. Definition eines Typs durch Abstraktion

Der Typ ist eine *Erscheinungsform*[1], die auf der Grundlage sinnvoller Abstraktion und Differenzierung durch wesentliche Merkmalsausprä-

[1] Bei dieser Definition wird somit im Kern primär auf den Begriff der Form abgestellt. Hoffmeister spricht von „Grundform" oder „Urgestalt". Vgl. *Hoffmeister*, J., (Hrsg.), Typus, in: Wörterbuch der philosophischen Begriffe, 2. Aufl., Hamburg 1955, S. 623. Vgl. ähnlich auch *Eisler*, R., Typus, in: Handwörterbuch der Philosophie, Berlin 1913, S. 691. Schnutenhaus stellt die „Gesamterscheinung" in den Vordergrund. Vgl. *Schnutenhaus*, O. R., Die Entscheidungsanalyse der Unternehmungsführung, Herne—Berlin 1969, S. 35. Mellerowicz übernimmt den Typbegriff von Wundt und stellt ebenfalls auf die Form ab. Vgl. *Mellerowicz*, K., Betriebswirtschaftslehre der Industrie, 1. Bd., 6. Aufl., Freiburg i. Br. 1968, S. 66. Vgl. auch *Wundt*, W., Logik — Eine Untersuchung der Prinzipien der Erkenntnis und der Methoden wissenschaftlicher Forschung, 2. Bd.: Logik der exakten Wissenschaften, 4. Aufl., Stuttgart

gungen definiert wird, die den vielfältigen *realen*[2] Erscheinungsformen des Untersuchungsbereiches gemeinsam sind.

Von der Vielfalt der realen Erscheinungsformen, also denjenigen, die in der Wirklichkeit vorkommen, wird diejenige Erscheinungsform ab-

---

1920, S. 55 f. Heyde differenziert in „Wesensform", „Muster" und „Vollform". Er verfolgt die Bedeutungsgeschichte des Typbegriffs bis zur Auffassung Platos vom „Urbild" zurück. Vgl. *Heyde*, J. H., Typus — Ein Beitrag zur Typologik, in: Studium Generale, 5 (1952) 4, S. 243. Einige Autoren definieren Typ auch als „Vorbild". Vgl. z. B. *Knoblich*, H., Betriebswirtschaftliche Warentypologie, Köln—Opladen 1969, S. 25. Im Kern der Typdefinition wird primär auf den Begriff der Form abgestellt. Sekundär wird der Typ als Begriff gesehen, der den gedanklich-sprachlichen Ausdruck der Erscheinungsform darstellt. Vgl. hierzu auch Kap. 1.4., Fußnote 34). Allerdings stellen z. B. Hempel und Oppenheim primär auf den Begriff ab. Vgl. *Hempel*, C. G. und *Oppenheim*, P., Der Typusbegriff im Lichte der neuen Logik, Leiden 1936, bes. S. 37. Eine besonders gründliche Diskussion dieser Problemkreise findet sich bei *Tietz*, B., Bildung und Verwendung von Typen in der Betriebswirtschaftslehre dargelegt am Beispiel der Typologie der Messen und Ausstellungen, Köln—Opladen 1960, S. 13 f. Damit soll nicht zum Ausdruck gebracht werden, daß der Typus auf einen rein formalen, also vom Sachlichen losgelösten, Tatbestand abstellt. Das Gegenteil ist der Fall. Die Definition eines Typus soll nicht vom Sachlichen losgelöst erfolgen, das Formale ist immer Ausdruck des Sachlichen. Der formale Aspekt soll im Hinblick auf das Untersuchungsziel stärker in den Vordergrund gestellt werden.

[2] Das Wort real hat zwei Bedeutungen:
— sachlich, gegenständlich und
— objektiv wirklich.
Hier soll es nur in der zweiten Bedeutung gefaßt werden. Für die erste Bedeutung wird der Ausdruck konkret gewählt. Unter die Gegenstände fallen dabei auch Energie und Informationen. Konkret braucht aber nicht unbedingt nur sachlich, gegenständlich zu bedeuten. So spricht Kant auch von abstrakten und konkreten Begriffen. Der hierzu gegenteilige Ausdruck abstrakt bedeutet in jedem Fall begrifflich.
Zu real in der zweiten Bedeutung ist dann ideell der gegensätzliche Begriff. Er hat die Bedeutung von subjektiv erlebt, gedacht, denkbar — nur in Gedanken vorkommend.
Vgl. zu diesen Begriffserklärungen *Hoffmeister*, J., real, S. 510; ders. abstrakt, S. 9 f.; *Eisler*, R., Realität, S. 541; ders., ideal, S. 287; ders., abstrakt, S. 4.
Somit ergeben sich zwei Begriffspaare: Abstrakt (begrifflich)
— konkret (gegenständlich) und ideell (subjektiv vorgestellt)
— real (objektiv (wirklich) vorgefunden). Konkreta sind immer real. Abstrakta können real und ideell sein. Ideelles ist nie konkret. Auf Typen können prinzipiell alle vier Adjektive zutreffen. Deswegen wurde kein diesbezügliches Adjektiv in die Definition aufgenommen (Typen sind Erscheinungsformen ...). In der Typbildung der vorliegenden Unternehmung geht es um die Erfassung der Erscheinungsformen selbst (reale Konkreta) und vor allem um ihre gedankliche Verdichtung zu Begriffen (reale Abstrakta). Allerdings scheidet eine Beschreibung von konkreten Erscheinungsformen schon aus Platzgründen aus. Außerdem werden bei den konkreten Erscheinungsformen selbst nur selten Typen in voller Reinheit gefunden, obwohl dies besonders bei Fertigungstypen keineswegs ausgeschlossen ist. Typen werden erst durch einen Abstraktionsprozeß gebildet.
Auch Schnutenhaus legt sich in diesem Definitionsproblem nicht fest. Er kennzeichnet den Typ sowohl als „Konkretum" als auch als „Abstraktum", in jedem Fall aber als „Gesamterscheinung" und als „konzentrierten Vor-

strahiert[3], die das *Wesen*[4] der vielfältigen realen Erscheinungsformen erkennen läßt und diesen gemeinsam[5] ist. Das *Sinnvolle* der Abstraktion wird aus dem Untersuchungsziel abgeleitet[6]. Der Abstraktionsprozeß wird in seiner Richtung durch die Art der Merkmalsausprägungen und in seinem Ausmaß (Abstraktionsgrad) durch die Anzahl der Merkmalsausprägungen festgelegt. Somit bestimmt das Untersuchungsziel, welche Arten und welche Anzahl der Merkmalsausprägungen sinnvoll sind, um das Wesentliche einer Erscheinungsform zu definieren[7].

---

stellungsausdruck". Vgl. *Schnutenhaus*, O. R., Entscheidungsanalyse, S. 35. Ideelle Typen kommen in der vorliegenden Untersuchung allenfalls insoweit vor, als sie mit abstrakten (stark abstrahierten) Typen gleichgesetzt werden können. Aus Gründen der Didaktik oder der Forschung werden manchmal sog. Möglichkeitstypen gebildet. Vgl. *Oetlle*, K., Finanzwirtschaftliche Typen industrieller Unternehmungen — Fragen ihrer Nützlichkeit und ihrer Bildung, in: ZfbF, 17 (1965), S. 381.

[3] „Für das Wesen des Typus ist in jedem Fall kennzeichnend, daß er zwischen der individuellen Erscheinung und dem Allgemeinen steht." *Knoblich*, H., Warentypologie, S. 26.

[4] Vgl. zum Problem der ‚Wesentlichkeit' z. B. *Hoffmeister*, J., Typus, S. 624 und *Knoblich*, H., Warentypologie, S. 25 u. S. 49.
Einige Autoren sprechen auch davon, daß der Typus eine Merkmalsausprägung bzw. eine Kombination mehrerer am vollkommensten präsentiere. Vgl. *Wundt*, W., Logik, S. 55 f.; ferner *Mellerowicz*, K., BWL der Industrie. 1. Bd., S. 66.

[5] Vgl. zum Problem der ‚Gemeinsamkeit' z. B. *Castan*, E., Typologie der Betriebe, Stuttgart 1963, S. 11; *Hoffmeister*, J., Typus, S. 623; *Wundt*, W., Logik, S. 55 f.; *Heyde*, J. H., Typus, S. 243.

[6] Zum Problem der Zielbezogenheit äußern sich vor allem Kosiol und Mellerowicz. „Die Bildung von Typen hat also nur Sinn in bezug auf einen bestimmten Zweck, der mit der Typisierung verfolgt werden soll." *Mellerowicz*, K., BWL der Industrie, 1. Bd., S. 67. „Die Typenbildung ist in ihrer Gestaltung vom jeweiligen Untersuchungszweck abhängig." „In der Auswahl der Merkmale und in der Merkmalsausprägung, die angestrebt wird, drückt sich der Zweck der Typologie aus." „Wollte man, von dem Gegenstand ausgehend, eine zweckunabhängige Typologie aufbauen, so müßte Vollständigkeit der Merkmale angestrebt werden, da zweckbedingte Auswahlkriterien fehlen." *Kosiol*, E., Die Unternehmung als wirtschaftliches Aktionszentrum, Reinbek 1966, S. 23.

[7] Da der Abstraktionsgrad eines Typus je nach dem Untersuchungszweck beliebige Werte annehmen kann — vom ‚konkreten' Typus mit vielen Merkmalsausprägungen bis hin zum ‚abstrakten' Typus mit wenigen Merkmalsausprägungen — wird eine Unterscheidung zu Idealtypen und in Realtypen — sofern diese Begriffe auf die Unterschiedlichkeit im Abstraktionsgrad abstellen — für nicht sinnvoll gehalten. Diese Terminologie würde einen prinzipiellen Unterschied ausdrücken. Hier wird dagegen in bezug auf den Abstraktionsgrad nur ein gradueller Unterschied gesehen. Ähnlich auch *Petersen*, H., Zur Aufgabe und Methode der Unternehmungstypologie, Diss., Hamburg 1955, S. 26 ff., bes. S. 31. Vgl. dazu aber *Mellerowicz*, K., BWL der Industrie, 1. Bd., S. 66 und ders., Idealtypische und realtypische Betrachtungsweise in der Betriebswirtschaftslehre, in: ZfB, 23 (1953), S. 553 f.
Es wird Knoblich zugestimmt: „Wesentlich scheint uns die von Eisfeld getroffene Unterscheidung in ‚allgemeine' Typen, die nur durch wenige Merkmale

1.2. Definition eines Typs durch Differenzierung

Die Definition von Typen ist jedoch nicht nur ein Abstraktionsprozeß, sondern vor allem ein *Differenzierungsprozeß*[8], denn zunächst müssen die Ausprägungen des Merkmals[9] festgelegt werden. Im Extremfall genügen zwei Ausprägungen, nämlich ‚vorhanden' und ‚nicht vorhanden'[10]. Dann wäre das Merkmal nicht weiter abstufbar. Im Regelfall wird jedoch ein typbildendes Merkmal abstufbar[11] sein. Diese Ausprägungen können einem Typ zugeordnet werden. Weist man verschiedene Ausprägungen eines Merkmals je einem Typ zu, dann erhält man eine

---

charakterisiert werden und einen geringen Grad von Anschaulichkeit besitzen, und ‚spezielle' Typen, die wesentlich mehr Merkmale aufweisen und dadurch anschaulicher, ‚konkreter' sind. Der speziellere Typus ist dabei im allgemeineren enthalten." *Knoblich*, H., Warentypologie, S. 57. Vgl. dazu auch *Eisfeld*, C., Zur Lehre von der Gestaltung der Unternehmung, in: ZfhF, N. F., 3 (1951) 7, S. 299 f.

[8] Es lassen sich grundsätzlich drei (verschiedene) Methoden unterscheiden, mit denen ein bestimmtes Objekt erforscht werden kann, die generalisierende, die differenzierende und die individualisierende Methode. Der differenzierenden Methode sind die Typologie und die Klassifikation zuzuordnen. Vgl. z. B. *Weber*, H. K., Der Absatzmarkt der industriellen Unternehmung — Formen und Typen, Köln—Opladen 1969, S. 9 f.

[9] Andere Begriffe für Merkmal wären Einteilungsgrund bzw. principium divisionis und für Merkmalsausprägung Einteilungsglied bzw. membrum divisionis. Vgl. dazu *Knoblich*, H., Warentypologie, S. 48; *Weber*, H. K., Absatzmarkt, S. 45 und *Tietz*, B., Typen in der BWL, S. 38.

[10] Es wird Tietz zugestimmt: „Zunächst läßt sich ein Merkmal daraufhin untersuchen, ob es vorhanden ist oder nicht ..." „Es handelt sich um eine monopolare Feststellung, als solche ist sie dem begrifflich-klassifizierenden Verfahren eigen." „Beschränkt man sich bei einem Merkmal auf die Feststellung der Monopolarität, so kann nicht von typologischem Vorgehen die Rede sein." „Monopolare Merkmale beruhen auf dem kontradiktorischen Gegensatz, den man vom Logischen her als Kunstgriff bezeichnen muß." *Tietz*, B., Typen in der BWL, S. 40.

[11] Dem Problem der Abstufbarkeit der Merkmale ist in der Literatur entscheidende Bedeutung bei der Definition des Typbegriffs beigemessen worden. Einige Autoren, die bedeutende Beiträge zur Typologie geleistet haben, sprechen erst dann von einem Typ, wenn die ihn charakterisierenden Merkmale abstufbar sind. Extremer Auffassung sind hier Hempel und Oppenheim, die die Abstufbarkeit der Merkmale als alleiniges Kriterium für das Vorliegen eines Typus ansehen. Vgl. *Hempel*, C. G. und *Oppenheim*, P., Typusbegriff, bes. S. 37. Vgl. die Kritik dieser Auffassung bei Knoblich, H., Warentypologie, S. 26 ff. Die Untersuchung von Tietz baut zunächst auf diesem Begriff auf. Vgl. *Tietz*, B., Typen in der BWL, S. 13 f. und S. 25. Im Verlauf der Untersuchung schränkt er aber ein, daß es verfehlt wäre, von „Typusdefinitionen unbedingt eine Abstufbarkeit zu verlangen". Ebenda, S. 33. Dieser Meinung wird zugestimmt. Vgl. dazu aber auch Kosiol: „Zur Typenbildung wird ein Merkmal oder eine Reihe von Merkmalen herangezogen, von denen mindestens eines abstufbar ist ..." *Kosiol*, E., Aktionszentrum, S. 23. Diese Auffassung wird auch von Knoblich geteilt. Vgl. *Knoblich*, H., Warentypologie, S. 27. Auf das Problem, welche Möglichkeiten der Merkmalsausprägungen unterschieden werden können, wird noch genau einzugehen sein.

Typenreihe[12]. Der Typ, dem die Ausprägung mit der geringsten Intensität zugewiesen wird, soll als Minimaltyp bezeichnet werden, entsprechend wird der Typ mit der intensivsten Merkmalsausprägung Maximaltyp genannt. Beide werden unter der Bezeichnung *Extremtypen* zusammengefaßt. Sie umschließen die Zwischentypen.

Bei abstufbaren Merkmalen werden die Ausprägungen in Ausprägungsbereiche, bei polaren in Pole differenziert. Wird bei abstufbaren Merkmalen ein bestimmter Ausprägungsbereich einem Typ zugeordnet, dann kann es sinnvoll sein, diesen Ausprägungsbereich auch enger zu fassen. Wird dieser engere Ausprägungsbereich auch als typbildend angesehen, wird von einem *Untertyp* gesprochen. Wird jedoch der engere Ausprägungsbereich erst im Zusammenhang mit Ausprägungsbereichen von zusätzlichen Merkmalen als typbildend angesehen, dann liegt ein *Spezialtyp* vor.

Eine Typenreihe wird somit durch Differenzierung mindestens eines Merkmals gebildet. Auf der anderen Seite reicht aber auch die Verwendung eines einzigen Merkmals aus, um Typen bilden zu können. Sicherlich wird man für eine ausreichende Beschreibung des Typus weitere Merkmale heranziehen können bzw. müssen. Das ist aber für die Typenbildung selbst unerheblich. Es wird somit in *typbildende* und *typbeschreibende* Merkmale getrennt. Typbildende Merkmale sind alle Merkmale, die zur Definition des Typus erforderlich sind. Die typbeschreibenden Merkmale sind für die typologische Untersuchung von ergänzender Bedeutung.

Es kommt manchmal vor, daß mit den Merkmalsausprägungen eines typbildenden Merkmals keine eindeutige Folge in einer Typenreihe festgelegt werden kann. Um eine eindeutige Reihe definieren zu können, muß dann ein *typreihendes* Merkmal hinzugezogen werden. Dem typreihenden Merkmal kommt dabei nur eine ordnende Funktion zu. Es definiert eine eindeutige Typenreihe der typbildenden Merkmalsausprägungen.

Es wird nicht die Meinung geteilt, daß für die Typenbildung immer mindestens zwei Merkmale erforderlich sind[13]. Es wird lediglich die

---

[12] Vgl. hierzu besonders *Hempel*, C. G. und *Oppenheim*, P., Typusbegriff, S. 22 und S. 32 f. Bei nicht abstufbaren Merkmalen mit lediglich bipolaren Ausprägungen besteht die Typenreihe nur aus zwei Gliedern. Bei monopolarer Ausprägung eines Merkmals ‚vorhanden' und ‚nicht vorhanden' ist allerdings eine Typenreihe nicht denkbar, da ein Typ lediglich der Ausprägung ‚vorhanden' zugeordnet werden kann.

[13] Der Frage, ob für die Typenbildung mehr als ein Merkmal erforderlich ist, hat die Literatur wohl noch größeres Gewicht gegeben als dem Problem der Abstufbarkeit der Merkmale. Viele Autoren sind der Meinung, daß für die Typenbildung mehr als ein Merkmal erforderlich sind. „Dieser Ein-Merkmal-Typus ist aber zweifellos ein unvollkommener Typus." *Schäfer*, E., Der Industriebetrieb — Betriebswirtschaftslehre der Industrie auf typolo-

Auffassung vertreten, daß im *Regelfall mehr als ein Merkmal* zur Typenbildung herangezogen werden muß. Dies ist aber immer eine Frage des angestrebten Abstraktionsgrades, und im Regelfall sind Typen, die mit nur einem Merkmal gebildet worden sind, für weitere Untersuchungen zu abstrakt. Nicht aber kann die Frage nach der Anzahl der Merkmale über das Wesen des Typus entscheiden[14].

Typen, die mit nur einer Merkmalsausprägung gebildet werden, werden *eindimensionale Typen* genannt. Dagegen Typen, die mit mehr als einer Merkmalsausprägung gebildet werden, sollen als *mehrdimensionale Typen* bezeichnet werden[15].

Wenn ein Typ sinnvoll (auf das Untersuchungsziel bezogen) durch die kleinstmögliche Anzahl von Merkmalsausprägungen definiert wird, liegt ein *Elementartyp* vor. Häufig wird ein Elementartyp eindimensional sein. Aber es kommen auch vielfach mehrdimensionale Elementartypen vor, nämlich dann, wenn es nicht möglich ist, eine Erscheinungsform mit nur einer Merkmalsausprägung sinnvoll zu definieren[16].

1.3. Definition eines Typs durch Verbindung

Bei *mehrdimensionalen Elementartypen* taucht zum erstenmal das Problem der Verbindung von Merkmalsausprägungen auf. Ohne eine solche Verbindung wäre in diesem Falle eine sinnvolle Definition der zu erfassenden Erscheinungsform nicht möglich. Mehrdimensionale Elementartypen weisen somit ebenso wie die eindimensionalen den höchstmöglichen sinnvollen Abstraktionsgrad auf.

---

gischer Grundlage, Bd. 1, Köln—Opladen 1969, S. 13. „Typen sind Komplexe von Merkmalen." *Strunz*, K., Zur Methodologie der psychologischen Typenforschung, in: Studium Generale, 4 (1951) 7, S. 402. Vgl. ferner *Eisfeld*, C., Gestaltung, S. 297 u. S. 304; *Weber*, H. K., Absatzmarkt, S. 44 und S. 93. Andere Autoren lassen (bedingt) auch Typen zu, die nur mit einem Merkmal gebildet werden. Vgl. *Kosiol*, E., Aktionszentrum, S. 23 f.; ferner *Hempel*, C. G. und *Oppenheim*, P., Typusbegriff, S. 21 f., S. 42 f. und S. 65 ff.; *Tietz*, B., Typen in der BWL, S. 29 f. Petersen spricht bei Ein-Merkmal-Typen in nicht sinnvoller Terminologie von Partialtypen. Vgl. *Petersen*, H., Unternehmungstypologie, S. 21. Vgl. dazu auch *Haller*, H., Typus und Gesetz in der Nationalökonomie, Stuttgart—Köln 1950, S. 17 f.; ferner *Heyde*, J. E., Typus, S. 238.

[14] Eine ebenso klare wie extreme Meinung vertritt hier Knoblich, der den Unterschied zwischen Typenbildung und Klassifikation lediglich in der Zahl der zur Charakterisierung herangezogenen Merkmale sieht. „Eine typologische Ordnung setzt mindestens zwei Merkmale ... voraus." *Knoblich*, H., Warentypologie, S. 27. Vgl. *Weber*, H. K., Absatzmarkt, S. 93.

[15] In Übereinstimmung mit *Kosiol*, E., Aktionszentrum, S. 24 und *Tietz*, B., Typen in der BWL, S. 29 f.

[16] Vgl. zur Konkretisierung z. B. die Ausführungen von Kap. 3.3.2. u. 3.3.20.

Soll nun eine Erscheinungsform konkreter definiert werden, dann wird man für einen Typ mehrere Merkmalsausprägungen bzw. Elementartypen miteinander verbinden. Ein solcher Typ wird hier im Gegensatz zum Elementartyp als *Verbundtyp* bezeichnet[17]. Ein Verbundtyp enthält mindestens zwei Elementartypen[18]. Verbundtypen können ein sehr hohes Maß an Erklärungsfähigkeit besitzen, da in der Verbindung von typbildenden Merkmalsausprägungen die wesentlichen Eigenschaften realer Erscheinungsformen verdeutlicht werden, die in der verwirrenden Vielfalt der Realität oft unklar bleiben. Das Aufzeigen der Verbindungen zwischen den Merkmalsausprägungen bildet zusammen mit der Entscheidung über die Zuordnung der alternativen Merkmale und ihrer Ausprägungen (Typenbildung i. e. S.) den wesentlichen Teil jeder typologischen Arbeit[19]. Es muß besonders darauf hingewiesen werden, daß die Bedeutung des Aufzeigens von Verbindungen zwischen Merkmalsausprägungen auch die Elementartypenbildung betrifft, falls diese mehrdimensional ist. Dies trifft besonders auf die vorliegende Untersuchung zu, da der überwiegende Teil der Elementartypen mehrdimensional ist. Es soll daher mit dieser Wertung nicht die Bedeutung der Elementartypenbildung gegenüber der Verbundtypenbildung gemindert werden. Hinzu kommt, daß eine aussagefähige Verbindung zwischen den Elementartypen erst dann möglich ist, wenn die Elementartypen exakt definiert sind. Aber gerade von dieser Voraussetzung kann bei dem gegenwärtigen Stand der Literatur nicht ausgegangen werden. Deshalb muß in der vorliegenden Untersuchung der Elementartypenbildung ein breiter Raum zugebilligt werden.

Die Verbindung zwischen den Merkmalsausprägungen kann mehr oder minder zwangsmäßig sein, wenn eine Merkmalsausprägung weitere Merkmalsausprägungen bestimmt. Diese Bestimmung ist dann lediglich eine Folge der Eigenschaft dieser Merkmalsausprägung. Das Merkmal, das in einer bestimmten Ausprägung eigenschaftsbedingt eine Kopplung mit anderen Merkmalsausprägungen festlegt, wird hier als Leitmerk-

---

[17] Kölbel und Schulze drücken einen ganz ähnlichen Sachverhalt durch den Begriff Kombinationstyp aus. Dieser Begriff wird vom Sprachgebrauch her als zu eng empfunden, da er wohl nur die freie Verbindung ausdrückt. Er enthält wohl nicht die zwangsweise (eigenschaftsbedingte) Verbindung (Korrelation) von Merkmalsausprägungen. Vgl. *Kölbel*, H. und *Schulze*, J., Fertigungsvorbereitung in der Chemischen Industrie, Wiesbaden 1967, S. 26.

[18] In besonderen Fällen kann es notwendig sein, einen Elementartyp durch eine Merkmalsausprägung, der kein Elementartyp zugeordnet wird, zu erweitern. In diesem Fall wird von einem erweiterten Elementartyp gesprochen. Das Problem wird bei der dynamischen Betrachtung aufgegriffen werden. Vgl. Kap. 2.6.

[19] „Die besondere Leistung liegt in der Auswahl und der Kombination von Ausprägungen mehrerer Merkmale." *Kosiol*, E., Aktionszentrum, S. 25. Vgl. dazu auch *Tietz*, B., Typen in der BWL, S. 35 f.

mal[20] bezeichnet. Die übrigen typbildenden Merkmale sind im Verhältnis zu diesem Folgemerkmale. Der in dieser Weise verkoppelte Typ ist ein *zwangsmäßiger Verbundtyp*. Die Freiheit der Typenbildung beschränkt sich auf die Auswahl der Leitmerkmale, die Bestimmung der Anzahl (!) der Folgemerkmale und auf die Abgrenzung der Merkmalsausprägungen. Die Freiheit wird allerdings dadurch eingeschränkt, daß diese Tätigkeiten auf das Untersuchungsziel ausgerichtet sein müssen. Somit leitet sich die aus diesem Prozeß entstehende Rangordnung[21] der Merkmale — in bezug auf die Art des Leitmerkmals und die Anzahl der Folgemerkmale — aus dem Untersuchungsziel ab. Der Freiheitsgrad zwangsmäßiger Verbundtypenbildung ist minimal. Vor allem besteht keine Freiheit in bezug auf die Verbindung der Merkmalsausprägungen, also in bezug auf die Auswahl der Art (!) der Folgemerkmale.

Dem zwangsmäßigen Verbundtyp steht der *freie Verbundtyp* gegenüber. Er entsteht durch eine ganz oder überwiegend freie Kombination von Merkmalsausprägungen. Auch beim freien Verbundtyp läßt sich eine Rangordnung der Merkmale aufstellen. Sie ergibt sich aus der Bedeutung aller ihrer Merkmale in bezug auf das Untersuchungsziel. Nach der Bedeutung der Merkmale werden sie in Haupt- und Nebenmerkmale getrennt. Die Kombination kann nicht rein formal nach den Regeln der Kombinatorik erfolgen, da sonst zu viele unwichtige (unter-

---

[20] Der Begriff Leitmerkmal bedeutet also nicht das wichtigste Merkmal schlechthin, sondern das Merkmal, das Folgemerkmale zwangsmäßig (eigenschaftsbedingt) nach sich zieht. Die Eigenschaft eines Merkmals, in bezug auf Folgemerkmale ein Leitmerkmal zu sein, ist somit nicht untersuchungszielbedingt. Vom Untersuchungsziel hängt lediglich ab, ob dem Leitmerkmal der oberste Rang eingeräumt wird und wieviel Folgemerkmale betrachtet werden.

Vgl. ähnlich *Petersen*, H., Unternehmungstypologie, S. 24 und S. 82 f.; anders *Tietz*, B., Typen in der BWL, S. 59. Tietz spricht neben Leitmerkmalen auch von Radikal- und Wurzelmerkmalen. „Den Leitmerkmalen wird bei der Darstellung des Typus eine Vorrangstellung eingeräumt. Die Wahl der weiteren Merkmale erfolgt vielfach in bewußtem Bezug zu den Leitmerkmalen.“ Ebenda. Dieser Wahl bleibt in der Terminologie der vorliegenden Untersuchung kein Raum. Der Begriff des Leitmerkmals wird hier gegenüber Tietz etwas enger und spezifischer gefaßt.

[21] Die überwiegende Zahl der Autoren ist ebenfalls der Ansicht, daß sich eine Rangordnung der Merkmale aufstellen läßt. „Der Grad ihrer Wichtigkeit wird verschieden sein je nach dem Zweck, der mit der Typenbildung verfolgt wird. Das bedeutet, daß ein Merkmal in einem Fall der Typenbildung sehr wesentlich, im anderen Fall dagegen von geringerer Bedeutung sein kann. Das führt zu der Frage der Rangordnung der Merkmale innerhalb des Kataloges.“ *Eisfeld*, C., Gestaltung, S. 313. Vgl. ferner *Tietz*, B., Typen in der BWL, S. 34 und S. 58 f.; *Knoblich*, H., Warentypologie, S. 52 und *Kosiol*, E., Aktionszentrum, S. 23.

Anderer Meinung ist Schäfer. Für ihn haben die Merkmale grundsätzlich alle gleichen Rang. Vgl. *Schäfer*, E., Industriebetrieb, Bd. 1, S. 12. Vgl. dazu auch *Heyde*, J. E., Typus, S. 241 ff.

suchungszielirrelevante) Typen gebildet würden. Sie kann vielmehr nur in Ausrichtung auf das Untersuchungsziel bei genauer Kenntnis des Untersuchungsbereiches (der realen Erscheinungsformen) erfolgen[22]. Der Unterschied zwischen dem freien und dem zwangsmäßigen Elementartyp besteht somit darin, daß beim freien Elementartyp nicht nur die Anzahl und die Abgrenzung der Merkmalsausprägungen, sondern auch die Art der miteinander zu verbindenden Merkmalsausprägungen frei bestimmt werden können, also auch die Art der Nebenmerkmale. Allerdings wird auch hier die Freiheit wieder dadurch eingeschränkt, daß die Auswahl untersuchungszielbezogen durchgeführt werden muß. Diese Einschränkung wirkt sich aber nur dann aus, wenn das Untersuchungsziel sehr speziell ist. Bei allgemeineren Untersuchungszielen — z. B. Anwendungsmöglichkeitsuntersuchung von Ablaufplanungsverfahren — kann z. B. die Sortenfertigung völlig beliebig sowohl mit der Einzelfertigung als auch mit der Serienfertigung verbunden werden, wie zu zeigen sein wird; hier schränkt das Untersuchungsziel die Kombinationsfreiheit nicht ein.

Zusammenfassend ergibt sich im Vergleich: Beide Verbundtypenbildungen und damit auch ihre Rangordnungen sind vom Untersuchungsziel bestimmt, denn dies trifft grundsätzlich auf Typenbildungen zu. Die Ausrichtung auf das Untersuchungsziel bewirkt grundsätzlich, daß der Freiheitsgrad der Typenbildung eingeschränkt wird. Ohne Ausrichtung auf das Untersuchungsziel wäre die Zuordnung der Folgemerkmale zu den Leitmerkmalen bei der zwangsmäßigen Verbundtypenbildung völlig fixiert (durch die Eigenschaften), dagegen die Zuordnung der Merkmale bei der freien Verbundtypenbildung völlig frei. Bei Ausrichtung auf das Untersuchungsziel wird die Zuordnung der Folgemerkmale auf die Leitmerkmale überhaupt nicht betroffen, da sie eigenschaftsbedingt ist, wohl aber die Zuordnung der Nebenmerkmale zu den Hauptmerkmalen. Inwieweit hier die Freiheit der freien Verbundtypenbildung wirksam eingeschränkt wird, hängt vom Konkretisierungsgrad des Untersuchungsziels ab.

1.4. Typologie als Gesamtergebnis einer umfassenden Typenbildung

Aus der Kenntnis des Untersuchungsziels und des Untersuchungsbereiches abgeleitet werden grundsätzlich zwei Wege für die Typenbildung für möglich gehalten, der der „Intuition“ und der der „Kon-

22 Vgl. *Knoblich*, H., Warentypologie, S. 54 f. „Nur eine sachlogische Merkmalsgruppierung kann eine fruchtbringende Anwendung des typologischen Verfahrens zeitigen.“ *Tietz*, B., Typen in der BWL, S. 59. Vgl. ebenda, S. 55.

struktion"[23], und zwar in der Weise, daß nicht ausschließlich der eine oder andere Weg beschritten wird, sondern daß beide Denkweisen gleichzeitig[24] und sich ergänzend angewandt werden. Die Gewichtung wird durch das Untersuchungsziel und durch die Art der zur Auswahl stehenden Merkmale bestimmt. In jedem Fall folgt auf die *Analyse* der Merkmale eine *Synthese* ihrer Ausprägungen zum Typus[25]; in jedem Fall sind die Typen *empirisch*[26], d. h. sie finden ihre Grundlage in der Erfahrung und fußen auf realen Erscheinungsformen; schließlich wer-

---

[23] In der Literatur besteht keine Einigkeit darüber, ob Typen durch Intuition und/oder Konstruktion gewonnen werden können. Viele Autoren halten beide Wege für möglich. Vgl. z. B. *Hoffmeister*, J., Typus, S. 624. Für Tietz besteht zwischen beiden Wegen der Typengewinnung kein Widerspruch: „Konstruierte Typen, mit denen man Aussagen über die Wirklichkeit treffen möchte, sind, wenn ihre Entwicklung gelingt, auch stets empirisch." *Tietz*, B., Typen in der BWL, S. 16. Es wird Knoblich zugestimmt: „Wir halten somit — ähnlich wie Tietz — beide Wege der Gewinnung von Typen für möglich: sowohl die Intuition als auch die ‚Konstruktion'. Es scheint uns jedoch zweckmäßiger, hier von zwei verschiedenen Richtungen bei der Gewinnung von (in jedem Fall) empirischen Typen zu sprechen." *Knoblich*, H., Warentypologie, S. 31. Knoblich schlägt hierfür die Bezeichnungen retrograd und progressiv vor: Bei der retrograden Methode geht man von einer realen Erscheinung des Typus aus und analysiert die Merkmale. Bei der progressiven Methode kombiniert man synthetisch einzelne Merkmale zu sinnvollen Typen. Vgl. ebenda, S. 32. Zu einer diffirenzierten Meinung vgl. *Eisfeld*, C., Gestaltung, S. 303.
Heyde hält die Intuition für den relevanten Weg zur Typengewinnung. Ebenfalls *Petersen*, H., Unternehmungstypologie, S. 26 ff. bes. S. 28. Vgl. *Heyde*, J. E., Typus, S. 238. Gegenteiliger Auffassung ist Engelhardt. Er hält die Konstruktion für den relevanten Weg zur Typenbildung. Vgl. *Engelhardt*, W., Grundprobleme der Einzelwirtschaftstypologie, Diss., Köln 1957, S. 65 ff.
Dieses Problem soll nicht weiter vertieft werden, zumal die Begriffe Intuition und Konstruktion in der Literatur häufig verschwommen, aussagelos und mißverständlich gebraucht werden. Es scheint sinnvoll zu sein, die Konstruktion zur Typenbildung nicht zuzulassen, wenn darunter eine von der Realität losgelöste, abstrakt-theoretische, rein formal kombinatorische Synthese, verstanden wird. Darauf war bereits hingewiesen worden. Unter Konstruktion wird hier dagegen eine realitäts- und sachbezogene abstrahierende Synthese verstanden.

[24] Castan hält einen Mittelweg „zwischen Intuition und quantifizierendem Denken" für geeignet. Vgl. *Castan*, E., Typologie, S. 26 f.

[25] Knoblich schlägt vor, die Bezeichnungen Intuition und Konstruktion u. a. auch durch analytisch und synthetisch zu ersetzen. Vgl. *Knoblich*, H., Warentypologie, S. 32. Dies ist sicherlich mißverständlich. Diese Begriffe sollte man für die Phasen des Typenbildungsprozesses verwenden.

[26] Vgl. hierzu nochmals *Knoblich*, H., Warentypologie, S. 32 u. *Tietz*, B., Typen in der BWL, S. 16.
Damit wird hier ein sehr wichtiges Postulat aufgestellt: Typen müssen durch die Empirie bestätigt werden können. In der Sprache der Logik formuliert bedeutet dies, daß sie logisch und faktisch wahr sein müssen; vgl. zu den logistischen Grundlagen *Carnap*, R., Einführung in die symbolische Logik — mit besonderer Berücksichtigung ihrer Anwendungen, 2. Aufl., Wien 1960, S. 18 ff.

den Typen in jedem Fall durch Abstraktion gewonnen[27]. Die Entscheidung über die sinnvolle (untersuchungszielbezogene und konstruktiv-intuitive) Zuordnung von Merkmalen und ihren Ausprägungen bildet den Abschluß jeder typologischen Arbeit.

Unter *Typologie* wird das Gesamt aller Denkprozesse und Denkergebnisse verstanden, das die realen Erscheinungsformen eines Untersuchungsbereiches im Hinblick auf ein Untersuchungsziel durch Abstraktion und Differenzierung in eine *Ordnung* bringt. Die Differenzierung der Merkmale, die den Untersuchungsbereich wesentlich kennzeichnen, und die Zuordnung der Merkmalsausprägungen zu sinnvollen Erscheinungsformen führt einmal zur Bildung von Typen, die die Elemente der Ordnung darstellen, und darüber hinaus auch zur Bildung von Typenreihen, die Komplexe der Ordnung bilden.

Typologie ist einmal die Methode der Bildung dieser Elemente und die Untersuchung ihrer Beziehungen untereinander, also der *Denkprozeß*. Typologie ist zum anderen auch das Ergebnis der Methode, die Ordnung selbst, also das *Denkergebnis*.

Unter *Ordnen*[28] wird hier ein In-Beziehung-Setzen von Elementen nach einem Merkmal verstanden. Versteht man unter einer Menge eine Ansammlung (Häufung) von Elementen[29] und unter einer Struktur ein Beziehungsnetz von Elementen[30], dann umfaßt jede Ordnung eine

---

27 Vgl. hierzu z. B. *Castan*, E., Typologie, S. 26. Im Grunde geht dieser Gedanke (wie auch die beiden vorstehenden Gedanken) bereits unmittelbar aus der Definition des Typus zu Beginn der vorliegenden Untersuchung hervor. Aber auf der einen Seite sollen diese Ausführungen die anfänglich gegebene Definition erläutern und auf der anderen Seite soll hier gegenüber den vielfältigen Meinungen in der Literatur ein klarer Standpunkt bezogen werden, der ein exaktes und operationales Begriffssystem errichtet.

28 Vgl. allgemein zum Ordnungsbegriff z. B. o. V., ordnen, in: Der Große Duden, Bd. 7, Etymologie, Mannheim 1963, S. 482 f; ferner *Brunnberg*, J. und *Kiehne*, R., Systeme — Eine Begriffsanalyse, in: ZfB, 39 (1969), S. 606: „Sinnzusammenhang".

29 Vgl. zu diesem Mengenbegriff ebenda, S. 605.

30 Vgl. zu diesem Strukturbegriff *Wieser*, W., Organismen, Strukturen, Maschinen, Frankfurt a. M. 1959, S. 12: „Beziehungsnetz von Elementen"; ferner *Steffens*, F., Struktur und Strukturmaß, in: ZfB, 39 (1969) 2. Erg.-Heft, S. 25: „ein komplexes Beziehungsgefüge zwischen Objekten"; ferner *Kosiol*, E., *Szyperski*, N., *Chmielewicz*, K., Zum Standort der Systemforschung im Rahmen der Wissenschaften, in: ZfbF, 17 (1965), S. 339: „Der Zusammenhang dieser Eigenschaften und Relationen kann als Struktur bezeichnet werden."; schließlich *Adam*, A., *Helten*, E. und *Scholl*, F., Kybernetische Modelle und Methoden, Köln—Opladen 1970, S. 11: „Eine (abstrakte) Struktur besteht — grob gesprochen — aus einer Menge von Strukturelementen (den Relaten) und einer Menge von Regeln (der Struktursyntax), die eindeutig festlegen, wie die Strukturelemente miteinander verbunden sind." Es wird ausdrücklich darauf hingewiesen, daß eine Struktur aus einer Menge von Elementen und (!) deren Beziehungen besteht, nicht aus einem Beziehungsgesamt allein. Vgl. hierzu aber z. B. *Brunnberg*, J. und *Kiehne*, R., Systeme, S. 605. Dies hat für die Abhebung des Systembegriffs von dem Strukturbegriff bedeutende Konsequenzen.

Menge mit einer Struktur. Das Ordnen erfolgt nach einem Merkmal als dem ordnungsbegründenden Kriterium. Die Realisation des Merkmals kann als Ziel der Ordnung bezeichnet werden. Ein Ziel wird als erstrebter, gewollter Zustand definiert[31]. Ordnet man z. B. Bücher nach ihrer Größe in aufsteigender Folge, dann bildet die aufsteigende Folge der Bücher die Ordnung; damit wird auch der erstrebte Zustand erreicht. In dieser Sicht bildet die Realisation des Merkmals das Ziel. Wird mit der Bücherordnung erstrebt, die Bücher raumminimal zu lagern, dann kann dieses Ziel als Oberziel bezeichnet werden. Je nach Betrachtungsweise liegt eine Oberziel-Unterziel- bzw. eine Ziel-Mittel-Beziehung vor[32]. In dieser Sicht wäre eine *Ordnung eine zielgerichtete Struktur*.

Eine *typologische Ordnung* bildet eine *zielgerichtete Struktur*. Sie ist auf das Untersuchungsziel ausgerichtet. Ihre Elemente sind die eindimensionalen Elementartypen, also einzelne typbildende Merkmalsausprägungsbereiche (bei abstufbaren Merkmalen) bzw. Merkmalspole (bei polaren Merkmalen)[33]. Wenn die interne Struktur von mehrdimensionalen Elementartypen nicht näher berücksichtigt wird, können auch diese Elemente darstellen. Die Beziehungen der Struktur sind entweder eigenschaftsbedingte Beziehungen (Korrelationen) bei zwangsmäßigen Verbundtypen (z. B. zwischen Leit- und Folgemerkmalen) oder freie Kombinationsbeziehungen bei freien Verbundtypen (z. B. zwischen Haupt- und Nebenmerkmalen).

Von besonderem Aufschluß über das Wesen der Typologie ist die Beantwortung der Frage, ob eine *typologische Ordnung auch ein System* bilden kann.

Begriffe sind sprachliche Verdichtungen von Erscheinungen, die durch Inhalt und Umfang spezifiziert werden[34]. Daraus folgt, daß verschiedene, nicht synonyme Begriffe sich im Inhalt und/oder Umfang voneinander

---

[31] Vgl. *Heinen*, E., Das Zielsystem der Unternehmung, Wiesbaden 1966, S. 45; ferner *Koch*, H., Betriebliche Planung, Wiesbaden 1961, S. 15; ferner *Schmidt-Sudhoff*, U., Unternehmerziele und unternehmerisches Zielsystem, Wiesbaden 1967, S. 16.

[32] Vgl. *Heinen*, E., Zielsystem, S. 102 ff.

[33] Zu den Begriffen Merkmalausprägungsbereiche und Merkmalspole ist Merkmalsausprägung der Oberbegriff. Er wird in der vorliegenden Untersuchung fast ausschließlich verwendet werden. Vgl. dazu nochmals Kap. 1.2.

[34] Vgl. *Carnap*, R., Einführung, S. 39 ff. Vgl. zu einer Diskussion dieser Auffassung und einer Trennung von Begriff und sprachlichem Ausdruck (Terminus) *Szyperski*, N., Zur Problematik der quantitativen Terminologie in der Betriebwirtschaftslehre, Berlin 1962, S. 21—33.

unterscheiden müssen. Aus diesem Grunde kommt eine Gleichsetzung der Begriffe Struktur und System nicht in Betracht[35].

Der *Systembegriff* ist enger, spezifischer. Unter einem System wird hier ein *zielgerichtetes, ganzzeitliches Beziehungsnetz von Elementen* verstanden, also eine zielgerichtete, ganzheitliche Struktur[36].

Ein System stellt damit stets eine Ordnung dar. Das Umgekehrte gilt jedoch nicht immer. Eine Ordnung (zielgerichtete Struktur) ist dann

---

[35] Vgl. aber zu diesem weiten Systembegriff z. B. *Fuchs*, H., Systemtheorie, in: HWO, hrsg. von E. Grochla, Stuttgart 1969, Sp. 1620: „Ein System besteht aus Elementen ... mit Eigenschaften ..., wobei die Elemente durch Beziehungen ... verknüpft sind.“ Vgl. ähnlich *Klaus*, G., (Hrsg.), System, in: Wörterbuch der Kybernetik, Bd. 2, Frankfurt a. M.—Hamburg 1969, S. 634; *Grochla*, E., Systemtheorie und Organisationstheorie, in: ZfB, 40 (1970) 1, S. 7 (dort findet sich eine verdichtete Darstellung der Ganzheitslehre); *Bertalanffy*, L. v., General System Theory, New York 1968, S. 54 ff.; *Hall*, A. D., A Methodology for Systems Engineering, Princeton, N. J.—Toronto—London—New York 1966, S. 60; *Brunnberg*, J. und *Kiehne*, R., Systeme, S. 605 ff. und *Heinen*, E., Zielsystem, S. 90.

[36] Der Unterschied zwischen dem System- und dem Strukturbegriff ist in der Literatur unterschiedlich gekennzeichnet worden. Das „Mehr“ des Systems gegenüber einer Struktur könnte allgemein als Synergie definiert werden. Vgl. z. B. *Ansoff*, H. J., Managementstrategie, Übersetzung ins Deutsche von H. Folchert, München 1966, S. 97 ff. Das „Mehr“ wird vor allem durch den Begriff der Ganzheit gekennzeichnet. Vgl. o. V., System, in: Der Neue Brockhaus, 5. Bd., 4. Aufl., Wiesbaden 1968, S. 187; ferner *Hoffmeister*, J., (Hrsg.), System, S. 598 f.; ferner *Eisler*, R., System, in: Handwörterbuch der Philosophie, S. 666: „ein zusammenhängendes und gegliedertes Ganzes von Erkenntnissen“; ferner *Beer*, St., Kybernetik und Management, Übersetzung ins Deutsche von I. Grubrich, Frankfurt a. M. 1962, S. 25: „Was wir als System definieren, ist deshalb ein System, weil es miteinander in Beziehung stehende Teile umfaßt und in gewisser Hinsicht ein in sich geschlossenes Ganzes bildet.“ Vgl. auch ebenda, S. 24. Vgl. *Berrien*, F. K., General and Social Systems. New Brunswick, N. J. 1968, S. 14 f.: „A system is defined as a set of components interacting with each other and a boundary which possesses the property of filtering both the kind and rate of flow of inputs and outputs to and from the system.“ Vgl. auch ebenda, S. 21 und 32. Vgl. auch *Flechtner*, H.-J., Grundbegriffe der Kybernetik — Eine Einführung, 3. Aufl., Stuttgart 1968, S. 10: „Organisierte Ganzheiten, deren Teile untereinander in vielfältigen Beziehungen stehen“; ähnlich auf S. 12; später verwendet er den weiteren Systembegriff, vgl. S. 228 f. und S. 353. Vgl. ferner *Ulrich*, H., Die Unternehmung als produktives soziales System — Grundlagen der allgemeinen Unternehmenslehre, Bern—Stuttgart 1968, S. 105: „Teil, Glied oder Element einerseits, Einheit oder Ganzheit andererseits sind also zwei Grundmerkmale des allgemeinen Systembegriffs.“ Vgl. auch *Wieser*, W., Organismen, S. 12: „Die Ganzheit, in der wir Strukturen entdecken und untersuchen, nennen wir ein ‚System‘.“

Vgl. zu Eigenschaften eines Systems, die nur der Ganzheit zugeordnet werden können *Ashby*, W. R., Design for a Brain — The Origin of adaptive behaviour, Frome — London 1960, S. 56: „An important feature of a system's stability (or instability) is that it is a property of the whole system and can be assigned to no part of it.“ „The stability belongs only to the combination; it cannot be related to the parts considered separately.“

Kritik an einem falsch verstandenen Ganzheitsbegriff üben z. B. *Nagel*, E., Über die Aussage: „Das Ganze ist mehr als die Summe seiner Teile.“, in: Logik der Sozialwissenschaften, hrsg. von E. *Topitsch*, 6. Aufl., Köln—Berlin

kein System, wenn sie nicht ganzheitlich ist. Das Beispiel der Bücher, die nach der Größe in aufsteigender Folge geordnet sind, zeigt dies deutlich. Wird ein Buch entfernt, bleibt die Ordnung bestehen. Diese Ordnung bildet kein System. Sie ist nicht ganzheitlich. Der Ordnungsbegriff ist somit gegenüber dem Systembegriff der Oberbegriff. Ein System ist ein in sich geschlossenes Ganzes, eine abgeschlossene Einheit. Zu einem bestimmten System können keine Elemente zufällig hinzugefügt werden; ebenso können keine Elemente entfernt werden, ohne

---

1970, S. 225—235; ferner *Schlick*, M., Über den Begriff der Ganzheit, in: Logik der Sozialwissenschaften, S. 213—224.

Das „Mehr" des Systembegriffs gegenüber dem Strukturbegriff wird vielfach auch primär durch den Ordnungsbegriff gekennzeichnet; dies reicht aber nach hier vertretener Auffassung allein nicht aus. Vgl. z. B. *Kosiol*, E., *Szyperski*, N., *Chmielewicz*, K., Systemforschung, S. 338: „eine Gesamtheit von geordneten Elementen". Ferner o. V., System, in: Der Neue Brockhaus, S. 187; ferner o. V., System, in: der Große Duden, Bd. 7, S. 697; ferner *Johnson*, R. A., *Kast*, F. E., *Rosenzweig*, J. E., The Theory and Management of Systems, Second edition, New York—St. Louis—San Francisco—Toronto—London—Sydney 1967, S. 5: „The word system connotes plan, method, order, and arrangement." Büchel setzt die Begriffe Ordnung und System sogar faktisch gleich. Vgl. *Büchel*, A., Systems Engineering, in: IO, 38 (1969) 9, S. 373. Zur Zielorientierung eines Systems vgl. *Wegner*, G., Systemanalyse, in: HWO, Sp. 1610—1617; ferner *Däniker*, H. R., Der Systembegriff, in: IO, 38 (1969) 7, S. 296: „In diesem Sinne muß ein System als eine ‚Kombination von Komponenten zur planmäßigen Erreichung eines Ziels' aufgefaßt werden." Vgl. auch die Definition Kants zitiert bei *Hoffmeister*, J., System, in: Wörterbuch der philosophischen Begriffe, S. 598.

Vgl. eine gegenüber der hier vertretenen Meinung abweichende Auffassung bei Ulrich. Er hält die Zielorientierung nicht für ein definitorisches Merkmal, sondern für eine mögliche Systemeigenschaft. Sieht man wie Ulrich das Merkmal der Ordnung als definitionsbildend an, dann fällt es schwer, zwischen geordnet und zweckorientiert zu unterscheiden und geordnet als definitionsbildend anzusehen und zweckorientiert als nicht definitionserforderlich, zumal, wenn man wie Ulrich zwischen Ziel und Zweck unterscheidet. Dem Verfasser erscheint dieser schwierige Punkt von Ulrich nicht konsequent und scharf genug dargestellt worden zu sein. Vgl. hierzu *Ulrich*, H., Unternehmung, S. 105 f. und S. 114 f.

Eine Verbindung zwischen den Begriffen Struktur, Ordnung und Ganzheit zieht Kosiol: „Alles Lebendige ist Ganzheit, die im Gegensatz zur additiven Summe, die einzelne Teile äußerlich derart zusammenfaßt, daß sie eigenständig für sich bleiben, eine gegliederte Einheit darstellt, deren Glieder nur im Rahmen des Ganzen ihre Eigenheit behalten. Eine solche Gliederung, die ... insbesondere die einzelnen Glieder zueinander in zusammenhängende wechselseitige Verhältnisse von Gleichordnung, Über- und Unterordnung bringt ..., eine derartige gefügehafte Ordnung der Glieder eines Ganzen nennt man heute allgemein Struktur (Gefüge)." *Kosiol*, E., Grundlagen und Methoden der Organisationsforschung, 2. Aufl., Berlin 1968, S. 18.

Vgl. in diesem Zusammenhang auch die Kennzeichnung von Systemen durch Integration und Ganzheit von *Grochla*, E., Automation und Organisation, Wiesbaden 1966, S. 32 f., S. 31 u. S. 91.

Eine äußerst profunde Untersuchung der Zweckorientiertheit von Systemen ist die Arbeit von *Luhmann*, N., Zweckbegriff und Systemrationalität — über die Funktion von Zwecken in sozialen Systemen, Tübingen 1968, S. 36: „Systeme werden in alter, wenn auch nie ganz geklärter Tradition als Ganzheiten definiert, die aus Teilen bestehen, aber ‚mehr sind als die Summe

daß nicht auf ihren Platz innerhalb des Systems aus der Kenntnis der Ganzheit geschlossen werden könnte[37].

Eine *typologische Ordnung kann* nur dann *ein System* bilden, wenn sie einen Untersuchungsbereich unter einer bestimmten Zielsetzung ganzheitlich umfaßt. Aber selbst dann erscheint es problematisch, von einem System zu sprechen, denn aus der Kenntnis eines ganzheitlichen Untersuchungsbereiches und einer entsprechenden typologischen Ordnung kann nicht unbedingt auf ein fehlendes Element dieser Ordnung geschlossen, also ein Elementartyp gebildet werden.

Bei einer *klassifikatorischen Ordnung* ist dies möglich. Man spricht deshalb völlig zu Recht von Klassifikationssystemen. Das wohl berühmteste Beispiel ist das Periodische System der Elemente. Aus der Kenntnis der Ganzheit konnten ihre Entdecker Mendelejew und Meyer auf noch nicht bekannte Elemente schließen, ein Schluß von der Theorie auf die Realität. Für die Typenbildung ist aber genau der umgekehrte Schluß wesentlich. Weniger aus der Kenntnis der Ganzheit als vielmehr aus der Erfahrung der Realität wird auf einen Typ geschlossen, anders formuliert, *aus der Kenntnis der Ganzheit allein kann nicht mit Sicherheit ein Typ gebildet werden;* selbst wenn dies geschieht, muß der Typ aus der Erfahrung bestätigt werden können.

Typologische Ordnungen können somit *nur Systeme eigener Art* sein. Entweder fehlt ihnen das *Merkmal der Ganzheitlichkeit* vollständig

ihrer Teile'. Wird das Zweck/Mittel-Schema auf diese Systemkonzeption projiziert, so liegt es nahe, das Ganze als den Zweck des Systems und die Mittel als seine Teile anzusehen. Durch die Art der Kombination der Mittel, nämlich die Organisation, käme dann etwas zustande, was mehr ist als die Summe der Teile, nämlich die Erfüllung des Zwecks. Organisation im Sinne einer rein internen Koordinierung von Mitteln wäre danach der fundierende Prozeß der Systembildung, das, was das Wesen des Systems ausmacht."
Damit wird die Gleichsetzung „der beiden grundbegrifflichen Dichotomien Ganzes/Teil und Zweck/Mittel" vollzogen. Ebenda, S. 36 f. Dieser Gedanke stellt einen äußerst wichtigen Beitrag zur Systemtheorie dar. Er wurde „selten in dieser (extremen) (Zusatz des Verfassers) Schärfe" (ebenda, S. 36) ausgedrückt.
Schließt man sich dieser Ansicht an, dann ist die in der vorliegenden Untersuchung formulierte Systemdefinition redundant, wenn nicht pleonastisch. Eines der beiden Adjektive, entweder zielorientiert oder ganzheitlich, wäre überflüssig. Die so reduzierte Definition wäre dann aber stark erklärungsbedürftig, d. h. sie wäre — allein betrachtet — kaum noch verständlich.
Dieser Gedanke Luhmanns stellt zunächst nur seine konsequent komprimierte Interpretation der Auffassung der (klassischen) Organisationslehre dar. Diese Auffassung wird auch von Luhmann nicht unbedingt geteilt. Vgl. zu seiner Kritik ebenda, S. 37—57, bes. S. 37 f., S. 43 f., S. 47 f., S. 50 und S. 57. Vgl. dann aber bes. S. 117 ff.

[37] Vgl. zu den letzten drei Sätzen ähnliche Ausführungen bei *Kant*, I., Kritik der reinen Vernunft (3. Hauptstück: Die Architektonik der reinen Vernunft), nach der 1. und 2. Originalausgabe neu hrsg. von R. Schmidt, Leipzig 1944, S. 748 f.

oder es ist *nur spezifisch ausgeprägt* vorhanden[38]. Aber typologische Ordnungen, die nur aus einer Aneinanderreihung von Elementartypen bestehen, können nicht als ein System verstanden werden, selbst wenn ein Untersuchungsbereich voll umfaßt wird. Es müßten mindestens die Typbeziehungen untereinander und die Gesetzmäßigkeiten ihrer Bildung ausgeführt werden, so daß ein Schluß auf fehlende Typen denkbar ist. Dieser Schluß ist um so eher denkbar, je mehr eine typologische Ordnung klassifikatorischen Charakter hat. Auf diese Überschneidungsmöglichkeit wird noch einzugehen sein.

Zusammenfassend kann man feststellen: *Typologien sind meist nur Ordnungen.* Nur in besonderen Fällen, in denen das Merkmal der Ganzheitlichkeit vorhanden ist, können Typologien auch Systeme bilden. Beide Fälle sind daher in der Abb. 1 berücksichtigt.

Man kann abstrakte von konkreten Systemen unterscheiden[39]. *Abstrakte Systeme* sind Aussagensysteme oder Klassifikationssysteme[40]. Bilden typologische Ordnungen typologische Systeme, dann sind sie unter die abstrakten Systeme einzuordnen. *Konkrete Systeme* können immaterielle (informationelle oder energetische) oder materielle Systeme sein[41]. Diese Systemeinteilung läßt sich *auch auf den Oberbegriff Ord-*

---

[38] Hoffmeister betrachtet Typen (generell) als Ganzheiten. Dies ist wohl strittig. Vgl. *Hoffmeister*, J., Typus, S. 624. In bezug auf eine typologische Ordnung (Zusammenhang mehrerer Typen) kann daraus nichts gefolgert werden.

[39] Vgl. zu dieser Einteilung *Steinbuch*, K., Systemanalyse — Versuch einer Abgrenzung, Methoden und Beispiele, in: IBM-Nachrichten, 17 (1967) 182, S. 447.
Eine bei oberflächlicher Betrachtung ähnliche Unterscheidung findet sich bei *Brunnberg*, J. und *Kiehne*, R., Systeme, S. 606 f. Sie unterscheiden in logische und materielle Systeme. Im Gegensatz zu den beiden Autoren hält der Verfasser diese Einteilung und ihre Interpretation für weder widerspruchsfrei noch für vollständig.

[40] Abstrakte Systeme sind stets Zeichensysteme, Systeme aus Zahlen, Buchstaben, sonstigen Symbolen, schließlich aus Wörtern bzw. Begriffen und Sätzen. Sie sind sets statisch. Jede Veränderung führt zu einem neuen System.

[41] Konkrete Systeme sind meist dynamische Systeme, die durch Wirkzusammenhänge gekennzeichnet werden. Da konkrete Systeme nicht im Vordergrund dieser Untersuchung stehen, sei auf die außerordentlich schwierige Unterscheidung in materielle und immaterielle Systeme nicht vertiefend eingegangen. Fragen der Gegenständlichkeit, der Sachhaftigkeit, der Körperlichkeit bzw. der Materie sind philosophische bzw. physikalische Probleme. Hier dagegen ist die Einteilung pragmatisch zu sehen. Außerdem kommen immaterielle Systeme in der Regel zusammen mit materiellen Systemen vor. Die Beispiele der Abb. 1 zeigen das.
Vgl. zu einer etwas anderen inhaltlichen Fassung der Begriffe abstrakte und konkrete Systeme *Kirsch*, W., Entscheidungsprozesse, 3. Bd., Entscheidungen in Organisationen, Wiesbaden 1971, S. 28 f.

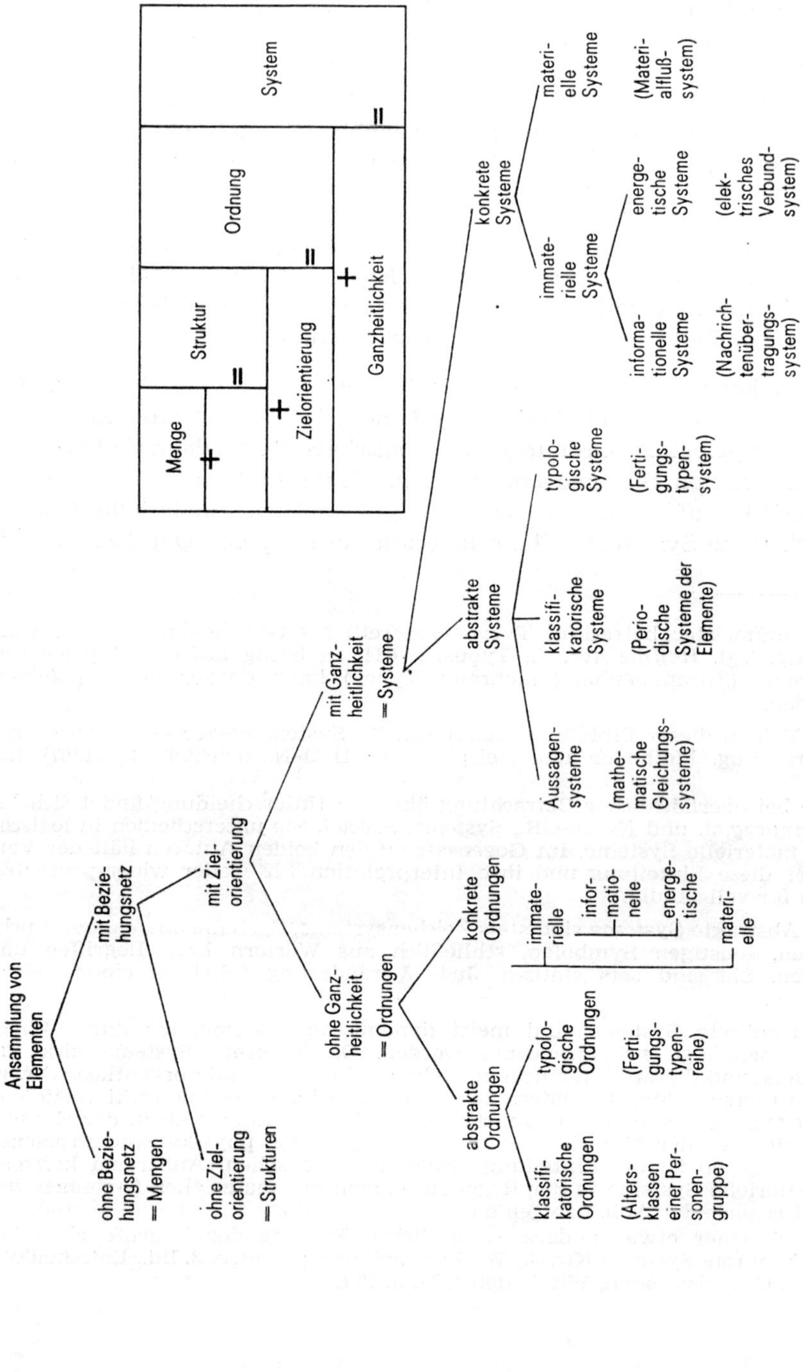

Abb. 1. **Ableitung und Einteilung von Ordnungen und Systemen**

nung anwenden. Abb. 1 gibt eine Übersicht über die genannten Begriffe[42].

Es wird in theoretische Typologie und in angewandte Typologie unterschieden. Die *theoretische Typologie* betrachtet die typologische Methode grundlegend und abstrakt, d. h. losgelöst von einem bestimmten Untersuchungsbereich[43]. Die *angewandte Typologie* wendet die typologische Methode auf einen bestimmten Untersuchungsbereich an[44].

Die Typologie ist im Zusammenhang mit anderen grundsätzlichen *wissenschaftlichen Methoden* zu sehen. Abb. 2 zeigt diesen Zusammenhang, auf den hier nur teilweise eingegangen werden kann[45]. Dort sind

---

[42] Sie ist ihrerseits eine Ordnung, in den oberen Ebenen eine klassifikatorische, auf der untersten Ebene eine typologische Ordnung.

[43] „Das typologische Verfahren ist eine Methode, es besitzt daher keinen Sachinhalt." *Eisfeld*, C., Gestaltung, S. 305.

[44] Vgl. zu einer anderen Terminologie *Knoblich*, H., Warentypologie, S. 34 und *Petersen*, H., Unternehmungstypologie, S. 9 f.

[45] Vgl. zu der Unterscheidung in individualisierende, differenzierende und generalisierende Methoden und zur Zuordnung der Typologie und Klassifikation zur differenzierenden Methode *Weber*, H. K., Absatzmarkt, S. 9 f.
Auch Knoblich ordnet den Typus „zwischen der individuellen Erscheinung und dem Allgemeinen" ein. Vgl. *Knoblich*, H., Warentypologie, S. 26. An anderer Stelle setzt er die typologische Methode zwischen „begriffliche Abstraktion" und „Beschreibung". Vgl. ebenda, S. 29. Für die Systematisierung sieht er grundsätzlich zwei Wege, die klassifikatorische und die typologische Ordnung. Vgl. ebenda, S. 26.
Vgl. zur Induktion, Deduktion, Explikation und Deskription z. B. *Wöhe*, G., Methodologische Grundprobleme der Betriebswirtschaftslehre, Meisenheim am Glan 1959, S. 60 ff. Allerdings sieht Wöhe den Unterschied zwischen Typologie und Deskription unscharf. Vgl. ebenda, S. 64 f. Vgl. dazu auch ders., Einführung in die Allgemeine Betriebswirtschaftslehre, 8. Aufl., Berlin—Frankfurt a. M. 1968, S. 29.
Vgl. zu den Begriffen Theorie und Modell *Heinen*, E., Einführung in die Betriebswirtschaftslehre, Wiesbaden 1968, S. 14 ff.
Vgl. zu einer differenzierten und fundierten Ableitung der Theorie- und Modellbildung und ihrer Aufgaben *Schweitzer*, M., Methodologische und entscheidungstheoretische Grundfragen der betriebswirtschaftlichen Prozeßstrukturierung, in: ZfbF, 19 (1967), S. 279—285. „Die Theorie hat ... eine Beschreibungs-, Erklärungs- und Prognosefunktion über empirische Gegenstände zu erfüllen." Ebenda, S. 280. Schweitzer unterteilt Modelle „nach ihrem Erkenntnisgehalt" in Beschreibungs- und Erklärungsmodelle und unterscheidet klassifikatorische, komparative und quantitative Beschreibungsmodelle. Den letzten ordnet er die Ermittlungsmodelle zu. Die instrumentalen Erklärungsmodelle werden als Entscheidungsmodelle bezeichnet. Vgl. ebenda, S. 283 f. Vgl. hierzu auch *Kosiol*, E., Modellanalyse als Grundlage unternehmerischer Entscheidungen, in: ZfhF, N. F., 13 (1961), S. 322 ff. Vgl. zu einer nicht exakten Trennung zwischen Typ und Modell ebenda, S. 319. Mit der Definition von Czayka ließ sich dann die Typologie exakt den Beschreibungsmodellen zuordnen: „Als ‚Typologie' soll hier ein System von eindimensionalen und/oder mehrdimensionalen klassifikatorischen, komparativen und/oder quantitativen Merkmalsbegriffen für einen bestimmten Objektbereich bezeichnet werden." Vgl. *Czayka*, L., Eine Typologie für Superordinationsstrukturen in Unternehmungen, in: ZfbF, 19 (1967), S. 259.
Im Hinblick auf die Begriffe System und Klassifikation ist diese Definition unbefriedigend.

die wissenschaftlichen Methoden sowohl nach steigendem Abstraktionsgrad als auch nachsteigender Leistungsfähigkeit (bei weiter Begriffsauslegung nach steigendem Erkenntniswert) geordnet worden.

Die *individualisierende Methode* beschreibt eine oder mehrere Individualerscheinungen eines Untersuchungsbereiches entweder vollständig oder auswählend. Die *differenzierende Methode* bringt die Erscheinungsformen entweder mit Hilfe der *Klassifikation* in eine vollständige und formalbezogene Ordnung oder mit Hilfe der *Typologie* auswählenderweise in eine sachbezogene[46] Ordnung. Die *generalisierende Methode* entwickelt induktiv oder deduktiv entweder Erklärung- oder Entscheidungsmodelle.

Aus Abb. 2 ist ersichtlich, daß die *Typologie* in einer Ordnung mit den genannten Einteilungskriterien (Abstraktionsgrad und Leistungsfähigkeit) *nicht exakt abgrenzbar* ist. Sie kann bei entsprechendem Abstraktionsgrad (bei Entwicklung abstrakter bzw. genereller Typen) *als generalisierende Methode auch Erklärungsmodelle*[47] entwickeln, die über eine reine Ordnung hinaus *auch Erkenntnis*[48] vermitteln können[49].

---

[46] Petersen charakterisiert den Typus zusammenfassend durch „drei Züge“: Systematisierung (Ordnung), Anschaulichkeit und Sachbezogenheit (materiale Erkenntnisgewinnung). Vgl. *Petersen*, H., Unternehmungstypologie, S. 32; späterhin werden diese „drei Züge“ als „drei Zwecke der Typenbildung“ herausgestellt. Vgl. ebenda, S. 59. An anderer Stelle heißt es zur Anschaulichkeit: „Typologisch ist nur die Veranschaulichung der äußerlich sichtbaren Erscheinungsformen der Unternehmungen erreichbar.“ Ebenda, S. 45.

[47] Tietz hält die beiden Begriffe Typus und Modell für „nicht sicher trennbare logische Hilfsmittel“. Er bezieht sich dabei auf den Reduktivtypus, also einen Typus mit reduzierter Merkmalsordnung, d. h. einen gegenüber unreduzierten Typen abstrakteren bzw. allgemeineren Typus. Vgl. *Tietz*, B., Typen in der BWL, S. 61 f. Hier wird also ein möglicher Unterschied zwischen den Begriffen auf einen Unterschied im Abstraktionsgrad zurückgeführt. Letztlich kann man auch Hallers Auffassung so interpretieren, obwohl er diesen Unterschied noch stärker gewichtet und zusätzlich die Quantifizierbarkeit als unterscheidendes Kriterium hervorhebt. Vgl. *Haller*, H., Typus, S. 106. Vgl. ferner *Petersen*, H., Unternehmungstypologie, S. 44. Vgl. zur Definition und Unterscheidung von Erklärungs- und Entscheidungsmodellen *Heinen*, E., Einführung, S. 159 ff. u. S. 223 ff. Typen sind nie Entscheidungsmodelle, da sie im (!) Modell, d. h. im Typ, keine Zielvariablen aufnehmen; sie werden lediglich zielorientiert gebildet. Inwieweit Typen Erklärungsmodelle sein können, kann erst bei der Behandlung von Verbundtypen anschaulich dargestellt werden. Vgl. Kap. 2.6.

[48] „Die Typologie geht über die Definition hinaus.“ Sie „will bereits Erkenntnisse vermitteln. Hierzu bedient sie sich der Abstraktion und der Intuition“. „Typologische Arbeiten zeichnen sich also durch Anschaulichkeit aus, ohne daß sie aber auf der Stufe der Beschreibung stehenbleiben. Anschaulichkeit bedeutet hier, daß der Typus durch eine Merkmalsauswahl sichtbar gemacht wird. Das hindert grundsätzlich nicht, daß der Typus hypothetischen Charakter trägt.“ *Castan*, E., Typologie, S. 9.

[49] Daß Typenbildung Erkenntnisse vermitteln kann, ist bisher zwar manchmal (vgl. Fußnote 48) behauptet, jedoch noch nicht bewiesen worden. Der Beweis wird durch die Einführung von zwangsmäßigen Verbundtypen möglich. Im Zusammenhang mit ihrer Behandlung wird darauf einzugehen sein. Vgl. Kap. 2.6.

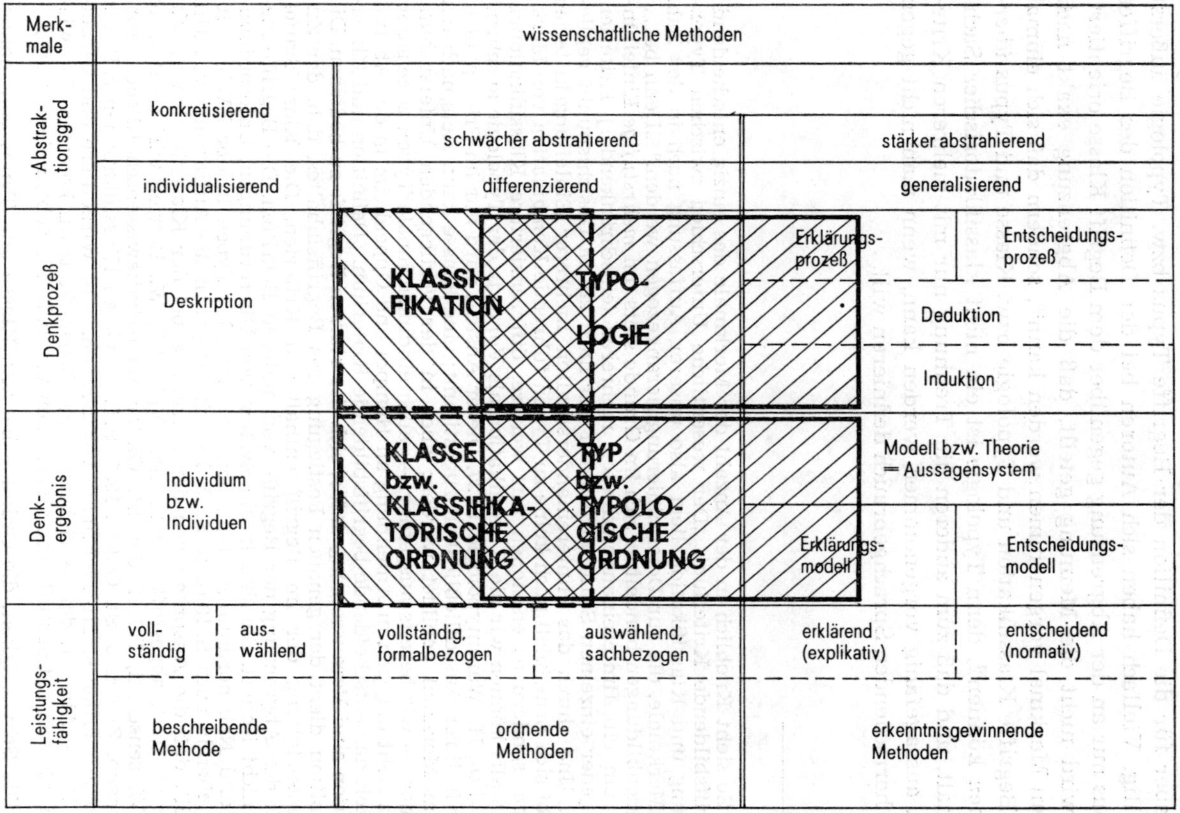

Abb. 2. Grobübersicht über die wichtigsten wissenschaftlichen Untersuchungsmethoden

1.5. Typologie in Abgrenzung zur Klassifikation

Die Abgrenzung der Typologie zur Klassifikation ist schwieriger, sie ist aber für die Definition der Begriffe Typus bzw. Typologie äußerst wichtig. Vielfach haben sich Autoren bei der Definition des Begriffes Typus nur an der Abgrenzung gegenüber dem Begriff Klasse orientiert. Es wird nicht die Meinung geteilt, daß die Abgrenzung exakt nach einem Merkmal vorgenommen werden kann[50], sondern daß sich einmal die Begriffe Klassifikation und Typologie bzw. Klasse und Typus *überlappen* können[51], denn Typologie ist ein nicht klassifikatorischer Sachverhalt, und daß zum anderen die Trennung nur mit mehreren Kriterien aussagefähig vorgenommen werden kann, wenn man nicht gegen den herrschenden Sprachgebrauch definieren will.

---

[50] So sieht Knoblich in der Anzahl der Merkmale das einzig entscheidende begriffsbildende Kriterium. „Der wesentliche Unterschied zwischen Typenbildung und Klassifikation liegt also unserer Auffassung nach in der Zahl der Merkmale, die zur Determinierung herangezogen werden." „Denn bei ... Klassenbildungen handelt es sich im Grunde stets um *mehrstufige* Einteilungen, um ein Hintereinanderschalten mehrerer (einschränkender) Kriterien. Auf jeder einzelnen Stufe wird dabei nur nach *einem* Gesichtspunkt gegliedert. Und durch das Hintereinanderschalten mehrerer Einteilungskriterien ergibt sich prinzipiell noch keine zu Typen führende *Kombination* von Merkmalen, sondern es entstehen nur weitere, differenziertere Klassifikationen. Allenfalls können wir die Klassifikation als *Vorstufe* der Typologie ansehen." *Knoblich*, H., Warentypologie, S. 27. Dieser Ansicht wird nur im Prinzip, nicht aber in ihrer Ausschließlichkeit zugestimmt; eine Klasse kann stets nach nur einem Merkmal gebildet werden; aber in der vorliegenden Untersuchung werden — wie bereits ausgeführt — auch eindimensionale Typen zugelassen. Tietz sieht dagegen in Anlehnung an Hempel und Oppenheim in der Abstufbarkeit das entscheidende begriffsbildende Kriterium. „Definition und Klassifikation sind Voraussetzung dafür, sich der starren Begriffe zu bedienen. Die Definition dient der genauen Festlegung des Begriffsinhaltes, d. h. der Zusammenstellung der im Begriff enthaltenen Kriterien. Die Klassifikation dient der Abgrenzung der Begriffe von anderen Begriffen. Die Begriffe stehen nicht isoliert. Sie sind in ein System von Überordnungen, Unterordnungen und Nebenordnungen eingebettet." *Tietz*, B., Typen in der BWL, S. 10. Vgl. ebenda auch S. 10 ff. u. S. 25. Es wird dagegen die Auffassung von Hill geteilt, daß die Ausprägungen der Merkmale bei der Klassifikation sowohl starr als auch abgestuft sein können. Vgl. *Hill*, W., Betriebswirtschaftslehre als Wissenschaft, Bd. 13 der St. Galler Wirtschaftswissenschaftlichen Forschungen, Zürich u. St. Gallen 1957, S. 6. In vielen Klassifikationen z. B. der Biologie werden starre Merkmale vorkommen, z. B. Wirbeltiere und wirbellose Tiere. Aber in der betriebswirtschaftlichen Statistik kommen überwiegend Klassen mit abstufbaren Merkmalen vor, z. B. Betriebsgrößenklassen.

[51] Die Schwierigkeit, die Ordnungsbegriffe Klasse und Typus voneinander abzugrenzen, unterstreicht z. B. Jaensch: „Jede Typologie hat zugleich den logischen Charakter einer Klassifikation." *Jaensch*, E. R., Grundformen menschlichen Seins, Berlin 1929, S. 48. Vgl. auch *Petersen*, H., Unternehmungstypologie, S. 13 ff.

Die Abb. 3 klärt den *Begriffsinhalt*[52], der *für die Klassifikation* als Kreisfläche *und für die Typologie* als Ringfläche dargestellt wurde. Die definitorischen Merkmale (Merkmale, die zur Definition der Begriffe Typus und Klasse herangezogen werden) sind als Polarkoordinaten dargestellt worden, und ihre Ausprägungen legen insbesondere den Überlappungsbereich beider Begriffe fest. Die Ausprägungsgrenzen der definitorischen Merkmale sind besonders markiert. So bedeutet z. B. die Markierung bei dem definitorischen Merkmal „Merkmalszahl" die Grenze zwischen den Ausprägungen „ein Merkmal" und „mehrere Merkmale", daß Klassen immer mit nur einem einzigen Merkmal gebildet werden, daß dagegen Typen in der Regel mit mehreren Merkmalen gebildet werden und eindimensionale Typen nur in besonderen Fällen vorkommen. Auf weitere definitorische Merkmale der Abb. 3 kann hier nicht näher eingegangen werden[53].

Aus diesen anrißartigen Bemerkungen wird im Ergebnis geschlossen, daß die *typologische Methode nicht ausschließlich und isoliert gegenüber der klassifikatorischen Methode angewendet* werden kann. Im Verlauf der folgenden Untersuchung werden deshalb auch Elemente der klassifikatorischen Methode zu finden sein. Dies ist z. T. auch eine Folge der geforderten strengen Systematik und weiterhin eine Folge der geforderten Dichte und des daraus resultierenden relativ hohen Abstraktionsgrades. Um die Untersuchung zu verkürzen, muß sie oft auf die Bildung von (zwei) Extremtypen beschränkt werden, so daß

---

[52] Die Gesamtheit der Merkmale (Eigenschaften) macht den Inhalt eines Begriffes aus. Vgl. dazu *Carnap*, R., Meaning and Necessity. A Study in Semantics and Modal Logic, 4. Aufl., Chicago—London 1964, S. 23 ff.; ferner ders., Logische Syntax der Sprache, 2. Aufl., Wien—New York 1968, S. 98; ferner ders., Einführung, S. 39 ff.; ferner *Stegmüller*, W., Das Wahrheitsproblem und die Idee der Semantik, Wien 1957, S. 138 ff.; ferner *Bochenski*, J. M., Die zeitgenössischen Denkmethoden, 2. Aufl., München 1959, S. 58; ferner *Glöckner*, P.-H., Das Finden von Begriffen, Stuttgart 1963, S. 88 ff.

[53] Es seien hier nur die wichtigsten Merkmalskomplexe erwähnt. Die Grenzen der Merkmalsausprägungen sind bei Klassen immer, bei der Typologie nur in besonderen Fällen, exakt. Vgl. zu den fließenden Übergängen *Hempel*, C. G. und *Oppenheim*, P., Typusbegriff, S. 6 f. Bei der Zuordnung der Merkmale treten keine Überlappungen auf, die Grenzen der Ausprägungen mehrerer Merkmale entsprechen einander exakt, sie korrelieren total. Vgl. zu den Begriffen Total- und Partialkorrelation *Tietz*, B., Typen in der BWL, S. 34 u. S. 68 f. Eine reale Erscheinungsform kann einer Merkmalsprägung entweder zugeordnet werden oder nicht, ein „mehr oder minder" gibt es nicht. Vgl. zur Zuordnung *Hempel*, C. G. u. *Oppenheim*, P., Typusbegriff, S. 2, S. 8 u. S. 22. Das klassifikatorische Denken ist dadurch gekennzeichnet, daß mehrere reale Erscheinungsformen unter Oberbegriffen zusammengefaßt werden. Zu diesen Oberbegriffen werden wieder abstrakte gesucht usw. Vgl. hierzu auch *Castan*, E., Typologie, S. 11.

Durch dieses hypotaktische Vorgehen, dieses begrifflich-abstrahierende Denken, entsteht eine Pyramidenordnung. Vgl. hierzu auch *Tietz*, B., Typen in der BWL, S. 33 f. Nicht die Auswahl von Wesentlichem sondern die Vollständigkeit ist charakteristisches Merkmal von klassifikatorischen Ordnungen.

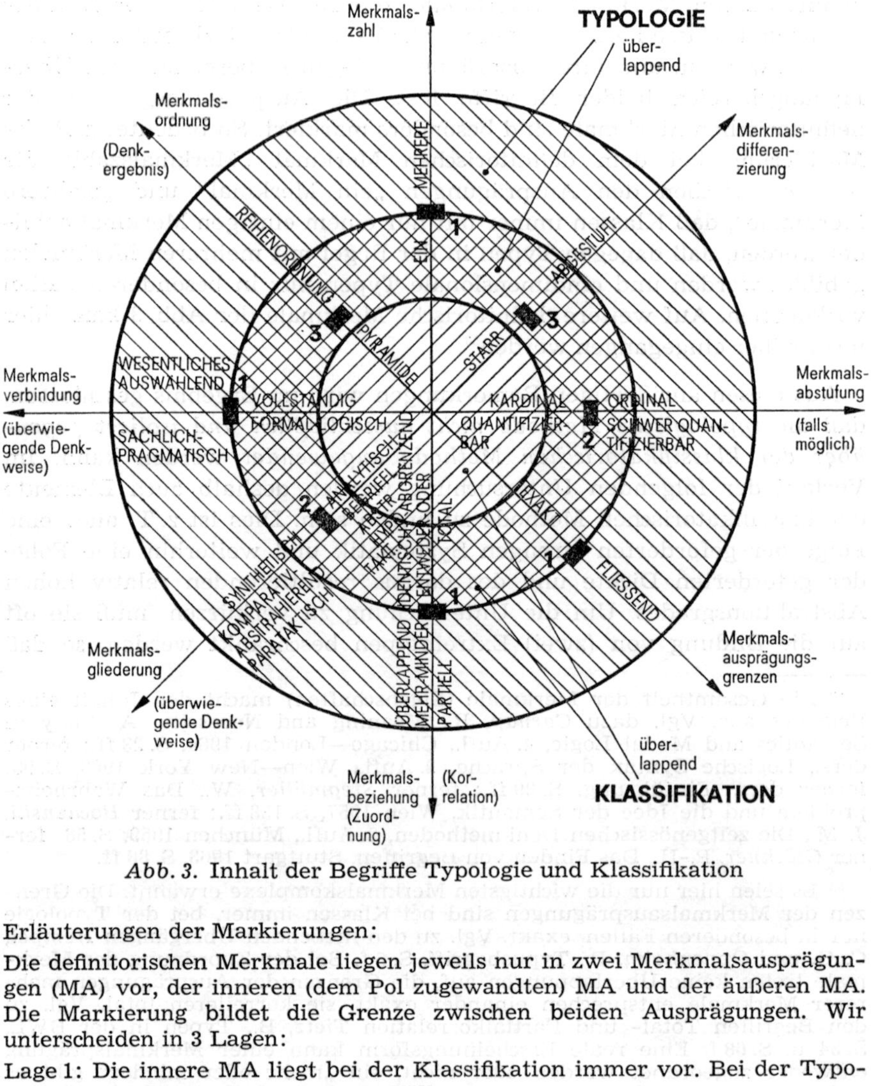

Abb. 3. Inhalt der Begriffe Typologie und Klassifikation

Erläuterungen der Markierungen:

Die definitorischen Merkmale liegen jeweils nur in zwei Merkmalsausprägungen (MA) vor, der inneren (dem Pol zugewandten) MA und der äußeren MA. Die Markierung bildet die Grenze zwischen beiden Ausprägungen. Wir unterscheiden in 3 Lagen:

Lage 1: Die innere MA liegt bei der Klassifikation immer vor. Bei der Typologie kommt sie nur in besonderen Fällen vor.

Lage 2: Die innere MA kommt bei der Typologie und die äußere MA kommt bei der Klassifikation nur in besonderen Fällen vor.

Lage 3: Die innere MA kommt bei der Typologie nur in Ausnahmefällen vor. Die äußere MA tritt bei der Klassifikation häufiger auf.

durch die Polarisierung der Merkmalsausprägungen selbst bei kontinuierlich abstufbaren Merkmalen die Bildung einer klassifikatorischen anstatt einer typologischen Ordnung vermutet werden kann. Wenn somit in der vorangegangenen Abgrenzung zwischen Typologie und Klassifikation eine relativ flexible Ansicht vertreten wurde, ist dies für die Methodik der folgenden Untersuchungen von erheblicher Tragweite.

2. Dynamische Betrachtung der theoretischen Typologie: Phasen des Typenbildungsprozesses

2.0. Methodische Vorbemerkungen

Bisher sind die grundlegenden Begriffe der typologischen Methode in einer statischen, d. h. hier ergebnisbezogenen, und überdies theoretischen, d. h. hier vom Untersuchungsbereich losgelösten, Betrachtung abgehandelt worden. Die *Untersuchung des Denkprozesses* trat stark in den Hintergrund und hatte lediglich ergänzend-erklärenden Charakter. Mit dem bisher geschaffenen begrifflichen Rüstzeug können nun in einer dynamischen Betrachtung die Phasen des Typenbildungsprozesses — also des Denkprozesses, der zu dem bisher behandelten Denkergebnis führt — in sich geschlossen untersucht werden. Die Betrachtung verbleibt weiterhin losgelöst von einem konkreten Untersuchungsbereich, also theoretisch.

Folgende Phasen[1] sollen unterschieden werden:

2.1. Definition des Untersuchungsbereiches und des Untersuchungszieles

In der ersten Phase der Typenbildung ist der *Bereich* abzugrenzen, in dem die realen Erscheinungsformen typologisch untersucht werden sollen. Abgrenzungen, oder übersetzt *Definitionen*, sind vor allem *Erklärungen*. Abstrahierende Erklärungen führen zur Bildung von *Erklärungsmodellen*. Die Modellbildung muß mit genau definierten *Denkprinzipien* erfolgen. Die Denkprinzipien, die den Untersuchungsbereich erfassen und abgrenzen, dienen zur Erklärung des Bereiches, in dem die möglichen realen Erscheinungsformen vorkommen können. Sie erklären also nicht die Erscheinungsformen selbst — dies geschieht durch die eigentliche Typenbildung — sondern sie erklären nur ihren Existenzbereich, ihre Existenz*grundlage* und zeigen *Zusammenhänge* mit anderen Bereichen auf, in die der Untersuchungsbereich gestellt werden muß.

Die *Wesentlichkeit* des typologischen Verdichtungsprozesses kann oft nur aus dem Gesamtzusammenhang heraus beurteilt werden. Die darauf

---

[1] Vgl. zur folgenden Phaseneinteilung (den Überschriften) ansatzweise Gemeinsamkeiten bei *Tietz*, B., Typen in der BWL, S. 35 f.; ferner *Theurer*, G. und *Scheuch*, F., Die Vertriebsmethoden des Einzelhandels im typologischen Ansatz, in: ZfB, 39 (1969) 10, S. 644 f.; ferner *Knoblich*, H., Warentypologie, S. 47.

folgende typologische Untersuchung zeigt dann die wesentlichen Erscheinungsformen in dem abgegrenzten Bereich, auf seiner Grundlage und in seinem Zusammenhang. Dies macht deutlich, daß die Erklärungs- bzw. Definitionsprinzipien den Typenbildungsprinzipien entsprechen müssen. Diese theoretischen Ausführungen werden im angewandten Teil in ihrer Anwendung weiter vertieft werden.

Dem Untersuchungsbereich sind bestimmte Ziele immanent. Sie seien als *Bereichsziele* bezeichnet. Untersucht man beispielsweise den Bereich der Ablaufplanung, dann bilden Durchlaufzeitminimierung und Kapazitätsausnutzungsmaximierung diese Ziele. Die Bestrebungen, diese Bereichsziele zu erreichen, werfen bestimmte Probleme auf[2]. So treten beispielsweise im Bereich der Ablaufplanung Reihenfolgeprobleme und Probleme der zeitlichen Abstimmung auf. Die Abgrenzung des Untersuchungsbereichs und die Definition eines Systems der Bereichsziele legen das Gewichtungsverhältnis fest, das diesen Problemen zuzumessen ist.

Der Untersuchungsbereich ist das Objekt der typologischen Untersuchung, also der Tätigkeit. Diese Tätigkeit verfolgt ebenfalls Ziele. Sie seien als *Untersuchungsziele* bezeichnet, die von den Bereichszielen streng zu trennen sind. Es kann in ein allgemeines und in ein spezielles Untersuchungsziel unterschieden werden.

Allgemeines Untersuchungsziel jeder typologischen Arbeit ist es, Typen des Untersuchungsbereiches zu bilden, die einmal auf die Bereichsziele ausgerichtet und die zum anderen den Problemen und deren Gewichtungsverhältnis adäquat sind; in Kurzformulierung wird von *untersuchungsbereichsadäquater Typenbildung* gesprochen. Wenn im folgenden undifferenziert von Untersuchungsziel gesprochen wird, dann ist stets das allgemeine Untersuchungsziel gemeint.

Typologische Arbeiten sind vor allem ordnende bzw. systematisierende Arbeiten. Vielfach bilden sie lediglich Vorarbeiten für darauf aufbauende Untersuchungen. Bildet man z. B. Fertigungstypen, um damit Anwendungssituationen für quantitative Verfahren zu formulieren, dann baut die Untersuchung der Anwendungsmöglichkeiten eines quantitativen Verfahrens auf der typologischen Untersuchung auf. Man wird die Erfordernisse der weiterführenden Untersuchung bereits bei

---

[2] Hier wird in Anlehnung an den in der OR-Literatur verbreiteten Sprachgebrauch von „Problemen“ gesprochen. Diese Probleme stellen z. T. Unterziele der „Bereichsziele“ dar. Man könnte bei den folgenden Beispielen auch von Reihenfolgeoptimierung und Optimierung der zeitlichen Abstimmung sprechen.
Vgl. zum Verhältnis der Begriffe Problem und Ziel z. B. *Churchman*, C. W., *Ackoff*, R. L. u. *Arnoff*, E. L., Operations Research — Eine Einführung in die Unternehmensforschung, 3. Aufl., Wien—München 1966, S. 21—27 u. S. 71 f.

der eigentlichen typologischen Arbeit zu berücksichtigen versuchen. Es wäre dann das *spezielle Untersuchungsziel* (der typologischen Arbeit), Typen zu bilden, die auch den *weiteren Untersuchungserfordernissen* adäquat sind.

2.2. Auswahl der zu untersuchenden Merkmale

In einer zweiten Phase muß versucht werden, den Untersuchungsbereich durch die wesentlichen Merkmale zu erfassen. Die Merkmale sind dann *wesentlich*, wenn mit ihrer Hilfe das allgemeine Untersuchungsziel erreicht werden kann, wenn also zielorientierte (bezogen auf die Bereichsziele) und problemadäquate (bezogen auf die Bestrebungen zur Erreichung der Bereichsziele) Typen gebildet werden können. Typen sind dann *zielorientiert und problemadäquat*, wenn ihre Bildung mit Merkmalen bzw. Merkmalsausprägungen erfolgt, die in einem *direkten* und ggfs. *ursächlichen Zusammenhang* mit den Zielen und Problemen stehen.

Ein *direkter Zusammenhang* zwischen Zielen und Merkmalen besteht dann, wenn das Merkmal in der Zielformulierung enthalten ist; z. B. ist in dem Ziel Kapazitätsausnutzungsmaximierung das Merkmal ‚Art des Kapazitätsträgers' enthalten. Ein *ursächlicher Zusammenhang* zwischen Problemen und Merkmalen besteht dann, wenn das Problem direkt — und möglicherweise auch überwiegend — Folge des Vorhandenseins eines spezifischen Merkmals ist. Z. B. ist das Problem der Taktung von Bearbeitungszeiten überwiegend und direkt Folge des Merkmals der Betriebsmittelanordnung. Dieses Merkmal ist somit problemadäquat. Das Problem der Taktung ergibt sich bedingt bei den Bestrebungen, das Ziel der optimalen Ablaufplanung zu erreichen. Getaktete Bearbeitungszeiten sind eine Ausprägung des Merkmals der zeitlichen Abstimmung. Dieses Merkmal wäre in der Zielformulierung Durchlaufzeitminimierung enthalten. Es ist damit zielorientiert. Typen, die mit diesen Merkmalen gebildet würden, wären somit zielorientiert und problemadäquat. Die Merkmale können in die Auswahl aufgenommen werden.

In dieser Phase müssen die Merkmale gefunden werden, die die wichtigsten Probleme und Ziele des Untersuchungsbereiches bei einem bestimmten Abstraktionsgrad möglichst *vollständig* erfassen.

Um hier einen gewissen Vollständigkeitsgrad zu erreichen, empfiehlt es sich, den Untersuchungsbereich unter einem bestimmten *Gesichtspunkt* zu betrachten, um aus diesem Gesichtspunkt bestimmte *Merkmalsgruppen* (-klassen) und ggfs. Untergruppen abzuleiten. Die Merkmalssuche kann damit in gewissem Maße etwas systematisiert werden.

Eine gesicherte Methode, um alle wesentlichen Merkmale zur Typenbildung zu finden, gibt es jedoch nicht[3]. Dies liegt an dem intuitiven und anschaulichen Element, das der Typenbildung immanent ist. Die Merkmale müssen vielmehr in einer komparativ-begrifflichen Weise aus den Untersuchungsbereichszielen, den Problemen, den Merkmalsgruppierungsgesichtspunkten und schließlich den realen Erscheinungsformen in vergleichend-schrittweisem Abtasten gefunden werden.

2.3. Untersuchung der Merkmalsausprägungsmöglichkeiten

Nach Festlegung der Merkmalsarten werden für jedes Merkmal getrennt die Ausprägungs- bzw. Abstufungsmöglichkeiten untersucht. Jedes Merkmal hat mindestens zwei Ausprägungen, nämlich ‚nicht vorhanden' (Intensitätsstufe 0) und ‚vorhanden' ((bedingt) Intensitätsstufe 100). In der Regel läßt sich die *Merkmalsintensität* zwischen diesen Extremwerten abstufen. Dann bedeutet die Intensitätsstufe 100 ‚maximal vorhanden'. Die Merkmale werden grundsätzlich einer Skala in Form einer Strecke zugewiesen, auf der die Ausprägungen angeordnet sind.

Nach den Ausprägungsmöglichkeiten sollen folgende Merkmalsarten unterschieden[4] werden:

(1) *Abstufbare Merkmale*

Das Merkmal ist in einem bestimmten Bereich kontinuierlich abstufbar.

(11) *Total abstufbare Merkmale*

Das Merkmal ist im *gesamten Bereich*, von ‚nicht vorhanden' bis ‚maximal vorhanden', also zwischen den Intensitätsgraden 0 bis 100, kontinuierlich abstufbar.

(12) *Partiell abstufbare Merkmale*

Das Merkmal ist nur in einem oder mehreren *Teilbereichen* zwischen den Intensitätsgraden 0 und 100 kontinuierlich abstufbar. Die Grenzen der Bereiche, innerhalb derer das Merkmal kontinuierlich abstufbar ist, brauchen nicht ausschließlich von der Eigenschaft des Merkmals abzuhängen, sie können vielmehr auch von der Relevanz in bezug auf das Untersuchungsziel festgelegt sein.

---

[3] Vgl. nochmals Kap. 1.4., Fußnote 23.

[4] Vgl. gewisse sachliche Gemeinsamkeiten bei der Einteilung von *Tietz*, B., Typen in der BWL, S. 40 ff. Vgl. eine ganz andere Auffassung bei *Petersen*, H., Unternehmenstypologie, S. 97 ff., bes. S. 108 ff.

Abb. 4 schematisiert diesen Tatbestand anschaulich.

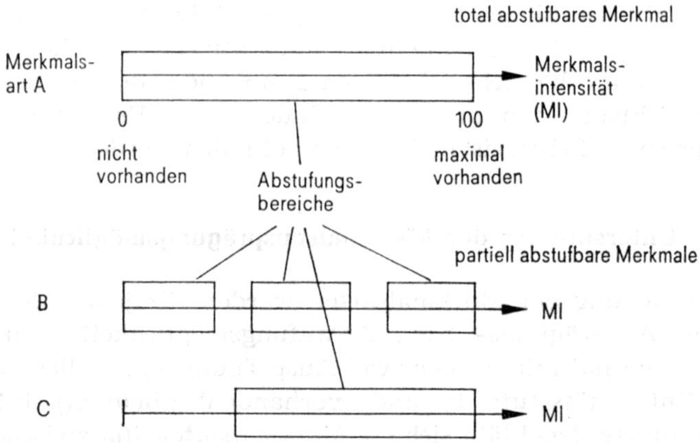

Abb. 4. Abstufbare Merkmale

(2) *Polare Merkmale*

Das Merkmal kann nur bestimmte, diskrete *Einzelwerte* (Pole) annehmen. Zwischen den Polen besteht keine Abstufungsmöglichkeit. Rein polare Merkmale, also solche, bei denen eine Abstufungsmöglichkeit nicht denkbar ist, sind selten. Allerdings können denkbare Abstufungsmöglichkeiten oft unberücksichtigt bleiben, wenn sie in bezug auf das Untersuchungsziel nicht relevant sind. Es liegen dann, genau formuliert, ‚quasi-polare' Merkmale vor.

(21) *Monopolare Merkmale*

Das Merkmal kann nur in zwei Ausprägungen vorliegen, entweder ‚nicht vorhanden' oder ‚vorhanden'. Normalerweise bildet die letzte Ausprägung den Pol, der sachlich definiert wird. Die erste Ausprägung bildet dazu nur den formal-logischen Gegenpol, der nicht weiter definiert wird. Dieses Merkmal bildet in bezug auf den methodischen Ansatz einer typologischen Untersuchung einen Extremfall[5]. Ein solches Merkmal ist z. B. die Wiederholbarkeit der Beschaffung einer bestimmten Rohstoffqualität, d. h. eine Rohstoffqualität ist entweder wiederbeschaffbar (bzw. geringfügige Unterschiede sind irrelevant) oder nicht wiederbeschaffbar, d. h. die Qualitätsunterschiede müssen berücksichtigt werden (z. B. die Unterschiede in der Zeichnung eines hochwertigen Tierfells).

---

[5] Vgl. nochmals Kap. 1.2., Fußnote 10.

(22) *Bipolare Merkmale*

Das Merkmal kann nur in zwei Ausprägungen vorliegen, und zwar entweder ‚in einer bestimmten Ausprägung vorhanden' oder ‚in einer anderen Ausprägung vorhanden'. Also in jedem Fall ist das Merkmal vorhanden, zwischen den beiden extremen, sich ausschließenden Polen gibt es jedoch keine Abstufungsmöglichkeiten. Ein solches Merkmal ist z. B. die Art des Produktentstehungsortes. Das Produkt kann entweder auf dem Grundstück einer Unternehmung oder außerhalb dieser Grenzen entstehen.

(23) *Polypolare Merkmale*

Das Merkmal kann mehrere diskrete Ausprägungswerte annehmen, zwischen denen jedoch keine Abstufungsmöglichkeit besteht.

Abb. 5 schematisiert diesen Tatbestand anschaulich.

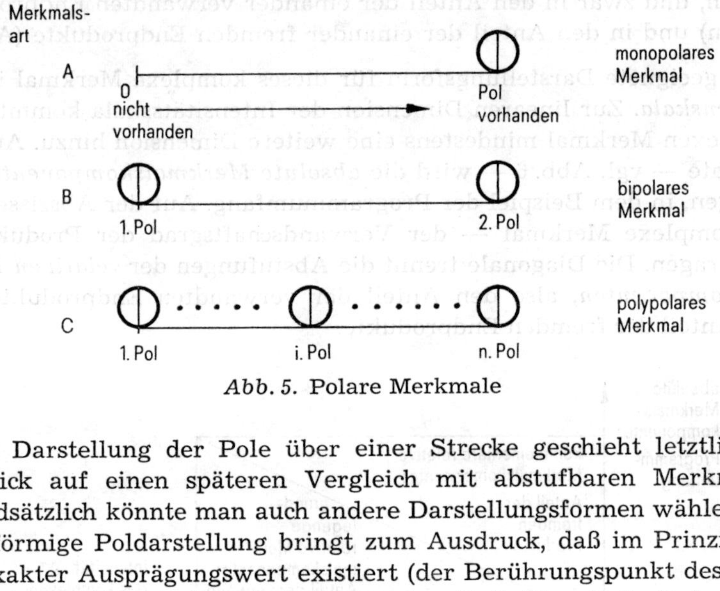

Abb. 5. Polare Merkmale

Die Darstellung der Pole über einer Strecke geschieht letztlich im Hinblick auf einen späteren Vergleich mit abstufbaren Merkmalen. Grundsätzlich könnte man auch andere Darstellungsformen wählen. Die kreisförmige Poldarstellung bringt zum Ausdruck, daß im Prinzip nur ein exakter Ausprägungswert existiert (der Berührungspunkt des Kreises auf der Strecke), daß aber eine gewisse Definitionsfreiheit des Poles in bezug auf diesen Ausprägungswert gegeben ist (kreisförmige Ausdehnung des Pols über der Strecke).

(3) *Gemischte Merkmalsarten*

Zu den hier unterschiedenen Merkmalsarten lassen sich noch eine Vielfalt von gemischten Merkmalsarten denken. Sie systematisieren zu wollen, bleibt müßig. Die gemischte Merkmalsart ist jeweils im konkreten Zusammenhang mit den elementaren Merkmalsarten zu erläutern.

(4) *Komplexe Merkmalsarten*

Bisher sind nur einfache, absolute bzw. elementare Merkmalsarten untersucht worden. Diesen sollen komplexe, relative bzw. verbundene Merkmalsarten gegenübergestellt werden. Dies geschieht in nicht streng klassifikatorischer sondern in pragmatischer Weise, da hier keine grundsätzlich anderen Merkmalsarten auftreten. Die Unterscheidung ist somit nicht sachlicher sondern formaler Natur. Sie erfolgt im Hinblick auf die Benennung und die Darstellung der Merkmalsausprägungen.

Die einfachste Form einer komplexen Merkmalsart liegt dann vor, wenn eine Merkmalsart in zwei Komponenten, eine *grundlegende* und eine *komplementäre Komponente*, aufgespalten werden kann. Dies ist z. B. bei dem Merkmal Verwandtschaftsgrad der Endprodukte im Fertigungsprogramm der Fall. Dieses Merkmal kann durch zwei relative und zueinander komplementäre Merkmalskomponenten aufgespalten werden, und zwar in den Anteil der einander verwandten Endprodukte (Sorten) und in den Anteil der einander fremden Endprodukte (Arten).

Die geeignete Darstellungsform für dieses komplexe Merkmal ist die *Flächenskala*. Zur linearen Dimension der Intensitätsskala kommt beim komplexen Merkmal mindestens eine weitere Dimension hinzu. Auf der Ordinate — vgl. Abb. 6 — wird die *absolute Merkmalskomponente* aufgetragen, in dem Beispiel der Programmumfang. Auf der Abszisse wird das komplexe Merkmal — der Verwandschaftsgrad der Produkte — aufgetragen. Die Diagonale trennt die Abstufungen der *relativen Merkmalskomponenten*, also den Anteil der verwandten Endprodukte von dem Anteil der fremden Endprodukte.

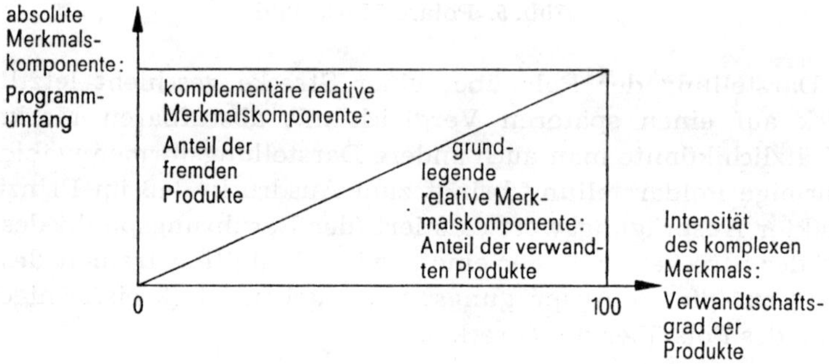

Abb. 6. Beispiel eines total abstufbaren komplexen Merkmals

Zu dieser einfachsten Form einer komplexen Mermalsart — mit zwei komplementären Merkmalskomponenten — kommen kompliziertere. Diese weiterhin systematisieren zu wollen, hieße die Formalia aufblähen. Im konkreten Fall sind für die jeweiligen Merkmale die verständlichsten und genauesten Darstellungsformen pragmatisch zu finden. Hier war es wichtig, diese Merkmalsart im Prinzip einzuführen.

Der Begriff des komplexen Merkmals bzw. die komplexe Fassung eines Merkmals ist für die folgende Untersuchung von außerordentlicher Bedeutung, die nur erkannt werden kann, wenn man teilweise auf das Folgende vorausgreift.

Will man eine *reale Industrieunternehmung in ihrer Gesamtheit* nach bestimmten Merkmalen typologisch erfassen, wird man bald feststellen, daß in der realen Erscheinungsform dieser Industrieunternehmung ein (!) Merkmal gleichzeitig (!) nebeneinander (!) in verschiedenen (!) Ausprägungen vorliegen kann. So kann beispielsweise der Materialfluß der Industrieunternehmung in einigen Abteilungen (Stufen) kontinuierlich sein und in anderen Abteilungen diskontinuierlich, d. h. es bestehen keine Schwierigkeiten, die einzelnen Abteilungen typologisch zu erfassen. Die gesamte (!) Unternehmung kann jedoch nur dann eindeutig typologisch zugeordnet werden, wenn eine einheitliche Grundlage gefunden wird, auf die das Merkmal bezogen wird, in diesem Fall die Anzahl aller (!) Transporttätigkeiten (Materialflußumfang). Damit kann eine eindeutige Aussage getroffen werden, ob die gesamte Industrieunternehmung in bezug auf das Merkmal Kontinuität des Materialflusses (im folgenden in komplexer Fassung) kontinuierlich oder diskontinuierlich fertigt. Sie würde kontinuierlich fertigen, wenn der Anteil der kontinuierlich ablaufenden Transporttätigkeiten (grundlegende relative Merkmalskomponente) gegenüber dem Anteil der diskontinuierlich ablaufenden Transporttätigkeiten (komplementäre relative Merkmalskomponente) von allen Transporttätigkeiten (absolute Merkmalskomponente) hoch ist.

Da im folgenden die Industrieunternehmung vor allem in ihrer Gesamtheit erfaßt werden soll, werden komplexe Merkmale eine besondere Bedeutung gewinnen. Um die Untersuchung maximal zu systematisieren und die verschiedenen Erscheinungsformen möglichst exakt einander vergleichbar zu machen, ist es entscheidend, die Anzahl der absoluten Merkmalskomponenten (Bezugsgrundlagen) zu minimieren. Dieses Ziel wird im folgenden weitgehend erreicht werden. Sind Programmerkmale typologisch bestimmend, dann werden sie in komplexer Fassung auf den *Programmumfang* bezogen werden; sind Prozeßmerkmale typologisch bestimmend, dann werden sie auf den *Prozeßumfang* bezogen werden. Programmumfang und Prozeßumfang werden als absolute Merkmalskomponenten eine erhebliche Bedeutung erlangen, sie werden den systematischen Zusammenhalt der Untersuchung sichern. *Komplexe Merkmale* werden *zentrales begriffliches Instrument* der gedanklichen Durchdringung der Vielfalt der Erscheinungsformen.

In der vorangehenden Betrachtung sind komplexe Merkmale in Komponenten zerlegt worden, die zueinander in einer vorwiegend *formalen Beziehung* standen (ausgedrückt in den Begriffen absolut, relativ, grundlegend und komplementär). Es wird von einer formalbezogenen Fassung des Begriffes „komplexes Merkmal" gesprochen. Die Komponenten können aber auch zueinander in einem ausschließlich *sachlichen Zusammenhang* stehen. Die Komponenten haben dann den Charakter von Untermerkmalen, die in einer differenzierteren Betrachtung den Charakter von selbständigen Merkmalen annehmen können. So ist z. B. das Merkmal Elastizität des Elementarfaktoreinsatzes komplex im Hinblick auf die drei Komponenten Elastizität des Werkstoffeinsatzes, des Arbeitskräfteeinsatzes und des Betriebsmitteleinsatzes. Diese drei Komponenten können als Untermerkmale aufgefaßt werden und als selbständige Merkmale fungieren. Auch diese sachbezogene Fassung des Begriffes „komplexes Merkmal" ist für die folgende Untersuchung bedeutend.

2.4. Definition von sinnvollen Merkmalsausprägungen = Bildung von eindimensionalen Elementartypen

Bisher sind die grundsätzlichen Ausprägungs- bzw. Abstufungsmöglichkeiten der Merkmale untersucht worden, d. h. es wurde prinzipiell geklärt, welche Intensitätswerte ein Merkmal zwischen der Minimalintensität 0 und der Maximalintensität 100 auf der gesamten Intensitätsskala annehmen kann.

In einem weiteren Schritt müssen *Werte oder Bereiche auf dieser Intensitätsskala* definiert werden, die typbildend sein können. Dabei kann man unterschiedlich vorgehen. Die Vorgehensweise wird einmal von der Eigenschaft des Merkmals und zum anderen von dem Untersuchungsziel bestimmt, in jedem Fall muß eine Definition derartiger Ausprägungen im Hinblick auf das Untersuchungsziel sinnvoll sein. Die Vorgehensweise kann induktiv-statistisch oder deduktiv-definitorisch sein. Im ersten Fall geht man stärker von den realen Erscheinungsformen des Untersuchungsbereiches aus, im zweiten Fall stellt man mehr auf das Untersuchungsziel ab.

Beim *induktiv-statistischen* Vorgehen kann man z. B. ein abstufbares Merkmal in fünf Ausprägungsbereiche[6] (Klassen) aufteilen. Man unter-

---

[6] Merkmalsausprägung ist der Oberbegriff für Merkmalsausprägungsbereich (bei abstufbaren Merkmalen) und Merkmalspol (bei polaren Merkmalen). Vgl. Kap. 1.2. Im folgenden Teil dieses Kapitels wird zunächst von Ausprägungsbereichen ausgegangen, weil dieses für die Untersuchung etwas anschaulicher ist und abstufbare Merkmale bedeutender sind.

sucht dann die realen Erscheinungsformen daraufhin, wie häufig sie in bezug auf das betrachtete Merkmal in die eine oder andere Merkmalsklasse fallen. Stellt sich z. B. heraus, daß die Klassen 1, 3 und 5 am weitaus häufigsten besetzt sind, dann können die Ausprägungsbereiche dieser Klassen typbildend sein, da diese Intensitätswerte den meisten realen Erscheinungsformen gemeinsam sind. Man könnte auch zunächst von einer vorherigen Klassifizierung absehen, die jeweilige Merkmalsintensität der realen Erscheinungsformen feststellen und auf der Häufung der Intensitätswerte die typbildenden Merkmalsausprägungsbereiche definieren.

Diese induktiv-statistische Vorgehensweise der eindimensionalen Elementartypenbildung ist keineswegs die allein mögliche. Auf die Vielzahl der pragmatisch auszurichtenden Bildungsmöglichkeiten kann hier nicht weiter eingegangen werden. Da in diesem Abschnitt die theoretische Typologie behandelt wird, soll im folgenden überwiegend *deduktiv-definitorisch* vorgegangen werden, wobei vor allem die grundsätzlichen Eigenschaften der Merkmale (polar und abstufbar) berücksichtigt werden. In den später folgenden Abschnitten der angewandten Typologie wird vorwiegend anschaulich, aus den Erfahrungen des Untersuchungsbereiches intuitiv-verstehend, die Merkmalseigenschaften berücksichtigend vorgegangen werden.

Bei der Bildung von sinnvollen Ausprägungsbereichen wird das Merkmal *minimal differenziert*. Man geht davon aus, daß es überflüssig ist, eine auf der Typenbildung aufbauende Untersuchung — in diesem Fall die Untersuchung der Anwendbarkeit von Modellen — für jede mögliche Merkmalsdifferenzierung gesondert anzustellen. Vielmehr genügt es, eine solche getrennte Untersuchung nur für die definierten Ausprägungsbereiche durchzuführen, da nur dann, wenn das Merkmal seine Intensität über diesen Ausprägungsbereich hinaus ändert, die Untersuchung wesentlich verändert wird. Ändert das Merkmal innerhalb desselben Ausprägungsbereiches seine Intensität, dann sind die Auswirkungen auf die Untersuchung (Anwendbarkeit von Modellen) unwesentlich. Wenn dies erreicht wird, dann liegt eine minimale Differenzierung des Merkmals vor, d. h. die Zahl der Ausprägungsbereiche wird minimiert. Der Abstraktionsprozeß wird im Hinblick auf das Untersuchungsziel maximiert.

Diese *Minimierung der Zahl der Merkmalsausprägungen* kann realistischerweise nicht „im ersten Anlauf" erreicht werden, sondern allenfalls in einem iterativ-komparativen Vorgehen, wobei unter der hier vorliegenden Zielsetzung mehrfach die Typenbildung mit den Anwendungserfordernissen von Planungs- und Entscheidungsmodellen, insbesondere von Planungsverfahren, miteinander zu vergleichen sind[7].

Einer Ausprägung kann nun ein *Elementartyp zugeordnet* werden. Dabei braucht nicht jede dieser Ausprägungen einen Elementartyp zu bilden. Oft wird man Zwischenausprägungen nicht berücksichtigen. Dies hängt vom Feinheitsgrad des angestrebten Untersuchungsergebnisses ab. Bei fest vorgegebenem Untersuchungsziel sollte die Elementartypenzahl minimiert werden. Nur dann wird man eine „optimale" typologische Ordnung erhalten.

Die Definition eines eindimensionalen Elementartyps mit *polaren Merkmalen* ist äußerst einfach. Die Ausprägungsmöglichkeiten bei monopolaren und bipolaren Merkmalen sind mit dem Elementartyp identisch. Eine Abstraktion von der maximalen Differenzierung auf eine minimale ist bei dem monopolaren Merkmal überhaupt nicht möglich, und beim bipolaren Merkmal ist sie in aller Regel nicht sinnvoll. Aber bei polypolaren Merkmalen können einige Pole für die Elementartypbildung irrelevant sein. Hier ist somit eine Abstraktion bzw. eine Reduzierung der Differenzierung möglich. Abb. 7 erläutert schematisch diesen Sachverhalt.

Den wesentlichen Anteil aller Merkmale bilden aber die total *abstufbaren Merkmale*. Hier ist die Reduzierung der gesamten Ausprägungsmöglichkeiten auf eine sinnvolle Anzahl von Ausprägungsbereichen, also die Elementartypbildung, von großer Bedeutung. In der Regel können die Grenzen der Ausprägungsbereiche nicht exakt festgelegt werden. Es treten Überlappungen auf. Aber auch exakte Grenzen zwischen aneinandergrenzenden Merkmalsausprägungen sind denkbar. Bei

---

[7] Die Minimierung der Zahl der Merkmalsausprägungen bildet ein wichtiges Teilziel des allgemeinen Untersuchungsziels. Dieses war als untersuchungsbereichsadäquate Typenbildung formuliert worden. Vgl. Kap. 2.1. Das genannte Teilziel ist eines neben wenigen anderen, das einer gewissen Meßbarkeit zugänglich ist. Man hätte angesichts dieser Teilziele auch an eine andere Formulierung des allgemeinen Untersuchungsziels denken können, nämlich statt an untersuchungsbereichsadäquate Typenbildung an *optimale Typenbildung*. Bringt man aber den Ausdruck optimal nur mit einem operationalen Zielsystem (vgl. *Heinen*, E., Zielsystem, S. 115 ff.) in Verbindung, dann läßt sich der Ausdruck optimal allenfalls bedingt bei der Typenbildung verwenden, weil diese nur teilweise messend durchdrungen werden kann; das — allgemein formuliert — intuitive Element der Typenbildung bzw. — speziell formuliert — die sinnvolle Ausrichtung auf Untersuchungsziele sperren sich gegen die messende Durchdringung; vor allem ist der Zielerreichungsgrad (Grad der im Hinblick auf bestimmte Untersuchungsziele „optimalen" Typenbildung) nicht sicher meßbar.
Gebraucht man aber den Ausdruck optimal etwas weiter, dann könnte man sicherlich von einer optimalen Typenbildung sprechen. Der Versuch einer „Theorie der optimalen Typenbildung" wäre zwar äußerst reizvoll — würde jedoch in umfassender Ausführung den für diese Untersuchung vorgegebenen Rahmen sprengen. Es werden hierzu später aber erste Ansätze ausgeführt werden, so z. B. bei den zwangsmäßigen Verbundtypen, vgl. Kap. 2.6.

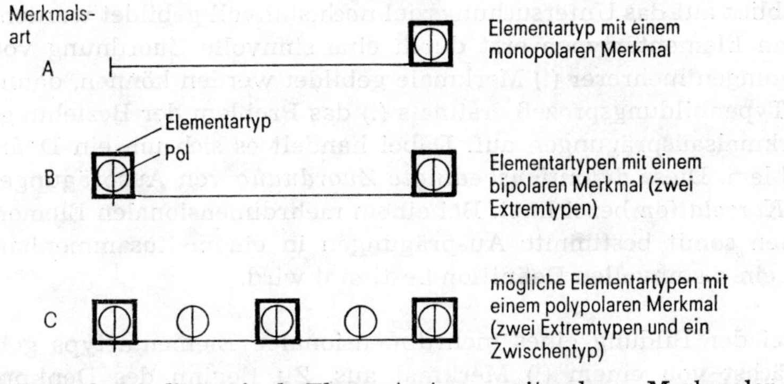

Abb. 7. Sechs eindimensionle Elementartypen mit polaren Merkmalen

partiell abstufbaren Merkmalen wird man für den Definitionsbereich des Elementartyps meist den Abstufungsbereich als typbildenden Ausprägungsbereich wählen. Aber auch das ist pragmatisch zu entscheiden. Abb. 8 charakterisiert prinzipiell die Möglichkeiten der eindimensionalen Elementartypenbildung mit abstufbaren Merkmalen. Daraus können alle weiteren Varianten abgeleitet werden.

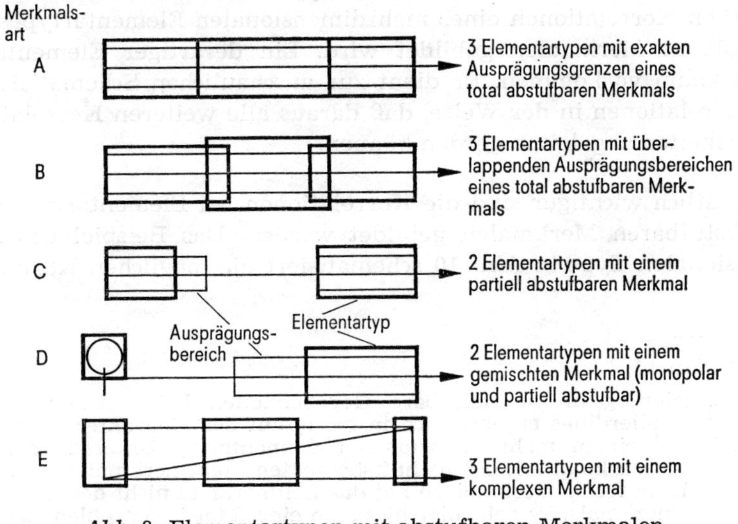

Abb. 8. Elementartypen mit abstufbaren Merkmalen

2.5. Untersuchungen der Korrelation von Merkmalsausprägungen = Bildung von mehrdimensionalen Elementartypen

Ein Elementartyp war als die Erscheinungsform definiert worden, die mit der kleinstmöglichen Anzahl von Merkmalsausprägungen im

Hinblick auf das Untersuchungsziel noch sinnvoll gebildet werden kann[8]. Wenn Elementartypen erst durch eine sinnvolle Zuordnung von Ausprägungen mehrerer (!) Merkmale gebildet werden können, dann taucht im Typenbildungsprozeß erstmals (!) das Problem der Beziehungen von Merkmalsausprägungen auf. Dabei handelt es sich um ein Definitionsproblem. Diese *definitionsbedingte Zuordnung* von Ausprägungen wird als *Korrelation* bezeichnet. Bei einem mehrdimensionalen Elementartyp stehen somit bestimmte Ausprägungen in einem Zusammenhang, der von einer sinnvollen Definition bestimmt wird.

Bei der Bildung eines mehrdimensionalen Elementartyps geht man zunächst von einem (!) Merkmal aus. Zu Beginn des Denkprozesses (Typenbildungsprozesses) kann durchaus die Bildung eines eindimensionalen Elementartypen angestrebt sein. Erst im Verlauf des Denkprozesses kann sich dann herausstellen, daß zur sinnvollen Definition weitere Merkmalsausprägungen hinzugezogen werden müssen. Das „Ausgangsmerkmal" nimmt dann den Charakter eines *Leitmerkmals*[9] an. Die Merkmale, die zusätzlich erforderlich sind, um sinnvoll einen Elementartyp bilden zu können, werden hier als *Zusatzmerkmale*[10] bezeichnet.

Das Beispiel des vierdimensionalen Typs in Abb. 9 schematisiert die möglichen Korrelationen eines mehrdimensionalen Elementartypes, der aus polaren Merkmalen gebildet wird. Ein derartiger Elementartyp dürfte kaum vorkommen. Er dient zur anschaulichen Schematisierung der Korrelationen in der Weise, daß daraus alle weiteren Korrelationsmöglichkeiten abgeleitet werden können.

Wesentlich wichtiger sind die Korrelationen bei Elementartypen, die aus abstufbaren Merkmalen gebildet werden. Das Beispiel des fünfdimensionalen Typs in Abb. 10 schematisiert die möglichen Korrelationen.

---

[8] Vgl. Kap. 1.3.

[9] In Anlehnung an vergleichbare Gegebenheiten beim zwangsmäßigen Verbundtyp; allerdings ergeben sich in bezug auf den Charakter eines Leitmerkmals bei einem mehrdimensionalen Elementartyp Unterschiede. Hier liegt kein Leitmerkmal mit eigenschaftsbedingten Folgemerkmalen vor. Auch anders als beim freien Verbundtyp hat das Leitmerkmal nicht den Charakter eines Hauptmerkmals. Es geht hier nicht um eine Rangfolgeproblem, sondern um ein Definitionsproblem.

[10] Anders als beim zwangsläufigen Verbundtyp haben die Zusatzmerkmale nicht den Charakter von Folgemerkmalen, also Merkmalen, die Folge einer Eigenschaft des Leitmerkmals sind. Zusatzmerkmale stehen nur manchmal mit dem Leitmerkmal in einem eigenschaftsbedingten Zusammenhang. Zusatzmerkmale sind vielmehr erforderlich, damit ein Elementartyp sinnvoll definiert werden kann. Je nach Untersuchungsziel kann also ein Leitmerkmal mit verschiedenen Zusatzmerkmalen verbunden werden.

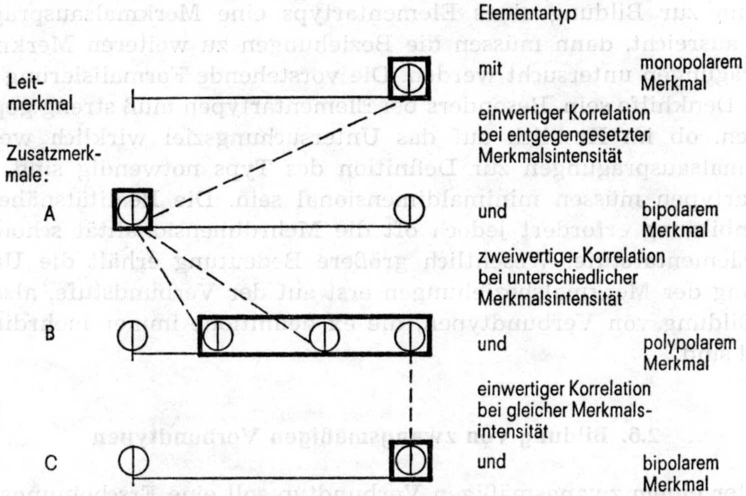

Abb. 9. Vierdimensionaler Elementartyp mit polaren Merkmalen

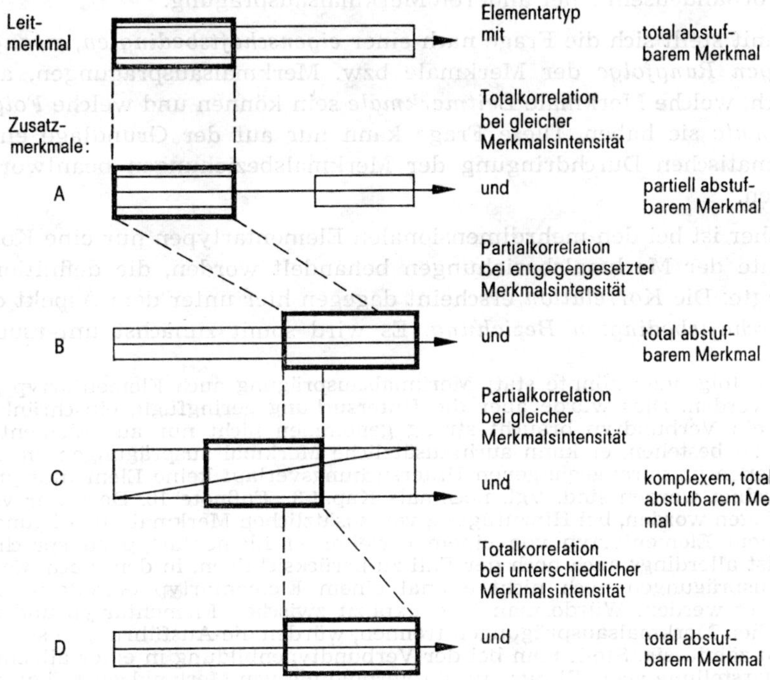

Abb. 10. Fünfdimensionaler Elementartyp mit abstufbaren Merkmalen

Wenn zur Bildung eines Elementartyps eine Merkmalsausprägung nicht ausreicht, dann müssen die Beziehungen zu weiteren Merkmalsausprägungen untersucht werden. Die vorstehende Formalisierung mag dabei Denkhilfe sein. Besonders bei Elementartypen muß streng geprüft werden, ob im Hinblick auf das Untersuchungsziel wirklich weitere Merkmalsausprägungen zur Definition des Typs notwendig sind. Elementartypen müssen minimaldimensional sein. Die Realitätsnähe der Typenbildung erfordert jedoch oft die Mehrdimensionalität schon auf der Elementarstufe. Wesentlich größere Bedeutung erhält die Untersuchung der Merkmalsbeziehungen erst auf der Verbundstufe, also bei der Bildung von Verbundtypen, die ex definitione immer mehrdimensional sind.

2.6. Bildung von zwangsmäßigen Verbundtypen

Unter einem zwangsmäßigen Verbundtyp soll eine Erscheinungsform verstanden werden, die mit einer bestimmten Anzahl von Merkmalsausprägungen bzw. Elementartypen[11] definiert wird, die einen eigenschaftsbedingten Zwangsverbund bilden, d. h. die Eigenschaft einer Merkmalsausprägung bedingt bei ihrem Vorhandensein zwangsweise das Vorhandensein einer anderen Merkmalsausprägung.

Damit stellt sich die Frage nach einer *eigenschaftsbedingten, zwangsmäßigen Rangfolge* der Merkmale bzw. Merkmalsausprägungen, also danach, welche Merkmale *Leitmerkmale* sein können und welche *Folgemerkmale* sie haben. Diese Frage kann nur auf der Grundlage einer systematischen Durchdringung der Merkmalsbeziehungen beantwortet werden.

Bisher ist bei den mehrdimensionalen Elementartypen nur eine Komponente der Merkmalsbeziehungen behandelt worden, die definitionsbedingte. Die *Korrelation* erscheint dagegen hier unter dem Aspekt der *eigenschaftsbedingten Beziehung*. Es wird somit zunächst untersucht,

[11] Im folgenden könnte statt Merkmalsausprägung auch Elementartyp gesetzt werden. Dies würde aber die Untersuchung geringfügig einschränken, denn ein Verbundtyp braucht streng genommen nicht nur aus Elementartypen zu bestehen, er kann auch zusätzliche Merkmalsausprägungen enthalten, denen im vorangegangenen Untersuchungsverlauf keine Elementartypen zugeordnet worden sind. Vgl. nochmals Kap. 1.3., Fußnote 18. Dort war vorgeschlagen worden, bei Hinzufügung von zusätzlichen Merkmalsausprägungen zu einem Elementartyp von einem erweiterten Elementartyp zu sprechen. Hier ist allerdings auch noch der Fall zu berücksichtigen, in dem auch Merkmalsausprägungen noch nicht einmal einem Elementartyp erweiternd zugeordnet werden. Würde man jetzt explizit zwischen Elementartyp und zusätzlichen Merkmalsausprägungen trennen, würden die Ausführungen sprachlich zu zähflüssig. Stellt man bei der Verbundtypenbildung in einer allgemeinen Darstellung generell nur auf die Verbindung von Merkmalsausprägungen ab, dann ist die Darstellung terminologisch flexibler.

ob und inwieweit beim Vorhandensein einer Merkmalsausprägung mehr oder minder zwangsmäßig (eigenschaftsbedingt) eine weitere Merkmalsausprägung vorliegt[12].

Der Grad der Korrelation wird durch den *Korrelationskoeffizienten k* formuliert. Es sollen vereinfachend nur drei Werte unterschieden werden:

0 = keine Korrelation (kein gesicherter Zusammenhang zwischen zwei Merkmalsausprägungen),

0,5 = Partialkorrelation (ist eine Merkmalsausprägung vorhanden, dann liegt auch eine andere Merkmalsausprägung zum großen Teil vor),

1 = Totalkorrelation (die Grenzen der Ausprägungen zweier Merkmale stimmen exakt überein).

Die Merkmalsbeziehungen werden aber erst vollständig definiert, wenn eine Aussage über die Häufigkeit der Beziehung getroffen wird. Zu der ersten Komponente tritt eine zweite. Sie wird durch den *Häufigkeitskoeffizienten h* formuliert. Es sollen vereinfachend wiederum nur drei Werte unterschieden werden:

0 = eine Beziehung tritt nie auf,

0,5 = häufige Beziehung (liegt eine Merkmalsausprägung vor, dann ist häufig auch eine andere vorhanden),

1 = immer vorhandene Beziehung.

Aus diesen Beziehungskomponenten läßt sich der *Intensitätsgrad einer Merkmalsbeziehung* bilden:

$$I = h \cdot k$$

Setzt man die oben unterschiedlichen Häufigkeits- und Korrelationswerte ein, dann ergeben sich folgende Intensitätswerte:

Intensitätswerte I	Häufigkeitswerte h	Korrelationswerte k
0,25 geringe Intensität	0,5 häufig	0,5 partiell
0,5 mittlere Intensität	1 oder 0,5 immer oder häufig	0,5 oder 1 partiell oder total
1 vollständige Intensität	1 immer	1 total

[12] Auch Schäfer erwähnt diese Erscheinung und bezeichnet sie als Affinität zwischen Merkmalen. Vgl. *Schäfer*, E., Industriebetrieb, Bd. 2, S. 309 f. Allerdings wird sie nicht weiter definiert; sie wird auch nicht explizit zur Typenbildung herangezogen.

Mit diesem begrifflichen Rüstzeug kann jetzt eine eigenschaftsbedingte Rangfolge der Merkmale des Untersuchungsbereiches aufgestellt werden. Durch eine Merkmalsauswahl werden dann zwangsmäßige Verbundtypen gebildet.

Zunächst wird gefragt, ob überhaupt beim Vorliegen einer bestimmten Merkmalsausprägung A eine weitere Ausprägung B vorhanden sein muß. Diese Beziehung wird durch einen Pfeil, gerichtet von A nach B, dargestellt. Gilt auch das Umgekehrte, dann wird diese Beziehung durch einen Doppelpfeil dargestellt. Direkte Beziehungen, die sich aus der Verbindung von mehreren direkten Teilbeziehungen ergeben könnten, werden nicht gesondert dargestellt; wenn z. B. A über B und C mit D verbunden ist, dann wird die sich daraus ergebende direkte Verbindung A—D nicht extra berücksichtigt.

Dann wird nach der Intensität dieser Beziehungen gefragt, d. h. es wird untersucht, wie häufig die Beziehung auftritt und wie groß die Korrelation ist. Die beiden Koeffizienten werden bei jeder Pfeilspitze eingetragen. Die Untersuchung wird ggfs. für alle Merkmalsausprägungen durchgeführt, so daß schließlich festgestellt wird, welche Merkmalsausprägungen mit welchen anderen Ausprägungen eigenschaftsbedingte zwangsmäßige Beziehungen mit welcher Intensität haben. Gemäß der Bedeutung eines Pfeiles werden die Intensitätswerte aller gleichgerichteten verketteten Pfeile von einer Merkmalsausprägung ausgehend addiert. Auf mögliche Gewichtungen wird verzichtet. Der addierte Intensitätswert wird neben der Merkmalsausprägung eingetragen, von der ausgegangen wurde. Er ist ein Maß dafür, wie intensiv eine Merkmalsausprägung mit Folgemerkmalsausprägungen verbunden ist.

Man erhält so eine *Rangfolge* der Merkmalsausprägungen auf der Grundlage von Intensitätswerten. Für jedes Merkmal können so viele Werte anfallen, wie Ausprägungen vorhanden sind. Werden diese Werte je Merkmal addiert, ergibt sich damit eine Rangfolge der Merkmale. Die — zu definierende — Gruppe mit den höchsten Werten, stellt die Leitmerkmale. Diese Gruppierung läßt sich ebenfalls für die Merkmalsausprägungen vornehmen. So erhält man Leitmerkmalsausprägungen. Geht man bei der Bildung von zwangsmäßigen Typen von diesen Merkmalen bzw. Merkmalsausprägungen aus, wird die Typenbildung optimiert. Die Auswahl der Merkmalsausprägungen, die zwangsmäßig verbunden sind, sollte pragmatisch erfolgen. Auf besondere Auswahlkriterien soll hier nicht eingegangen werden.

Abb. 11 zeigt ein *Beispiel*, mit dem das hier entwickelte Verfahren erläutert werden soll. Um das Beispiel übersichtlich zu halten, wird je Merkmal überwiegend nur eine Ausprägung untersucht. Weiterhin werden nur eindimensionale Elementartypen mit total abstufbaren Merk-

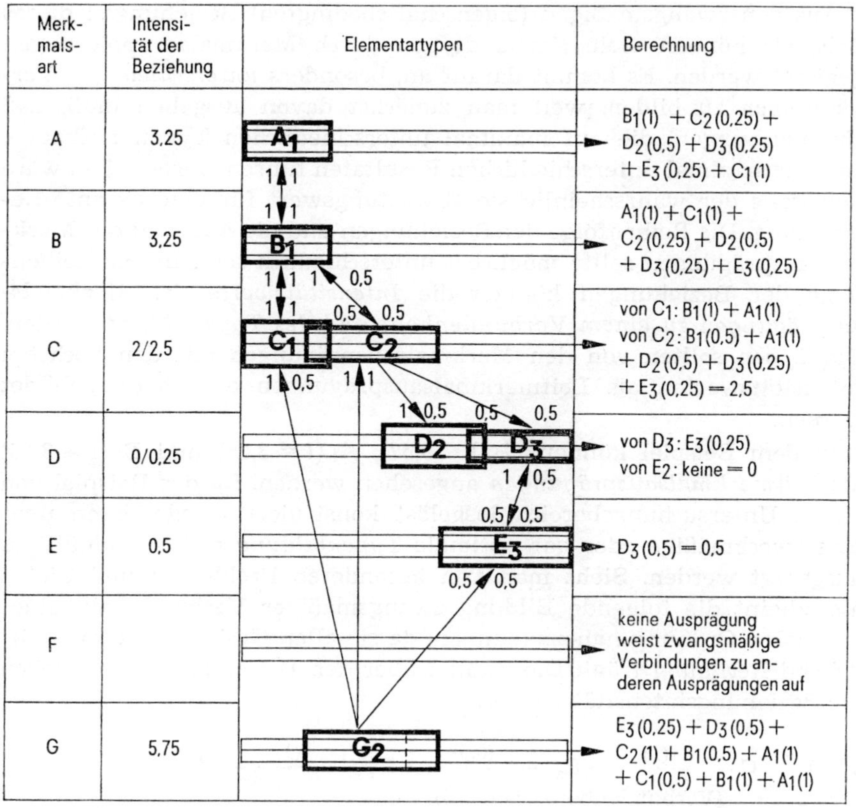

Abb. 11. Beispiel einer Bildung von zwangsläufigen Verbundtypen (Vorstufe: Berechnung der Intensität der zwangsläufigen Merkmalsbeziehungen)

Erläuterung:

— Die Zahlen links von den Pfeilspitzen stellen die Häufigkeitskoeffizienten dar. Die Zahlen rechts sind die Korrelationskoeffizienten.

— In der Berechnungsspalte repräsentieren die indizierten Buchstaben die Merkmalsausprägungen. Die eingeklammerten Zahlen sind die Intensitätswerte (I = h · k) der zugehörigen verbundenen Merkmalsausprägungen. Das Additionsergebnis steht in der Spalte ‚Intensität der Beziehung'. Die Addition wird längs gleichgerichteter verketteter Pfeile jeweils bis zum Kettenende durchgeführt.

malen unterstellt. Diese Annahme entspricht den häufigsten Fällen. Das Beispiel ist jedoch so gehalten, daß bei Aufgabe dieser Einschränkungen unter Einbezug der behandelten Ausführungen weitere Möglichkeiten leicht abgeleitet werden können.

Aus den zwangsmäßigen (eigenschaftsbedingten) Beziehungen dieses Beispiels können viele Verbundtypen durch Merkmalsgruppierungen gebildet werden. Es kommt darauf an, besonders *unterschiedliche Verbundtypen* zu bilden, weil man zunächst davon ausgehen muß, daß Untersuchungen, die auf maximal unterschiedlichen Typen aufbauen, auch zu maximal unterschiedlichen Resultaten führen werden. Das wäre jedenfalls der wahrscheinlichste Erwartungswert für eine ex-ante-Betrachtung. Die Reihenfolge der Beziehungen und die Auswahl der Merkmalsausprägungen sollte möglichst unterschiedlich sein. In der Reihenfolge der Beziehungen können die *Intensitätswerte der Merkmalsausprägungen zu einem Verbundenheitsgrad des Typs addiert* werden. Die Typen sollten von den Merkmalsausprägungen mit den höchsten Intensitätswerten als Leitmerkmalsausprägungen ausgehend gebildet werden.

In dem Beispiel können G_2 (I = 5,57), A_1 (I = 3,25) und B_1 (I = 3,25) als *Leitmerkmalsausprägungen* angesehen werden. Da das Beispiel von einem Untersuchungsbereich losgelöst konstruiert wurde, kann über eine zweckmäßige oder gar *optimale Typenbildung* nichts Endgültiges ausgesagt werden. Sieht man von besonderen Problemen und Zielen ab, scheint die folgende Bildung zwangsmäßiger Verbundtypen einer optimalen Ordnung nahezukommen, da sie allen Gesichtspunkten weitgehend Rechnung trägt. Die Zahlen über den Beziehungspfeilen geben die Beziehungsintensität wieder.

Typ I: $G_2 \xrightarrow{(1)} C_2 \xrightarrow{(0,5)} B_1 \xrightarrow{(1)} A_1$
(Verbundenheitsgrad: 2,5)

Typ II: $A_1 \xrightarrow{(1)} B_1 \xrightarrow{(1)} C_1$
(Verbundenheitsgrad: 2)

Typ III: $B_1 \xrightarrow{(1)} A_1 \xrightarrow{(0,25)} C_2 \xrightarrow{(0,25)} D_3 \xrightarrow{(0,25)} E_3$
(Verbundenheitsgrad: 1,75)

Damit ist ein wesentlicher Teil der typologischen Arbeit abgeschlossen. Der *Freiheitsgrad der Typenbildung* im Sinne einer freien Kombination von Merkmalsausprägungen wurde abgetastet. Es besteht Klarheit darüber, welche Merkmalsausprägungen immer miteinander verbunden sind (Häufigkeitskoeffizient = 1) und miteinander total korrelieren (Korrelationskoeffizient = 1). Bei der Verbindung dieser Merkmalsausprägungen ist der Freiheitsgrad der Typenbildung weitestgehend eingeschränkt.

Die Freiheit bei der Bildung von zwangsmäßigen Verbundtypen[13] beschränkt sich einmal auf die Festlegung, welche Merkmalsausprägun-

---
[13] Vgl. Kap. 1.3.

gen Leitcharakter haben sollen. Diese Freiheit ist aber durch die Ausrichtung auf das Untersuchungsziel und durch den Intensitätswert dieser Merkmalsausprägungen eingeschränkt, d. h. man sollte nur solche Merkmalsausprägungen zu Leitmerkmalsausprägungen erheben, die intensive Beziehungen zu anderen Merkmalsausprägungen aufweisen.

Die Freiheit bei der Bildung von zwangsmäßigen Verbundtypen beschränkt sich zum anderen auf die Bestimmung der Anzahl der zu verbindenden Merkmalsausprägungen, obwohl auch hier die Freiheit durch die Ausrichtung der Verbindung auf das Untersuchungsziel eingeengt wird, denn es besteht die Forderung nach zielorientierter und problemadäquater Typenbildung.

Der Bildung von zwangsmäßigen Verbundtypen bzw. der Untersuchung von eigenschaftsbedingten Korrelationen zwischen Merkmalsausprägungen bzw. Elementartypen kommt eine erhebliche Bedeutung zu. Hier geht die Typenbildung meist über eine rein ordnende Methode hinaus, denn sie vermittelt *Erkenntnisse* über zwangsmäßig vorhandene Merkmalsverbindungen, die für darauf aufbauende Untersuchungen wichtige Ergebnisse darstellen können[14]. Darin liegt die Bedeutung dieser Phase für die praktische Anwendung.

Die Erkenntnisvermittlung liegt in einer *Erklärung*. Daß diese Behauptung für die Bildung von zwangsmäßigen Verbundtypen zutrifft, soll im folgenden dargestellt bzw. bewiesen werden. Dabei wird davon ausgegangen, daß eine wissenschaftliche Erklärung aus der logischen Ableitung des Explanandums aus dem Explanans besteht[15]. Typologisch zu erklären ist die Erscheinungsform A—B. Der typologische *Erklärungsprozeß*[16] wird in drei Phasen[17] eingeteilt:

(1) Aufstellung einer generellen Hypothese:

Immer wenn Erscheinungsform A vorliegt, dann liegt auch Erscheinungsform B vor ($h = 1$).

---

[14] Vgl. dazu auch Kap. 1.4., Fußnoten 48 u. 49.

[15] Vgl. *Stegmüller*, W., Hauptströmungen der Gegenwartsphilosophie, 2. Aufl., Stuttgart 1960, S. 447. Vgl. zu dieser Erklärungsdefinition und ihrem Zusammenhang mit wissenschaftlicher Methodik und Theorienbildung *Popper*, K. P., Naturgesetze und theoretische Systeme, in: Theorie und Realität, hrsg. von H. Albert, Tübingen 1964, S. 93—101; ferner *Albert*, H., Probleme der Theorienbildung, in: Theorie und Realität, hrsg. von H. Albert, Tübingen 1964, S. 47—50.

[16] Die Phasenüberschriften kennzeichnen den Erklärungsprozeß generell. Die Ausführungen zu den Überschriften kennzeichnen den Erklärungsprozeß speziell, angewandt auf einen typologischen Tatbestand. Auf Differenzierungen und auf eine Ausweitung auch auf freie Verbundtypen sei hier verzichtet.

[17] Die hier zugrunde gelegte generelle Phaseneinteilung geht zurück auf eine Darstellung von *Köhler*, R., Theoretische Systeme der Betriebswirtschaftslehre im Lichte der neueren Wissenschaftslogik, Stuttgart 1966, S. 14.

(2) Untersuchung der Antecedensbedingungen:

Bei der Erscheinungsform A—B liegt die Erscheinungsform A vor. Diese beiden Phasen bilden das Explanans.

(3) Vollzug des logischen Schlusses (i. e. S.):

Da Erscheinungsform A vorliegt, liegt auch B vor; das erklärt die zu erklärende Erscheinungsform A—B (Explanandum) als zwangsmäßigen Verbundtyp.

Zwangsmäßige Verbundtypen können bedingt als *Erklärungsmodelle*[18] interpretiert werden. So können die Leitmerkmale als *Aktionsparameter* (unabhängige Variable) aufgefaßt werden. Die Art der Variablen entspricht der Merkmalsintensität. Die Folgemerkmale können als *Erwartungsvariable* (abhängige Variable) aufgefaßt werden, deren erwartete Beziehungsintensität im Korrelations- und Häufigkeitskoeffizienten quantifiziert wird. Die *Umweltdaten* („Koeffizienten") des Erklärungsmodells ergeben sich aus dem Untersuchungsbereich der Typologie (aus den realen Erscheinungsformen). Die *Nebenbedingungen*, die die Aktionsparameter beschränken, ergeben sich vor allem aus dem Untersuchungsziel der Typologie. Das Netz bzw. die Verkettung der Korrelationsbeziehungen des zwangsmäßigen Verbundtypen läßt sich mit den *Gleichungsbeziehungen* des Erklärungsmodells vergleichen. Damit ist der zwangsmäßige Verbundtyp vollständig beschrieben. In der Durchführbarkeit dieses Vergleichs wird ein Beweis für die Leistungsfähigkeit der hier vorgeschlagenen Terminologie bzw. der hier durchgeführten terminologischen Erfassung der Typologie gesehen. Auf dieser Grundlage kann die Integrationsmöglichkeit der typologischen mit der entscheidungstheoretischen Betriebswirtschaftslehre aufgezeigt werden.

2.7. Bildung von freien Verbundtypen

Die vorstehenden Ausführungen sollen nicht zu der Vorstellung verleiten, daß zahlreiche Merkmalsausprägungen immer zwangsmäßig miteinander verbunden seien und miteinander total korrelieren, so daß der Freiheitsgrad der Typenbildung sehr stark eingeschränkt wäre. In Wirklichkeit sind diese Fälle in exakter Ausprägung sogar selten. Immer dann, wenn Merkmalsausprägnugen nicht immer miteinander zwangsweise verbunden sind (Häufigkeitskoeffizient < 1) und nicht miteinander total korrelieren (Korrelationskoeffizient < 1), besteht grundsätzlich eine Möglichkeit zur Bildung von freien Verbundtypen. Es fragt sich aber, inwieweit das denkbar *große Feld freier Typenbildung sinnvoll ausgeschöpft* werden sollte.

---

[18] Vgl. zu den folgenden Begriffen, die allgemein den Inhalt eines Erklärungsmodells erfassen, *Heinen*, E., Einführung, S. 159 ff.

Ein Beispiel soll die Grundlagen für die Antwort geben. Betrachtet man zunächst die Korrelationsbeziehungen zwischen total abstufbaren Merkmalen in Abb. 12, dann stellt man fest, daß der gesamte Merkmalsausprägungsbereich A_1 mit dem größten Teil des Merkmalsausprägungsbereiches B_1 korreliert. Das gleiche trifft für die Beziehung A_3 mit B_2 zu.

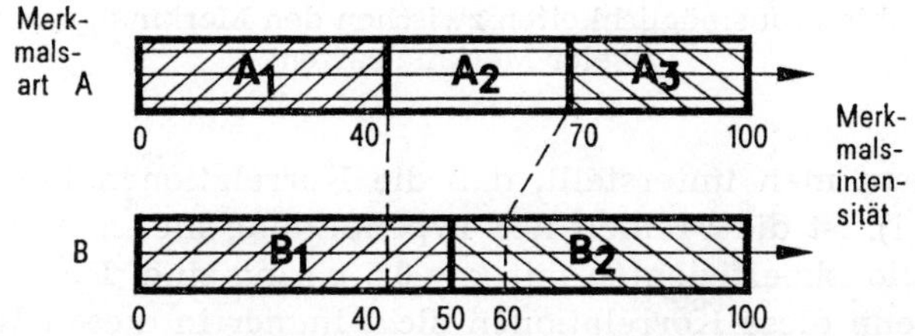

Abb. 12. Korrelationsbereich zweier total abstufbarer Merkmale

Es erscheint deshalb doch zunächst nur zweckmäßig zu sein, zwei Typen zu bilden, nämlich Typ I ($A_1 - B_1$) und Typ II ($A_3 - B_2$), da der Korrelationskoeffizient hier nahe bei 1 liegt, zumal dann, wenn diese Korrelationsbereiche immer so auftreten ($h = 1$). Diese beiden Typen wären dann zwangsmäßige Verbundtypen. Diese Typenbildung wäre allerdings zu überprüfen, wenn diese Korrelationsbeziehungen nicht so häufig auftreten ($h < 0{,}5$). Bei dem Beispiel bleibt für die Bildung freier Verbundtypen also wenig Raum. Denkbar wären zwei freie Verbundtypen $A_2 - B_1$ und $A_2 - B_2$. Da aber B_1 überwiegend mit A_1 und B_2 überwiegend mit A_3 korreliert und überdies A_2 noch ein Zwischentyp ist, also gegenüber Extremtypen im allgemeinen geringere Aussagekraft hat, kann nicht unbedingt erwartet werden, daß diese Typenbildung sinnvoll ist, d. h. darauf aussagefähige Untersuchungen aufgebaut werden können.

Letztlich kann die Frage nach der Freiheit der Typenbildung immer nur pragmatisch beantwortet werden. Aber in erster Näherung kann ausgesagt werden, daß für die Bildung von freien Verbundtypen nur dann Raum ist, wenn der Häufigkeitskoeffizient $h < 0{,}5$ und/oder der Korrelationskoeffizient $k < 0{,}5$ beträgt, denn dann treten eigenschaftsbedingte Merkmalsbeziehungen nur selten auf und/oder die Merkmalsausprägungen korrelieren nur geringfügig.

Betrachtet man das Beispiel der Abb. 13, dann kann festgestellt werden, daß zwischen den Merkmalsausprägungen keine eindeutige Korrelation vorliegt.

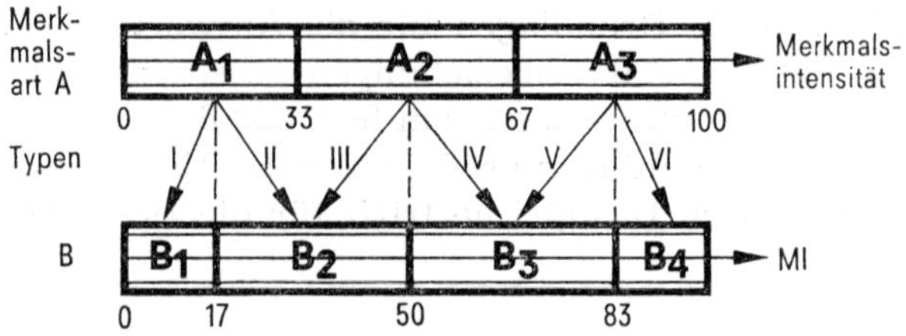

Abb. 13. Beispiel einer Bildung von freien Verbundtypen (Freie Kombinationsmöglichkeiten zwischen den Merkmalsausprägungen zweier Merkmalsarten)

Selbst wenn man unterstellt, daß die Korrelationen immer so vorliegen ($h = 1$), ist die Freiheit der Typenbildung hier ziemlich groß, da die Korrelationskoeffizienten mit $k = 0{,}5$ gering sind. Dies trifft um so mehr zu, wenn diese Korrelationen nicht immer in diesen Werten vorliegen ($h < 1$). Die Freiheit wird allerdings wiederum durch die allgemeine Forderung, zielorientierte und problemäquate Typen zu bilden, eingeschränkt.

Damit ist das *Feld der Bildung freier Verbundtypen abgesteckt.* Allerdings tritt auch bei der Bildung freier Verbundtypen das Problem einer Rangfolge der Merkmale bzw. Merkmalsausprägungen auf, denn der Kombinationsprozeß benötigt einen Ansatzpunkt. Eine Gewichtung kann ausschließlich durch die Bedeutung der Merkmalsausprägungen im Hinblick auf das Untersuchungsziel erfolgen. Unter diesem Gesichtspunkt wurde bereits[19] in Haupt- und Nebenmerkmale unterschieden. Hauptmerkmalen (bzw. Hauptmerkmalsausprägungen) kommt im Hinblick auf die Untersuchungsziele besondere Bedeutung zu. Bei der Bildung freier Verbundtypen wird man zunächst von ihnen ausgehen, d. h. sie bilden den Ansatzpunkt der Kombination. Ihnen wird man in pragmatischer Weise eine bestimmte Auswahl von Nebenmerkmalen zuordnen.

Die Bildung freier Verbundtypen kann von der Bildung zwangsmäßiger Verbundtypen nicht isoliert gesehen werden. Vorstehend ist die Aufspaltung in diese beiden Teilprozesse aus systematischen Gründen vorgenommen worden. Die Verbundtypenbildung ist in erster Linie auf das Untersuchungsziel abzustellen. Somit kann sie nur schwer durch das formale Kriterium des Freiheitsgrades aufgespalten werden, d. h. es werden sowohl zwangsmäßig miteinander verbundene als auch frei kombinierbare Merkmalsausprägungen einander zugeordnet. Insofern wird es kaum ausschließlich zwangsmäßige oder ausschließlich freie sondern meist *gemischte Verbundtypen* geben.

---

[19] Vgl. Kap. 1.3.

2.8. Darstellung von Typen

2.8.1. Formen der Darstellung

Der Prozeß der Typenbildung wird durch die (graphische) Typendarstellung abgeschlossen. Diesem Abschluß kommen zwei Aufgaben zu:

(1) *Übersichtliche Zusammenfassung* des Typenbildungsprozesses.

(2) *Erkenntnisvermittlung über Zusammenhänge*, die verbal nicht in einfacher Weise erläutert werden können, um so eine schwerfällige Terminologie zu umgehen. Dies betrifft vor allem partielle Korrelationsbeziehungen und vielfältige Kombinationsbeziehungen bei Verbundtypen.

Der Darstellungsphase kommt somit nicht nur *zusammenfassender Charakter* zu, sie hat oft *auch ergänzend-erklärenden Charakter*, und da sie oft erst eine Erklärung ermöglicht, ist sie eine eigenständige, äußerst wichtige Phase. Da typologisches Denken anschauliches Denken ist, kann eine fundierte Typologie ohne die graphische Darstellung nicht auskommen. Deshalb wird ihr in der vorliegenden Untersuchung ein großes Gewicht beigemessen.

In bezug auf die Formen der Darstellung leiten sich aus den zwei Aufgaben zwei wichtige Forderungen ab:

(1) Forderung nach *Übersichtlichkeit*:

Die Form der Darstellung soll einfach sein, eine eindeutige Interpretation ermöglichen, die Vergleichbarkeit verschiedener Formen durch vereinheitlichte Formelemente sichern.

(2) Forderung nach *Adäquanz zwischen Inhalt und Form*:

Die graphische Form soll den verbalen Inhalt des Typenbildungsprozesses richtig wiedergeben; sie soll Lücken bzw. Ansätze der verbalen Untersuchung zu einem systematischen Gesamt schließen.

Die beiden Forderungen widersprechen sich im wesentlichen: Die erste Forderung zielt auf Vereinheitlichung, die zweite auf Differenzierung. In dieser Untersuchung wird der ersten die Priorität eingeräumt.

Im Grunde sind alle Darstellungsformen in den vorigen Abbildungen zumindest ansatzweise bereits angewandt worden. Besonders von der Darstellungsform der Flächenskala wurde vielfach Gebrauch gemacht. Für die vorliegende Untersuchung ist ihre Anwendung auf komplexe Merkmale von größter Bedeutung[20].

---

[20] Vgl. deshalb nochmals Kap. 2.3., Komplexe Merkmalsarten.

Es sollen folgende Darstellungsformen unterschieden werden:

(1) *Parallele Darstellung*

(11) Darstellung als *Balkendiagramm*

In dieser Form wurden die Typen bisher dargestellt. Auf der Ordinate werden die Merkmalsarten und auf der Abszisse wird die Merkmalsintensität aufgetragen. Die Ausprägungen werden bei abstufbaren Merkmalen als Balken dargestellt. Die Ausprägungen der Elementartypen bzw. der Merkmale werden durch Einrahmung zu einem Verbundtyp zusammengefaßt. Die Bezeichnung Balkendiagramm soll auch dann beibehalten werden, wenn polare Merkmale mit ihren kreisförmigen Ausprägungen mit aufgenommen werden. Abb. 14 gibt ein Beipiel dieser Darstellungsweise. Sie ist besonders geeignet für Verbundtypen mit abstufbaren Merkmalen, und zwar besonders bei partieller Abstufbarkeit und überlappenden Abstufungsbereichen, da hier die Abstufungsbereiche besonders übersichtlich ausgewiesen werden. Sie eignet sich weiterhin dann gut, wenn die Ausprägungen bei gleicher Merkmalsintensität korrelieren. Schräg verlaufende Korrelationslinien machen die Darstellung weniger anschaulich[21].

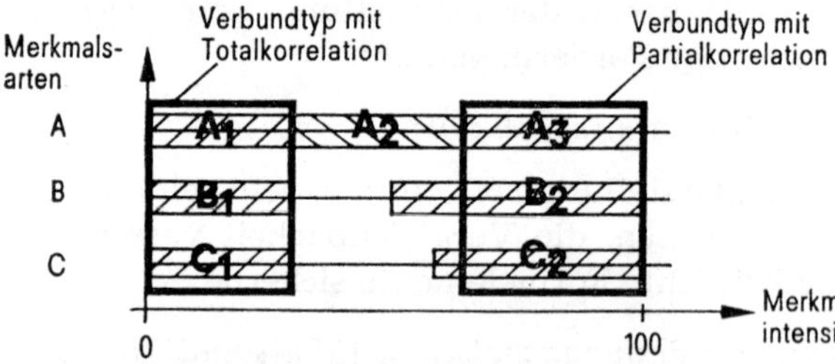

Abb. 14. Zwei dreidimensionale Verbundtypen (Extremtypen) in Balkendiagrammstellung

In jedem Fall werden hier Typen bei abstufbaren Merkmalen als Korrelationsbereich von Ausprägungsbereichen dargestellt. Der Typ ist hier somit eine abstrakte Erscheinungsform, die viele Erscheinungsformen umfaßt. Diese würden dargestellt, wenn man innerhalb der Ausprägungsbereiche einzelne Punkte miteinander verbände.

(12) Darstellung als *Profildiagramm*

Wenn eine Korrelation von Merkmalsausprägungen entweder bei oft unterschiedlicher Merkmalsintensität vorkommt (schräge Verbindungen) oder teilweise überhaupt nicht gegeben ist (unterbrochene Verbindung), dann wird eine Darstellung von Korrelationsbereichen schnell unüber-

[21] Vgl. nochmals Abb. 10.

sichtlich. Man verbindet dann — wie in Abb. 15 — nur noch einzelne Punkte auf den Intensitätsskalen als typische Intensitätsverdichtungspunkte durch Linien. Der Typ wird durch einen Linienzug repräsentiert. Diese Darstellung ist immer übersichtlich, auch bei *beliebig großen Merkmalszahlen.* Es handelt sich um eine quasi-n-dimensionale Darstellungsmöglichkeit. Sie ist außerdem sehr flexibel, da sie Merkmalsbeziehungen differenzierter wiedergibt.

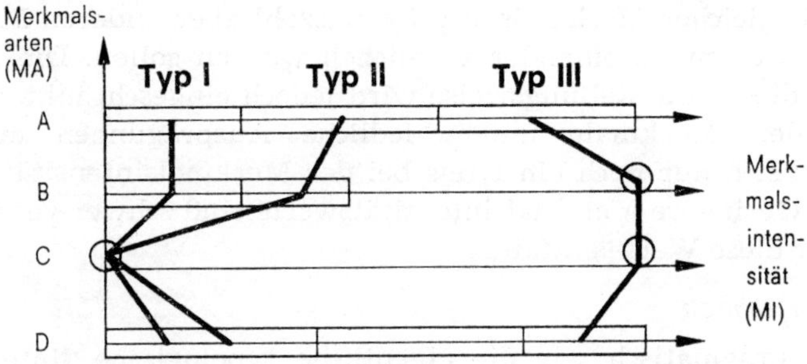

Abb. 15. Vierdimensionale Verbundtypen in Profildiagrammdarstellung

(2) *Polare Darstellung* (Polardiagramm)

Wenn dagegen nur *wenige Merkmale* auftreten — in der Regel acht und weniger —, können die Intensitätsskalen der Merkmale auch radial bzw. polar anstatt parallel angeordnet sein. Zunächst soll unterstellt werden, daß alle typbildenden Merkmale gleiche bzw. einander entsprechende Ausprägungsbereiche haben. Für diesen Fall gilt Abb. 16.

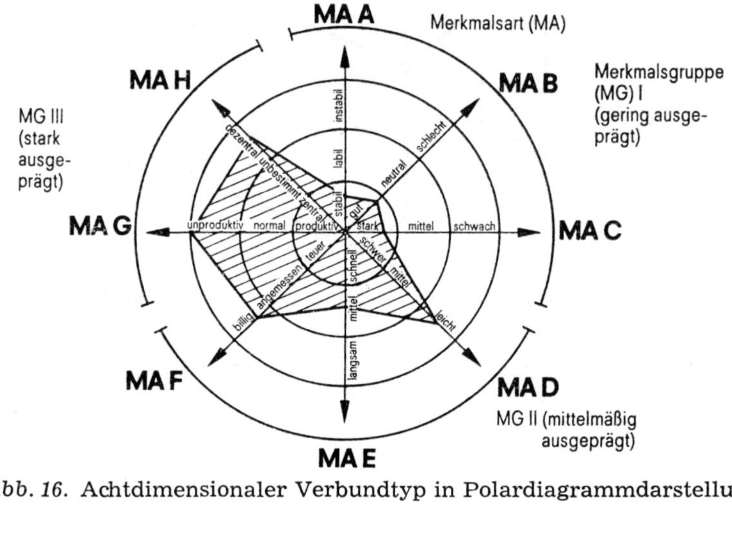

Abb. 16. Achtdimensionaler Verbundtyp in Polardiagrammdarstellung

Die Ausprägungen können dann durch Kreislinien verbunden werden. Ordnet man alle Merkmale in steigender Intensität an und sind sie abstufbar, dann verbindet der äußere Kreis alle Merkmale bei der Intensität 100. Der Verbundtyp wird dargestellt durch ein Verbinden der Punkte, die auf den jeweiligen Koordinaten die Merkmalsintensität angeben[22].

Anders als im Profildiagramm wird der Typ im Polardiagramm durch eine Fläche dargestellt. Diese Darstellung kann aussagefähig sein, wenn Typen mit gleicher Merkmalsausprägungszahl aber anderen Merkmalsintensitätswerten miteinander verglichen werden sollen. Die Aussagefähigkeit dieser Darstellungsweise wird jedoch eingeschränkt, wenn die typbildenden Merkmale unterschiedliche Ausprägungen aufweisen. Dann läßt sich nur noch ein Kreis bei der Merkmalsintensität 100 einzeichnen. Geringere Merkmalsintensitätswerte sind schwer vergleichbar. Kreise für diese Werte entfallen[23].

(3) *Sonderformen*

Ebenso pragmatisch wie die eigentliche typologische Untersuchung sollte auch die Darstellung ihrer Ergebnisse sein. Die Darstellungsformen sind deshalb elastisch den Inhalten anzupassen. Dies führt zur Entwicklung zahlreicher Sonderformen. Eine wichtige davon ist die *Würfeldarstellung* nach Abb. 17. Diese Darstellung ist in der Regel nur

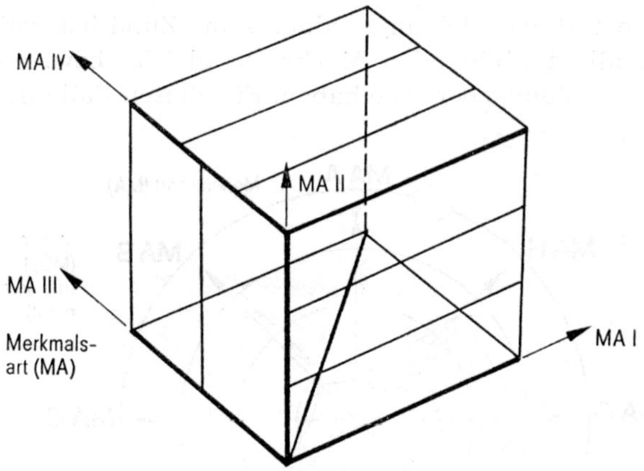

Abb. 17. Vierdimensionaler Verbundtyp in Würfeldarstellung

---

[22] Vgl. zu dieser Darstellungsweise *Knoblich*, H., Warentypologie, S. 58 f., der auf Eisfeld Bezug nimmt, der sich wiederum auf Meyer-Abich stützt. Vgl. ferner *Gäfgen*, G., Theorie der wirtschaftlichen Entscheidung, 2. Aufl., Tübingen 1968, S. 117 f.

[23] Vgl. hierzu die Vorschläge von *Petersen*, H., Unternehmungstypologie, S. 100 ff.

für drei Merkmale geeignet, im Höchstfall für sechs. Dann aber wird sie schon ziemlich unübersichtlich, da z. T. die Würfelsegmente schwer vorstellbar sind. Außerdem lassen sich dann erst recht keine besonderen typdefinierenden Korrelationsbeziehungen (z. B. schräg laufende Partialkorrelationen) darstellen. Die Typen sollten hier mit den Ausprägungsbereichen der Merkmale übereinstimmen.

2.8.2. Bedeutung der Darstellung

Die Frage nach der Bedeutung der graphischen Darstellungsformen kann nur schwer von der Frage nach der Bedeutung der typologischen Untersuchung schlechthin isoliert beantwortet werden. Trotzdem kommt der Darstellungsform — bedingt durch den anschaulichen Charakter der Typologie — eine ganz spezifische Bedeutung sowohl für den Theoretiker als auch für den Praktiker zu.

Die *theoretische Bedeutung* liegt einmal in dem Zwang zur *Präzisierung*. Die graphische Darstellung hilft ganz außerordentlich, Schwächen und Lücken bei der verbalen gedanklichen Durchdringung aufzudecken.

Weiterhin ist der Zwang zur *Konkretisierung* zu nennen. Da typologisches Denken anschauliches Denken ist, bedarf der Denkprozeß selbst der Abbildung, um aus der Anschauung Anregungen zu erfahren. So kann der Abbildung eine quasi-katalysatorische Wirkung zukommen. Hier wird deutlich, daß die Abbildung nicht nur Denkergebnisdarstellung ist, sondern auch Denkprozeßhilfe. Das ändert nichts an der Berechtigung, die Typendarstellung als letzte Phase des Typenbildungsprozesses zu betrachten; aber die Phasen laufen oft nicht in dieser vereinfachten Verkettung ab, sondern sie durchdringen sich zyklisch.

Ferner ist der Zwang zur *Komprimierung* zu erwähnen. Da der typologische Denkprozeß ein Verdichtungsprozeß ist, wird er auch in dieser Hinsicht durch die Verwendung der Graphik unterstützt. Je spezieller die einzelnen Typen sind, also je vielfältiger und realitätsnäher die Merkmalskomplexe sind, desto stärker wird das Erfordernis, die Vielfalt der Merkmalsbeziehungen dicht darzustellen.

Schließlich ist der Zwang zur *Vereinheitlichung* zu nennen. Dieser resultiert daraus, daß verschiedene Darstellungsformen miteinander vergleichbar sein müssen, so daß sich daraus der Zwang zur Verwendung möglichst weniger, einheitlicher Formelemente ergibt. Der Abbildung kommt hier eine erhebliche quasi-katalysatorische Wirkung in bezug auf die *Systematisierung* zu. In der vorliegenden Untersuchung wird ganz überwiegend die Flächenskala mit wenigen absoluten Merkmalskomponenten verwendet[24].

---

[24] Die Bezugsmaßstäbe werden vor allem der Programm- und der Prozeßumfang sein. Vgl. nochmals Kap. 2.3., Komplexe Merkmalsarten.

Die *praktische Bedeutung* der graphischen Darstellung für den Fertigungsablaufplaner läßt sich durch Beantwortung der Frage beurteilen, inwieweit sie bei Anwendungsproblemen hilft.

In der *Planungsphase*[25] soll die Anwendungsproblematik eines Verfahrens überprüft werden (Anregungsphase). Für dieses Verfahren ergeben sich verschiedene Anwendungsmöglichkeiten (Suchphase). Es soll die optimale Anwendungsmöglichkeit für das Verfahren herausgefunden werden (Optimierungsphase). Lassen sich die Anwendungsmöglichkeiten als verschiedene Fertigungstypen formulieren, dann ergibt sich das Problem, diese Typen einander vergleichbar zu machen. Hierzu ist die Flächenskala mit weitgehend vereinheitlichter Bezugsgrundlage ein geeignetes Instrument, das die Beurteilung auf eine anschauliche, quantitative Grundlage stellt. Durch ihre lineare Extension können bei gleich großen Merkmalsausprägungsbereichen beliebig viele Merkmale (und damit Typen) parallel zueinander dargestellt und so miteinander verglichen werden.

In der *Kontrollphase*[26] gewinnt die graphische Darstellung allerdings ihre größte praktische Bedeutung.

Beim *Soll-Ist-Vergleich* werden Werte gleicher Art aus der Planungsphase mit denen aus der Realisationsphase verglichen. Handelt es sich hierbei um typbildende Merkmalsintensitätswerte, dann ist die graphische Darstellung ein äußerst geeignetes Instrument für diesen Vergleich. Auf der Flächenskala kann ggfs. die Abweichung zwischen angestrebtem Sollwert (z. B. Extremtyp) und tatsächlich erreichtem Istwert (z. B. Zwischentyp) anschaulich dargestellt werden. Dabei stellt sich häufig heraus, daß die Abweichung wesentlich größer ist als man dies aus der verbalen Beschreibung vermutete. So bezeichnen manche Fertigungsablaufplaner die Fertigung ihrer Unternehmung als zeitlich abgestimmt; untersucht man aber den gesamten Fertigungsprozeß genau, stellt man manchmal fest, daß nur einige zentrale Teilbereiche der Fertigung zeitlich abgestimmt sind. In bezug auf alle Tätigkeiten ist der Grad der zeitlichen Abstimmung ziemlich gering.

Beim *Ist-Ist-Vergleich (Zeitvergleich)* werden Werte gleicher Art aus zeitlich verschiedenen Realisationsphasen miteinander verglichen. Hier gelten die Ausführungen des vorigen Absatzes entsprechend. So läßt sich die Entwicklung einer Industrieunternehmung in bezug auf ein Merkmal im Zeitverlauf darstellen, um z. B. zu demonstrieren, wann

---

25 Vgl. zu der Phaseneinteilung *Heinen*, E., Einführung, S. 48 ff.

26 Vgl. zur Differenzierung der Kontrolle *Frese*, E., Kontrolle und Unternehmungsführung. Entscheidungs- und organisationstheoretische Grundfragen, Wiesbaden 1968, S. 50—60.

aus einer anlageintensiven Fertigung eine materialintensive geworden ist.

Beim *Ist-Ist-Vergleich (Betriebsvergleich)* werden Werte gleicher Art und meist gleicher Perioden (bzw. gleicher Zeitpunkte) aus zwei oder mehreren Unternehmungen miteinander verglichen. Hierdurch erhält der Fertigungsablaufplaner auf der Grundlage vergleichbarer und präziser graphischer Darstellung aussagefähige Informationen über die Beziehung der eigenen Unternehmung zur Konkurrenz. So können aus der Kenntnis, welchen Fertigungstypen die Konkurrenzunternehmung zuzuordnen ist, wichtige Rückschlüsse in bezug auf das eigene Verhalten gezogen werden. In der Graphik können verschiedene Unternehmungen zusammengefaßt mit hinreichend differenzierter Aussage dargestellt werden.

Zusammenfassend läßt sich feststellen, daß sich die praktische Bedeutung der graphischen Darstellung im Kern auf den Vergleich zurückführen läßt. Dieser läßt sich aber in der Praxis um so leichter und aussagefähiger zugleich durchführen, je präziser, konkreter, komprimierter, vereinheitlichter und systematischer er vorbereitet ist. Diese Punkte waren bei der Behandlung der theoretischen Bedeutung der graphischen Darstellung herausgearbeitet worden. Theoretische und praktische Betrachtung verbinden sich. Vergleicht man weiterhin diese abschließende Phase des Typenbildungsprozesses mit dem einführenden Entwurf der Konzeption für die vorliegende Untersuchung, dann stellt man fest, daß die Behandlung der theoretischen Typologie in sich geschlossen ist.

2.9. Zusammenfassender Überblick über den Typenbildungsprozeß

Für den Typenbildungsprozeß empfehlen sich folgende Schritte, die je nach Untersuchungsbereich und Untersuchungsziel verdichtet evtl. sogar detailliert werden können:

(1) Definition des *generellen Untersuchungszieles.*

(2) Definition des Untersuchungsbereiches mit definiertem, zielorientierten *Denkprinzipien.*

(3) Detaillierte Festlegung der *Untersuchungszielstruktur.*

(4) Ableitung von untersuchungsbereichsadäquaten und zielorientierten *Merkmalsauswahlprinzipien.*

(5) Auswahl der *wichtigsten Merkmale* im Hinblick auf die Untersuchungsziele und die Probleme, die mit ihrer Erreichung verbunden sind.

(6) Untersuchung der *Merkmalsausprägungsmöglichkeiten.*

(7) Prüfen, welche Merkmalsausprägungen für das Untersuchungsziel und die Ziele und Probleme des Untersuchungsbereiches *wesentlich* sind.

(8) Zuordnung von *Elementartypen* zu diesen Merkmalsausprägungen bzw. — anders formuliert — Bildung von Elementartypen mit diesen Ausprägungen, und zwar ein- und mehrdimensional (falls erforderlich).

(9) Bildung von *Typenreihen* ggf. mit Hilfe zusätzlicher typreihender Merkmale.

(10) *Graphische Darstellung* der Elementartypen bzw. Typenreihen.

(11) Prüfen, ob diese Typenbildung durch *zusätzliche typbeschreibende Merkmale* bzw. Merkmalsausprägungen sinnvoll ergänzt werden sollte. Dieser Merkmalskreis kommt für die Verbundtypenbildung bevorzugt in Betracht.

(12) Prüfen, ob diese Merkmalsausprägungen bzw. Elementartypen *zwangsmäßig miteinander verbunden oder frei kombinierbar* sind, und zwar auf Häufigkeit und Korrelation.

(13) Ausdehnung dieser Prüfung auf *weitere Merkmale* des Untersuchungsbereiches

(14) Sinnvolle Auswahl der Merkmale zur Bildung von *zwangsmäßigen Verbundtypen* möglichst entgegengesetzter Konstellation, also Bildung von Extremtypen. Die Anzahl der Merkmale sollte möglichst gering sein (jedoch zielbedingt).

(15) *Graphische Darstellung* der zwangsmäßigen Verbundtypen.

(16) Erweiterung dieser zwangsmäßigen Verbundtypen durch Zuordnung frei kombinierbarer Merkmalsausprägungen möglichst entgegengesetzter Konstellation zu *gemischten Verbundtypen.* Es sollten je Merkmal bzw. Merkmalsgruppe mindestens zwei Extremtypen gebildet werden. Zwischentypen können dann vernachlässigt werden, wenn erwartet werden kann, daß sie keine wesentliche Bedeutung für auf ihnen aufbauende Untersuchungen haben.

(17) Ergänzung der zwangsmäßigen Verbundtypenbildung durch Bildung selbständiger *freier Verbundtypen.*

(18) *Kontrolle* der gebildeten Typen mit dem Untersuchungsziel als Maßstab.

3. Dynamische Betrachtung der angewandten Typologie

3.0. Methodische Vorbemerkungen

Wendet man die Ergebnisse der theoretischen Typologie auf einen Untersuchungsbereich an, dann kann es sich als unzweckmäßig erweisen, die exakte Trennung der Phasen des Typenbildungsprozesses in der beschriebenen Weise[1] aufrechtzuerhalten. Diese Phaseneinteilung ist oft einem niedrigen Abstraktionsgrad — der in der Einführung prinzipiell gefordert worden war — nicht adäquat.

Würde man dieselbe Phaseneinteilung beibehalten, dann würde die Untersuchung zu breit, da sich Überschneidungen und Wiederholungen kaum vermeiden lassen. Sie würde aber auch schwer lesbar und vergleichbar. Die bisher behandelte Phaseneinteilung gilt somit vorwiegend für den Denkprozeß selbst; für die Wiedergabe des Denkprozesses, besonders bei der Untersuchung vieler Merkmale, erweist sie sich als zu schwerfällig. Insofern ist auch die Gestaltung des Typenbildungsprozesses jeweils dem Untersuchungsbereich anzupassen.

3.1. Definition des Untersuchungsbereiches und des Untersuchungszieles

3.1.1. Grundlegende Begriffe

Der Bereich, der in der vorliegenden Arbeit typologisch untersucht werden soll, ist die Fertigungsablaufplanung einer Industrieunternehmung.

Unter einer *Industrieunternehmung* wird eine Unternehmung[2] verstanden, die die drei elementaren Produktionsfaktoren Arbeitskräfte, Betriebsmittel und Werkstoffe in einem technischen Prozeß zur Erstellung von Sachleistungen kombiniert[3].

---

[1] Kapiteleinteilung 2.1. bis 2.8.

[2] Vgl. zum Unternehmungsbegriff *Gutenberg*, E., Grundlagen der Betriebswirtschaftslehre, 1. Bd., Die Produktion, 13. Aufl., Berlin—Heidelberg—New York 1967, S. 445 ff. und bes. S. 494.

[3] Vgl. zur Abgrenzung von Industrie und Handwerk *Hax*, K., Industriebetrieb, in: HdSW, 5. Bd., Stuttgart—Tübingen—Göttingen 1956, S. 243 f.; ferner *Kalveram*, W., Industriebetriebslehre, 7. Aufl., Wiesbaden 1960, S. 17 ff.; *Mellerowicz*, K., BWL der Industrie, 1. Bd., S. 7 ff. und *Heinen*, E., Industriebetriebslehre als Entscheidungen im Industriebetrieb, hrsg. v. E. Heinen, Wiesbaden 1972, S. 30 f.

Der Begriff der *Fertigung* wird weit gefaßt, als die Be- und Verarbeitung von Werkstoffen. Dieser Fertigungsbegriff umfaßt auch die Veredelung, nicht aber die Gewinnung, von Werkstoffen[4].

Unter *Werkstoffen* werden gewonnene Einsatzstoffe verstanden, die als Ausgangsprodukte dem Kombinationsprozeß (Transformationsprozeß) in der Industrieunternehmung zur Ausbringung von Sachleistungen (Endprodukten) unterzogen werden. Es handelt sich um Rohstoffe, „Halbfabrikate" und — aus der Sicht der anliefernden Unternehmung —„Fertigfabrikate". Sie werden meist Teile der neuen Endprodukte sein. Allerdings ist der Teilebegriff nicht notwendig. Werkstoffe können sich von den Endprodukten auch lediglich dadurch unterscheiden, daß sie noch keinen Transformationsprozeß (Veredelungsprozeß) durchlaufen haben[5].

So sind in einem Warmwalzwerk die Brammen der Werkstoff (Rohstoff) und die Profile, Coils o. a. die Endprodukte. Der Fertigungsprozeß besteht ausschließlich in einer Stoffumformung. Wenn unter einem Werkstoff lediglich ein Einsatzstoff verstanden wird, dann ist es terminologisch konsequent, nicht mehr von Werkstoffen zu sprechen, wenn an diesem der erste Bearbeitungsvorgang einer Tätigkeitsfolge vorgenommen worden ist. Dann liegt ein Produkt vor. Folgen auf den ersten Bearbeitungsvorgang noch weitere, dann liegt in genauerer Differenzierung ein unfertiges Produkt bzw. ein Halbprodukt vor. Erst wenn der letzte Bearbeitungsvorgang der gesamten Tätigkeitsfolge des Fertigungsprozesses vorgenommen worden ist, liegt ein Endprodukt vor. Es ist jedoch nicht immer notwendig, so genau zwischen Halbprodukten und Werkstoffen zu unterscheiden. So kann Werkstoff auch als Oberbegriff für Rohstoffe und Halbprodukte (in der Unternehmung bearbeitete Werkstoffe) gebraucht werden.

3.1.2. Der Fertigungsprozeß als System

Aus der Darstellung der grundlegenden Begriffe geht bereits hervor, daß die *Fertigung als ein Prozeß* interpretiert wird, und zwar als ein Kombinationsprozeß bzw. Transformationsprozeß, oder anders formu-

---

[4] Vgl. die etwas engere Terminologie bei *Gutenberg*, E., Produktion, S. 1 f.; ferner *Riebel*, P., Industrielle Erzeugungsverfahren in betriebswirtschaftlicher Sicht, Wiesbaden 1963, S. 11 f. Unter Be- und Verarbeitung wird die nicht gewinnende Stoffumformung und Stoffumwandlung und die Energieumwandlung verstanden; vgl. zu dieser Einteilung ebenda, S. 29 ff. Vgl. auch *Hax*, K., Industriebetrieb, S. 243 f.; im Sinne von Hax wird hier auf die „weiterverarbeitende Industrie" abgestellt. Vgl. ebenda, S. 244; ferner *Kalveram*, W., Industriebetriebslehre, S. 59 f.

[5] Vgl. die etwas engere Terminologie bei *Gutenberg*, E., Produktion, S. 4 f. u. S. 121.

liert, als ein Ablauf bzw. eine Folge von Be- und Verarbeitungs- und Transporttätigkeiten. Dieser Prozeß ist das Planungsobjekt der Fertigungsablaufplanung. Unter dem Blickwinkel der Fertigungsablaufplanung soll der Fertigungsprozeß typologisch untersucht werden, d. h. es sollen diejenigen wesentlichen Erscheinungsformen erfaßt werden, die für die Fertigungsablaufplanung relevant sind, d. h. diejenigen, die ihren Problemstellungen und Lösungsverfahren adäquat sind.

Um dieses Ziel zu erreichen, muß zunächst ein *Erklärungsmodell des Fertigungsprozesses* dargestellt werden. Modelle bzw. Theorien[6] sind Aussagensysteme bzw. in verbaler Form *Satzsysteme*[7]. Trifft nun ein Satzsystem über eine so komplexe Erscheinungsform wie den Fertigungsprozeß einer Industrieunternehmung eine Aussage[8], dann liegt es nahe, die Erscheinungsform dem formalen Aufbau eines Satzes entsprechend zu gliedern. Die satzaufbaubezogene Gliederung in Träger (Subjekte), Tätigkeiten (Prädikate) und Objekte wird als *syntaktische Gliederung* bezeichnet[9]. In dieser Ausprägung kennzeichnet sie den wesentlichen Aufbau eines Satzes. Bei Verfeinerung der Satzaussage kann der Satzaufbau und damit die Gliederung ergänzt werden.

Der Fertigungsprozeß wird als ganzheitliche, zielorientierte Struktur, also als *System*, betrachtet. Die Gliederung, die von dieser Systemdefinition ausgeht, also innerhalb eines geschlossenen Ganzen Ziele und Strukturarten differenziert, wird als *systemorientierte Gliederung* bezeichnet[10]. Die Verbindung beider Gliederungsprinzipien führt zum *syntaktischen, systemorientierten Ansatz* des Erklärungsmodells für einen Fertigungsprozeß, ein Ansatz, der Satzsystemen in höchstem Maße adäquat ist.

Der *Fertigungsprozeß* wird *als ein Subsystem* innerhalb des Systems der Industrieunternehmung betrachtet, denn auf den Fertigungsprozeß treffen die Merkmale des Systembegriffs zu. Der Fertigungsprozeß ist

[6] Vgl. zu beiden Begriffen *Heinen*, E., Einführung, S. 15 f.; ferner *Albert*, H., Theorienbildung, S. 27—35.

[7] Vgl. zur Beziehung aller vier Begriffe *Heinen*, E., Einführung, S. 14—16; ferner *Kosiol*, E., *Szyperski*, N. u. *Chmielewicz*, K., Systemforschung, S. 339—347; ferner *Hutchison*, T. W., Theoretische Ökonomie als Sprachsystem, in: Theorie und Realität, hrsg. von H. Albert, Tübingen 1964, S. 273—277; ferner *Albert*, H., Theoriebildung, S. 33.

[8] Zu einer fundierten Darstellung des Zusammenhangs zwischen Modellbildung, Satzsystembildung und Prozeßstrukturierung vgl. *Schweitzer*, M., Prozeßstrukturierung, S. 279—288. Vgl. besonders zur Systematik wissenschaftlicher Satzsysteme *Wild*, J., Grundlagen und Probleme der betriebswirtschaftlichen Organisationslehre, Berlin 1966, S. 75 ff.

[9] Vgl. *Grosse-Oetringhaus*, W., Möglichkeiten zur Steigerung der Effizienz bei der Anfertigung schriftlicher Prüfungsarbeiten (Teil I: Gliederungsprinzipien), in: Wirtschaftswissenschaftliches Studium, 1 (1972) 3, S. 126 f.

[10] Vgl. *Grosse-Oetringhaus*, W., Gliederungsprinzipien, S. 127.

ganzheitlich, denn er umfaßt vollständig eine Kernfunktion der Industrieunternehmung, eben die Fertigung, die sich in der Regel relativ leicht und exakt von den übrigen beiden Kernfunktionen, Beschaffung und Absatz, abgrenzen läßt. Der Fertigungsprozeß ist *zielorientiert*, denn sein Sachziel besteht in der Sachleistungserstellung, die im Fertigungsprogramm, der Ausbringung bestimmter Produktarten in bestimmten Produktmengen während einer bestimmten Fertigungsperiode, formuliert wird, und sein Formalziel besteht vor allem in der Wirtschaftlichkeitsmaximierung, also in der Maximierung des mengen- oder wertmäßigen Verhältnisses zwischen Güterausbringung und Gütereinsatz, bzw. bei dem generellen Unternehmungsziel der Gewinnmaximierung unter Ausklammerung der Erlöse in der Kostenminimierung. Der Fertigungsprozeß ist eine *Struktur*, bestehend aus *Be- und Verarbeitungs- und Transporttätigkeiten als deren Elemente* und aus *Folgebeziehungen* dieser Tätigkeiten *als deren Beziehungen*. Die wichtigste Systemeigenschaft des Fertigungsprozesses (bzw. eines Prozesses schlechthin) ist die *Dynamik*[11]. Die Tatsache, daß der Fertigungsprozeß (und damit die Fertigungstätigkeiten) in den Dimensionen Zeit und Raum verläuft, ist für die Fertigungsablaufplanung wesensbestimmend.

3.1.3. Der Fertigungsprozeß als Aktionsstruktur aufbauend auf einer Potentialstruktur und einer Objektstruktur

In der systemorientierten Betrachtung war der Fertigungsprozeß als eine Folge von Be- und Verarbeitungs- und Transporttätigkeiten interpretiert worden. In dieser Sicht bildet er eine *Aktionsstruktur*. *Aktionselemente* sind die Tätigkeiten (Aktionen), und *Aktionsbeziehungen* sind die Folgebeziehungen (Ablaufbeziehungen) dieser Tätigkeiten zur Sachleistungserstellung (m. a. W. der Abwicklung eines Auftrages, der Erstellung eines Produktes, der Durchführung eines Projektes). Der Begriff der *Tätigkeit* (Aktion) bildet — neben dem System- und dem Typbegriff — den dritten tragenden Begriff dieser Untersuchung. Die differenzierende Betrachtung geht deshalb von diesem Begriff aus.

Dem Minimalaufbau eines Satzes (Subjekt und Prädikat) entsprechend untersucht die syntaktische Gliederung nach den Tätigkeiten die *Träger* dieser Tätigkeiten. Als Träger von Tätigkeiten kommen *Menschen* und *Betriebsmittel* in Betracht. Menschen in der Industrieunternehmung werden als Personal bezeichnet. Es wird in Personal, das primär führt (Führungspersonal, Management als „dispositiver Faktor") und Personal, das primär ausführt (Ausführungspersonal, „ausführende"

[11] Vgl. zu generellen Prozeßmerkmalen *Schweitzer*, M., Probleme der Ablauforganisation in Unternehmungen, Berlin 1964, S. 12.

bzw. „objektgebundene Arbeitskräfte“ als „Elementarfaktor“) getrennt. Auf die Problematik dieser Trennung soll hier nicht näher eingegangen werden[12]. Von den Betriebsmitteln kommen als unmittelbare Träger nur die Maschinen und als mittelbare Träger alle übrigen Betriebsmittel (z. B. Apparate, Werkzeuge und Gebäude) in Betracht. Die Bestände dieser Träger werden als *Potentiale*[13] bezeichnet, da diese Bestände über ein Leistungsvermögen, eine Leistungsabgabemöglichkeit, verfügen. Diese Bestände mit potentieller Leistung bestimmen als primäre Faktoren die Kapazität[14] der Unternehmung. Sie bilden in sachlicher Hinsicht das Unternehmungspotential und in formeller Hinsicht die *Potentialelemente* der *Potentialstruktur*[15]. Die *Potentialbeziehungen* sind Mensch-Mensch-Beziehungen (z. B. Weisungsbefugnisse des Führungspersonals gegenüber dem Ausführungspersonal), Mensch-Sach-Beziehungen (z. B. Bedienungsbeziehungen zwischen dem Ausführungspersonal und den Maschinen) und Sach-Sach-Beziehungen (z. B. räumliche Anordnungsbeziehungen von Maschinen)[16].

Dem Grundaufbau eines Satzes (Subjekt, Prädikat und Objekt) entsprechend und damit den Minimalaufbau eines Satzes (Subjekt und Prädikat) erweiternd untersucht die syntaktische Gliederung nach den

---

[12] Vgl. dazu *Gutenberg*, E., Produktion, S. 3; vgl. dazu auch *Hahn*, D., Führung des Systems Unternehmung, in: ZfürO, 40 (1971) 4, S. 161—163 u. S. 166 f.

[13] Der Potentialbegriff wird in der Literatur unterschiedlich verwandt. Vgl. zu einem völlig anderen Potentialbegriff z. B. *Ellinger*, Th., Ablaufplanung, Stuttgart 1959, S. 33 ff. Auch Schweitzer verwendet den Potentialbegriff etwas anders. Für ihn sind Potentiale entnommene Teile aus Vorratsbeständen, und zwar an Menschen, Betriebsmitteln und Stoffen. Vgl. *Schweitzer*, M., Ablauforganisation, S. 15. Für ihn sind daher Potentiale Einsatzfaktoren des Kombinationsprozesses. Diese Betrachtung ist daher mit dem Gutenbergschen System der Elementarfaktoren kompatibel. In der syntaktischen Gliederung sind Stoffe dagegen Objekte von Tätigkeiten und Potentiale die Träger dieser Tätigkeiten. Diese Ansicht ist mit der Heinenschen Differenzierung des Gutenbergschen Systems kompatibel. Heinen differenziert in Repetierfaktoren (Werk-, Hilfs- und Betriebsstoffe) und Potentialfaktoren (Betriebsmittel und Arbeitskräfte). Vgl. *Heinen*, E., Betriebswirtschaftliche Kostenlehre, Bd. I, Begriff und Theorie der Kosten, 2. Aufl., Wiesbaden 1965, S. 223. Vgl. hierzu ebenfalls *Bruhn*, E.-E., Die Bedeutung der Potentialfaktoren für die Unternehmungspolitik, Berlin 1965, S. 70—83.

[14] Vgl. zu diesem Begriff *Kern*, W., Die Messung industrieller Fertigungskapazitäten und ihrer Ausnutzung, Köln—Opladen 1962, S. 27. Vgl. zu dem Primat dieser Faktoren, ebenda, S. 44.

[15] Vgl. zu den Begriffen Aktions- und Potentialstruktur etwas abweichende Definitionen bei *Schweitzer*, M., Ablauforganisation, S. 14—19. Der Gefügebegriff wird hier nicht eingeführt, da hier unter einer Struktur ein Beziehungsnetz von Elementen verstanden wird, das also Beziehungen und (!) Elemente umfaßt.

[16] Vgl. ausführlichere Darlegungen zur ersten Beziehungsart bei *Kosiol*, E., Organisation der Unternehmung, Wiesbaden 1962, S. 76—181; ferner bei *Heinen*, E., Einführung, S. 50—60 und zu allen drei Beziehungsarten bei *Grochla*, E., Automation, S. 76 u. S. 91—110.

Tätigkeiten und ihren Trägern die *Objekte* der Tätigkeiten. Zunächst sind drei Objektarten von Tätigkeiten hervorzuheben[17]:

— *Stoffeinheiten*, d. h. der Teil der materiellen Realgüter (Sachgüter), der nicht die Betriebsmittel umfaßt, sondern Gegenstand eines Transformationsprozesses vom Einsatzstoff (Werkstoff) über das Halbprodukt bis zum Ausbringungsstoff (Endprodukt) ist. Energien werden als Gegenstand eines Transformationsprozesses hier aus Gründen sprachlicher Vereinfachung nicht berücksichtigt[18]. Stoffe können auch als Material bezeichnet werden. Manchmal werden Stoffe auch in grober Vereinfachung mit Gütern gleichgesetzt, besonders in dem Begriff Güterstrom. Oft bedeutet Material nur Werkstoff.

— *Informationseinheiten* als wesentlicher Teil immaterieller Realgüter und

— *Geldeinheiten* (Nominalgüter).

Diese drei Objektarten bilden im „Normalfall“ die Objekte von Tätigkeiten, und zwar von Fertigungs- und Absatztätigkeiten. Bei Beschaffungstätigkeiten können jedoch auch Betriebsmittel und Personal Aktionsobjekte sein. Sie sind dann jedoch Gegenstände der Beschaffungstätigkeiten und nicht ihre Träger, sie sind also keine Potentiale sondern eben Aktionsobjekte. Man erkennt, daß Personal und Betriebsmittel nicht schlechthin Potentiale sind, sondern nur dann, wenn sie Träger einer Tätigkeit sind. Wird z. B. eine Maschine, die im Fertigungsprozeß eingesetzt werden soll, auf einem LKW antransportiert (beschafft), dann ist der LKW ein Potentialelement, die Transporttätigkeit ein Aktionselement und die Maschine das Aktionsobjekt. Erst nach ihrer Aufstellung in der Werkhalle, wenn sie Träger von Fertigungstätigkeiten ist, wird die Maschine zu einem Potentialelement. Wird z. B. ein Vertriebsfachmann vom Personalchef der Unternehmung eingestellt, dann ist der Vertriebsfachmann während der Einstellungsverhandlungen Aktionsobjekt dieser Beschaffungstätigkeiten und erst nach seiner Einstellung wird er Potentialelement. Mit dem syntaktischen Ansatz gelingt es sehr einfach, diese unterschiedlichen Betrachtungen begrifflich exakt auszudrücken. Eine exakte Begriffsbildung ist jedoch für die systemorientierte Betrachtung der Unternehmung äußerst wichtig, da sie in der Regel sehr abstrakt ist und somit die Gefahr besteht, daß ungenaue, schwer oder kaum praktikable oder sogar falsche Schlußfolgerungen deduziert werden können.

---

[17] Vgl. zu einer ähnlichen Einteilung mit etwas anderer Terminologie beim Stoffbegriff („Güter“) *Heinen*, E., Einführung, S. 60. Vgl. zu den Güterarten *Kosiol*, E., Aktionszentrum, S. 111 ff.

[18] Energien werden nur selten explizit berücksichtigt, da nur wenige Industrieunternehmungen Energie als Endprodukte erzeugen.

Sieht man von diesen Besonderheiten einmal ab, deren Erläuterung jedoch zur Abgrenzung gegenüber der Potentialstruktur notwendig aber für den Fertigungsbereich weniger bedeutend ist, dann bilden die Stoff-, Informations- und Geldeinheiten die *Objektelemente* einer *Objektstruktur*. Die *Objektbeziehungen* sind Sach-Sach-Beziehungen bei den Stoffeinheiten, Kommunikationsbeziehungen bei den Informationseinheiten und Verrechnungsbeziehungen bei den Nominalgütern.

Entsprechend den drei Objektarten lassen sich aus der Gesamtobjektstruktur drei *Teilstrukturen* ableiten. Von diesen interessiert in dem Untersuchungsbereich der vorliegenden Arbeit nur die *Stoffstruktur*, da ein Teil der Stoffe ebenso wie ein Teil der Potentiale als *Elementarfaktoren* im Kombinationsprozeß der Fertigung eingesetzt wird. Diese ihnen gemeinsame Eigenschaft hebt sie von den Informationen und Nominalgütern ab und berechtigt, diese aus der Betrachtung weitgehend auszuklammern. Dies gilt besonders für die Nominalgüter. Die Informationen werden im Kombinationsprozeß der Fertigung nicht kombiniert, sondern steuern denselben[19]. Man erkennt, daß zwischen Informationen und Stoffen spezifische Beziehungen vorliegen, die hier jedoch nicht behandelt werden sollen.

Es muß besonders hervorgehoben werden, daß die Objektstruktur ebenso wie die Potentialstruktur eine reine *Bestandsstruktur* ist. Dies verbindet beide Strukturen. In ihnen ist kein Platz für Zuordnungen zu Tätigkeiten, d. h. sie sind nicht *tätigkeitsbezogen*. Sie sind daher von der Aktionsstruktur streng zu trennen. Gegenstand der Objekt- und der Potentialstruktur sind nur Bestandsgrößen und deren Veränderung, nicht aber die Tätigkeiten, die ihre Veränderung bewirken. Beispiele sind die Rohstofflagerung (für die Objektstrukturierung) und die Layout-Planung (für die Potentialstrukturierung). Potential- und Objektstruktur sind somit nicht statisch, sondern unterliegen durch Potential- bzw. Objektzu- und -abgänge im Zeitverlauf ständiger Veränderung; sie erhalten sich aber im Zeitablauf durch ein dynamisches Gleichgewicht[20], das in kybernetischer Terminologie auch als stabil bzw. ultrastabil[21] bezeichnet werden kann.

---

[19] Vgl. hierzu auch *Heinen*, E., Einführung, S. 60.

[20] Vgl. *Schweitzer*, M., Ablauforganisation, S. 16. Zu einer differenzierten Betrachtung vgl. *Bleicher*, K., Zentralisation und Dezentralisation von Aufgaben in der Organisation der Unternehmungen, Berlin 1966, S. 54—57. Zur Anpassung von Potentialstrukturen (Aufbauorganisationsstrukturen) an Veränderungen bei Unternehmungswachstum vgl. *Hahn*, D., Wachstumspolitik industrieller Unternehmungen, in: BFuP, 22 (1970) 11, S. 623 ff.

[21] Vgl. zum Begriff der Ultrastabilität *Beer*, St., Kybernetik, S. 145; ferner *Ashby*, W. R., Design, und zwar zum Begriff der Stabilität S. 54—57, zum Begriff der Adaption S. 58 f. u. S. 65 f., zum Begriff der Ultrastabilität auf der Basis eines doppelten Regelkreises S. 84—87 u. S. 98 f.

Die Potential- und Objektsturkturen sind in bestimmter Sicht *Grundlage*[22] der Aktionsstruktur, da Teile der Potential- und Objekt*elemente* in einem Fertigungsprozeß eingesetzt werden. Die Zuordnung der Potential- und Objektelemente zu Aktionen setzt ihre Entnahme aus einem Bestand voraus[23]. Eben dieser Bestand als Ausgangsbasis wird durch die Potential- und Objektstruktur gekennzeichnet. Sie sind weiterhin die Grundlage für die Aktionsstruktur, da die Potential- und Objekt*beziehungen*, die meist relativ dauerhaft festgelegt sind[24], Rahmenbedingungen für die Aktionsstruktur setzen. Insofern fallen auch Potential- und Objektstruktur — allerdings sekundär — und nicht nur die Aktionsstruktur in den Untersuchungsbereich der vorliegenden Arbeit. Die Beziehungen zwischen diesen Strukturen werden durch den syntaktischen Ansatz eindeutig definiert.

Die *Aktions-, Potential- bzw. Objektstrukturierung* werden als ein In-Beziehung-Setzen und Gestalten von Aktionen bzw. Potentialen bzw. Objekten als Bestandselementen betrachtet, also als eine formale Zuordnungshandlung ohne jedes weitere Spezifikum[25]. Weitere Charakterisierungen werden erst im Zusammenhang mit dem Planungsprozeß vorgenommen werden, um an dieser Stelle die allgemeinen Betrachtungen nicht über den Rahmen des gestellten Themas auszudehnen.

---

[22] Vgl. zu dieser Sicht *Schweitzer*, M., Ablauforganisation, S. 15. An anderer Stelle spricht Schweitzer von dem Potentialgefüge als einem Durchlaufgefüge für das Aktionsgefüge. Vgl. ebenda, S. 17 u. S. 23. Dieser Sicht wird nur bedingt zugestimmt, und zwar bei Ausklammerung der begrifflichen Differenzen und unter Aufrechterhaltung der Trägereigenschaft der Potentialstruktur für die Aktionsstruktur.

[23] In bezug auf die Stoffe wird hier vom Sonderfall der lagerlosen Fertigung abgesehen.

[24] Vgl. dazu *Schweitzer*, M., Ablauforganisation, S. 26.

[25] Die Begriffe Aktions- und Potentialstruktur können somit nicht mit den Begriffen Ablauf- und Aufbauorganisation gleichgesetzt werden. So enthalten die Begriffe Aktions- und Potentialstruktur keine Aussage darüber, daß die Struktur dauerhafter Natur sein muß. Vgl. hierzu auch *Schweitzer*, M., Ablauforganisation, S. 26—28. Weiterhin bleibt die Potentialstruktur keineswegs nur auf den Humanbereich beschränkt. Vgl. hierzu auch *Bleicher*, K., Perspektiven für Organisation und Führung von Unternehmungen, Baden-Baden u. Bad Homburg v. d. H. 1971, S. 15; ferner *Kosiol*, E., Aktionszentrum, S. 54 f. Es können lediglich die Begriffe Aktionsstruktur und Ablaufstruktur gleichgesetzt werden. Vgl. zu dieser Problematik auch *Schweitzer*, M., Ablauforganisation, S. 22, Fußnote 24). Vgl. zu dieser Differenzierung auch *Kosiol*, E., Aktionszentrum, S. 58 f. In diesem Zusammenhang spricht Ulrich von Beziehungs-Struktur und Prozeß-Struktur. Er beschränkt die Beziehungs-Struktur auf Arbeitskräfte und Betriebsmittel. Der Begriff ist allerdings mit der hier vertretenen Terminologie unvereinbar, da er pleonastisch ist. Vgl. *Ulrich*, H., Unternehmung, S. 212—223, bes. S. 212 f. u. S. 221.

Zur Problematik dieser Trennung vgl. *Luhmann*, N., Zweckbegriff, S. 41 ff.; ferner *Bleicher*, K., Organisation in programmierter Form, in: ZfürO, 40 (1971) 3, S. 143 f.

3.1.4. Die Aktionsstruktur im System der Unternehmung

Um die Aktionsstruktur in den Gesamtzusammenhang der Unternehmung stellen zu können[26], wird in eine Zielsetzungs- und in eine Zielerreichungsstruktur[27] unterschieden.

Die *Zielsetzungsstruktur* teilt sich auf in eine *Formalzielsetzungsstruktur*[28], die vor allem operationale Angaben in bezug auf das Gewinnstreben und die Liquiditätssicherung enthält, und in eine *Sachzielsetzungsstruktur*, die im Leistungsprogramm der Unternehmung definiert wird[29]. Das Leistungsprogramm ist die Aufstellung aller Endproduktarten und Endproduktmengen, die in einer Periode gefertigt bzw. abgesetzt werden sollen[30].

Die *Zielerreichungsstruktur* wird — wie ausgeführt — dem syntaktischen Ansatz entsprechend in eine *Potential-*, *Aktions-* und *Objektstruktur* differenziert. Da die Zielerreichung stets an Maßnahmen, also an ein Tätigwerden geknüpft ist, erkennt man, daß der *Aktionsstruktur* die *zentrale Bedeutung* zukommt. Die Objekt- und Potentialsstruktur sind als Bestandsstrukturen lediglich die Grundlage zur Zielerreichung. Das Wesen der Zielerreichung wird jedoch in der Aktionsstruktur ausgedrückt. Die Integration aller Strukturen muß deshalb von der Aktionsstruktur ausgehen. Bei der integrativen Sicht wird die Aktionsstruktur erweitert. In der Erweiterung enthält sie Aussagen über die Zuordnung der Aktionen zu Aktionsträgern und Aktionsobjekten.

---

[26] Vgl. zu der folgenden systemorientierten Konzeption eine weniger strenge Ableitung mit anderen Begriffsbildungen und -beziehungen bei *Bleicher*, K., Die Entwicklung eines systemorientierten Organisations- und Führungsmodells der Unternehmung, in: ZfürO, 39 (1970) 1, S. 3 f.

[27] Diesen Begriffen liegt nicht die Terminologie Heinens zugrunde. Vgl. *Heinen*, E., Zielsystem, S. 18 f. Auch Schweitzer verwendet hier diese Begriffe in anderer — nicht sehr klarer — Weise. Vgl. *Schweitzer*, M., Ablauforganisation, S. 18.

[28] Vgl. zu einem formalen Zielsystem insbes. *Heinen*, E., Zielsystem, S. 128 ff.

[29] Vgl. zur Unterscheidung in Sach- und Formalziele *Kosiol*, E., Aktionszentrum, S. 212 f.
Zu einer hierauf aufbauenden Unterscheidung in Sach- und Formalplanung vgl. *Bleicher*, K., Organisation der Unternehmensplanung, in: Unternehmensplanung, hrsg. von K. *Agthe* und E. *Schnaufer*, Baden-Baden 1963, S. 122 f.
Zur Gleichsetzung von Sachziel und Leistungsprogramm vgl. *Heinen*, E., Einführung, S. 127. Zur Kritik an der Unterscheidung in Sach- und Formalziele vgl. ders., Zielsystem, S. 90. Diese Ansicht Heinens wird nicht geteilt. Formalziele umfassen nicht alle generellen Imperative. Das Sachziel „Fertige ein bestimmtes Produkt" wird ebenfalls als genereller Imperativ aufgefaßt. Vgl. dazu auch ebenda, S. 51.

[30] Vgl. zum Begriff und der Strukturierung des Leistungsprogramms *Krüger*, G., Planung des Erzeugnisprogrammes, in: Industrielle Produktion, hrsg. von K. *Agthe*, H. *Blohm* und E. *Schnaufer*, Baden-Baden und Bad Homburg v. d. H. 1967, S. 87 ff.; ferner *Hahn*, D., Wachstumspolitik, S. 613 ff.

Im Begriff Zielerreichungsstruktur drückt sich die Zielorientierung dieser Struktur bereits aus. Dies gilt somit auch für die aus ihr abgeleiteten Teilstrukturen. Faßt man die Zielerreichungs- und die Zielsetzungsstruktur zusammen, dann beschreiben beide Strukturen die *Unternehmung als System*. Die auf die Ziele der Unternehmung ausgerichteten, ganzheitlichen Teilstrukturen bilden dann *Subsysteme*, die sich in weitere Subsysteme[31] aufspalten lassen.

Die Zielerreichungsstruktur kann — quasi auf einer anderen Betrachtungsebene — auch noch durch die *Aufgabenstruktur* vollständig beschrieben werden. Aufgaben sind Tätigkeitszielanweisungen. Je nach Betrachtung sind sie zielorientierte Tätigkeitsanweisungen oder tätigkeitsorientierte Zielanweisungen[32].

---

[31] Vgl. zu einer Ableitung von Subsystemen *Hahn*, D., Führung, S. 167; ferner *Bleicher*, K., Entwicklung, H. 4. S. 168 ff. Zu einer Ableitung spezieller Subsysteme, sog. Basis- und Zwischensysteme, und ihrer Integration zum Gesamtsystem vgl. ders., Die Organisation der Unternehmung in systemtheoretischer Sicht, in: ZfürO, 40 (1971) 4, S. 174—177. Vgl. ferner ders., Perspektiven, S. 114—140; ferner *Kirsch*, W., Entscheidungsprozesse, S. 40—49.

[32] Obwohl der Aufgabenbegriff in der Organisationsliteratur als tragender Begriff angesehen wird, findet er dort keine befriedigende Klärung. Bei genauer Betrachtung finden sich dort Widersprüche.

Vgl. zu diesem Begriff *Schweitzer*, M., Ablauforganisation, S. 34 ff.; ferner *Kosiol*, E., Organisationsforschung, S. 25—29; ders., Aktionszentrum, S. 60 f.; ders., Organisation, S. 42—45; ders., Aufgabenanalyse, in: HWO, hrsg. von E. Grochla, Stuttgart 1969, Sp. 202 f.; ferner *Schwarz*, H., Betriebsorganisation als Führungsaufgabe, 2. Aufl., München 1970, S. 27; *Nordsieck*, F. u. *Nordsieck—Schröer*, H., Aufgabe, in: HWO, hrsg. von E. Grochla, Stuttgart 1969, Sp. 191—193; *Bleicher*, K., Perspektiven, S. 14—16. Zu einer kritischen Betrachtung des Aufgabenbegriffes im Zusammenhang mit dem Systembegriff und mit der Systembildung vgl. *Luhmann*, N., Zweckbegriff, S. 37 ff.

Hier wird versucht, die Widersprüche aufzulösen. Aufgaben sind weder Ziele (also keine Handlungsziele oder Sollwerte) noch Tätigkeiten, sondern Anweisungen, die sowohl das Ziel als auch die Tätigkeiten umfassen, also Tätigkeitszielanweisungen. (Vgl. hierzu auch nochmals *Kosiol*, E., Organisation, S. 43: „Jede Aufgabe ist daher als Aufforderung, als zu erfüllender Anspruch an Menschen gerichtet.")

Der Begriff Tätigkeitszielanweisung läßt zwei Differenzierungen zu:

(1) Aufgaben sind zielorientierte Tätigkeitsanweisungen, wenn sie eine Tätigkeitsvorgabe ohne definierte Zielvorgabe beinhalten, z. B. die Aufgabe: Löse $2 + 2 = x$; die Tätigkeitsvorgabe besteht in einer Addition, das Ziel x ist nicht definiert. Die Lösung der Aufgabe besteht in der Definition des Ziels.

(2) Aufgaben sind tätigkeitsorientierte Zielanweisungen, wenn sie eine Zielvorgabe ohne definierte Tätigkeitsvorgabe beinhalten, z. B. die Aufgabe: Erreiche 10 % Gewinn; die Tätigkeit „erreiche" ist nicht definiert. Die Lösung der Aufgabe besteht in der Definition der Tätigkeit und in ihrer Erfüllung (Realisation).

Dieses letzte Beispiel macht deutlich, daß die Lösung der Aufgabe, also die Definition der sehr generellen Formulierung „erreiche" vor allem in einer Konkretisierung bzw. Detaillierung besteht. Hierin begründet sich aber bereits schon die Ableitung von Unteraufgaben aus der Oberaufgabe. Dieser Konkretisierungsprozeß kann auch sowohl das Ziel als auch die Tätigkeit

Die Aufgabenstruktur wird aus der Zielsetzungsstruktur (aus den Formal- und Sachzielen) abgeleitet[33]. Zwischen beiden Strukturen besteht keine Identität. Die Aufgabenstruktur wird ausschließlich der Zielerreichungsstruktur zugewiesen, denn das Wesen der Aufgabe besteht nicht in der Zielsetzung, sondern in der Zielerreichung. Ziele sind Zustände. Das Wesen der Zielsetzung besteht in einer Zustandsbeschreibung. Aufgaben beschreiben keine Zustände, sondern weisen an, den Zustand zu erreichen. Das Wesen der Aufgabe besteht in der Anweisung, nicht in dem Zustand (Ziel) oder der Erreichung (Tätigkeit). Das Wesen besteht in der Verbindung von Ziel und Tätigkeit, eben in der Anweisung. Am treffendsten charakterisiert man den Aufgabenbegriff als einen quasi-vektoriellen Begriff. Vektoren sind gerichtete Größen. Sie werden durch Pfeile dargestellt. In der Ausrichtung liegt das Wesen des Vektors. Die Größe des Vektors wird durch seinen Skalar definiert. Der Skalar des Vektors Aufgabe ist die Tätigkeit. In dieser Sicht sind Aufgaben Anweisungen, die in zielorientierten Tätigkeiten konkretisiert sind. Das Wesen der Aufgabe steht der Tätigkeit näher als dem Ziel. Diese substantielle Sicht rechtfertigt, die Aufgaben der Zielerreichung zuzuordnen. Die Aufgabenstruktur überlagert[34] die Potential-, Objekt- bzw. Aktionsstruktur derart, daß jedem Potential-, Objekt- bzw. Aktionselement bei entsprechender Differenzierung eine Aufgabe zugewiesen werden kann. Sie verbindet die Zielerreichungsstruktur mit der Zielsetzungstruktur.

Damit ist die Aktionsstruktur in den Gesamtzusammenhang der Unternehmung gestellt worden. Wird sie auf die Ziele der Unternehmung ausgerichtet, bildet sie ein dynamisches, konkretes Subsystem.

---

betreffen. Bezeichnet man z. B. Planung als Aufgabe der Unternehmungsführung, dann handelt es sich hier um eine zielorientierte Tätigkeitsanweisung, denn die Unternehmungsführung ist angewiesen, eine Tätigkeit, nämlich die Planung, durchzuführen. Hier liegt zwar die Betonung auf der Tätigkeit — deshalb zielorientierte Tätigkeitsanweisung — jedoch sind sowohl das Ziel als auch die Tätigkeit zu konkretisieren. Darin liegt die Lösung der Aufgabe.

33 Zur Problematik der Ableitung der Aufgaben aus den Sachzielen vgl. auch *Bleicher*, K., Organisation, H. 2, S. 91 u. H. 6, S. 313; und ders., Unternehmung, S. 173.

34 So formuliert Schweitzer zu ungenau „umschließt"; vgl. *Schweitzer*, M., Ablauforganisation, S. 18.
Der Aufgabenbegriff repräsentiert als Abstraktum die Zielorientierung aller betriebswirtschaftlichen Subsysteme, vor allem des Aktionssystems. Unter diesem Gesichtspunkt der Zielorientierung müssen in der vorliegenden Untersuchung die Typen gebildet werden. Daher wurde diesem Begriff relativ große Bedeutung zugemessen, obwohl die praktischen Konsequenzen hier nicht diesen Ausführungen angemessen behandelt werden können.

3.1.5. Die Aktionsplanung als eine Phase der Aktionsstrukturierung

Die Aktionsstrukturierung (Ablaufstrukturierung) kann im Zeitverlauf von unterschiedlichen Zeitpunkten aus betrachtet werden, und zwar als zukünftiges, gegenwärtiges oder vergangenes Geschehen. Die Zeitpunkte liegen dann in der *Planungs-*, in der *Realisations-* oder in der *Kontrollphase.*

Planung wird als systematische Entscheidungsvorbereitung (Planung i. e. S.) und Entscheidungsfindung (dann Planung i. w. S.) definiert[35]. Planen kann allgemeiner gefaßt werden als eine zukunftsorientierte Tätigkeit des geistigen Durchdringens. Das Wählen einer im Hinblick auf ein definiertes Ziel optimalen Alternative[36] ist eine spezifische Variante der allgemeinen Fassung[37]. Aus der allgemeinen Fassung lassen sich sowohl im Hinblick auf die Art der Tätigkeit (Inhalt des Planungsbegriffs, Art und Anzahl der die Tätigkeit kennzeichnenden Merkmale[38]) als auch im Hinblick auf den Gegenstand (Objekt) der Tätigkeit verschiedene Varianten ableiten. Die *Art der Tätigkeit* kann in einem Entwerfen, einem Gestalten[39] oder einem *Strukturieren* (In-Beziehung-Setzen) bestehen. In der vorliegenden Untersuchung wird das Strukturieren herausgehoben. *Gegenstand bzw. Ergebnis* (Gegenstand im Endzustand) *der*

---

[35] Vgl. zu diesem Planungsbegriff *Hahn*, D., Entscheidungsprozeß und Entscheidungstraining bei Anwendung der Fallmethode im betriebswirtschaftlichen Hochschulunterricht, in: ZfbF, 23 (1971), 1, S. 9 f.
Vgl. zu einem auf die empirische Relevanz zielenden Ansatz, die Begriffe Planung und Entscheidung zu trennen, von *Reinermann*, H., Formale Planungssysteme und Entscheidungsstrukturen in öffentlichen Organisationen, 8. (bisher unveröffentlichter) Beitrag zur Tagung des Verbandes der Hochschullehrer für Betriebswirtschaft e. V., Augsburg, 13. 6. 1973, S. 3.

[36] Vgl. zum Entscheidungsbegriff *Heinen*, E., Einführung, S. 18 ff. und ders., Zielsystem, S. 18 ff.; ferner *Grün*, O., Entscheidung, in: HWO, hrsg. von E. Grochla, Stuttgart 1969, Sp. 476 f.; ferner *Hahn*, D., Entscheidungsprozeß, S. 4 f.

[37] Vgl. allgemein zum Planungsbegriff *Weber*, H., Die Spannweite des betriebswirtschaftlichen Planungsbegriffes, in: ZfbF, 16 (1964), S. 720—724. Vgl. ferner *Hahn*, D., Planung als Instrument der Unternehmensführung, in: Unternehmensführung auf neuen Wegen, Hrsg. R. W. *Stöhr*, Wiesbaden 1967, S. 192. Es wird jedoch nicht die Meinung geteilt, daß Entscheidungen punktuelle Wahlakte sind, sondern daß sie Leistungsprozesse zur Hervorbringung eines geistigen Produktes mit alternativen Prozeßstrukturen sind. Vgl. hierzu *Witte*, E., Die Organisation komplexer Entscheidungsverläufe — ein Forschungsbericht, in: ZfhF, N. F., 20 (1968) 9, S. 582 u. ders., Phasen-Theorem und Organisation komplexer Entscheidungsverläufe, in: ZfhF, N. F., 20 (1968) 10, S. 629.

[38] Vgl. nochmals Kap. 1.5., Fußnote 52).

[39] Vgl. zum Begriff der Gestaltung im Verhältnis zum (engeren) Begriff der Strukturierung und damit in bestimmter Weise auch zur Abgrenzung der Begriffe Organisieren und Planen (auf die hier nicht weiter eingegangen werden kann) *Kosiol*, E., Organisationsforschung, S. 17 ff.

Planung kann die zu entwerfende *Ordnung*[40] oder spezifischer das zu entwerfende *System* sein[41].

Das systematische Vorbereiten und Finden von Entscheidungen in bezug auf alternative Aktionsstrukturen, das zielorientierte In-Beziehung-Setzen von Aktionen, wird als *Aktionsplanung* bezeichnet. Vornehmlich diese Phase betrachtet die vorliegende Untersuchung. Ergebnis dieser Phase ist eine auf Sollwerte festgelegte Aktionsstruktur. Dieser Phase folgt die *Aktionsrealisation*, das Realisieren von Aktionsstrukturen, die im Ergebnis Istwerte der Aktionsstruktur feststellt. In der folgenden Phase der *Aktionskontrolle* werden die Soll- und Istwerte der Aktionsstruktur miteinander verglichen. Abweichungsanalysen und die Festlegung von Korrekturmaßnahmen können einbezogen werden.

Dieses Phasenschema läßt sich in anderer Sicht — bei Herausstellung des Informationsstromes — auch als Entscheidungsprozeß[42] oder als kybernetischer Regelkreis bzw. als System vermaschter Regelkreise[43] darstellen.

3.1.6. Die systemorientierte, syntaktische Definition der Aktionsplanung

Im folgenden wird die Aktionsplanung genauer definiert. Dabei soll ihre wechselseitige Abhängigkeit mit anderen Teilplanungen ansatzweise aufgezeigt werden, um zu einem integrativen Planungsansatz zu gelangen. Deshalb wird — wie bisher — der systemorientierte, syntak-

---

40 Vgl. zu diesem Planungsbegriff *Gutenberg*, E., Produktion, S. 147.

41 Vgl. zu den Begriffen Ordnung und System nochmals Kap. 1.4.

42 Auf der Grundlage z. B. der Darstellungen von *Hahn*, D., Entscheidungsprozeß, S. 5—11 und *Heinen*, E., Einführung, S. 48 ff.
Vgl. zur empirisch begründeten Fragwürdigkeit des Phasen-Theorems von Entscheidungsprozessen *Witte*, E., Phasen-Theorem, S. 628 ff.

43 Vgl. hierzu *Bleicher*, K., Entwicklung, H. 2, S. 60 f.; *Blohm*, H., Kybernetisches Denken aus betriebswirtschaftlicher und betriebstechnischer Sicht, in: Rationalisierung, 18 (1967) 9, S. 214—218; ders., Metainformationen zur Annäherung an optimale Organisationsstrukturen und Abläufe, in: ZfürO, 39 (1970) 1, S. 9—16, bes. S. 12; *Hahn*, D., Führung, S. 163 ff.; *Köhler*, R., Informationssysteme für die Unternehmensführung, in: ZfB, 41 (1971) 1, S. 27—58; *Koreimann*, D., Kybernetik und Betriebswirtschaft, in: Die Unternehmung, 17 (1963), S. 26—35; ders., Kybernetik und Betriebspraxis, in: Die Unternehmung, 17 (1963), S. 144—155; *Kramer*, R., Information und Kommunikation. Betriebswirtschaftliche Bedeutung und Einordnung in die Organisation der Unternehmung, Berlin 1965, S. 174—180; *Langen*, H., Der Betrieb als Regelkreis, in: Organisation und Rechnungswesen, Festschrift für E. Kosiol, hrsg. von E. Grochla, Berlin 1964, S. 81—100; *Mesch*, F., Selbsttätige Optimierung in der Betriebswirtschaft, in: Unternehmensforschung, Bd. 8, 1964, S. 204—215; *Nürck*, R., Unternehmensführung — Ein Regelungsproblem, in: BFuP, 12 (1960), S. 230—238; ders., Funktions- und strukturbedingte Regelungsmaßnahmen der Unternehmung, in: ZfB, 30 (1960), S. 744—756; ders., Wirtschaftskybernetik — Ein Schlüssel zur Ganzheitsbetrachtung, in: ZfB, 35 (1965), S. 573—592; *Ulrich*, H., Unternehmung, S. 118—128 u. S. 215—224.

tische Ansatz gewählt. Insbesondere ist die Abhängigkeit bzw. die Abgrenzung der Aktionsplanung von der Potential- und Objektplanung zu präzisieren.

Gegenstände der Aktionsplanung sind — wie bereits erwähnt — *Aktionen* (Aktionsarten) und deren *Folgebeziehungen*. Dies ist eine sehr enge Definition. Sie kennzeichnet die Aktionsplanung als eine reine *Aktionsfolgeplanung*. Diese durch isolierende Abstraktion gewonnene Definition genügt weder dem theoretischen Anspruch nach Integration noch dem praxeologischen Anspruch nach Realitätsnähe, denn praxisbezogene Aktionsplanung beinhaltet stets auch die Zuordnung der *Aktionsarten* zu den *Aktionsträgern* und den *Aktionsobjekten*[44]. In

---

[44] Vgl. hierzu eingegrenzt auf den Fertigungsbereich z. B. *Fässler*, K. u. *Reichwald*, R., Fertigungswirtschaft, in: Industriebetriebslehre — Entscheidungen im Industriebetrieb, hrsg. von E. Heinen, Wiesbaden 1972, S. 261 f.

Vgl. zu einer knappen Kennzeichnung des Gegenstandes der Fertigungsablaufplanung in Form von Fragewörtern z. B. *Hoss*, K., Fertigungsablaufplanung, S. 2 f. Der einfache syntaktische Ansatz (Subjekt, Prädikat und Objekt) berücksichtigt nur die Fragen „Wer" (Personal) bzw. „Womit" (Betriebsmittel) (als Träger = Subjekt), „Was" bzw. „Wie" (als Prädikat) und „Woran" (als Objekt). Da Aktionen in den Dimensionen Raum und Zeit verlaufen, stellen sich auch die Fragen „Wo" und „Wann" bzw. „Wielange". Vgl. zu dieser Gliederung in die sechs Merkmale Verrichtung, Objekt, Arbeitsmittel, Zeit, Raum und Aufgabenträger *Chmelik*, G. u. *Kappler*, E., Konstitutive Entscheidungen, in: Industriebetriebslehre — Entscheidungen im Industriebetrieb, hrsg. von E. Heinen, Wiesbaden 1972, S. 184—186.

Im syntaktischen Ansatz wird die raum-zeitliche Erweiterung als attributive Bestimmung aufgefaßt, die dem Prädikat, also der Tätigkeit, zugeordnet wird. Somit werden die Merkmale Zeit und Raum nicht als gleichgeordnete Merkmale zu Träger, Tätigkeitsart und Objekt aufgefaßt. Diese Auffassung soll anhand der Ausführungen Kosiols zu den Prinzipien der „Arbeitssynthese" bei der „Prozeßstrukturierung" begründet werden. Vgl. *Kosiol*, E., Aktionszentrum, S. 79—86. Von den aufgabenanalytischen Prinzipien (Verrichtung, Objekt, Rang, Phase, Zweck) hat das Merkmal „Rang" hier keine Bedeutung. Das Merkmal „Phase" ist in bezug auf die vorliegende Themenformulierung im Kapitel 3.1.5. vorab untersucht worden. Das Merkmal „Zweck" wird als Ziel der Aktionsstrukturen gesondert und differenziert untersucht. Die Relevanz der verbleibenden Merkmale „Verrichtung" und „Objekt" wird auch von Kosiol betont: „Die beiden Sachprinzipien (Objekt und Verrichtung) stehen bei der Arbeitsanalyse im Mittelpunkt." *Kosiol*, E., Aktionszentrum, S. 80. Zu diesen aufgabenanalytischen Merkmalen treten bei den arbeitssynthetischen Prinzipien Kosiols die Merkmale „Subjekt", „Mittel", „Raum" und „Zeit" hinzu.

„Subjekt" (bei Kosiol nur Personal) und „Mittel" werden hier zu Potentialen bzw. Aktionsträgern zusammengefaßt. Damit soll nicht gesagt werden, daß sie „gleichrangig" sind (vgl. ebenda, S. 61), sondern, daß sie beide Trägereigenschaft haben (vgl. auch ebenda, S. 79 u. S. 82). Das Merkmal „Zeit" wird — wie erwähnt — der Tätigkeit (als eine quantitative Kennzeichnung) zugewiesen. Deshalb wird es nicht — wie bei Kosiol — als gleichrangiges Merkmal aufgefaßt, denn Kosiol bezieht die aus diesem Merkmal abgeleitete „temporale Arbeitssynthese" auf „Arbeitsgänge" und behandelt dort das (schwierigere) Problem der Leistungsabstimmung (vgl. ebenda, S. 81 u. S. 83—85). Betrachtet man aber zunächst das (einfachere) Problem der Zeitberechnung der Aktionsfolge, dann scheint das Zuweisen der Zeit zu den Tätigkeiten und

dieser Erweiterung wird die Aktionsplanung als *integrierte Aktionsfolge-, Aktionsträger- und Aktionsobjektplanung* betrachtet. Zu den Folgebeziehungen treten in der erweiterten Fassung der Aktionsplanung auch *Gruppierungsbeziehungen*. Elemente bleiben jedoch die Aktionen. Von ihnen ist stets auszugehen. Die Aktionsfolgeplanung ist das Kernstück der Aktionsplanung. Sie macht ihr Wesen aus.

Die *Aktionsträgerplanung* darf nicht mit der Potentialplanung, die eine Bestandsplanung ist, verwechselt werden. Die Potentialplanung legt den Bestand an Betriebsmitteln und Personal auf der Grundlage eines erwarteten (potentiellen) Leistungsprogramms fest und setzt Teile

---

damit die Unterordnung dieses Merkmals, praktikabler zu sein (vgl. das Vorgehen der Netzplantechnik, als der wohl wichtigsten Ablaufplanungstechnik). Das Merkmal „Raum" wird — wie erwähnt — ebenfalls der Tätigkeit (als eine qualitative Kennzeichnung) zugewiesen. Deshalb wird es nicht — wie bei Kosiol — als gleichrangiges Merkmal aufgefaßt. Kosiol bezieht die aus diesem Merkmal abgeleitete „lokale Arbeitssynthese" auf die „Anordnung und Ausstattung der Arbeitsplätze". Vgl. *Kosiol*, E., Aktionszentrum, S. 86. In einer hoch mechanisierten Industrieunternehmung sind die Arbeitsplätze meist mit den (oft festen) Standorten der Betriebsmittel (vor allem Maschinen) identisch. Wenn die räumliche Anordnung der Betriebsmittel aufgrund eines potentiellen Leistungsprogramms (losgelöst von einem bestimmten Auftrag) relativ langfristig erfolgt (und nur dann!), wird diese Strukturierung nicht der Aktionsplanung sondern der Potentialplanung zugerechnet. Unter der Prämisse ortsfixierter, langfristig angeordneter Betriebsmittel entfällt in der Aktionsplanung eine gesonderte räumliche Strukturierung, denn sie ergibt sich unmittelbar aus der Zuweisung der Aktionen zu den Betriebsmitteln. Wenn aber im Rahmen der Aktionsplanung Tätigkeiten mit ortsgebundenen Betriebsmitteln ausgeführt werden sollen, dann ist zwar eine gesonderte Ortsangabe der Tätigkeiten erforderlich, sie kann aber dann — wie erwähnt — als qualitative Kennzeichnung der Tätigkeit aufgefaßt werden, so daß das Merkmal „Raum" dem Merkmal „Verrichtung" untergeordnet wird. Wenn aber die räumliche Strukturierung ortsgebundener Betriebsmittel speziell für einen bestimmten (!) Auftrag (aktuelles Leistungsprogramm) relativ kurzfristig vorgenommen werden soll, dann gehört diese Strukturierung in diesem Fall zur Aktionsplanung. Dieser Fall ist aber selten. In diesem Fall ist es aber durchaus berechtigt, das Merkmal „Raum" — wie Kosiol — mit dem Merkmal „Verrichtung" als gleichrangig anzusehen, da dann eine gesonderte Layout-Planung der Betriebsmittel erforderlich ist. Man fragt dann: „Welche Betriebsmittel und Arbeitskräfte (des vorhandenen Bestandes) kommen in Betracht?", „Wo sollen die Betriebsmittel stehen?" und „Welche Tätigkeiten sollen sie an welchen Objekten ausführen?" Für die generellen Verhältnisse ist aber wohl ein Unterordnungsverhältnis des Merkmals „Raum" gegenüber dem Merkmal „Verrichtung" adäquater. Das bedeutet im konkreten Ergebnis, daß eine gesonderte (!) Behandlung der Raumplanung innerhalb der Aktionsplanung (!) nicht notwendig erscheint. (Das wäre sie allerdings bei Gleichordnung — wie bei Kosiol, so daß er folgerichtig eine gesonderte Phase „lokale Arbeitssynthese" unterscheidet). Hier aber bleibt es bei der Unterscheidung in Aktionsarten(-folge)-, Aktionsträger- und Aktionsobjektplanung. Diesen Teilplanungen werden die räumlichen Angaben zugeordnet.

Vgl. zu diesem syntaktischen Ansatz der Prozeßstrukturierung mit einer Primärgliederung nach Raum und Zeit *Schweitzer*, M., Prozeßstrukturierung, S. 290 f.

dieser Bestände zueinander in Beziehung, und zwar mit relativ langfristiger Wirkung. Von den Planungsergebnissen der nicht tätigkeitsbezogenen Potentialplanung geht die Aktionsplanung aus, d. h. wegen der relativ langfristigen Festlegung des Potentialbestandes wird die Aktionsplanung so definiert, daß für sie die Prämisse des gegebenen Betriebsmittel- und Personalbestandes gilt. Die Aktionsträgerplanung ist ein Teil der Aktionsplanung. Sie geht daher von dem Potentialplanungsergebnis aus. Ihr Gegenstand ist nicht der Aktionsträgerbestand und seine Strukturierung, sondern die Zuweisungen der Aktionen zu denjenigen Aktionsträgern des gegebenen Unternehmungspotentials, die für die Durchführung der Aktionen in Anspruch genommen werden sollen. Der Begriff Aktionsträgerplanung in Abhebung vom Begriff Potentialplanung deutet dies an. Die Aktionsträgerplanung legt den Kapazitätsbedarf für jede Aktion fest. Sie plant somit die Kapazitätsausnutzung und nicht die Kapazität wie die Potentialplanung. Sie geht — wie die Aktionsplanung, deren Teil sie ist — von einem tatsächlichen Leistungsprogramm aus. Sie ist — je nach Durchlaufzeit des Produkts — meist kurzfristiger Natur[45]. Beispiele bzw. praxisnähere Begriffe für die Aktionsträgerplanung sind die Maschinenbelegungsplanung bzw. die Arbeitskräfteeinsatzplanung[46].

Die *Aktionsobjektplanung* darf nicht mit der Objektplanung, die eine Bestandsplanung ist, verwechselt werden. Die Objektplanung legt den Bestand an Objekten (hier vor allem Werkstoffen) auf der Grundlage eines erwarteten (potentiellen) Leistungsprogramms fest und setzt Teile der Bestände zueinander in Beziehung. Begrenzt man die Objektplanung auf die Stoffplanung, dann ist die Strukturierung in der Regel weniger dauerhaft als die der Potentialplanung, da Stoffe Verbrauchs- oder Repetierfaktoren[47] sind; somit hängt die Dauerhaftigkeit vor allem von der Verbrauchsdauer im Fertigungsprozeß und der Unmittelbarkeit der Kundenorientierung (Bestell- oder Vorratsfertigung) ab. Von den Planungsergebnissen der nicht tätigkeitsbezogenen Objektplanung geht die Aktionsobjektplanung aus. Ihr Gegenstand ist nicht der Objektbestand und seine Strukturierung, sondern die Zuweisungen der Aktionen zu denjenigen Objekten des Gesamtbestandes, die für die Durchführung der Aktionen erforderlich sind. Werden Bewegungstätigkeiten (i. w. S.) an Aktionsobjekten ausgeführt, dann entstehen *Ströme*, der Stoffstrom bei Transporttätigkeiten an Stoffen, der Informationsstrom bei Übertragungstätigkeiten an Informationen, der Geldstrom bei Ver-

[45] Vgl. hierzu auch *Riester*, W. F. u. *Schwinn*, R., Projektplanungsmodelle, Würzburg—Wien 1970, S. 11.

[46] Zur theoretischen Problematik dieser Teilplanung vgl. z. B. *Franke*, G., Zur Ablaufplanung in Netzwerken, in: ZfbF, 23 (1971) 2, S. 106—118 und die dort zitierte Literatur.

[47] Vgl. zu diesem Begriff nochmals *Heinen*, E., Kosten, S. 223.

rechnungstätigkeiten an Nominalgütern. In der vorliegenden Untersuchung interessiert primär der Stoffstrom (Materialfluß).

Anders als bei der *Abgrenzung* der Potentialplanung von der Aktionsträgerplanung kann hier nicht die Prämisse eines gegebenen Objektbestandes für die Aktionsplanung abgeleitet werden, da über die Dauerhaftigkeit der Festlegung des Objektbestandes in der Objektplanung keine generellen Aussagen getroffen werden können. Vielmehr kann hieraus nur die Notwendigkeit einer integrativen Synchronisation bzw. einer laufenden Abstimmung von Objektplanung (als Bestandsplanung) und Aktionsobjektplanung gefolgert werden. Sind die Objekte die Stoffe, dann fällt die Rohstofflagerplanung in den Bereich der Objektplanung. Die Planung der Tätigkeiten zur Auffüllung der Bestände (Bestellabwicklungsplanung) fällt in den Bereich der Aktionsobjektplanung im Tätigkeitsbereich Beschaffung. Die Planung der Entnahme von Teilen aus diesen Beständen und ihr Einsatz im Fertigungsbereich, also die Planung des Materialbedarfs zur Ausführung der Fertigungstätigkeiten (Materialdisposition i. e. S.) und der Bereitstellung am Fertigungsort, fällt in den Bereich der Aktionsobjektplanung im Tätigkeitsbereich Fertigung (und damit unter die noch zu definierende Fertigungsablaufplanung). Aktionsobjekte können auch Aufträge sein bzw. die durch sie definierten Produkte. So fällt die Auftragsabwicklungsplanung im Absatzbereich ebenfalls unter die Aktionsobjektplanung. In der vorliegenden Untersuchung interessiert jedoch nur die Aktionsobjektplanung im Fertigungsbereich. Bei Begrenzung auf die Stoffe wird sie im allgemeinen als *Materialflußplanung* bezeichnet.

3.1.7. Die entscheidungsmodellbezogene, systemorientierte, syntaktische Definition der Fertigungsablaufplanung

Bisher ist die Aktionsplanung unabhängig von bestimmten Tätigkeitsarten definiert worden. Allerdings waren einige Spezifizierungen bereits verstärkt auf den Fertigungsbereich ausgerichtet worden. Im folgenden soll nur noch auf diesen Bereich, der den Untersuchungsbereich der vorliegenden Arbeit bildet, abgestellt werden. Dabei wird zusätzlich zum systemorientierten, syntaktischen Ansatz noch das *entscheidungsmodellbezogene Gliederungsprinzip*[48] berücksichtigt, denn da die Planung als systematische Entscheidungsvorbereitung und -findung verstanden wird, läßt sich die Fertigungsablaufplanung als ein *Entscheidungsmodell* bzw. — bei Nichtberücksichtigung der Ziele — auch als ein *Erklärungsmodell*[49] formulieren[50]. Damit wird auch dieser wichtige

48 Vgl. *Große-Oetringhaus*, W., Gliederungsprinzipien, S. 126.

49 Vgl. zu diesen Begriffen nochmals *Heinen*, E., Einführung, S. 159 ff. u. S. 223 ff.

50 Vgl. hierzu auch Ansätze bei *Hoss*, K., Fertigungsablaufplanung, S. 25—45.

und leistungsfähige Ansatz moderner Betriebswirtschaftslehre mit einbezogen.

Der Fertigungsablaufplan wird als ein Planungssubsystem des Planungssystems der Unternehmung interpretiert bzw. — bei veränderter Betrachtung — als Planungssystem des Planungsumsystems der Unternehmung. Somit sind die „*Umweltdaten*“[51] als *konstante Daten* der Fertigungsablaufplanung die Planungsergebnisse dieses Umsystems, das in den vorigen Abschnitten erläutert worden ist. Zunächst sind es die generellen Unternehmungsziele, einmal als *Ergebnisse der Formalzielsetzungsplanung*, vor allem in bezug auf das Gewinnstreben und die Liquiditätssicherung, und zum anderen als *Ergebnisse der Sachzielsetzungsplanung* (Programmplanung) in bezug auf das Leistungsprogramm (Produktziele) der Unternehmung und des hieraus abgeleiteten Fertigungsprogramms. Die Fertigungsablaufplanung geht von einem *tatsächlichen (aktuellen) Fertigungsprogramm* aus. Weiterhin sind die *Ergebnisse der Potentialplanung* zu nennen, die die Definition von leistungsbereiten Personal- und Betriebsmittelbeständen beinhalten (vor allem Kostensätze, ferner Angaben zur quantitativen und qualitativen Kapazität der Potentiale); überdies die *Ergebnisse der Objektplanung*, die vor allem die Angabe von Sollwerten bezüglich einsatzbereiter Werkstoffbestände beinhalten (vor allem Materialpreise, aber auch in erweiterter Betrachtung Zinssätze), und insofern auch die *Ergebnisse der Beschaffungsablaufplanung*, die die Angabe von Sollwerten beschaffter Elementarfaktorbestände beinhalten.

Zu diesen Daten können jedoch noch zahlreiche spezielle Daten hinzukommen; aus dem Absatzbereich z. B. bestimmte Lieferbedingungen oder aus dem „gesellschaftlichen Bereich“ der Zwang, Vorschriften zur Reinhaltung von Luft und Wasser oder zur Lärmbegrenzung einzuhalten, der Zwang zur Verwendung bestimmter technologischer Verfahren, der Zwang zur Einhaltung bestimmter Arbeitszeiten u. v. a. m. Diese Daten lassen sich z. T. als *Nebenbedingungen*, als Restriktionen der Fertigungsablaufplanung, interpretieren. Die beiden wichtigsten Gruppen sind einmal die *ablauftechnischen Restriktionen*, also der Zwang, aus technologischen oder technisch-wirtschaftlichen Gründen bestimmte Reihenfolgebedingungen bei der Aktionsfolgestrukturierung einzuhalten, und zum anderen Kapazitätsbeschränkungen, die sich aus den Daten der Potentialplanung ergeben, also der Zwang, den Kapazitätsbedarf an dem begrenzten Potential an Betriebsmitteln und Personal zu orientieren.

Nebenbedingungen schränken das Feld der zur Wahl stehenden, der möglichen, alternativen *Aktionsparameter*, der *unabhängigen Variablen*,

---

[51] Vgl. zu diesem Begriff *Heinen*, E., Einführung, S. 160.

ein. Wichtigste Aktionsparameter sind die *Aktionsarten*, und zwar Fertigungstätigkeiten mit und ohne gleichzeitigem Transport und die reinen Transporttätigkeiten[52]. Hiervon zu trennen ist die nächste Gruppe von unabhängigen Variablen, die *Aktionsfolgen*, für die je nach ablauftechnischen Restriktionen in der Regel zahlreiche Variationsmöglichkeiten bestehen. Die zielorientierte Aktionsfolgenbestimmung (Reihenfolgebestimmung) gehört zu den wesentlichen Problemen der Fertigungsablaufplanung und zu den schwierigsten Problemen der Betriebswirtschaftslehre, ein Problem, das bisher nur für einige Spezialfälle praktikabel gelöst wurde[53]. Die Entscheidung über alternative Aktionsfolgen ist Gegenstand der *Aktionsfolgeplanung*. Beide Variable gehören zur Gruppe der *qualitativen Variablen*.

Zur Gruppe der *unabhängigen, quantitativen Variablen* gehört zunächst die *Aktionsdauern*, die Zeitdauer der einzelnen Tätigkeit. Oft werden diese Zeitdauern (Bearbeitungszeiten) von der Fertigungsablaufplanung auch als konstante Daten betrachtet[54], obwohl sie dies „von Natur aus" in der Regel nicht sind. Die Aktionsdauern werden entweder geschätzt oder aufgrund von Zeitstudien ermittelt. Ihre Angabe unterstellt für jede Tätigkeit einen bestimmten Kapazitätsbedarf bei bestimmter intensitätsmäßiger Ausnutzung. Aber trotz funktionaler Abhängigkeit zwischen Zeitdauer und Kapazitätsbedarf einer Tätigkeit, kann die *Aktionsträgermenge* (Kapazitätsbedarf) auch als weitere Gruppe unabhängiger Variabler betrachtet werden. Die Entscheidung über die Zuordnung von Tätigkeiten zu alternativen Aktionsträger-

---

[52] Unter Fertigungstätigkeiten werden vereinfachend neben Be- und Verarbeitungstätigkeiten auch Tätigkeiten der Kontrolle subsumiert (z. B. statistische Qualitätskontrolle der Fertigung), wenn sie Gegenstand der Ablaufplanung sind. Die Lagerung läßt sich dann als Fertigungstätigkeit besonderer Art auffassen, wenn ihr eine Fertigungseigenschaft zukommt, z. B. bei der Gärung, Reifung, Trocknung. In diesem Fall ist sowohl diese Tätigkeitsart als auch ihre Zeitdauer eine unabhängige Variable. Im allgemeinen ist die Lagerung jedoch keine Tätigkeit, sondern eine Zeitdauer zwischen den Tätigkeiten. Dann ist diese Zeitdauer jedoch eine abhängige Variable der Aktionsstrukturierung.

[53] Vgl. z. B. *Niedereichholz*, J., Grundlagen der optimalen organisatorischen Reihenfolgeplanung in der Arbeitsvorbereitung, in: ZfürO, 35 (1970) 6, S. 262, S. 267—269; *Hoss*, K., Fertigungsablaufplanung, S. 122—124, S. 134—137, S. 158 u. S. 170; *Neidhart*, F., Methoden der Fein- und Ablaufplanung, in: IO, 36 (1967) 4, S. 134 u. S. 143 f.; *Müller-Merbach*, H., Die Behandlung von Kapazitätsrestriktionen in der Netzplantechnik, in: Anwendung der Netzplantechnik im Betrieb, Schriften zur Unternehmensführung, hrsg. von H. Jacob, Bd. 9, Wiesbaden 1969, S. 41 ff.

[54] Da die hier als unabhängige Variable interpretierten Größen alle sowohl konstant als auch variabel sein können, verwenden Riester und Schwinn grundsätzlich den Begriff Parameter. Vgl. *Riester*, W. F. u. *Schwinn*, R., Projektplanungsmodelle, S. 12, Fußnote 2). Dem wird in der vorliegenden Arbeit ebenfalls entsprochen, da die unabhängigen Variablen auch als Aktionsparameter interpretiert werden können.

mengen (Teilmengen des Potentialbestandes) ist Gegenstand der *Aktionsträgerplanung*. Weiterhin unterstellt die Angabe der Aktionsdauer, daß die Tätigkeit an einer bestimmten Objektmenge vollzogen wird. Aber trotz funktionaler Abhängigkeit zwischen Zeitdauer und Objektmenge, kann die *Aktionsobjektmenge* auch als unabhängige Variable betrachtet werden. Die Entscheidung über die Zuordnung von Tätigkeiten zu alternativen Aktionsobjektmengen (Teilmengen des Objektbestandes) ist Gegenstand der *Aktionsobjektplanung* (z. B. Materialflußplanung)[55]. *Die Aktionskosten*, also die Kosten einer Tätigkeit, hängen unmittelbar von ihrer Zeitdauer und ihrem Kapazitätsbedarf ab. Aber trotz dieser funktionalen Abhängigkeit können die Aktionskosten auch als unabhängige Variable betrachtet werden, wenngleich dies nicht so häufig ist (häufiger als abhängige Variable).

Zusammenfassend ergeben sich folgende mögliche, unabhängige Variable, und zwar qualitative:

— *Aktionsart bzw. Aktionsfolge*

und quantitative:

— *Aktionsdauer,*

— *Aktionsträgermenge,*

— *Aktionsmenge* und

— *Aktionskosten.*

Nach den unabhängigen Variablen müssen die *Erwartungsparameter*, die *abhängigen Variablen*, untersucht werden. Sie werden aus der Formalzielstruktur der Unternehmung abgeleitet[56], und zwar durch ein In-Beziehung-Setzen der Zielvariablen mit den quantitativen, unabhängigen Variablen. Aus der wichtigsten Zielvariablen, dem Gewinn, wird die Kostenvariable abgeleitet; die Erlöse sind durch die Fertigung nicht wesentlich beeinflußbar, sondern nur durch Absatztätigkeiten. Die *Kosten einer Aktionsfolge* sind für die Fertigungsablaufplanung die wichtigste abhängige Variable. Weitere abhängige Variable müssen zu ihr in einem funktionalen Verhältnis stehen, auf das schon bei der Behandlung der sich auf einzelne Tätigkeiten beziehenden unabhängigen Variablen hingewiesen wurde. Entscheidend ist hier, daß die abhängigen Variablen durch eine Addition der quantitativen, unabhängi-

[55] Die gesamte Objektmenge (Stoffmenge) zur Erreichung eines Produktziels leitet sich aus der Programmplanung ab, ist also konstantes Datum der Fertigungsablaufplanung. Variable ist lediglich die tätigkeitszugeordnete Teilmenge (= Aktionsobjektmenge). Diese Verhältnisse entsprechen formal exakt denen der Aktionsträgerplanung. Dies mag hier wiederholend festgestellt werden.

[56] Vgl. hierzu grundlegend *Heinen*, E., Einführung, S. 160.

gen Variablen auf der Basis der Ablaufstruktur, d. h. ihren Reihenfolgevorschriften entsprechend, vorgenommen wird. Abhängige Variable beziehen sich in dieser Sicht stets auf eine Aktionsfolge und nicht auf eine einzelne Tätigkeit. Damit ergeben sich folgende abhängige Variable:

— *Aktionsfolgedauer* (Durchlaufzeit bzw. — auf das Aktionsfolgeende abstellend — der Liefertermin),
— *Aktionsfolgeträgermenge* (Kapazitätsbedarfsfunktion bzw. Kapazitätsbelegungsprofil einer Aktionsfolge über deren Dauer oder mehrerer Aktionsfolgen in einer Periode),
— *Aktionsfolgeobjektmenge* (Stoffmenge, die durch eine oder mehrere Aktionsfolgen in einer Periode gebunden ist; in bewerteter Form wird sie meist als Kapitalbindung bezeichnet; stellt man nur auf die Objektmenge ab, die während des Fertigungsprozesses im Ruhestand gebunden ist, dann wird sie als Zwischenlagermenge bezeichnet und bildet das Mengengerüst der Zwischenlagerkosten) und
— *Aktionsfolgekosten* (Kumulierte Kosten einer Aktionsfolge über deren Dauer oder mehrerer Aktionsfolgen in einer Periode).

Statt auf die Aktionsfolgedauer bzw. die Durchlaufzeit eines Auftrages (Produktentstehungszeit) kann man auch auf die Ruhezeiten des Auftrages (Produkts) zwischen seiner Fertigung oder seinem Transport („Bearbeitung"), auf die *Wartezeiten*, abstellen. Und statt auf die Aktionsfolgeträgermenge bzw. das Kapazitätsbelegungsprofil (vor allem in bezug auf Maschinen) kann man auch auf die Ruhezeiten zwischen den Fertigungs- oder Transportzeiten der Maschinen („Nutzung"), auf die *Leerzeiten*, abstellen. Die gesamten Warte- bzw. Leerzeiten bilden abgeleitete, abhängige Variable.

Auf der Grundlage der Ausführungen zu den Variablen bzw. Parametern der Fertigungsablaufplanung läßt sich *jedes Fertigungsablaufproblem als Funktion der Aktionsdauern, der Aktionsträgermengen, der Aktionsobjektmengen, der Aktionskosten (als unabhängige, quantitative Variable) und der Aktionsfolge (als unabhängige, qualitative Variable)* beschreiben[57].

---

[57] Vgl. enger und terminologisch anders *Riester*, W. F. u. *Schwinn*, R., Projektplanungsmodelle, S. 12.
Aber gerade die terminologischen (genauer begrifflichen) Unterschiede sind entscheidend. Die hier vertretene Terminologie ist zwar etwas eigenwillig; sie hat aber nach Auffassung des Verfassers zwei entscheidende Vorzüge: Sie ist außergewöhnlich einfach, denn sie führt das schwierige Ablaufproblem auf eine Minimalzahl von Begriffen zurück und sie leitet sich aus einer formal (!) sehr einfachen Methode konsequent ab, dem syntaktischen, systemorientierten Ansatz. Hierin wird ein Beweis für die Leistungsfähigkeit dieses Ansatzes gesehen. Die Verbindung dieser Begriffe mit der Heinenschen Einteilung der Größen des Entscheidungsmodells machen diesen Ansatz für eine Ableitung von operationsanalytischen Ablaufmodellen und der Erfassung von Typen des Fertigungsablaufes zu einer sehr leistungsfähigen Grundlage.

Aus den genannten abhängigen Variablen bzw. Erwartungsparametern können unmittelbar die *Ziele* der Fertigungsablaufplanung abgeleitet werden, und zwar dadurch, daß die abhängigen Variablen in eine Zielvorschrift umformuliert[58] werden, die der Formalzielstruktur der Unternehmung entspricht. Auf der Grundlage der bisherigen Ausführungen ergibt sich bei der Formalzielsetzung Gewinnmaximierung oder — für den Fertigungsbereich wichtiger — Wirtschaftlichkeitsmaximierung[59] für die Fertigungsablaufplanung das Oberziel *Kostenminimierung*, denn in diesem Ziel entsprechen die umformulierten (d. h. mit einer Zielvorschrift versehenen) abhängigen Variablen und die aus der generellen Formalzielstruktur abgeleiteten Zielkomponente (Kosten) einander exakt. Die übrigen beiden abhängigen Variablen, die mit den Kosten funktional verbunden sind, müssen mit einer komplementären Zielvorschrift umformuliert werden. So ergeben sich die beiden Unterziele:

— Minimierung der mittleren Durchlaufzeit der Aufträge und

— Maximierung der periodenbezogenen Kapazitätsausnutzung.

In bestimmter Sicht werden sie auch als *primäre Ziele* der Fertigungsablaufplanung bezeichnet[60]. Sie können in komplementärem und in konkurrierendem Verhältnis zueinander stehen[61]. *Sekundäre Ziele* sind vor allem:

---

[58] Vgl. hierzu grundlegend *Heinen*, E., Einführung, S. 223 f.

[59] Aufgrund der empirischen Zielforschung sei bewußt nicht das Ziel der Gewinnmaximierung als alleiniges Oberziel genannt. Vgl. *Heinen*, E., Zielsystem, S. 30 ff., S. 59 ff. u. S. 67 ff. In bezug auf den hier zugrunde gelegten Unternehmungsbegriff läßt das Ziel der Wirtschaftlichkeitsmaximierung eine relativ „neutrale" und fertigungswirtschaftlichorientierte Darstellung zu. Deshalb sei auch von dem partiellen Zielkonflikt zwischen Wirtschaftlichkeitsmaximierung und Gewinnmaximierung abgesehen. Vgl. dazu *Heinen*, E., Einführung, S. 112 f. Es soll grundsätzlich nicht die Gewinnmaximierung (bzw. allgemeiner das Gewinnstreben) für eine gesamtunternehmungsbezogene Betrachtungsweise in verminderter Bedeutung gesehen werden. In der vorliegenden Untersuchung steht jedoch die fertigungswirtschaftliche Sicht im Vordergrund. Dafür scheint das Ziel der Wirtschaftlichkeitsmaximierung, besonders in mengenmäßiger Ausprägung, „operationaler" zu sein, denn nur über die Ausbringung der Fertigung, nicht aber über die Erlöse der Unternehmung, können Aussagen getroffen werden.
Vgl. zur Bedeutung der Wirtschaftlichkeitsmaximierung als Zielformulierung bei Systembildungen *Luhmann*, N., Zweckbegriff, bes. S. 74 f.

[60] Vgl. zur genaueren Untersuchung der Ziele und ihrer Beziehungen *Hoss*, K., Fertigungsablaufplanung, S. 36—45. Vgl. zum Primat dieser Ziele auch *Kosiol*, E., Aktionszentrum, S. 82. Vgl. bes. *Günther*, H., Das Dilemma der Arbeitsablaufplanung, Berlin 1971, S. 27—44 u. S. 86—106.

[61] Vgl. zum „Ablaufplanungsdilemma" *Gutenberg*, E., Produktion, S. 214. Vgl. zur operationsanalytischen Begründung der Zielbeziehungen bei Werkstatt- und Fließfertigung *Hoss*, K., Fertigungsablaufplanung, S. 19—25. Vgl. aber auch die Erweiterungen ebenda, S. 55—59, S. 129—133, S. 157—170 u.

— Optimierung im Einhalten von Lieferterminen und

— Minimierung der Kapitalbindung.

Aus den primären und sekundären Zielen können zahlreiche Ziele abgeleitet werden. Wichtige *abgeleitete Ziele* sind, und zwar aus den primären Zielen abgeleitet:

— Minimierung der gesamten Leerzeit
(aus der Kapazitätsausnutzungsmaximierung) und

— Minimierung der gesamten oder mittleren Wartezeit
(aus der Durchlaufzeitminimierung),

aus den sekundären Zielen abgeleitet:

S. 185. Vgl. zu einer Kritik *Günther*, H., Dilemma, S. 54—63. Vgl. zur Dualität der Ziele bei Fließfertigung („Straßenfertigung") und Werkstattfertigung auch *Zimmermann*, W., Modellanalytische Verfahren zur Bestimmung optimaler Fertigungsprogramme, Berlin 1966, S. 96—102 u. S. 108—112. Zimmermanns Annahme, daß auch bei Straßenfertigung ein Ablaufdilemma bestünde (vgl. ebenda, S. 100), wird von Günther mit Recht als Fehlschluß aufgrund falscher Terminologie abgelehnt. Vgl. *Günther*, H., Dilemma, S. 48—53. Mit Recht fordert er die „dringend notwendige Verbesserung der Terminologie". Ebenda, S. 53. Vgl. zu einer differenzierten quantifizierten Formulierung des Ablaufplanungsdilemmas *Muscati*, M., Die zeitliche Optimierung von Objektfolgen bei kontinuierlichen mehrstufigen Prozessen, in: ZfbF, 19 (1967), S. 297—305 und die zusammenfassende Würdigung bei *Günther*, H., Dilemma, S. 72—74.

Vgl. zur Abhängigkeit des Ablaufplanungsdilemmas vom Planungshorizont und Auftragsbestand *Müller-Merbach*, H., Optimale Reihenfolgen, Berlin—Heidelberg—New York 1970, S. 176 f. Vgl. zu einer ähnlichen Abhängigkeit, und zwar von der Über- und Unterbeschäftigung der Unternehmung, *Mensch*, G., Ablaufplanung, Köln—Opladen 1968, S. 97. Vgl. hierzu ferner *Günther*, H., Dilemma, S. 105 und *Riedesser*, A., Der Diagonalrhythmus zur Ablaufplanung, in: ZfbF, 23 (1971) 9, S. 664—669. Vgl. zur Dominanz des Ziels Wartezeitenminimierung aufgrund des „Bestandseffekts" *Dickhut*, E. O., Zur Problematik der optimalen Fertigungsablaufplanung in der Einzel- und Kleinserienfertigung, Diss. Aachen 1966, S. 68—80. Zu einer Betrachtung dieser Problematik vgl. *Günther*, H., Dilemma, S. 67—72. Zu einer Kritik vgl. *Mensch*, G., Das Trilemma der Ablaufplanung, in: ZfB, 42 (1972) 2, S. 80. Vgl. zu den Optimierungskriterien in Abhängigkeit von Käufer- und Verkäufermarkt *Albach*, H., Maschinenbelegungspläne bei Einzelfertigung, in: Jahrbuch 1965, hrsg. vom Landesamt für Forschung des Landes Nordrhein-Westfalen, Köln—Opladen 1965, S. 16 ff. Vgl. zur Beschäftigungs- und Reihenfolgeabhängigkeit des Ablaufplanungsdilemmas *Stähly*, P., Kurzfristige Fabrikationsplanung in der industriellen Werkstattfertigung, Würzburg—Wien 1964, S. 73 f. u. S. 75—84. Vgl. zu einer kritischen Betrachtung *Günther*, H., Dilemma, S. 63—67. Vgl. zum „Reiheneffekt" *Dickhut*, E. O., Problematik, S. 71.

Vgl. zur Erweiterung des Ablaufplanungsdilemmas zu einem Ablauftrilemma durch Einbeziehung der Minimierung der Rüstzeiten *Mensch*, G., Trilemma, S. 81 f. u. S. 86 f.; ferner *Günther*, H., Dilemma, S. 40—43 und zum „Rüsteffekt" *Dickhut*, E. O., Problematik, S. 71. Zur Erweiterung des Dilemmas und Trilemma zum „Polylemma" vgl. *Schweitzer*, M., Prozeßstrukturierung, S. 291—293. Zur Kritik vgl. *Günther*, H., Dilemma, S. 74—77.

— Minimierung der Verspätungskosten
(aus der Liefertermineinhaltung) und

— Minimierung der Zwischenlagerkosten
(aus der Kapitalbindungsminimierung).

Diese Ziele stellen die wichtigsten Ziele des Untersuchungsbereiches dar, die kurz als die *Bereichsziele* bezeichnet worden waren. Mit ihrer Skizzierung ist die Darstellung der Fertigungsablaufplanung als Gestaltung eines Entscheidungsmodells abgeschlossen.

3.1.8. Abgrenzung der Fertigungsablaufplanung von der Fertigungsablaufsteuerung

Die Fertigungsablaufsteuerung (kurz Fertigungssteuerung) wird i. e. S. ausschließlich der *Realisationsphase* zugewiesen, d. h. sie bildet ihren ersten Teil. Sie beinhaltet die Veranlassung[62] der Entscheidungen, die in der Fertigungsablaufplanung getroffen wurden. Insofern ist sie eine Phase der Informationsumsetzung; sie setzt die meist abstrakten Daten der Planung in detaillierte[63], konkrete Daten für den Fertigungsausführungsbereich (Produktionsstätte, Werkstatt o. ä.) um. Dies kann in der Praxis einen manchmal erheblichen Aufwand erfordern[64].

In der abstrakteren Sicht der kybernetischen Begriffsbildung kann man die Fertigungssteuerung gut mit der Funktion eines Stellgliedes vergleichen. Folgt man weiterhin dem Grundgedanken des *Regelkreises*, erkennt man, daß es aus Gründen der technisch-wirtschaftlichen Realisierung der Fertigungssteuerung zweckmäßig ist, diesen Begriff zu erweitern. Fertigungssteuerung i. w. S. umfaßt auch die Istwert-Aufnahme der erfolgten Fertigungsablaufdurchführung, die mögliche Feststellung einer Abweichung zwischen Soll- und Istwert und die Korrekturmaßnahmen zur Erreichung des vorgegebenen Sollwertes. Dann ist der Begriff der Fertigungssteuerung identisch mit dem Begriff der Fertigungsregelung[65].

Der Fertigungsablaufplanungsphase kommt die Aufgabe zu, die Sollwerte (Führungsgrößen) festzulegen. Die Fertigungssteuerung hat da-

---

[62] Vgl. zum Begriffsinhalt *Hahn*, D., Führung, S. 162.

[63] Vgl. *Hahn*, D., Führung, S. 163. Deshalb wird sie manchmal auch als Fertigungsfeinstablaufplanung bezeichnet. In dieser Sicht sind die Grenzen zwischen Planung und Steuerung fließend.

[64] Vgl. hierzu auch die nicht sehr exakten Ausführungen von *Opitz*, H., *Eversheim*, W. und *Brankamp*, K., Fertigungsorganisation, in: HWO, hrsg. von E. Grochla, Stuttgart 1969, Sp. 521—535.

[65] Vgl. zur strengen Trennung der Begriffe DIN 19226, Mai 1968. In der fertigungswirtschaftlichen Literatur werden die Begriffe oft praktisch synonym gebraucht. Vgl. z. B. die Literatur der folgenden Fußnote.

gegen die Aufgabe, laufend den Fertigungsprozeß zu steuern (i. e. S.) und zu kontrollieren und ggfs. in ihn korrigierend (bei Abweichungen entgegensteuernd) einzugreifen[66]. Abb. 18 zeigt diesen Zusammenhang schematisch.

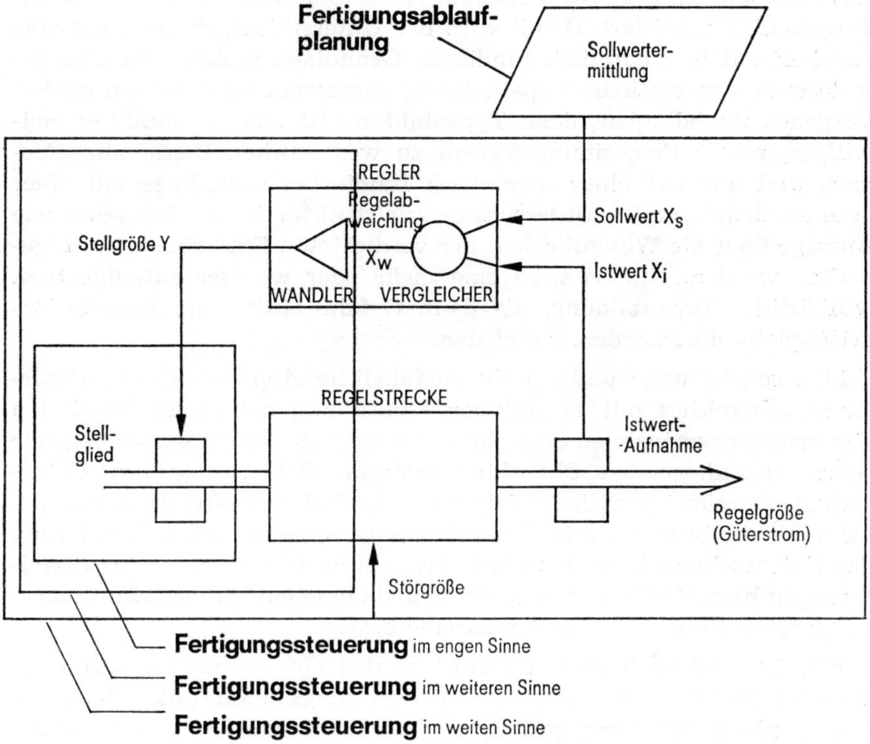

Abb. 18. Zur Definition des Begriffes Fertigungssteuerung

3.1.9. Methodischer Rückblick und zusammenfassende Definition des Begriffes Fertigungsablaufplanung

In den voranstehenden Abschnitten des Kapitels 3.1. wurde versucht, die Fertigungsablaufplanung in den Gesamtzusammenhang der systemorientierten Betrachtung der Unternehmung zu stellen. Der Untersuchungsbereich, auf den sich der Typenbildungsprozeß beziehen soll, die Fertigung unter dem Gesichtspunkt der Ablaufplanung bzw. der Fertigungsablauf unter dem Gesichtspunkt der Planung, wurde schritt-

---

[66] Vgl. hierzu auch *Roschmann*, K., Automatisierung der Fertigungssteuerung, in: Werkstattstechnik, 55 (1965) 10, S. 469—476; vgl. auch ferner *Haussmann*, U., Zur Anwendung der Grundgedanken des Regelns auf Probleme der Produktionslenkung, in: Werkstattstechnik, 55 (1965) 9, S. 431—437.

weise gegenüber dem System der Unternehmung abgegrenzt und insofern als ein Subsystem definiert. *Es wurde vom Begriff Satzsystem als Definition eines verbalen Modells ausgegangen, aus dem sich der syntaktische, systemorientierte Ansatz ergibt, und es wurde in einem stufenweisen Prozeß die Fertigungsablaufplanung als ein Entscheidungsmodell präzisiert.* Damit wird der Untersuchungsbereich auf eine gesicherte, d. h. theoretisch fundierte, Grundlage gestellt. Da eine geschlossene systematische Typenbildung angestrebt wird, ist ein solches Vorgehen unabdingbar, denn Typenbildung ist eine Verdichtung vielfältiger, realer Erscheinungsformen zu wesentlichen Erscheinungsformen, und nur auf einer theoretisch fundierten Grundlage mit einer noch zu definierenden Untersuchungszielstruktur kann eine gesicherte Aussage über die Wesentlichkeit der verdichteten Erscheinungsform getroffen werden. Nur so wird eine mehr oder weniger zufällige bzw. willkürliche Typenbildung, die dann Gefahr läuft, eine formale Begriffsspielerei zu werden, vermieden.

Eine sehr genaue und relativ ausführliche *Abgrenzung* des Untersuchungsbereiches mit sorgfältiger *Fundierung* bei genau definierten Untersuchungsprinzipien erscheint notwendig zu sein, da die vorliegende Arbeit grundlegenden Charakter anstrebt. Bei dem großen Untersuchungsbereich kann die im folgenden Kapitel zu treffende Merkmalsauswahl nur begrenzt sein. Aber bei einer systematischen Fundierung des Untersuchungsbereiches wird eine gesicherte Grundlage für Erweiterungen bzw. Vertiefungen geschaffen, da eine eindeutige Zuordnungsmöglichkeit für weitere Merkmalsarten besteht.

Abb. 19 zeigt noch einmal verdichtet den *Gesamtzusammenhang*, in den der Untersuchungsbereich, der Fertigungsablauf unter dem Gesichtspunkt der Planung, gestellt wird und faßt damit die Ableitung der Definition dieses Bereiches zusammen. Um den Gesamtzusammenhang herzustellen, werden zu der Potential- und Objektplanung, die hier kurz als nicht tätigkeitsbezogene Bestandsplanung behandelt wurden, auch die Realisations- und Kontrollphase aufgenommen[67].

Der in diesen Grundlagen aufgezeigte Gesamtzusammenhang der Planung basiert auf einem überwiegend *formal-klassifikatorischen Ansatz*. Dieses Vorgehen mag zur Fundierung des hier vorliegenden Untersuchungsgegenstandes ausreichend sein. Es darf jedoch nicht der

---

[67] Es soll aber offen bleiben, ob man die Realisation generell nicht tätigkeitsbezogen oder generell tätigkeitsbezogen sehen sollte, ob man sie speziell nicht beschaffungs-, fertigungs- und absatztätigkeitsbezogen, sondern auf übrige (vor allem administrative) Tätigkeiten bezogen, oder ob man die Realisation ausschließlich beschaffungstätigkeitsbezogen (Bestandsrealisation durch Beschaffung der Bestände) sehen sollte. Diese Fragen tangieren allenfalls den Untersuchungsbereich, wie Abb. 19 übersichtlich zeigt. Sie müssen hier ausgeklammert werden.

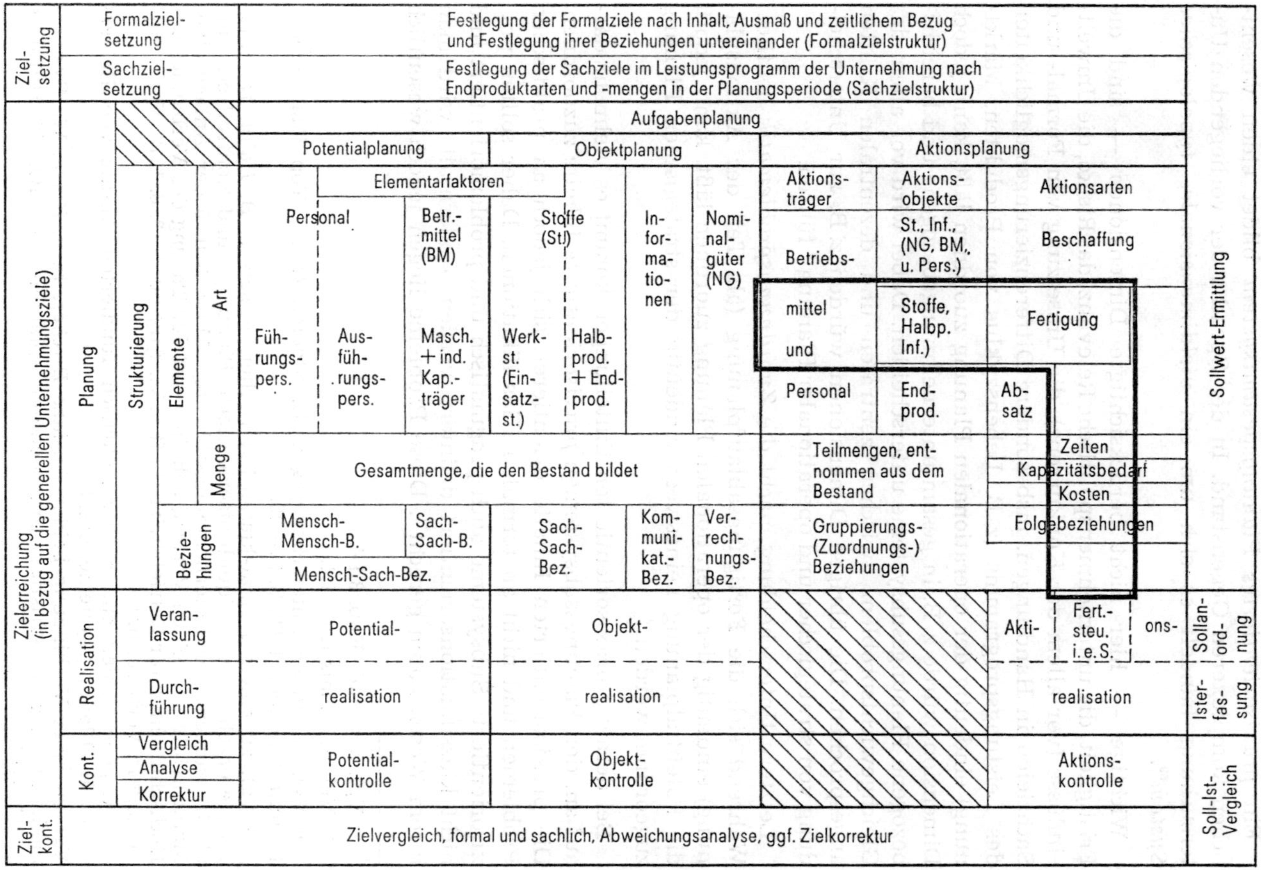

Abb. 19. Fertigungsablaufplanung im Gesamtzusammenhang der Unternehmung

Eindruck entstehen, daß sich den hier aufgezeigten abstrakten Subsystemen[68] in einfacher Weise *praxisorientierte Planungssubsysteme* zuordnen lassen.

Ein *praxisorientiertes Planungsgesamtsystem* bildet einen wesentlichen komplexeren Gegenstand. In der Sprache der vorliegenden Untersuchung handelt es sich um ein *vieldimensionales typologisches System*[69].

Wichtige — hier nicht berücksichtigte Dimensionen — sind die Fristigkeit, die unternehmenspolitische Relevanz, das Risiko, die Umwelteinflüsse (vor allem der Konkurrenz), die Umsetzung von Formal- und Sachzielen in Handlungen, insbesondere Differenzierungsmöglichkeiten des Leistungsprogramms (z. B. Lebenszyklus von Produkten, Marktnung) eindeutig der operationalen Planung zuordnen läßt, kann jedoch Dimension würde z. B. in gesamtunternehmungsbezogene und bereichsbezogene Planungssubsysteme unterscheiden. Dabei wird vor allem das Gleichgewichtsproblem zwischen zentralen und dezentralen Kräften angesprochen. Die übrigen Dimensionen würden z. B. zur Unterscheidung von strategischer und operationaler Planung[70] führen.

Letztere Unterscheidung macht die *Zuordnungsproblematik* deutlich: Während sich die Fertigungsablaufplanung (als Teil der Aktionsplanung) eindeutig der operationalen Planung zuordnen läßt, kann jedoch die Potentialplanung keineswegs eindeutig der strategischen Planung zugeordnet werden.

Bei derartig praxisorientierten Einteilungen kommt es vielmehr darauf an, den Planungssubsystemen *praxisorientierte Inhalte* zuzuordnen. Die praxisorientierten Inhalte orientieren sich jedoch an praktischen Problemen und nicht an formalen Klassifikationen. Daher sollten praxisorientierte Subsysteme auch pragmatisch und problemorientiert und nicht klassifikationsorientiert definiert werden. Andernfalls wird man ihrem Wesen kaum gerecht[71]. Diese Probleme liegen jedoch wesentlich

---

[68] Vgl. nochmals Kap. 3.1.4.

[69] Vgl. nochmals Kap. 1.4.

[70] Vgl. zu dieser Unterscheidung z. B. *Steiner*, G. A., Top Management Planning, London 1969, S. 37—39.

[71] Vgl. zu einem formal-klassifikatorischen Ansatz z. B. *Hahn*, D., Integrierte ergebnis- und liquiditätsorientierte Planungs- und Kontrollrechnung als Instrument der Unternehmungsführung, Abbn. 3 u. 5 der Anlage eines Manuskriptes für einen Vortrag gehalten auf der Tagung des Verbandes der Hochschullehrer für Betriebswirtschaft e. V., Augsburg, 13. 6. 1973, Veröffentlichung in Vorbereitung.
Vgl. dagegen einen empirisch-soziologisch fundierten Ansatz von *Reinermann*, H., Planungssysteme, bes. S. 4.
Vgl. zu einer Verbindung beider Ansätze *Bircher*, B. u. *Krieg*, W., Systemmethodik und langfristige Unternehmungsplanung, in: IO, 42 (1973) 4, S. 157—164.

stärker im Bereich der strategischen Planung bzw. Potentialplanung als in dem hier angesprochenen Bereich der operationalen Planung bzw. Aktionsplanung.

Zusammenfassend wird *Fertigungsablaufplanung definiert* als Entscheidungsvorbereitung und -findung über die Folgebeziehungen zwischen der Be- und Verarbeitung und des Transports (Aktionsfolgeplanung), der Zuordnung dieser Tätigkeiten zu Personal und Betriebsmitteln (Aktionsträgerplanung) und zu Stoffen und Informationen (Aktionsobjektplanung) in einer Industrieunternehmung zur Erstellung einer Sachleistung unter Beachtung der Optimierung von Kapazitätsausnutzung und Durchlaufzeit; die *Optimierung* kann auf Wirtschaftlichkeitsmaximierung ausgerichtet sein. Fertigungsablaufplanung ist im Wesen zeit- und kapazitätsorientierte Reihenfolgeplanung[72].

3.1.10. Die Zielstruktur der Untersuchung

Im entsprechenden Abschnitt der theoretischen Typologie war gefordert worden, daß es das Ziel der typologischen Untersuchung (allgemeines Untersuchungsziel) sein müsse, für den Untersuchungsbereich zielorientierte (auf die Bereichsziele ausgerichtete) und problemadäquate (bzw. bereichsunterzielentsprechende) Typen zu bilden[73].

Die *Bereichsziele* sind bereits in der entscheidungsmodellbezogenen Darstellung der Fertigungsablaufplanung abgeleitet worden[74]. Als primäre Ziele sind die Durchlaufzeitminimierung und die Kapazitätsausnutzungsmaximierung hervorgehoben worden. Die Typenbildung muß damit besonders auf diese Ziele ausgerichtet werden. Diese bereits abstrakt erläuterte Forderung soll wegen ihrer Bedeutung noch einmal durch ein Beispiel veranschaulicht werden. Die primären Ziele der Ablaufplanung können unter bestimmten Bedingungen, d. h. bei bestimmten Fertigungstypen, in einem Zielkonflikt stehen (Ablaufplanungsdilemma)[75]. So könnte z. B. nach den Elementartypen gefragt werden, bei denen dieser Zielkonflikt auftreten kann. Es könnte weiterhin nach Merkmalsausprägungen geforscht werden, die mit diesen Elementartypen zwangsmäßig verbunden sind. Es könnten auch Elementartypen herausgesucht werden, bei denen dieser Zielkonflikt auftreten muß. Es könnten in dieser Hinsicht Leitmerkmale u. v. a. m. ge-

---

[72] Nicht wesentlich ist die örtliche Planung, denn sie ergibt sich im allgemeinen aus der Zuordnung der Tätigkeiten zu ihren Trägern. Eine gesonderte Raumplanung gehört nur im Ausnahmefall zur Aktionsplanung, im Regelfall dagegen zur Potentialplanung.

[73] Vgl. Kap. 2.1.

[74] Vgl. Kap. 3.1.7.

[75] Vgl. Kap. 3.1.7., bes. Fußnote 61).

sucht werden. Hier würde die Typenbildung über das reine Ordnen hinausgehen, sie würde bereits Erkenntnisgewinnung anstreben[76].

Bei dem Streben, diese Bereichsziele zu erreichen, müssen verschiedene *Probleme* gelöst werden. Als wichtigste sind das Reihenfolgeproblem und das Problem der zeitlichen Abstimmung zu nennen. Diese können — wie bereits erwähnt — als Unterziele der Bereichsziele aufgefaßt werden. Diesen beiden Problemen muß die Typenbildung besonders Rechnung tragen.

Damit ist das *allgemeine Untersuchungsziel* charakterisiert.

Sollen auf der typologischen Arbeit weitere Untersuchungen aufbauen, dann lassen sich spezielle Untersuchungsziele formulieren. Die Typenbildung der vorliegenden Arbeit geschieht unter der speziellen Zielsetzung, reale Erscheinungsformen des Fertigungsablaufs zu wesentlichen Erscheinungsformen zu verdichten, die in umfassend systematischer Weise Fertigungstypen bilden, um so Anwendungsbedingungen für Erklärungs- und Entscheidungsmodelle der Fertigungsablaufplanung zu charakterisieren. Dabei wird speziell auf Planungsverfahren abgestellt. Die Typenbildung ist somit speziell auf die Eigenschaften von Fertigungsablaufplanungsverfahren auszurichten. Dann läßt sich eine Verbindung, ein Vergleich, zwischen den Anwendungsbedingungen des Fertigungsablaufs und den Anwendungseigenschaften der Fertigungsablaufplanungsverfahren herstellen, so daß Aussagen über die Anwendungsmöglichkeiten der Fertigungsablaufplanungsverfahren getroffen werden können.

Damit ist auch das *spezielle Untersuchungsziel* der typologischen Arbeit gekennzeichnet.

3.2. Auswahl der zu untersuchenden Merkmale

3.2.1. Systematik der Auswahl

In der theoretischen Typologie ist auf die Schwierigkeiten der gesicherten (systematischen) Auswahl aller wesentlichen Merkmale hingewiesen worden[1]. In dieser Phase tritt der intuitive Charakter der Typenbildung besonders deutlich hervor. Allerdings darf dieser Hinweis nicht zur Rechtfertigung einer unsystematischen Merkmalsauswahl dienen, die zu einer mehr oder weniger willkürlichen und zufälligen Aneinanderreihung von Merkmalen führen würde. Eine Systematisierung der Merkmalsauswahl kann durch eine Gruppierung der Merkmale in Form einer Klassifizierung erfolgen. Diese Klassifizierung muß

[76] Vgl. Kap. 1.4. u. Kap. 2.6.

[1] Vgl. Kap. 2.2.

nach Gesichtspunkten vorgenommen werden, die aus dem Untersuchungsbereich abzuleiten sind.

Ein systematischer Ansatz muß vom *Ziel* ausgehen. Das Unternehmungsziel war in eine sachliche und eine formale Ausprägung differenziert worden. Als *Formalziel* der Industrieunternehmung war die Wirtschaftlichkeitsmaximierung hervorgehoben worden. Die *Wirtschaftlichkeit* kann allgemein als *W* = output/input definiert werden. Für die Fertigungsablaufplanung ist weniger die wertmäßige Ausprägung der Wirtschaftlichkeit (Ökonomität) als vielmehr ihre mengenmäßige Ausprägung (Technizität) von grundlegender Bedeutung[2]. Dann lassen sich der *output* (Ausbringung) durch die Aufstellung aller Endproduktarten und -mengen (Leistungsprogramm, hier eingegrenzt auf das Fertigungsprogramm) als *Sachziel* der Unternehmung und der *input* (Elementarfaktoreinsatz, Beschaffung und Bereitstellung der Elementarfaktoren) durch Aufstellung aller Faktorarten und -mengen als *Mittel* zur Zielerreichung kennzeichnen. Damit wird zwischen Formalziel (Wirtschaftlichkeitsmaximierung, output/input) und Sachziel (Fertigungsprogramm, output) eine Beziehung definiert, und die Beziehung zwischen output (Sachziel) und input (Mittel) wird als Ziel-Mittel-Relation formuliert. Der *Fertigungsprozeß* als Untersuchungsbereich erscheint so *als Zielerreichungsprozeß*, dessen Determinanten im Wirtschaftlichkeitsquotienten formuliert sind. In ihm vollzieht sich die Kombination der Elementarfaktoren (des inputs) zur Realisation des Fertigungsprogramms (des outputs). Daraus ergibt sich das für die spätere Untersuchung sehr wichtige Ergebnis, daß die sich auf diese Größen (input und output) beziehenden Merkmale in die Auswahl der Merkmale für die Fertigungstypenbildung mit einzubeziehen sind, da sie für den eigentlichen Fertigungsprozeß (Kombinationsprozeß) wesentliche Bestimmungsfaktoren sind.

Aus dieser zielorientierten Betrachtung ergibt sich unmittelbar die *prozessuale Gliederung*[3], die dem anschaulichen Wesen der Typenbildung besonders entspricht. Sie bezieht sich auf die Phasen des Stoffstroms (Güterstroms bzw. Materialflusses) und des integrierten Informationsstroms. Die *Inputphase* schließt ab mit dem Vorhandensein leistungsbereiter Elementarfaktoren bzw. in erweiterter Betrachtung mit der erfolgten Potential- und Objektstrukturierung. Das Ende dieser Phase bildet gleichzeitig den Anfang der *Prozeßphase*, der Kombination

---

[2] Vgl. zu dieser Terminologie *Kosiol*, E., Aktionszentrum, S. 13 f. u. S. 56—58; ferner *Heinen*, E., Zielsystem, S. 67 f.

[3] Dieses Gliederungsprinzip schließt die Reihe verschiedener Betrachtungen des Fertigungsablaufes ab. Es ergänzt die systemorientierte, die syntaktische und die entscheidungsmodellbezogene Betrachtung. All diese Betrachtungsweisen sind miteinander kompatibel. Vgl. zu diesem Gliederungsprinzip *Große-Oetringhaus*, W., Gliederungsprinzipien, S. 125.

im Fertigungsablauf, der Aktionsstrukturierung. Sie beginnt mit der ersten Aktion der gesamten Aktionsfolge, mit dem Transport der Stoffe vom Rohstoff- bzw. Werkstofflager, und endet mit der letzten Aktion der gesamten Aktionsfolge, mit der Transporttätigkeit zum Fertigwarenlager. Die Bereitstellung der ausgebrachten Endprodukte, die in anderer Betrachtung die Realisation des Fertigungsprogramms abschließt, bildet die *Outputphase.*

Aus dieser zielorientierten bzw. prozessualen Betrachtung ergibt sich die für die Merkmalsauswahl entscheidende Einteilung in drei Merkmalsklassen:

— Inputmerkmale (Faktoreinsatzmerkmale),

— Prozeßmerkmale und

— Outputmerkmale (Programmerkmale).

Der Fertigungsprozeß selbst wird wiederum syntaktisch gegliedert:

— Träger des Fertigungsprozesses,

— Art der Tätigkeitsfolge des Fertigungsprozesses und

— Objekt des Fertigungsprozesses.

Werden aus dieser Gliederung Merkmalsgruppen abgeleitet, dann fällt es bei genauerer Betrachtung jedoch schwer, hier von einer Klassifizierung zu sprechen. Die Merkmale weisen vielfältige Zusammenhänge auf. Nur wenn jeweils der Primärgesichtspunkt der Merkmale herausgestellt wird, läßt sich diese Klassifikation rechtfertigen. Sie macht aber den Fertigungsprozeß zweifellos transparenter, wenngleich bei weniger formaler Sicht allgemeiner von einer Ordnung gesprochen werden muß.

Damit ergibt sich in der Reihenfolge der gedanklichen Durchdringung und bei weiterer Untergliederung der Programmerkmale folgende Merkmalsklassifizierung:

— Hauptklasse 1: Outputmerkmale (Programmerkmale)

  — Unterklasse 11: Allgemeine Programmerkmale

  — Unterklasse 12: Programmartenmerkmale

  — Unterklasse 13: Programmengenmerkmale

— Hauptklasse 2: Inputmerkmale (Faktoreinsatzmerkmale)

— Hauptklasse 3: Prozeßmerkmale

  — Unterklasse 31: Merkmale bezüglich der Art der Tätigkeitsfolge

  — Unterklasse 32: Merkmale bezüglich der Objekte

  — Unterklasse 33: Merkmale bezüglich der Träger.

3.2.2. Outputmerkmale

3.2.2.1. Allgemeine Programmerkmale

Das Merkmal

fertigungsauslösender Personenkreis[4]

betrifft das Fertigungsprogramm insgesamt und untersucht den Personenkreis, der die Fertigung bestimmter Produktarten in bestimmten Mengen initiiert. Das können die Unternehmer selbst sein oder unmittelbar die Kunden, d. h. es kann „auf Verdacht“ oder auch „auf Bestellung“[5] gefertigt werden.

Mit diesem Merkmal ist teilweise auch der

Determiniertheitsgrad der Fertigungsprogrammdaten

verbunden.

3.2.2.2. Programmartenmerkmale

Der *Verwandtschaftsgrad der Endprodukte*[6]

kann sowohl im Hinblick auf die Produkteigenschaften als auch im Hinblick auf die Fertigungsbedingungen gesehen werden. Es wird deshalb in Eigenschaftsverwandtschaft und Fertigungsverwandtschaft getrennt.

Eigenschaftsverwandtschaft liegt vor, wenn von allen Eigenschaften mehrere einander gleich, die übrigen einander ähnlich sind, so daß insgesamt der Eindruck der Zusammengehörigkeit der Produkte entsteht. Diese Produkte, also miteinander eigenschaftsverwandte Produkte, seien als Sorten[7] bezeichnet, z. B. Oberhemden verschiedener Armlängen, Kragenweiten, Farben, Dessins aber gleichen Materials[8] und Schnitts.

Fertigungsverwandtschaft liegt dagegen vor, wenn die Produkte auf vollständig oder überwiegend denselben Betriebsmitteln bei veränderter oder gleicher Einstellung in vollständig oder überwiegend derselben

---

[4] Vgl. zu diesem Merkmal auch *Kosiol*, E., Aktionszentrum, S. 25.

[5] Vgl. *Riebel*, P., Typen der Markt- und Kundenproduktion in produktions- und absatzwirtschaftlicher Sicht, in: ZfbF, 17 (1965), S. 668 u. 678; ferner *Schäfer*, E., Industriebetrieb, Bd. 1, S. 86 ff.

[6] Vgl. zu diesem Merkmal in allgemeinem Zusammenhang auch *Kosiol*, E., Aktionszentrum, S. 30 f.

[7] Vgl. zu diesem Begriff eine globale Definition von *Ohse*, H., Wirtschaftliche Probleme industrieller Sortenfertigung, 1. Bd., Köln—Opladen 1963, S. 26 f.

[8] Im Gegensatz zu Gutenberg wird das Merkmal der Rohstoffidentität bei Sorten nicht als definitionsbildend angesehen. Vgl. *Gutenberg*, E., Produktion, S. 108.

Reihenfolge gefertigt werden. Fertigungsverwandtschaft kann somit auch bei Produkten vorliegen, die im Erscheinungsbild völlig unterschiedlich sind, z. B. im Kokereiprozeß die Produkte Teer, Benzol, Ammoniak und Schwefel. Bei den Produkten dieses Beispiels tritt der Fall auf, daß Produkte einander eigenschaftsfremd jedoch miteinander fertigungsverwandt sind. Sie seien als Arten bezeichnet. Arten sind also einander eigenschaftsfremde Produkte.

Die Begriffe Arten und Sorten stellen also nur (!) auf die Eigenschaftsverwandtschaft ab. Dies entspricht dem Sprachgebrauch. Es sei schon jetzt — wegen der weitreichenden Bedeutung dieser Begriffe — darauf hingewiesen, daß die Fertigungstypenbildung zwar die Eigenschaftsverwandtschaft auch berücksichtigt, jedoch vor allem auf die Fertigungsverwandtschaft abstellen wird[9].

Diese Betrachtung läßt sich auch auf den

Verwandtschaftsgrad von Produktteilen

ausdehnen. Für die Fertigungsablaufplanung interessiert nur die Fertigungsverwandtschaft von Produktteilen. So kann es möglich sein, die Fertigung dadurch zu rationalisieren, daß fertigungsverwandte Produktteile zu größeren Fertigungslosen zusammengefaßt werden, um mehr oder weniger einheitlich gefertigt zu werden.

Das komplexe Merkmal

Umfang des Fertigungsprogramms

kann in die wesentlichen Merkmalskomponenten

Anzahl der Endproduktarten und

Anzahl der Endproduktsorten je Endproduktart

aufgespalten werden. Für den Fall der zusammenbauenden Fertigung kann es zweckmäßig sein, den Begriff des Programmumfangs zu erweitern. Dann werden die beiden Merkmalskomponenten um zwei weitere ergänzt:

Anzahl der Produktteilearten und

Anzahl der Produktteilesorten je Produktteileart.

Diese Erweiterung des Programmbegriffs ist für die spätere Untersuchung im Hinblick auf die Problemstellung der Ablaufplanung bei

---

[9] Nach Ansicht des Verfassers gelang es bisher nicht in ausreichendem Maße, die Sortenfertigung von der Kuppelfertigung (und auch in weiterem Zusammenhang von der Serienfertigung) klar abzugrenzen und damit wesentliche Erscheinungsformen zu bilden, weil die Begriffsbildung an dieser Stelle nicht mit genügender Schärfe vorgenommen wurde. Vgl. zu einem Hinweis auf die Unterscheidung zwischen absatz- und fertigungswirtschaftlicher Verwandtschaft *Schäfer*, E., Industriebetrieb, Bd. 1, S. 67.

zusammenbauender Fertigung zwar sinnvoll — wie schon die Beschreibung des folgenden Merkmals zeigen wird — aber auch äußerst problematisch. Das Programm wird durch Outputgrößen gekennzeichnet. Daran soll auch diese Erweiterung nichts ändern. Deshalb kommen Einzelteile, die die Unternehmung von Zulieferern bezieht, nicht in Betracht, denn Einzelteile sind Einsatzstoffe. Produktteile entstehen jedoch erst nach Ablauf eines Teilfertigungsprozesses (Prozeßabschnitt, Fertigungsstufe). Sie bilden deren Output. Insofern wird im erweiterten Programmbegriff nicht nur der Output des gesamten Fertigungsprozesses (der gesamten Unternehmung) betrachtet, sondern auch der Output einzelner Stufen (Abschnitte) des gesamten Fertigungsprozesses. Unter Produktteilen sollen in der Unternehmung gefertigte Halbprodukte verstanden werden, die — wenn ihr fertigungswirtschaftlicher Verwendungszweck (der des Zusammenbaus) noch erfüllbar sein soll — nicht weiter zerlegt werden können. Produktteile werden zu Teilegruppen zusammengesetzt und diese wiederum zu Endprodukten. Im folgenden wird manchmal auch vereinfachend von Teilen gesprochen. Dieser Begriff kann auch den der Teilegruppe umfassen, falls eine Trennung oder Hervorhebung nicht wichtig ist.

Die Fertigung wird bestrebt sein, mit verschiedenen Maßnahmen auf die

Reduzierung des Programmumfangs

hinzuwirken. Hier handelt es sich wiederum um ein komplexes Merkmal. Es gibt drei wesentliche Rationalisierungsmaßnahmen, die auf eine Reduzierung des Programmumfangs abzielen[10]:

— Normung

— Typung und

— Baukastenfertigung.

Die *Normung* besteht in der Vereinheitlichung vorwiegend von Produktteilen[11]. Die Reduzierung des Programmumfangs wird erreicht durch Festlegung auf bestimmte Quantitäten und/oder Qualitäten auf

---

[10] Vgl. zu den folgenden Reduzierungsmaßnahmen die etwas engeren Begriffsbestimmungen bei *Hax*, K., Industriebetrieb, S. 250; *Gutenberg*, E., Produktion, S. 126 ff. und *Kalveram*, W., Industriebetriebslehre, S. 257 ff. u. S. 283. Vgl. zu einer zusammenhängenden, praxisbezogenen Sicht *Kohlitz*, A., Vereinheitlichung durch Typenbeschränkung und Normung aus der Sicht des Praktikers, in: *Beste*, Th. u. *Kohlitz*, A., Grundlagen der Typenbeschränkung und Normung, Dortmund 1956, S. 33—66.

[11] Vgl. zu einer genaueren Begriffsbestimmung auch *Hack*, E., Die Normung und Typisierung industrieller Erzeugnisse unter besonderer Berücksichtigung der Maschinen- und Kraftfahrzeugindustrie, Diss., Erlangen—Nürnberg 1962, S. 4—9 u. S. 30 f.

der Grundlage vor allem überbetrieblicher Vereinbarungen. Sie zielt vor allem auf die Reduzierung von Teilesorten.

Die *Typung* besteht in der Vereinheitlichung vorwiegend von Endprodukten manchmal aber auch von Teilegruppen[12] durch eine systematische absatz- bzw. verwendungsgerechte Abstufung der Quantitäten und/oder Qualitäten. Sie zielt vor allem auf eine Reduzierung von Endproduktsorten.

Das *Baukastenprinzip*[13] besteht in der systematischen Abstimmung von Teilegruppen aufeinander, die zu verschiedenen Endprodukten durch vorwiegend entsprechende Montagevorgänge kombiniert werden können. Die Endprodukte sind damit typisiert. Die Anzahl der Teilesorten bzw. Teilegruppensorten wird reduziert, so daß — wie bei der Normung und Typung — ceteris paribus die Stückzahl je Sorte bzw. der Wiederholungsgrad erhöht wird. Allerdings ist dieser Effekt für das Baukastenprinzip nicht wesentlich. Sie zielt vielmehr auf der Grundlage vielfältiger Kombinationsmöglichkeiten der Teile auf eine Erhöhung der Zahl der Endproduktsorten (ggf. auch -arten), also auf eine rationelle (bei relativ geringer Teilezahl) Differenzierung der Endprodukte.

3.2.2.3. Programmengenmerkmale

Für die Strukturierung des Fertigungsprozesses sind Angaben über die Produktmengen je Art und Sorte unerläßlich, in anderer Formulierung, Angaben über das Merkmal

Anzahl der Leistungswiederholungen[14].

Der Wiederholungsgrad betrifft die Leistungseinheit einer Produktart, z. B. m^3 Gas oder Sack Zement. Weiterhin benötigt die Fertigung Angaben darüber, ob die Wiederholungen unterbrochen werden und damit z. B. eine Umrüstung der Betriebsmittel erforderlich wird, also Angaben über das Zusatzmerkmal

Unterbrechungsgrad bzw. -zeit der Fertigung[15].

Das Merkmal der Leistungswiederholung kann auf Endproduktarten und -sorten und auf Produktteilearten und -sorten bezogen werden.

---

[12] Vgl. zu einer genaueren Begriffsbestimmung auch *Hack*, E., Normung, S. 4—9 u. S. 30 f.

[13] Vgl. zum Baukastensystem als planorientiertes Ordnungsprinzip für genormte Bausteine *Borowski*, K.-H., Das Baukastensystem in der Technik, Berlin—Göttingen—Heidelberg 1961, S. 14—18. Zum Zusammenhang zwischen Normung und Baukastenprinzip vgl. ebenda, S. 56—60.

[14] Vgl. zu diesem Merkmal *Kosiol*, E., Aktionszentrum, S. 31 f.

[15] Vgl. zu diesem Merkmal *Ellinger*, Th., Ablaufplanung, S. 70.

3.2.3. Inputmerkmale

Aus der Bedeutung, die den Elementarfaktoren zukommt, ausgedrückt in der

Intensität des Elementarfaktoreinsatzes,

können wichtige Schlüsse z. B. für Rationalisierungsmaßnahmen und Prioritätsfragen gezogen werden, denn die Intensität der Ablaufplanung sollte der Intensität des Elementarfaktoreinsatzes adäquat sein, d. h. z. B. bei anlageintensiver Fertigung sollte die Ablaufplanung besonders auf die Betriebsmittel ausgerichtet sein, also z. B. besonders das Ziel der Kapazitätsausnutzung verfolgen.

Um die Intensität meßbar zu machen, soll sie am

Anteil der Elementarfaktorkosten an den Herstellkosten

bzw.

Anteil von Vermögenswerten an den Aktiva

gemessen werden[16].

Hier handelt es sich um komplexe Merkmale, die in die einzelnen Merkmalskomponenten aufgelöst werden können, z. B.

Anteil der Lohnkosten an den Herstellkosten,

Anteil der Werkstoffkosten an den Herstellkosten,

Anteil der Betriebsmittelkosten an den Herstellkosten

bzw.

Anteil des Sachanlagevermögens an den Aktiva,

Anteil des Vorratsvermögens an den Aktiva.

Wenn der Fertigungsablauf als Kombinationsprozeß aufgefaßt wird, dann ist die Kombinierbarkeit der Elementarfaktoren ein entscheidendes Merkmal. Die Kombinierbarkeit soll unter dem etwas einschränkenden Merkmal der

Elastizität des Elementarfaktoreinsatzes

untersucht werden. Unter Elastizität wird die Fähigkeit zur Anpassung an vorübergehende Veränderungen verstanden[17]. Der Begriff der Spezialisierung soll in einschänkender Bedeutung als Komplementärbegriff

---

[16] Dabei ergeben sich gewisse Probleme bei der Zuordnung der üblichen Kostenartenbegriffe zu den Definitionen der Elementarfaktoren im Sinne Gutenbergs. Auf diese Schwierigkeiten kann hier nicht eingegangen werden. Vgl. dazu *Gutenberg*, E., Produktion, S. 3 ff., S. 70, S. 121; bezüglich der Kostenartendefinitionen *Schönfeld*, H.-M., Kostenrechnung, 2. Aufl., Stuttgart 1964, S. 28—42 und *Mellerowicz*, K., Kosten und Kostenrechnung, Bd. 1, Theorie der Kosten, 3. Aufl., Berlin 1957, S. 42—84.

[17] Zur Bedeutung der Elastizität für die Strukturierung vgl. *Kosiol*, E., Aktionszentrum, S. 56 f.

dazu aufgefaßt werden, und zwar als die Einschränkung der Anpassungsmöglichkeiten an Veränderungen. Weitere Aspekte dieser Begriffe interessieren hier nicht[18].

Das Merkmal Elastizität des Elementarfaktoreinsatzes ist außerordentlich komplex. Eine Aufspaltung in die Elastizität der einzelnen Elementarfaktoren bietet sich an. Aber auch die Merkmalskomponenten bleiben noch sehr komplex. Eigentlich müßten hier gesondert Elementarfaktortypen mit der Elastizität als Leitmerkmal gebildet werden. Erst auf dieser Grundlage wären dann die Fertigungstypen zu bilden. Diese eigentlich erforderliche detaillierte Untersuchung muß hier zu einer grob formalen, klassifikatorisch-typologischen Begriffsbestimmung von zwei Ausprägungen je Merkmalskomponente verdichtet werden.

Elastizität der Betriebsmittel

Wegen der Dominanz als Kapazitätsdeterminante werden hier nur Maschinen betrachtet. Nach der Objektartenzahl bzw. der Tätigkeitsartzahl lassen sich unterscheiden: Werkstoffspezialisierte Maschinen, die nur einen Werkstoff bearbeiten können, und werkstoffelastische Maschinen, die mehrere Werkstoffe bearbeiten können, bzw. tätigkeitsspezialisierte Maschinen, die nur eine Tätigkeit verrichten können, und tätigkeitselastische Maschinen, die mehrere Tätigkeiten verrichten können.

Bei Zusammenfassung dieser Unterscheidungen unter dem Merkmal der Elastizität kann man zwei extreme Maschinentypen bilden[19]:

— *Universalmaschinen*

Sie weisen größtmögliche Elastizität auf, verrichten mehrere Tätigkeiten und/oder bearbeiten mehrere Werkstoffe (Rohstoffmaterialarten bzw. Halbprodukte).

— *Spezialmaschinen*

Sie weisen keine oder nur geringe Elastizität auf, sie verrichten nur eine Tätigkeitsart und/oder bearbeiten nur einen Werkstoff.

Elastizität der Arbeitskräfte

Dieses Merkmal korreliert z. T. mit dem Merkmal der Ausbildung, nach dem man in gelernte, angelernte und ungelernte Arbeitskräfte in ab-

[18] Das Merkmal der Elastizität wird hier sehr eingegrenzt behandelt. Die Problematik der Anpassungsfähigkeit (Flexibilität) der Unternehmung an den Markt wird hier vollständig ausgeklammert. Vgl. Kap. 3.3.1., Fußnote 1).

[19] Vgl. eine etwas andere Terminologie bei *Gutenberg*, E., Produktion, S. 81 ff. Vgl. eine ähnliche Terminologie bei *Beste*, Th., Fertigungswirtschaft und Beschaffungswesen, in: HdW, Bd. 1, hrsg. von K. Hax und Th. Wessels, 2. Aufl., Köln—Opladen 1966, S. 166 f.

nehmender Elastizität unterscheiden kann. Da jede Ausbildung eine gewisse Spezialisierung bedingt, wird in der Typbildung auf den abnehmenden Spezialisierungsgrad (entspricht zunehmendem Elastizitätsgrad) abgestellt. Es kommen nur Arbeitskräfte in Betracht, die mehr oder weniger „ausführende" Arbeit verrichten.

— *Hoch spezialisierte Arbeitskräfte*

Es handelt sich um Arbeitskräfte, die nur eine Tätigkeitsart verrichten und/oder eine Betriebsmittelart bedienen und/oder eine Werkstoffart bearbeiten können. Je nach Qualifikation ihrer Arbeit und der dafür erforderlichen Ausbildung kann man unterscheiden:

— Hoch qualifizierte Arbeitskräfte: Sie haben eine intensive Ausbildung auf einem relativ kleinen Gebiet absolviert, z. B. EDV-Techniker.

— Gering qualifizierte Arbeitskräfte: Ihnen fehlt eine grundlegende Ausbildung (Lehre), sie wurden speziell angelernt, z. B. Automatenüberwacher, Fließbandarbeiter, Locherin.

— *Gering spezialisierte Arbeitskräfte*

Es handelt sich um Arbeitskräfte, die mehrere Tätigkeitsarten verrichten und/oder mehrere Betriebsmittelarten bedienen und/oder mehrere Werkstoffarten bearbeiten können. Je nach Qualifikation ihrer Arbeit und der dafür erforderlichen Ausbildung kann man unterscheiden:

— Hoch qualifizierte Arbeitskräfte: Sie haben eine umfassende Ausbildung (Lehre) absolviert, z. B. Dreher oder Kfz-Schlosser. Sie brauchen vor jeder veränderten Arbeitsart nicht besonders eingewiesen zu werden.

— Gering qualifizierte Arbeitskräfte: Ihnen fehlt jegliche Ausbildung (Lehre bzw. Anlernzeit). Da sie nur gering qualifizierte Arbeiten ausführen, können sie — allerdings nach vorheriger Anweisung — zu mehreren Arbeitsarten eingesetzt werden, z. B. Hilfsarbeiter.

Elastizität der Werkstoffe

Auf der bisher ausgeführten Terminologie aufbauend läßt sich unterscheiden in:

— *Hoch elastische Werkstoffe*

Es handelt sich um Werkstoffe, aus denen mehrere Endproduktarten gefertigt werden können, also um Rohstoffe und/oder Halberzeugnisse.

— *Gering elastische Werkstoffe*

Es handelt sich um Werkstoffe, aus denen nur eine Endproduktart — ggf. in mehreren Sorten — gefertigt werden kann, also meist um Fertigerzeugnisse liefernder Unternehmungen.

Nach dem Mekmalskomplex der Elastizität interessiert nun die

Wiederholbarkeit des Elementarfaktoreinsatzes.

Dieses Merkmal hat eigentlich nur dann eine spezifische Aussage, wenn man die

Wiederholbarkeit des Werkstoffeinsatzes

betrachtet, bzw. genauer, die Wiederholbarkeit der Fertigung einer bestimmten Endproduktqualität bedingt durch die Beschaffbarkeit einer bestimmten Werkstoffqualität. Es muß betont werden, daß es sich hierbei um ein reines Inputmerkmal handelt.

3.2.4. Prozeßmerkmale

3.2.4.1. *Merkmale bezüglich der Art der Tätigkeitsfolge*

3.2.4.1.1. Merkmale bezüglich der Transporttätigkeitsfolge (des Materialflusses)

Unter einem *Materialfluß* wird eine Folge von Transporttätigkeiten ausgeführt an Werkstoffen bzw. Halbprodukten, eine Güterbewegung bzw. ein Güterstrom verstanden. Die Transporttätigkeiten können mit den Fertigungstätigkeiten zusammenfallen; ein Transport kann durch eine Be- und Verarbeitung entstehen. Somit brauchen Transporttätigkeiten nicht immer isoliert in Erscheinung zu treten. Es weden drei Tätigkeitsklassen unterschieden:

— Transporttätigkeiten ohne Fertigung,

— Transporttätigkeiten mit Fertigung = Fertigungstätigkeiten mit Transport,

— Fertigungstätigkeiten ohne Transport.

Meist wird nur die erste Tätigkeitsklasse als Transport bezeichnet[20]. Für eine Fertigungstypologie hat sich eine Unterscheidung in Transporttätigkeitsfolge (Materialfluß) und Fertigungstätigkeitsfolge als wesent-

---

[20] Eine ausschließliche Trennung in reine Fertigungs- und Transporttätigkeiten ist nicht realitätsnah; die Einbeziehung von Lagervorgängen in den Materialflußbegriff ist hier nicht zweckmäßig, da sonst das Merkmal der Kontinuität, das explizit auf Ruhestände abstellt, nicht aussagefähig erfaßt werden kann. Vgl. aber *Günther*, R., Prinzipien des Transport- und Lagerwesens im Industriebetrieb unter besonderer Berücksichtigung der Fertigungssysteme, Diss., Erlangen—Nürnberg 1968, S. 8—12 und *Krippendorf*, H., Integrierter Materialfluß, München 1965, S. 7 u. S. 69.

lich herausgestellt. Der Materialfluß kann nicht außer den Transporttätigkeiten sämtliche Fertigungstätigkeiten umfassen, denn wenn eine Be- und Verarbeitung im Ruhezustand des Gutes durchgeführt wird, kann man nicht von Materialfluß sprechen. Die Exaktheit und Aussagefähigkeit von Fertigungstypen, die in diesem Zusammenhang in der Literatur bisher gebildet wurden, scheitern am Fehlen dieser wesentlichen Unterscheidung.

Zunächst wird die

Struktur des verfahrensbedingten Materialflusses[21]

untersucht; ob eine Werkstoffeinheit einen einheitlichen Fertigungsprozeß durchläuft, ohne andere Komponenten aufzunehmen oder selbst in Komponenten zerlegt zu werden, oder ob eine derartige Aufnahme bzw. Zerlegung stattfindet. Die Einschränkung der Verfahrensbedingtheit wird im Zusammenhang mit der Typenbildung noch zu erläutern sein.

Da der Verlauf des Materialflusses sehr vielgestaltig sein kann und die genannten Ausprägungen gleichzeitig vorliegen können, muß damit im Zusammenhang die

Komplexität des Materialflusses

untersucht werden.

Ein wichtiges Merkmal ist schließlich die

Kontinuität des Materialflusses[22].

Es ist zu prüfen, ob die Güter bestimmte Ruhezustände erfahren und welche Bedingungen daran geknüpft sind.

Schließlich ist die

Reihenfolgevariabilität des Materialflusses

zu untersuchen. Dieses Merkmal bezieht sich auf die Reihenfolge des Transports von Gütern zu den Trägern des Fertigungsprozesses. Werden in einer Unternehmung mehrere Werkstoffeinheiten eingesetzt, dann ist zu prüfen, ob diese Einheiten in konstanter Reihenfolge den Trägern des Fertigungsprozesses, also vor allem den Betriebsmitteln, zugeordnet werden oder ob die Reihenfolge variiert. Nur dann, wenn die Betriebsmittel nur eine einzige Fertigungstätigkeit vornehmen könnten, läge auch eine Angabe über die Reihenfolge der Fertigungstätigkeiten vor.

---

[21] Vgl. zu diesem Merkmal eine andere Auffassung in Terminologie und Verknüpfung der Zusatzmerkmale bei *Schäfer*, E., Industriebetrieb, Bd. 1, S. 19 ff.

[22] Vgl. dazu auch *Riebel*, P., Erzeugungsverfahren, S. 89 ff., bes. S. 91. Riebel bezieht das Merkmal der Kontinuität ausdrücklich nicht nur auf den Materialfluß. Bezieht man aber das Merkmal auf den gesamten Fertigungsprozeß, ergeben sich erhebliche Abgrenzungsschwierigkeiten.

3.2.4.1.2. Merkmale bezüglich der Fertigungstätigkeitsfolge

Im folgenden wird von dem Materialfluß getrennt. Nicht die Transporttätigkeiten sondern die Fertigungstätigkeiten werden allein betrachtet. Eine Überleitung findet sich jedoch im Merkmal der

Struktur und Komplexität der Fertigungstätigkeitsfolge.

Dieses Merkmal kann isoliert und zusammen mit der Struktur und der Komplexität des Materialflusses behandelt werden. Für ablaufplanungsadäquate Fertigungstypen ist eine integrierte Betrachtung sinnvoll.

Eine strenge Trennung ist dagegen erforderlich für das Merkmal

Reihenfolgevariabilität der Fertigungstätigkeitsfolge.

So kann beispielsweise die Reihenfolge des Materialflusses konstant sein, wenn die Werkstoffe immer dieselben Bearbeitungsstationen durchlaufen. Werden aber dort die Bearbeitungstätigkeiten variiert, dann ist die Fertigungstätigkeitsfolge variabel.

Auch bei dem Merkmal

Unterbrechbarkeit der Fertigungstätigkeitsfolge

wird die Notwendigkeit deutlich, zwischen Materialfluß und Fertigungstätigkeitsfolge zu unterscheiden. Bestimmte Fertigungsverfahren oder bestimmte Werkstoff- bzw. Produkteigenschaften lassen aus naturwissenschaftlich-technischen oder aus technisch-wirtschaftlichen Gründen eine Unterbrechung des Fertigungsprozesses nicht zu.

Dieses Merkmal läßt sich auch als

zeitliche Fixierung der Fertigungstätigkeitsfolge

definieren. Es bezieht sich damit auf die technologische Zeitverbundenheit. Es ist wichtig herauszustellen, daß dieses Merkmal nicht auf die Unterbrechung des Materialflusses abstellt. So kann der Werkstoff ruhen, damit eine bestimmte Reaktion erfolgen kann. Wenn diese Reaktionszeit in fixiertem Zeitabstand auf eine vorangegangene Bearbeitungszeit ablaufen muß, wäre diese Fertigungstätigkeitsfolge nicht unterbrechbar.

Hierzu in einem gewissen Zusammenhang steht das Merkmal

zeitliche Abstimmung der Fertigungstätigkeitsfolge.

Es wird gefragt, ob die Tätigkeiten in einem mehr oder weniger strengen zeitlichen Rhythmus aufeinander folgen müssen. Grundlage des zeitlichen Rhythmusses ist eine Grundzeiteinheit, die sog. Taktzeit, mit der eine „Taktierung" des zeitlichen Ablaufes der Tätigkeiten vorgenommen werden kann. Dieses Merkmal hat zunächst nichts mit der Kontinuität des Materialflusses oder mit der Zeitverbundenheit einer Fertigungstätigkeitsfolge auf technologisch zwangsmäßiger Grundlage zu tun.

Schließlich ist noch ein weiteres Merkmal für die Strukturierung des Fertigungsprozesses von Bedeutung, der

Determiniertheitsgrad der Fertigungstätigkeitsfolge.

Es gibt Fertigungsprozesse, die genau spezifiziert sind, die weitestgehend beherrscht werden und bei denen Änderungen nahezu ausgeschlossen sind. Bei anderen ist dagegen die Fertigungstätigkeitsfolge nicht im voraus bestimmbar, sie ist entweder unsicher oder risikobehaftet.

3.2.4.2. Merkmale bezüglich der Objekte des Prozesses

Die folgenden Merkmale beziehen sich primär auf die Eigenschaften der Werkstoffe bzw. Produkte. Entweder sind es Merkmale, die nur die Stoffeigenschaften selbst betreffen oder die Strukturierungsvorgänge, die unmittelbar von den Stoffeigenschaften abhängen.

Das Merkmal

Form der Stoffe (Werkstoffe, Rohstoffe und Halbprodukte)

betrifft die äußere Gestalt der Stoffe, und zwar besonders die Möglichkeit, die Stoffe zu teilen und Leistungseinheiten zu bestimmen. Eine Verfeinerung dieses Merkmals ist durch eine Beschreibung der Aggregatzustände der Stoffe zu erreichen[23]. Dieses Merkmal ist kein Input- oder Outputmerkmal, denn die Formeigenschaften der Einsatzstoffe oder Endprodukte interessieren nur bedingt insofern, als sich daraus Rückschlüsse auf die Stoffeigenschaften während des Prozesses ziehen lassen. Die Stoffeigenschaften während des Be- und Verarbeitungsprozesses ermöglichen wichtige Schlußfolgerungen über die Art der Tätigkeitsfolge (zeitliche Abstimmung und Gebundenheit, Unterbrechbarkeit) und die Art des Materialflusses (Struktur und Kontinuität).

Ein weiteres Merkmal, das mit den Eigenschaften der Produkte zusammenhängt, ist die

Verbundenheit des Fertigungsprozesses.

Dieses Merkmal stellt zunächst ab auf die technologisch-zwangsmäßige Verbundenheit bei der gemeinsamen Fertigung verschiedener, am Markt absetzbarer Endproduktarten und -sorten[24]. Erst in zweiter Linie kommt die wirtschaftliche Verbundenheit in Betracht, die auf einer Ausnutzung der Kapazitäten basiert. Ebenso wie die *Art der Zwangsläufigkeit* und die *Anlässe der verbundenen Fertigung* sind die *Arten verbundener*

[23] Vgl. *Riebel*, P., Erzeugungsverfahren, S. 48 ff.

[24] Vgl. zu dieser Merkmalsabgrenzung die grundsätzlichen Ausführungen bei *Riebel*, P., Die Kuppelproduktion, Köln—Opladen 1955, S. 27—29, S. 31 u. 36, S. 38—40, S. 43, S. 45—52 u. bes. S. 58—62.

Produkte zu untersuchen. Primär kommen Endprodukte in Betracht, die am Markt absetzbar sind. Innerbetrieblich verwendete Zwischenprodukte kommen sekundär in Betracht, ebenso wie Spaltprodukte, die durch mangelnde Beherrschung des Fertigungsprozesses entstehen, wie z. B. Abfälle und Ausschuß. Da bei verbundenen Fertigungsprozessen primär Aufspaltungsprozesse relevant sind, interessiert die *Anzahl der Aufspaltungsprozesse* und die *Variabilität der Mengenverhältnisse der verbundenen Produkte*. Hieraus können differenzierende, typbildende Zusatzmerkmale gewonnen werden.

Ein weiteres Merkmal hängt vor allem von der Größe und dem Gewicht und damit von der Transportierbarkeit des Produktes ab, und zwar die

Variabilität des Produktentstehungsortes.

Dabei wird zunächst untersucht, ob es wirtschaftlicher ist, die Werkstoffe zu den Betriebsmitteln und den Arbeitskräften oder umgekehrt die Betriebsmittel und die Arbeitskräfte zu den Produkten zu transportieren. Somit wird untersucht, ob die Produkte ortsfest (ortsfixiert) entstehen, und zwar differenziert nach der

Art des Produktentstehungsortes,

entweder auf dem Gelände der Unternehmung oder außerhalb. Diese beiden Merkmale lassen sich auch als Komponenten eines komplexen Merkmals, der

Ortsgebundenheit der Fertigung

auffassen.

Schließlich stellt ein weiteres Merkmal primär auf die Eigenschaften der Produkte ab, und zwar die

Wiederholbarkeit des Fertigungsprozesses.

Dieses Merkmal zielt auf die Wiederholbarkeit der Produktqualität, insoweit sie fertigungstechnisch bedingt ist. Von der faktoreinsatzbedingten Wiederholbarkeit einer bestimmten Produktqualität muß sie streng getrennt werden. In diesem Fall beruhen die unterschiedlichen Produktqualitäten vielmehr auf einer mangelnden Beherrschbarkeit des Fertigungsprozesses. Von wesentlicher Bedeutung wird dieses Merkmal für die Ablaufplanung, wenn bei der Fertigung von Fließgütern das Fassungsvermögen der Betriebsmittel begrenzt ist, so daß eine bestimmte Leistungsmenge einheitlichen Verfahrensbedingungen unterliegt und somit identische Qualitäten hat, die darauffolgend gefertigte Menge jedoch davon abweichende Eigenschaften aufweist. Diese Leistungsmengengruppierung, die von der Betriebsmittelkapazität bestimmt wird, muß bei der Ablaufplanung berücksichtigt werden. Dieses leitet über zu der nächsten Merkmalsklasse.

3.2.4.3. Merkmale bezüglich der Träger des Prozesses

Als Träger des Fertigungsprozesses kommen nur zwei Elementarfaktoren in Betracht, die Arbeitskräfte, und zwar hier besonders die „produktiven Arbeiter", und die Betriebsmittel, und zwar hier wiederum besonders die Maschinen[25].

Bei der Kombination beider Potentialfaktoren interessiert deshalb der Anteil der menschlichen und der maschinellen (i. w. S.) Tätigkeiten am Fertigungsprozeß bzw. der Grad, bis zu dem die Arbeitskräfte Betriebsmittel zu Hilfe nehmen. Dieser Anteil wird durch den

Mechanisierungsgrad des Fertigungsprozesses

ausgedrückt.

Nachdem so geklärt wurde, in welchem Maß Betriebsmittel zur Verfügung stehen, ist weiterhin die

Anordnung der Betriebsmittel

zu prüfen. Daraus ergeben sich wichtige Rückschlüsse z. B. auf die Reihenfolge der Tätigkeiten, den Umfang von Transporttätigkeiten, auf die Einhaltung bestimmter Tätigkeitsdauern, auf Leer- und Wartezeiten. Die Betriebsmittel können entweder nach dem Objektprinzip oder nach dem Verrichtungsprinzip[26] angeordnet sein.

Um einen Fertigungsprozeß planen zu können, ist es in der Regel erforderlich, ihn zu unterteilen. Insofern ist zu prüfen, inwieweit es möglich ist, Abschnitte zu bilden, und nach welchen Kriterien das in für die Ablaufplanung sinnvoller Weise geschehen kann; somit muß das Merkmal

Anzahl der Fertigungsstufen

untersucht werden.

Bisher wurde der gesamte Fertigungsprozeß einer Industrieunternehmung betrachtet. Untersucht man jedoch die Fertigung mehrerer Produkte bzw. die Abwicklung mehrerer Aufträge und unterscheidet je nach der Produktzugehörigkeit der Fertigungstätigkeiten mehrere Fertigungsprozesse, dann interessiert die

räumliche und zeitliche Zuordnung der Fertigungsprozesse

zueinander. Dieses Merkmal mit seinen beiden Komponenten ist von erheblicher Relevanz, da durch die räumliche Prozeßzuordnung die Kapazitätsausnutzung und durch die zeitliche Prozeßzuordnung die Durchlaufzeiten bzw. die mittlere Durchlaufzeit unmittelbar beeinflußt

---

25 Vgl. hierzu auch *Clar*, P., Die Kapazitätsnutzung in der Industrieunternehmung, Berlin 1964, S. 36 ff., bes. S. 39 u. 42.

26 Vgl. zu diesen Prinzipien *Kosiol*, E., Aktionszentrum, S. 156 f.

werden, so daß die Prozeßzuordnung in direktem Zusammenhang mit der Optimierung von Fertigungsablaufplänen steht. Die Zuordnung dieses Merkmals zu der Klasse der trägerbezogenen Merkmale ist nicht ganz unproblematisch, da dieses Merkmal gesamte Fertigungsprozesse betrifft; aber ob Fertigungsprozesse parallel oder sukzessiv einander zugeordnet werden können, hängt vor allem von der Anzahl und Anordnung der Betriebsmittel ab; darin liegt der trägerorientierte Bezug.

3.3. Untersuchung der Merkmalsausprägungsmöglichkeiten, Bildung und Darstellung von Elementartypen

3.3.1. Auslösetypen: Bestell- und Vorratsfertigung (Typenreihe A)

— *Merkmalsausprägungen*

Das Merkmal

fertigungsauslösender Personenkreis

ist *bipolar*, denn die Fertigung eines Produktes kann entweder unmittelbar vom Kunden durch einen spezifizierten Auftrag oder unmittelbar vom Unternehmer auf der Grundlage von Absatzerwartungen ausgelöst werden. In dieser Formulierung kennt das Merkmal keine Zwischenstufen. Es wird erst dann zum *abstufbaren* Merkmal, wenn man es auf das Fertigungsprogramm bezieht. Es wird dadurch zu einem *komplexen* Merkmal, dessen absolute Merkmalskomponente das Fertigungsprogramm ist. Abgestuft wird nach der grundlegenden relativen Merkmalskomponente, dem Anteil des auf Vorrat zu fertigenden Programms, z. B. dem Anteil der Endproduktarten oder Produktteilearten, die auf Vorrat zu fertigen sind. Oder man stuft unter Hinzuziehung der komplementären Merkmalskomponente (dem auf Bestellung zu fertigenden Anteil) nach der Programmzusammensetzung ab.

Für die Ablaufplanung ist dieses Merkmal allein noch nicht genügend aussagefähig. Deshalb soll das Merkmal

Determiniertheitsgrad der Fertigungsprogrammdaten

hinzugezogen werden. Der Determiniertheitsgrad wird *bipolar* in determiniert (sicher oder weitgehend sicher) und undeterminiert (unsicher oder stochastisch) differenziert[1].

---

[1] Es muß einer speziellen Untersuchung vorbehalten bleiben, die Ursachen für dieses Merkmal und seine Wirkungen genauer zu analysieren, um die Verbindungen zwischen den Markteinflüssen und den Anpassungsmöglichkeiten der Unternehmung, also ihrer Flexibilität typologisch aufzuzeigen. Diese Untersuchung wäre außerordentlich aufwendig und würde den hier gesetzten Rahmen bei weitem sprengen. Die Untersuchung kann auf folgenden Arbeiten aufbauen:
Gutenberg, E., Produktion, S. 342 ff.; *Riebel*, P., Die Elastizität des Betriebes, Köln—Opladen 1954; *Schäfer*, E., Die Aufgabe der Absatzwirtschaft, 2. Aufl.,

— *Bildung von Extremtypen*[2]

A_1 : *Bestellfertigung*

Der gesamte oder überwiegende Anteil der Endproduktarten bzw. Produktteilearten wird auf Bestellung eines Kunden gefertigt. Damit ist die Fertigung in gewisser Weise spezifiziert, d. h. sie ist an spezifische Rahmendaten gebunden, vor allem bestimmte Produktgestaltung, Menge und Liefertermin. Aber sie ist überwiegend undeterminiert, denn Kundenwünsche können während des Fertigungsprozesses die Produktgestaltung und die Losgrößen verändern. Neu eingehende Aufträge können je nach Bedeutung der Kunden die Liefertermine verändern[3].

A_2 : *Vorratsfertigung*

Der gesamte oder überwiegende Anteil der Endproduktarten bzw. Produktteilearten wird auf Vorrat gefertigt. Es liegen keine spezifizierten Kundenaufträge vor. Ein Liefertermin steht nicht fest. Der Unter-

---

Köln—Opladen 1950; ders., Absatzwirtschaft, in: HdW, Bd. 1, hrsg. von K. Hax und Th. Wessels, 2. Aufl., Köln—Opladen 1966, S. 277 ff.; ders., Industriebetrieb, Bd. 1, S. 86—96.

Schäfer hat diese Untersuchung bereits weitgehend durchgeführt. Vgl. *Schäfer*, E., Industriebetrieb, Bd. 2, S. 290—307. Vgl. in diesem engeren Zusammenhang ebenda, bes. S. 291—293.

Das Merkmal Determiniertheitsgrad der Fertigungsprogrammdaten ist aber nicht nur unter dem Gesichtspunkt der Anpassungsfähigkeit sehr interessant, sondern auch unter dem Gesichtspunkt der Prognostizierbarkeit der Daten des Fertigungsprogramms (Endprodukte, Teilegruppen und Teile) und weiterhin der Daten des Fertigungsprozesses. Dies betrifft das Problem der Ableitbarkeit des Fertigungsprogramms aus dem Absatzprogramm bzw. aus den Kundenaufträgen, weiterhin der Vorhersage über fremdzubeziehende und eigenzufertigende Produkte (Produktteile), bis hin zur Ableitung der Kapazitätsbelastungen und Liefertermine bzw. Durchlaufzeiten. Dieser Problemkomplex betrifft den aktuellen Versuch, Prognoseverfahren auch auf den Fertigungsbereich anzuwenden, z. T. aufbauend auf den bekannten Verfahren der Stücklistenauflösung. Vgl. hierzu *Kockelkorn*, G., Verweilzeitverteilungen und Prognosen im betrieblichen Produktionsbereich, in: ZfbF, 23 (1971), 2, S. 83—105. Vgl. allgemeiner *Langen*, H., u. a., Unternehmensplanung mit Verweilzeitverteilungen, Berlin 1971.

Das Merkmal Determiniertheitsgrad ist hier vor allem grob angerissen worden, um innerhalb einer umfassenden Untersuchung einen systematischen Ansatzpunkt zu setzen. Um es jedoch einer Elementartypenreihe zuzuweisen, ist es relativ eng gefaßt worden. In weiterer Formulierung würde es übergreifen sowohl auf — hier vollständig ausgeklammerte — absatzwirtschaftliche Gesichtspunkte und auf das später behandelte Merkmal der Elastizität. Vgl. Kap 3.3.7.

Die angelsächsische Terminologie stellt bei diesen Typen mehr auf den Determiniertheitsgrad ab: Bestellfertigung = open shop type und Vorratsfertigung = closed shop type.

[2] Vgl. zur Terminologie z. B. *Hax*, K., Industriebetrieb, S. 247. Vgl. zur Lagerproblematik dieser beiden Extremtypen *Ohse*, H., Sortenfertigung, 2. Bd., S. 647—688.

[3] Es muß betont werden, daß hier nur der Determiniertheitsgrad des Fertigungsprozesses gemeint ist. Vgl. detailliertere Ausführungen hierzu — auch im obigen Zusammenhang — Kap. 3.3.15.

nehmer löst die Fertigung aus. Die Fertigung ist nur längerfristig an marktliche Rahmendaten gebunden. Ein laufender Markteinfluß braucht in der Regel von der Fertigungsablaufplanung nicht berücksichtigt zu werden. Allerdings ist der Zwang zur kurzfristigen Anpassung des Fertigungsablaufs an Marktveränderungen denkbar, aber nicht typisch. Die Fertigung ist vielmehr an innerbetrieblichen Gegebenheiten ausgerichtet und damit im wesentlichen determiniert.

Diese beiden Extremtypen sind *zweidimensionale* Elementartypen. Leitmerkmal ist das Merkmal fertigungsauslösender Personenkreis. Zusatzmerkmal ist der Determiniertheitsgrad der Fertigungsprogrammdaten. Beide Merkmale wirken sich unmittelbar auf den Fertigungsprozeß aus. Liefertermine, Losgrößen und Produktgestaltung sind derartige Auswirkungen. Diese Fertigungstypen sind somit für die Fertigungsablaufplanung relevant.

— *Bildung von Zwischentypen*

Zwischentypen lassen sich aufgrund verschiedener Abstufungsmöglichkeiten bilden. Davon sind drei besonders hervorzuheben:

A′: Standardteilevorratsfertigung

Es wird nach dem Anteil der Produktteilearten am Programmumfang abgestuft, der auf Vorrat gefertigt wird. Absolute Merkmalskomponente ist der Fertigungsprogrammumfang. Grundlegende relative Merkmalskomponente ist der Anteil der Produktteilearten, der auf Vorrat gefertigt wird. Komplementäre relative Merkmalskomponente ist der Anteil der Produktteilearten, der auf Bestellung gefertigt wird. Z. B. fertigen Büromöbelhersteller zwar überwiegend auf Bestellung, jedoch können standardisierte Teile, wie z. B. bei Schreibtischen Rahmen, Unterschränke, Schübe und Fußgestelle, auf Vorrat gefertigt werden.

A″: Montagebestellfertigung

Es wird nach dem Anteil der Fertigungstätigkeiten an allen Fertigungstätigkeiten (Prozeßumfang) abgestuft, die in ihrer Kombination von einem spezifischen Kundenauftrag losgelöst sind. Diese Tätigkeiten bilden die grundlegende relative Merkmalskomponente. Z. B. fertigen Automobilhersteller überwiegend auf Vorrat. Dies gilt in der Regel für alle Produktteilearten. Jedoch sind die Tätigkeiten der Endmontage meist kundenauftragsgebunden. Dieser Tätigkeitskomplex wäre im wesentlichen undeterminiert.

A‴: Spezialproduktbestellfertigung

Es wird nach dem Anteil der Endproduktarten am Programmumfang abgestuft, der auf Vorrat gefertigt wird. Dieser Anteil bildet die grundlegende relative Merkmalskomponente. Z. B. fertigen Erdölraffinerien überwiegend auf Vorrat, jedoch werden einige Endprodukte, wie z. B. Spezialöle als Sonderanfertigungen, auf Bestellung gefertigt.

— *Darstellung der Typenreihe A*

Abb. 20 zeigt die zweidimensionalen Extremtypen und erweiternd die Zwischentypen, die je nach Abstufungsart (Merkmalskomponenten) gebildet werden. Die Flächenskalen zeigen anschaulich die Abstufungen dieser komplexen Merkmale mit den wichtigen absoluten Merkmalskomponenten Programm- und Prozeßumfang. Die Hinzuziehung eines Prozeßmerkmals zu den Programmerkmalen verdeutlicht die hier beabsichtigte Integration von Programm- und Prozeßgesichtspunkten, die im Hinblick auf das gestellte Thema notwendig ist und auf die noch einzugehen sein wird.

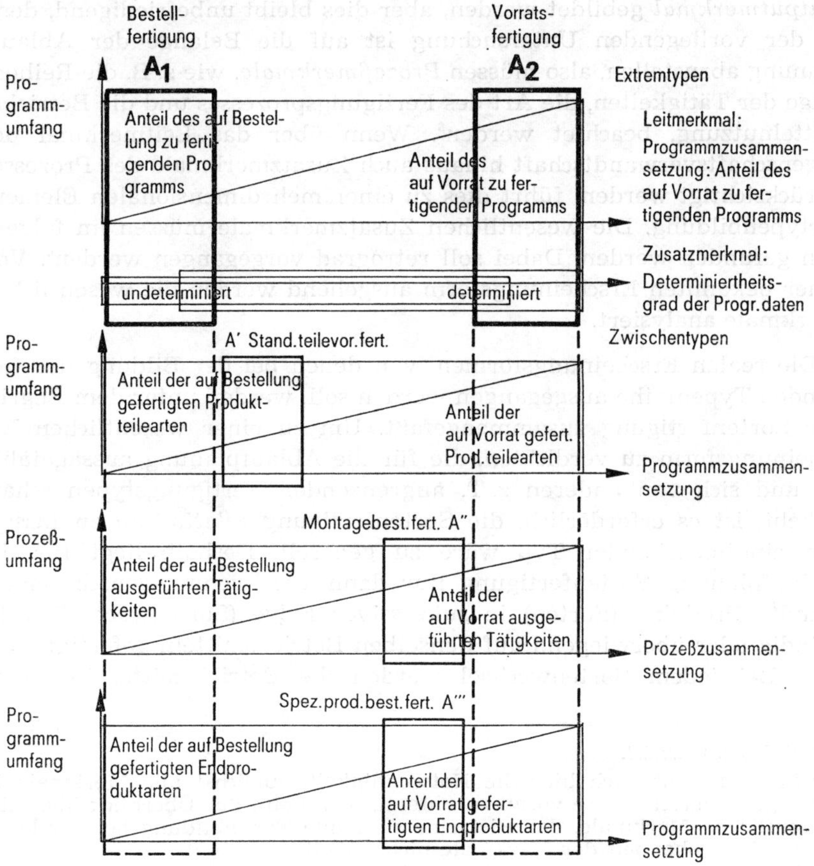

Abb. 20. Typenreihe A, Auslösetypen

3.3.2. Verwandtschaftstypen: Arten- und Sortenfertigung (Typenreihe B)

— *Merkmalsausprägungen*

Das Merkmal

Verwandtschaftsgrad der Produkte (Endprodukte bzw. Produktteile) war in die Komponenten *Eigenschaftsverwandtschaft* und *Fertigungsverwandtschaft* aufgespalten worden. Im Hinblick auf die Eigenschaftsverwandtschaft waren Sorten und Arten unterschieden worden[4]. Die Grenze zwischen diesen beiden Merkmalsausprägungen kann nur pragmatisch gezogen werden. Das Merkmal wird als *kontinuierlich abstufbar* aufgefaßt. Es ist ein reines Outputmerkmal, wenn die Eigenschaft (Art) des Endproduktes beschrieben wird. Werden aber — wie hier — auch Produktteile mit einbezogen, dann gilt dies nicht mehr in reiner Form.

Zwar können prinzipiell *Fertigungstypen* ausschließlich mit einem *Outputmerkmal* gebildet werden, aber dies bleibt unbefriedigend, denn in der vorliegenden Untersuchung ist auf die Belange der Ablaufplanung abzustellen, also müssen *Prozeßmerkmale*, wie z. B. die Reihenfolge der Tätigkeiten, die Art des Fertigungsprozesses und die Betriebsmittelnutzung, beachtet werden[5]. Wenn über das Leitmerkmal der Eigenschaftsverwandtschaft hinaus auch Zusatzmerkmale des Prozesses berücksichtigt werden, führt dies zu einer mehrdimensionalen Elementartypenbildung. Die wesentlichen Zusatzmerkmale müssen im folgenden gefunden werden. Dabei soll retrograd vorgegangen werden[6]. Von einer bekannten Erscheinungsform ausgehend werden die wesentlichen Merkmale analysiert.

Die realen Erscheinungsformen, von denen bei der Bildung der folgenden Typenreihe ausgegangen werden soll, werden unter dem Begriff der Sortenfertigung zusammengefaßt. Um zu einer wesentlichen Erscheinungsform zu verdichten, die für die Ablaufplanung aussagefähig ist und sich von anderen z. T. angrenzenden Fertigungstypen scharf abhebt, ist es erforderlich, die Sortenfertigung *relativ eng* zu fassen. Ein eindimensionaler Typ wäre zu generell. Deshalb liegt für die Ablaufplanung Sortenfertigung nur dann vor, wenn eigenschaftsverwandte Produkte (Sorten) in sukzessiver Folge (Sortenwechsel) vollständig oder überwiegend auf denselben Betriebsmitteln gefertigt werden. Bei jedem Sortenwechsel werden die Betriebsmittel in einem

---

[4] Vgl. Kap. 3.2.2.2.

[5] Man erkennt auch hier die Notwendigkeit, zunächst alle Merkmale in einer gesonderten Phase vorab zu untersuchen. Fehlt der Überblick über alle wesentlichen Merkmale, dann ist eine sinnvolle Typenbildung bei der komplexen Verwobenheit der Merkmale nicht möglich.

[6] Vgl. zur Methode Kap. 1.4., bes. Fußnote 23).

bestimmten, relativ geringen, Maß umgerüstet. Die Reihenfolge der Tätigkeiten innerhalb der einzelnen Fertigungsprozesse jeder Sorte bleibt von Sorte zu Sorte vollständig oder überwiegend dieselbe. Sukzessivität[7] und das geringe Maß an Umrüstung sind wesentliche typbildende Merkmalsausprägungen.

— *Bildung von Extremtypen*

Ausgehend von dieser Erfassung einer wesentlichen Erscheinungsform werden die beiden Extremtypen der folgenden Reihe als *fünf- bzw. sechsdimensionale Elementartypen* gefaßt. Die Typbildung geht von den folgenden sechs Merkmalen aus:

— Eigenschaftsverwandtschaft der Produkte,

— Zahl (und Gemeinsamkeit) der Fertigungsprozesse,

— Zuordnung der Fertigungsprozesse zueinander,

— Art (und Anzahl) der Betriebsmittel,

— Art (und Ausmaß) der Umrüstung und

— Reihenfolgeidentität der Tätigkeiten im Fertigungsprozeß je Art und Sorte.

B_1 : *Artenfertigung im engeren Sinn*

Es werden verschiedene Endproduktarten in mehreren voneinander getrennten Fertigungsprozessen auf mehreren verschiedenartigen Betriebsmitteln gefertigt. Die Fertigungsprozesse sind völlig unterschiedlich. Somit sind auch die Fertigungstätigkeitsfolgen ebenso wie die Transporttätigkeitsfolgen unterschiedlich; da diese Reihenfolgen von-

[7] Vgl. zum Merkmal der Sukzessivität *Ohse*, H., Sortenfertigung, S. 35; ähnlich *Beste*, Th., Fertigungsverfahren, Sp. 1769; anders *Gutenberg*, E., Produktion, S. 108 f. Würde man die Sukzessivität nicht als erforderlich ansehen, dann würde die Kuppelfertigung in erheblichem Ausmaß auch unter Sortenfertigung fallen; aber bei der Kuppelfertigung fallen die Produkte zwangsläufig in einem gemeinsamen Fertigungsprozeß an. Dadurch sind sie mehr oder weniger (nach Dauer der Gemeinsamkeit) miteinander fertigungsverwandt. Sind sie auch noch eigenschaftsverwandt — wie bei der Erzzerkleinerung und -sortierung die verschiedenen Korngrößen — dann spricht man auch von ungewollter Sortenfertigung. Vgl. soweit ähnlich *Mellerowicz*, K., Kosten, S. 156. Um diesen Punkt klar herauszustellen, wird im folgenden das Merkmal Zahl der Fertigungsprozesse besonders berücksichtigt, um die Gemeinsamkeit der Fertigung definitiv auszuschließen. Werden Sorten zwar in sukzessiver Folge aber nicht unmittelbar hintereinander gefertigt, weil zwischen ihren Fertigungsprozessen andere Produktarten gefertigt werden, dann liegt ebenfalls keine Sortenfertigung vor. Auch bei paralleler Fertigung von Sorten tritt dieser Typ nicht auf. Diese Beispiele treffen alle nicht den ablaufplanungsspezifischen Gehalt der Sortenfertigung. Werden also Sorten gefertigt, braucht deshalb nicht in jedem Fall der Typ Sortenfertigung vorzuliegen.

einander unabhängig sind, wird von reihenfolgeindependenter Fertigung gesprochen. Die Fertigungsprozesse verlaufen auf verschiedenen Betriebsmitteln nebeneinander, also räumlich parallel zueinander[8]. Das Problem der Umrüstung entfällt.

B_2 : *Sortenfertigung im engeren Sinn*

Es werden verschiedene Endproduktsorten in mehreren getrennten Fertigungsprozessen in sukzessiver Folge auf denselben Betriebsmitteln gefertigt bei ausschließlich quantitativer Umrüstung, also Veränderung der Einstellung, und bei identischer Reihenfolge der Tätigkeiten.

— *Bildung von Zwischentypen*

Zwischentypen werden durch weitere Abstufungen gebildet.

B': *Artenfertigung im weiteren Sinn*

Es werden verschiedene Endproduktarten in mehreren getrennten Fertigungsprozessen parallel auf mehreren gleichartigen Betriebsmitteln bei völlig unterschiedlicher Reihenfolge der Tätigkeiten je Endproduktart gefertigt; oder die Fertigung erfolgt in sukzessiver Folge auf denselben Betriebsmitteln bei quantitativer und völlig oder überwiegender qualitativer Umrüstung und völlig oder überwiegend verschiedener Reihenfolge der Tätigkeiten. Die Endproduktarten, die bei diesem Fertigungstyp entstehen, weisen eine größere Verwandtschaft auf als die der Artenfertigung i. e. S.

B'': *Sortenfertigung im weiteren Sinn*

Es werden verschiedene Endproduktsorten in mehreren getrennten Fertigungsprozessen in sukzessiver Folge auf denselben Betriebsmitteln gefertigt bei quantitativer und in geringem Ausmaß auch qualitativer Umrüstung, also Veränderung der Tätigkeitsart, gefertigt. Schon durch die qualitative Umrüstung ist die Reihenfolge der Tätigkeiten je Endproduktsorte nicht völlig sondern nur überwiegend identisch.

---

[8] Auf Reihenfolgetypen und Prozeßzuordnungstypen wird später genauer eingegangen werden. Dieser Verweis bietet den Anlaß, darauf hinzuweisen, daß hier der einzige Fall in dieser Untersuchung vorliegt, in dem dieselben Merkmale zur Bildung von unterschiedlichen Elementartypen herangezogen werden. Dies wird vom Verfasser grundsätzlich als methodischer Mangel angesehen. Elementartypen sollen möglichst merkmalsüberschneidungsfrei gebildet werden. Dieser Mangel läßt sich hier aber im Interesse einer möglichst präzisen Bildung der Typenreihe B nicht vermeiden. Er wird allerdings etwas gemildert dadurch, daß die Merkmale Reihenfolgeidentität und Prozeßzuordnung hier nur als Zusatzmerkmale im Verhältnis zum Leitmerkmal Eigenschaftsverwandtschaft der Produkte sind. Allerdings sind diese Zusatzmerkmale hier typbildend und nicht nur typbeschreibend. Mit der Prozeßzuordnung wird später (Kap. 3.3.2.2.) eine selbständige Typenreihe gebildet werden, ebenso wie bei der Reihenfolgeidentität in der Fassung als Reihenfolgevariabilität (Kap. 3.3.12.).

Bisher war nur vom Verwandtschaftsgrad der Endprodukte die Rede. Die Ausführungen gelten entsprechend auch für Produktteile. Das Merkmal des Verwandtschaftsgrades läßt sich aber auch als

Verwandtschaftsgrad des Fertigungsprogramms

fassen. Dabei werden die Produkte nur in zwei Typen differenziert, und zwar in Arten und Sorten, ohne weiter abgestuft zu werden. Es wird vielmehr nach dem Anteil der Sorten und Arten im Fertigungsprogramm abgestuft. Bezogen auf Endprodukte führt diese Abstufung nicht zu wichtigen Zwischentypen. Wohl aber die entsprechende Abstufung nach dem Anteil der Produktteilearten und Produktteilesorten am Fertigungsprogramm.

B''': Teilefamilienfertigung

Man fertigt einen beträchtlichen Anteil von fertigungsverwandten Produktteilen, die möglicherweise in völlig unterschiedlichen Endproduktarten montiert werden, nicht auf getrennten Betriebsmitteln sondern *zusammengefaßt* sukzessiv auf denselben Betriebsmitteln. Diese Rationalisierungsmaßnahme nutzt die Vorteile der Kostendegression. Statt meist qualitativer Umrüstung bei isolierter Fertigung auf unterschiedlichen Betriebsmitteln genügt dann oft eine quantitative Umrüstung. Damit unterwirft man die Teilefamilien, also *Gruppen von Produktteilesorten*, den Bedingungen der Sortenfertigung. Dieses wird systematisch, in der Regel durch entsprechende Klassifizierungsschlüssel[9], angestrebt.

— Darstellung der Typenreihe B

Eine übersichtliche Darstellung ist besonders bei dieser Typenreihe erforderlich, da die Elementartypen mit einer relativ großen Zahl von Merkmalen gebildet werden. Abb. 21 berücksichtigt die beiden Möglichkeiten, die Typenreihe B sowohl nach dem Verwandtschaftsgrad der Produkte als auch nach dem Verwandtschaftsgrad des Fertigungsprogramms abzustufen.

[9] Vgl. z. B. *Opitz*, H., Teilefamilienfertigung, in: ZwF, 62 (1967) 3, S. 101—111, ferner ders., Die Grundideen der Teilefamilienfertigung, in: IO, 34 (1965) 7, S. 270—281.

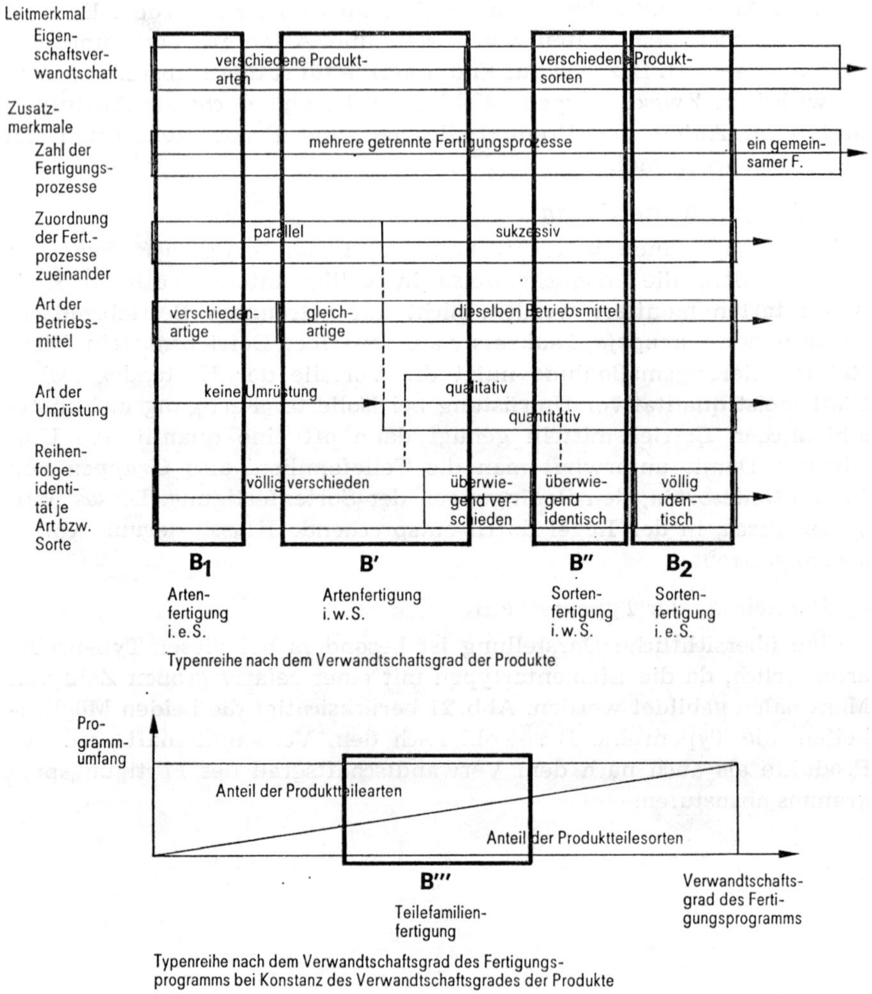

Abb. 21. Typenreihe B, Verwandtschaftstypen

3.3.3. Produktzahltypen: Ein- und Mehrproduktfertigung (Typenreihe C)

— *Merkmalsausprägungen und Merkmalskomponenten*

Das Merkmal

Umfang des Fertigungsprogramms

ist ein komplexes und *kontinuierlich abstufbares* Merkmal, dessen Komponenten die

Anzahl der Endproduktarten und die

Anzahl der Endproduktsorten je Endproduktart

sind.

Nach diesen Merkmalskomponenten lassen sich folgende *Programmtypen* bilden:

— Einproduktprogramm: Eine Endproduktart.

— Mehrproduktprogramme: Mehrere Endproduktarten.

  — Kleines Programm: Wenige Arten und wenige Sorten.

  — Schmales Programm: Wenige Arten.

  — Tiefes Programm: Wenige Arten und viele Sorten[10].

  — Flaches Programm: Viele Arten und wenige Sorten.

  — Breites Programm: Viele Arten[10].

  — Großes Programm: Viele Arten und viele Sorten.

Einprodukt- und Mehrproduktprogramm sind wie auch schmales und breites Programm *eindimensionale* Typen, die nur auf die Anzahl der Endproduktarten abstellen. Tiefes und flaches Programm sind dagegen *zweidimensionale* Typen, die nicht auf die Anzahl der Sorten je Art, sondern auf ein Verhältnis zwischen Arten- und Sortenzahl abstellen.

Das *Fertigungsprogramm* ist eine Zusammenstellung der zu fertigenden Endproduktmengen je Art und Sorte. Abb. 22 stellt die wichtigsten Programmtypen einschließlich der Mengenkomponente zusammen. x ist Symbol für die Endproduktmengen. i bezeichnet die Endproduktarten (i = 1 bis m); j die Endproduktsorten (j = 1 bis $n(i)$). $n(i)$ bringt den Regelfall zum Ausdruck, daß die jeweilig maximale Sortenzahl je Art i unterschiedlich ist, d. h. n ist abhängig von i. $i = 1, 2$ symbolisiert „wenige Arten", $j = 1, 2$ „wenige Sorten" je Art, i = 1 bis m „viele Arten" und schließlich j = 1 bis $n(i)$ „viele Sorten" je Art. Die Indices sind hochgestellt, um weitere Indices einprägsam berücksichtigen zu können.

---

[10] Vgl. zu einer anderen Terminologie in bezug auf Programmbreite und -tiefe *Beste*, Th., Fertigungswirtschaft, S. 130—142.

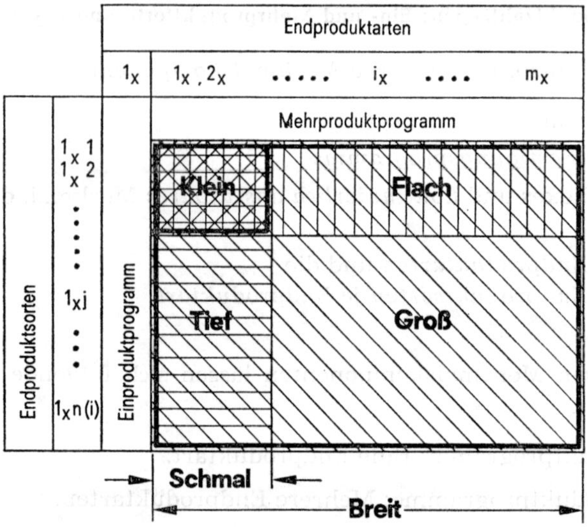

Abb. 22. Programmtypen

— *Grundlegendes zur Bildung der Typenreihe C*

In der vorliegenden Untersuchung ist die Meinung vertreten worden, daß es im Prinzip möglich ist, ausschließlich mit *Outputmerkmalen* (Programmerkmalen) *Fertigungstypen* zu bilden. Im vorigen Auschnitt[11] ist bereits darauf hingewiesen worden, daß dies unbefriedigend bleibt, wenn die Fertigungstypen ablaufplanungsadäquat sein sollen. Deshalb sollen zumindest die Auswirkungen der Programmtypen auf den *Fertigungsprozeß* bei der Bildung von Fertigungstypen, die von Programmtypen ausgehen, berücksichtigt werden.

Liegen jedoch nur Angaben zum Programm vor und fehlen Angaben zum Prozeß, dann ist der *Schluß vom Programm auf den Prozeß* äußerst problematisch. Dieser Schluß ist aber erforderlich, wenn man die reine Programmtypenbildung[12] von einer ablaufplanungsadäquaten Fertigungstypenbildung abheben will. Eine ablaufplanungsadäquate Fertigungstypenbildung, die (ausnahmsweise) nicht von Prozeßmerkmalen ausgeht, ist nur möglich, wenn Prozeßmerkmale zumindest berücksichtigt werden, andernfalls wäre die Aussage für die Ablaufplanung mindestens fragwürdig.

Die Programmtypenbildung erfolgte nach dem Umfang des Fertigungsprogramms. Somit liegt der Schluß vom Programmumfang auf den

[11] Vgl. Kap. 3.3.2., Merkmalsausprägungen.

[12] Kosiol beschränkt sich in seiner diesbezüglichen Untersuchung auf die Bildung von reinen Programmtypen. Vgl. *Kosiol*, E., Aktionszentrum, S. 30 ff.

nahe. Dieser Schluß ist für Ablaufplanung bedeutsam, da der Planungsaufwand vom Prozeßumfang unmittelbar, vom Programmumfang jedoch nur mittelbar bestimmt wird.

Unter dem *Umfang des Fertigungsprogramms* wird die Gesamtzahl der Endproduktsorten verstanden, wenn man davon ausgeht, daß jede Endproduktart in verschiedenen Sorten gefertigt wird. Symbolisch ausgedrückt beträgt der Programmumfang

$$U_{progr} = \sum_{i=1}^{m} \sum_{j=1}^{n(i)} ij$$

Das Symbol *ij* drückt die j. Sorte der i. Endproduktart aus.

Entsprechend soll unter dem *Umfang des Fertigungsprozesses* die Gesamtzahl der Fertigungs- und Transporttätigkeiten definiert werden[13]. Der Schluß vom Programmumfang auf den Prozeßumfang ist jedoch nur sehr begrenzt möglich. Dieser Schluß kann nur ein Näherungsschluß sein, dessen Erwartungswert in bezug auf den Prozeßumfang nur tendenziell zutreffen kann[14]. Dies verdeutlicht ein (extremes) Beispiel: Eine Stahlhochbauunternehmung, die z. B. eine Krananlage pro Jahr fertigt, hat ebenso ein Einproduktprogramm wie eine Unternehmung, die nur Stahlbleche walzt und mit Kunststoff beschichtet. Trotzdem ist der Umfang des Fertigungsprozesses infolge der großen Zahl der zu fertigenden Produktteile bei der Stahlhochbauunternehmung erheblich größer.

Die *Sicherheit des Erwartungswertes* (in bezug auf den Prozeßumfang) hängt entscheidend vom Merkmal der Struktur des verfahrensbedingten Materialflusses ab, das jedoch bisher erst kurz behandelt worden ist[15]. Ob eine Unternehmung (vollständig oder überwiegend) durchlaufende, analytische, umgruppierende oder synthetische Fertigung aufweist, hängt wiederum wesentlich von der Endproduktart ab. Somit kann schon bei der Programmplanung eine Aussage über den Strukturcharakter des Materialflusses gemacht werden. Die Sicherheit des Erwartungswertes (in bezug auf den Prozeßumfang) nimmt in der

---

[13] Vgl. Kap. 2.3., komplexe Merkmalsarten.

[14] Es bliebe zu prüfen, ob es sinnvoller wäre, beide Merkmale, den Programmumfang und den Prozeßumfang, als typbildende Merkmale anzusehen, also erst dann Fertigungstypen zu bilden, wenn zu beiden Merkmalen Aussagen vorliegen. Die vorliegende Typenbildung begnügt sich dagegen mit einer Aussage über ein Merkmal, nämlich den Programmumfang. Auf das zweite Merkmal, den Prozeßumfang, wird lediglich geschlossen; nur dadurch wird er berücksichtigt. Die Typenbildung mit beiden Merkmalen stößt aber auf verschiedene Schwierigkeiten; aus Raumgründen kann deshalb nur der vereinfachende Weg angerissen werden.

[15] Vgl. Kap. 3.2.4.1.1., später vor allem Kap. 3.3.9.

Folge der Typenreihe durchlaufende, analytische, umgruppierende und synthetische Fertigung ab. Bei durchlaufender Fertigung kann bei groben Vorstellungen über die technologischen Fertigungsbedingungen gut auf den Prozeßumfang geschlossen werden. Die analytische Fertigung bereitet schon größere Schwierigkeiten. Bei der umgruppierenden Fertigung[16] ist der Schluß noch etwas schwieriger, da hier schon genaue Kenntnisse der Technologie vorhanden sein müssen. Bei der synthetischen Fertigung — hier sei nur die mechanisch-synthetische = zusammenbauende Fertigung[17] betrachtet — ist dieser Schluß nur unter bestimmten Bedingungen möglich; meist ist der Erwartungswert mit zu großer Unsicherheit behaftet. Dies verdeutlichte das gegebene Kran/Blech-Beispiel.

Auch wenn gerade dies Beispiel besonders deutlich macht, daß die *Aussagefähigkeit* der hier zu behandelnden Fertigungstypen für die Ablaufplanung manchmal fragwürdig sein mag, so kann für die Ablaufplanung nicht auf diese Typenbildung verzichtet werden, denn Programmplanung und Ablaufplanung dürfen letztlich nicht isoliert voneinander betrachtet werden, denn eine Optimierung in einem gesamtunternehmungsbezogenen Produktionsmodell ist nur in einem simultanen Ansatz möglich[18]. Die Schwierigkeit, Ablaufplanung und Programmplanung voneinander zu trennen, wird dabei um so größer, je detaillierter und kurzfristiger die Planung wird.

Zieht man hieraus *zusammenfassend* die Konsequenzen, dann ergibt sich: Fertigungstypen, die von Programmtypen ausgehend gebildet werden, müssen methodisch von den Programmtypen abgehoben werden, wenn sie für die Fertigungsablaufplanung eine spezifische Aussage haben sollen. Dies wird am wirksamsten dadurch erreicht, daß vom Programmumfang auf den Prozeßumfang geschlossen wird. Im folgenden wird zwischen beiden Größen — unter den genannten Bedenken — eine *positive Korrelation* unterstellt. Diese Korrelation erscheint für die Fälle der nichtzusammenbauenden Fertigung haltbar. Für die zusammenbauende Fertigung sind die Aussagen jedoch zu unsicher. Dieser Fall muß besonders berücksichtigt werden. Das soll im übernächsten Abschnitt (Erweiterung der Typenreihe) erfolgen.

— *Bildung der Typenreihe C*

Geht man zunächst von den genannten Programmtypen aus, die sich nur auf Endprodukte beziehen, und berücksichtigt man eine positive

---

[16] Vgl. Kap. 3.3.9.

[17] Vgl. Kap. 3.3.9.

[18] Vgl. hierzu die grundlegenden Ausführungen von *Adam*, D., Simultane Ablauf- und Programmplanung bei Sortenfertigung mit ganzzahliger linearer Programmierung, in: ZfB, 33 (1963), S. 233—245.

Korrelation zwischen Prozeßumfang und Programmumfang, berücksichtigt man also den Prozeßumfang als typreihendes Merkmal, dann läßt sich folgende Typenreihe aufstellen:

C_1: *Einproduktfertigung*

Fertigung einer einzigen Endproduktart in der Planungsperiode. Wird nach der Planungsperiode auf eine andere Produktart umgestellt, dann ist dies unerheblich. Die Endproduktart kann in mehreren Sorten gefertigt werden.

Dieser Fertigungstyp kommt relativ selten vor[19]. Zu denken ist an Wasserwerke und Elektrizitätswerke. Ob das Hochofenwerk ebenfalls ein Beispiel für die Einproduktfertigung darstellt, ist Ansichtssache. Stellt man nur auf das Hauptprodukt Roheisen ab, dann liegt hier ebenfalls ein Beispiel vor. Dies trifft nicht zu, wenn man die Nebenproduktarten Gichtgas und Schlacke in die Betrachtung einbezieht[20]. Unterschiedliche Ansichten in bezug auf diesen Typ können sich vor allem aus dem Abgrenzungsproblem zwischen Arten und Sorten ergeben[21]. So kann es bestimmter Zwecksetzung entsprechen, im Beispiel des Elektrizitätswerkes von zwei Produktarten zu sprechen, nämlich Tag- und Nachtstrom. Unter dem Gesichtspunkt der Fertigungsablaufplanung dürfte das jedoch kaum sinnvoll sein.

Ohne der Gefahr mehrfacher Wiederholung verfallen zu wollen, wird in diesem Zusammenhang noch einmal auf die Grundlagen der typologischen Methode hingewiesen. Typen werden als Verdichtungen vielfältiger realer Erscheinungsformen zu wesentlichen Erscheinungsformen aufgefaßt bzw. als konzentrierte Vorstellungsausdrücke[22]. Es geht hier nicht um formale Definitionsprobleme. Die Typenbildung ist stets zweckgerichtet. Somit ist mit Bezug auf diesen Fertigungstyp pragmatisch zu entscheiden, ob Produkte als wesensverwandt oder als wesensfremd behandelt (z. B. gefertigt, verrechnet, vertrieben) werden sollen; dabei ist die Eigenschaft der Produkte und der jeweils verfolgte Zweck miteinander in Einklang zu bringen. Dem Praktiker mag es dann vielleicht gleichgültig sein, ob man die Produkte einmal als Arten oder ein anderes Mal als Sorten bezeichnet, oder ob man von Einprodukt- oder von Mehrproduktfertigung spricht. Dem Theoretiker geht es mit dieser Begriffsbildung aber um die abstrahierende Erfassung der Sachinhalte.

---

19 Vgl. auch *Mellerowicz*, K., Kosten, S. 140.

20 Vgl. zu dieser Ansicht *Hax*, K., Industriebetrieb, S. 245.

21 Vgl. in anderem Zusammenhang auch einen Hinweis von *Mellerowicz*, K., Kosten, S. 152.

22 Vgl. nochmals Kap. 1.1., Fußnote 2).

C_2 : *Mehrproduktfertigung*

Fertigung mehrerer Endproduktarten in der Planungsperiode.

C^1_2 : *Kleinprogrammfertigung*

Fertigung weniger Endproduktarten und -sorten.

C^2_2 : *Schmalprogrammfertigung*

Fertigung weniger Endproduktarten bei beliebiger Sortendifferenzierung.

C^3_2 : *Tiefprogrammfertigung*

Fertigung weniger Endproduktarten mit vielen Sorten.

C^4_2 : *Flachprogrammfertigung*

Fertigung vieler Endproduktarten mit wenigen Sorten.

C^5_2 : *Breitprogrammfertigung*

Fertigung vieler Endproduktarten bei beliebiger Sortendifferenzierung.

C^6_2 : *Großprogrammfertigung*

Fertigung vieler Endproduktarten und -sorten.

Abb. 23 zeigt diesen Zusammenhang gestraffter.

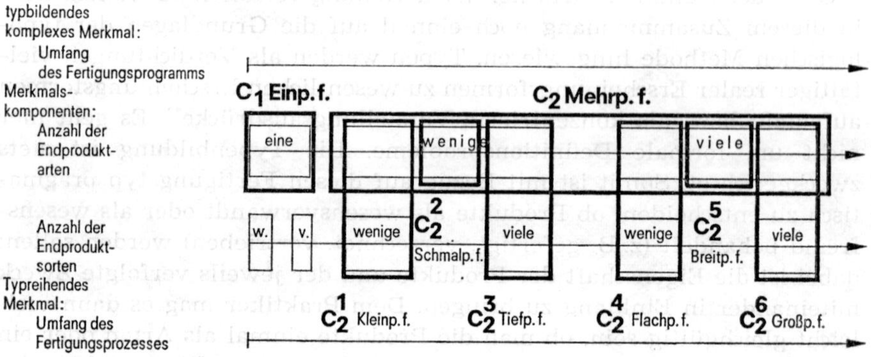

Abb. 23. Typenreihe C, Produktzahltypen

Man erkennt, daß Ein- und Mehrproduktfertigung *eindimensionale* Elementartypen sind. Sie können nicht als Extremtypen bezeichnet werden, denn es existieren keine Zwischentypen. Die Mehrproduktfertigung überdeckt, bis auf den Spezialfall der Einproduktfertigung, den gesamten Ausprägungsbereich des Leitmerkmals Anzahl der Endproduktarten. Bestimmte Ausprägungen dieses Merkmals führen innerhalb der Mehrproduktfertigung zu weiteren eindimensionalen Typen. Sie bilden keine Zwischentypen, sondern *Untertypen* der Mehrproduktfertigung. Zusatzmerkmal ist die Anzahl der Endproduktsorten. Durch seine Abstufung werden vier weitere, *zweidimensionale* Elementartypen gebildet, innerhalb derer man in Extrem- und Zwischentypen unterscheiden kann. Sie bilden *Spezialtypen*[23] der Mehrproduktfertigung.

— *Erweiterung der Typenreihe C*

Die bisher aufgestellte Typenreihe wurde nach dem komplexen Merkmal Umfang der Fertigungsprogramms gebildet. Dieses Merkmal wurde in die Komponenten Anzahl der Endproduktarten und Anzahl der Endproduktsorten aufgespalten. Es wurde ausgeführt, daß diese Aufspaltung weitgehend für eine ablaufplanungsadäquate Fertigungstypenbildung genügt, da ein Rückschluß auf das wichtige Merkmal Umfang des Fertigungprozesses möglich ist. Dieser Schluß wurde für die zusammenbauende Fertigung in Zweifel gezogen. Die Unsicherheit dieses Schlusses wurde an dem Kran/Blech-Beispiel aufgezeigt. Das Beispiel verdeutlichte, daß auch bei einer Einproduktfertigung der Umfang des Fertigungsprozesses sehr unterschiedlich sein kann. Der Unterschied liegt darin begründet, daß die kranbauende Unternehmung zunächst viele Teilearten zu fertigen hat, die dann zu Teilegruppen montiert werden, aus denen schließlich die eine Endproduktart zusammengesetzt wird.

Wenn man für diese reale Erscheinungsform den Umfang des Fertigungsprogramms nur nach der Anzahl der Endproduktarten bzw. -sorten bestimmt, bleibt diese für eine ablaufplanungsadäquate Fertigungstypenbildung unbefriedigend. Es empfiehlt sich, den Begriff des Fertigungsprogramms für die zusammenbauende Fertigung um die

Anzahl der Produktteilearten und die

Anzahl der Produktteilesorten

zu erweitern[24], also um die Anzahl der in der Unternehmung gefertigten (!) Teile, um den Output der Prozeßabschnitte[25]. Dann kann man in dem Kran/Blech-Beispiel hinreichend differenzieren. Bei diesem erweiterten Programmbegriff läßt sich dann hinreichend aussagefähig auf den Prozeßumfang schließen.

---

[23] Vgl. zur Terminologie Spezialtypen — Untertypen Kap. 1.2.

[24] Diese weitere Fassung des Programmbegriffs berücksichtigt insbesondere die weit verbreitete engere Fassung des Fertigungsbegriffs, bei der die zusammenbauende Fertigung meist in den Mittelpunkt der Definition gerückt wird. Die engere Begriffsfassung hat sich jedoch für eine umfassende Typologie des leistungserstellenden Bereiches zwischen Beschaffung und Absatz als unpraktikabel erwiesen. Vgl. dazu nochmals die Definitionen in Kap. 3.1.1., Kap. 3.1.3. u. 3.3.3., Merkmalsausprägungen.
Ein Hinweis auf die Zweckmäßigkeit, den Programmbegriff zu erweitern, findet sich bei Heinen; er beschränkt die Erweiterung allerdings auf die Zwischenerzeugnisse; vgl. *Heinen*, E., Einführung, S. 127.

[25] Vgl. Kap. 3.2.1. u. Kap. 3.2.2.2.

Der Umfang des Fertigungsprogramms bei zusammenbauender Fertigung bestimmt sich einmal weiterhin nach der *Gesamtzahl der Endproduktsorten*

$$U_{progr} = \sum_{i=1}^{m} \sum_{j=1}^{n(i)} ij$$

Zum anderen soll das Fertigungsprogramm auch die Produktteile berücksichtigen. Das Symbol für die Teilmengen sei t. Teilearten werden mit k ($k = 1$ bis r), Teilesorten mit l ($l = 1$ bis s) bezeichnet. Die Menge der k. Teileart in der l. Teilesorte wird durch das Symbol ${}_kt_l$ ausgedrückt. Entsprechend der Kennzeichnung der Gesamtzahl der Endproduktsorten beträgt die *Gesamtzahl der Produktteilesorten*

$$U'_{progr} = \sum_{k=1}^{r} \sum_{l=1}^{s(r)} kl$$

Diese Zahl drückt die Erweiterungsmöglichkeit des Programmumfangs aus. Der Begriff des Fertigungsprogramms bei zusammenbauender Fertigung kann einmal an der Gesamtzahl der Endproduktsorten zum anderen an der Gesamtzahl der Produktteilesorten gemessen werden; diese Bemessungsgrundlagen bestehen somit *nur alternativ*, wegen des völlig verschiedenen Charakters der beiden Zahlen können sie nicht miteinander addiert werden.

Mit Hilfe dieser Symbolik kann die *Programmstruktur* exakt dargestellt werden, so wie dies die extrem verdichtete Darstellung der Abb. 24 ausweist. In dieser Erweiterung wird nicht nur die Programm-, Leistungs- bzw. Sachzielstruktur deutlich, sondern es wird damit auch eine *Verbindung zur* Prozeß-, Ablauf- bzw. *Aktionsstruktur* konkret möglich. So geht z. B. die kostenbezogene Aktionsplanung mit Hilfe der Netzplantechnik von der Auflösung der Endprodukte in Teilleistungen[26] aus und ordnet diesen Tätigkeitskomplexe (sog. Arbeitpakete) zu. Neben den Leistungen werden den Tätigkeitskomplexen auch die Kosten zugeordnet[27]. Somit wird in bestimmten Phasen bei der Anwendung der Netzplantechnik die Verbindung zwischen Programm- und Aktionsstruktur besonders deutlich. Dies begründet die Relevanz der hier vorgeschlagenen Typenbildung.

Die *Elemente* der Programmstruktur sind die Endproduktartmengen ${}^ix$ ($i = 1$ bis m), die Endproduktsortenmengen ${}^ix^j$ ($j = 1$ bis n), die Pro-

---

[26] In diesem Vorgehen findet sich die konkrete Ausgestaltungsmöglichkeit der abstrakten Ausführungen zum Aufgabenbegriff. Vgl. Kap. 3.1.4.

[27] Vgl. hierzu ausführlicher *Withauer*, K. F., Planung und Kontrolle von Kosten und Leistung bei Projekten, in: BFuP, 23 (1971) 11, S. 614 f. und *Miller*, R. W., Zeit-Planung und Kosten-Kontrolle durch PERT, Hamburg—Berlin 1965, S. 100—105.

duktteileartenmengen ${}_k t$ (k = 1 bis r) und schließlich die Produktteilesortenmengen ${}_k t_l$ (l = 1 bis s). Die Indices sind Identifizierungsindices (im Sprachgebrauch der Fertigungsablaufplanung Produktnummern bzw. Teile(ident)nummern). Die *Beziehungen* der Programmstruktur werden durch die Zuordnung dieser Elemente gebildet, ausgedrückt in Strukturindices: Endproduktsorte ij je Endproduktart i (Strukturindex i), Produktteileart k je jeder möglichen Endproduktsorte ij (Strukturindices i und j, im Sprachgebrauch der Fertigungsablaufplanung (bes. der Stücklistenauflösung) meist Teileverwendungsnummern) und schließlich Produktteilesorten kl je Produktart k (Strukturindex k, ggfs. darüberhinaus auch i und j). Die *allgemeine Beziehung* (mit laufenden Indices) der Programmstruktur wird gekennzeichnet durch:

$$ {}^i x \longrightarrow {}^i x^j \longleftarrow {}_k^i t^j \longrightarrow {}_k^i t^j_l $$

Endproduktart	differenziert in:	Endproduktsorte	zusammengesetzt aus:	Teileart	differenziert in:	Teilesorte

Die Programmelemente werden durch die Mengensymbole und ihre Identindices gebildet, die Programmbeziehungen sind entweder Sortendifferenzierungen oder Teilezusammensetzungsbeziehungen ausgedrückt in Verbindungslinien oder Strukturindices. Abb. 24 stellt diese Zusammenhänge komprimiert dar.

Schwierigkeiten könnten sich bei der *Interpretation* dieser Darstellung in bezug auf die Gesamtzahl der Teilearten ergeben. Es gibt insgesamt r verschiedene Teilearten. Es muß davon ausgegangen werden, daß es im Prinzip möglich ist, daß jede Teileart in jede Endproduktsorte eingehen kann. Deshalb müßte Abb. 24 jede Teileart so oft darstellen, wie die Gesamtzahl der Endproduktsorten beträgt, nämlich $\sum_{i=1}^{m} \sum_{j=1}^{n\,(m)} ij$-fach. Dies wird im Prinzip angedeutet. So ist ${}^1_1 t^1$ mit ${}^i_1 t^j$ identisch, denn dieselbe Teileart ${}_1 t$ geht einmal in die Endproduktsorte 11 und einmal in ij ein.

Die *Teilenummer* besteht aus einem Identnummernteil und aus einem sog. Teileverwendungsnummernteil[28]. In der Symbolik der Abb. 24 kann die Teilenummer in der Kombination k-l-i-j ausgedrückt werden. Das bedeutet, die k. Teileart in der l. Sorte geht in die i. Endproduktart der j. Endproduktsorte ein.

Abb. 24 weicht von der bisher gewählten Form der Flächenskala ab; sie ist daher für eine gesamtsystematische Darstellung nicht verwendbar. Auf diese Darstellungsform wurde deshalb relativ ausführlich ein-

[28] Vgl. hierzu z. B. *Trux*, W. R., Einkauf und Lagerdisposition mit Datenverarbeitung, München 1968, S. 376—379.

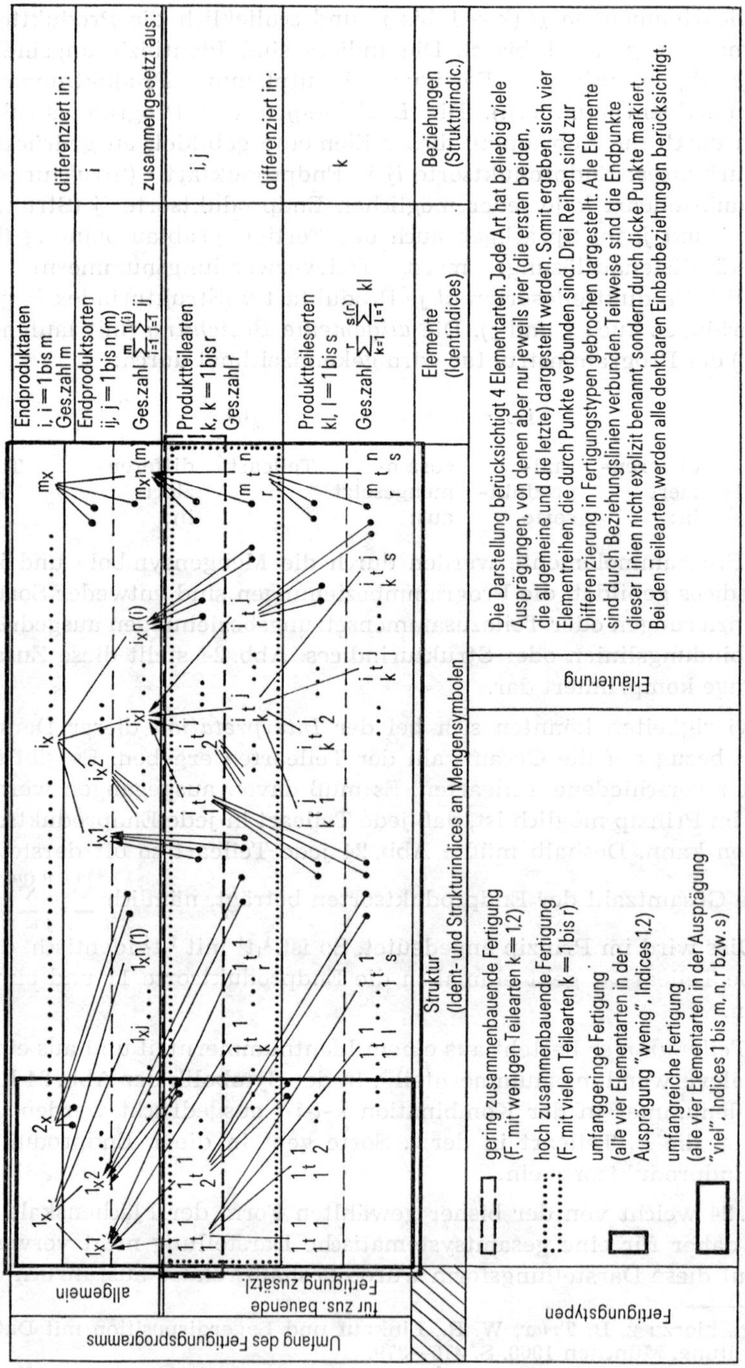

Abb. 24 **Systematische Darstellung des Fertigungsprogramms**

gegangen, weil der Programmplanung (Sachzielstrukturierung) als Ausgangspunkt der Ablaufplanung hervorragende Bedeutung zukommt. Hierin sind die Grundlagen für viele Gestaltungsmöglichkeiten zu finden, wie auch die folgende Typenreihe *D* zeigen wird. Im bisherigen Verlauf der Typenbildung ist schon verschiedene Male von den Programmelementen die Rede gewesen, besonders von den Produktteilen, deren besondere Berücksichtigung in einer umfassenden Typenbildung unerläßlich ist. Deshalb mußte an dieser Stelle die Programmstruktur präzise formuliert werden. Außerdem wird bei der Darstellung aller Typenreihen *A* bis *E* der Programmumfang als absolute Merkmalskomponente (Bezugsbasis) genommen.

Abb. 24 zeigt zwei Fertigungstypen, die nur am Rande erwähnt werden sollen. Mit Rücksicht auf eine einheitliche Terminologie könnte man von *gering zusammenbauender Fertigung* sprechen, wenn je Endproduktsorte nur wenige Teilearten $k = 1{,}2$ eingehen. *Hoch zusammenbauende Fertigung* liegt dann vor, wenn viele Teilearten $k = 1$ bis r eingehen.

Die wichtige Ergänzung gegenüber der Abb. 23 liegt in der Bildung der folgenden Fertigungstypen, die das komplexe Merkmal des Programmumfangs voll ausschöpfen, da der wichtige Typ der zusammenbauenden Fertigung speziell berücksichtigt wird und somit hinreichend genaue Aussagen über den Prozeßumfang und damit auch über den Planungsaufwand getroffen werden können.

C′: Umfanggeringe Fertigung

Wenige Produktteilearten in wenigen Sorten werden zu einer (oder wenigen) Endproduktart(en) in wenigen Sorten zusammengebaut.

C″: Umfangreiche Fertigung

Viele Produktteilearten in vielen Sorten werden zu einer (wenigen oder vielen) Endproduktart(en) in wenigen (oder vielen) Sorten zusammengebaut.

— *Darstellung der Typenreihe C*

Die Beschreibung dieser vierdimensionalen Extremtypen zeigt weitere Abstufungsmöglichkeiten auf, die aus der Abb. 25 leicht abgelesen werden können. Die Vierdimensionalität liegt aber nur bei zusammenbauender Fertigung vor. Bei nicht-zusammenbauender Fertigung bleibt es bei der Zweidimensionalität der Abb. 23. In Abb. 25 sind die beiden Extremtypen außerdem noch einmal eindimensional nach dem komplexen Merkmal des Programmumfangs dargestellt worden. Dann überlappen sich beide Fertigungstypen. Weiterhin sind vier der in Abb. 23

dargestellten Typen nochmals eingezeichnet worden, um die Verbindung zwischen beiden Abbn. 25 und 23 zu zeigen.

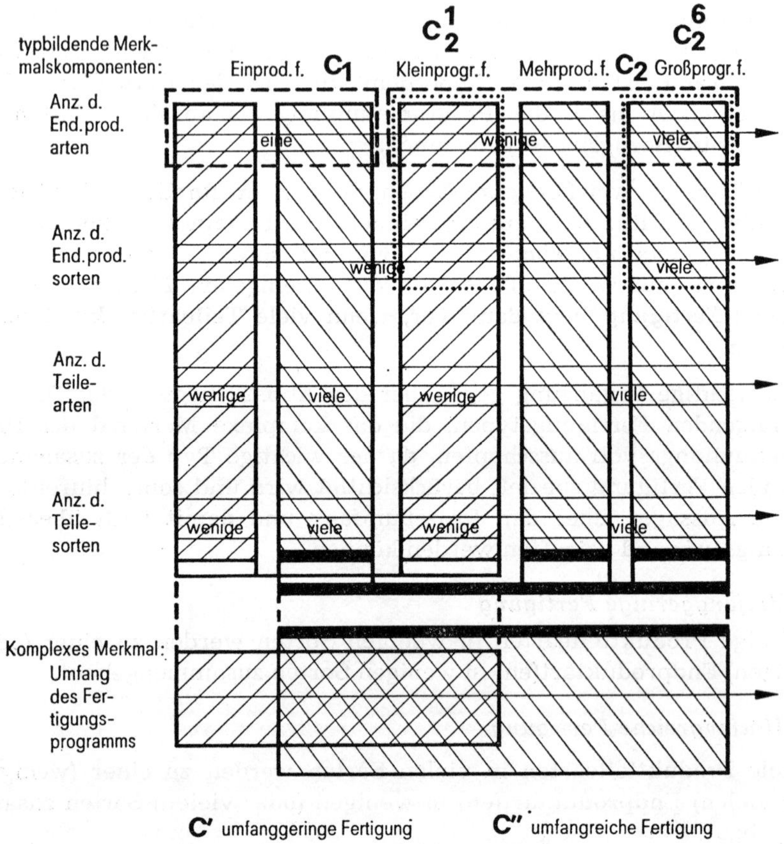

Abb. 25. Erweiterung der Typenreihe C, Produktzahltypen

Bei nicht-zusammenbauender Fertigung liegt umfanggeringe Fertigung vor allem dann vor, wenn nur eine Endproduktart in wenigen Sorten gefertigt wird, und umfangreiche Fertigung vor allem dann, wenn viele Endproduktarten in vielen Sorten gefertigt werden. Auf weitere Ausführungen sei verzichtet, da diese ins Formal-Definitorische abgleiten würden.

3.3.4. Programmreduktionstypen: Norm-, Typen- und Baukastenfertigung (Typenreihe D)

— *Merkmalsausprägungen und Merkmalskomponenten*

Bei der Bildung dieser Typenreihe soll die zusammenbauende Fertigung im Mittelpunkt der Betrachtung stehen, denn bei diesem Fertigungstyp ist der Programmumfang oft besonders groß. Vielfach wird den Wünschen der Kunden in bezug auf die Programmdifferenzierung zu stark nachgegeben, so daß Wirtschaftlichkeitserwägungen eine

Reduzierung des Fertigungsprogramms

geboten erscheinen lassen[29].

Um die *Reduzierungsmaßnahmen* (Programmbereinigung) anschaulich und umfassend darstellen zu können, ist es sinnvoll, von einem bestimmten Programm, dem *Basisfertigungsprogramm* mit großem Umfang, auszugehen. Es wird die zusammenbauende Fertigung betrachtet, und zwar zunächst als umfangreiche Fertigung, d. h. die Zahl der Endproduktsorten, der Teile- bzw. Teilegruppensorten ist groß.

Spezifische Fertigungstypen werden gebildet nach der stufenweise zunehmenden Reduzierung der Endproduktsorten- bzw. Teilesortenzahl, und zwar nach dem Ausmaß der Reduzierung und nach der Art der Reduzierungsmaßnahmen. Diese Reduzierungsmaßnahmen sind nicht ausschließlich programmpolitischer Natur, sie sind von der Fertigungsablaufplanung kaum zu lösen. Dies wird besonders bei der Baukastenfertigung deutlich. Programm- und Ablaufplanung sind somit auch bei dieser Typenreihe integriert zu betrachten[30]. Insofern werden keine reinen Programmtypen sondern Fertigungstypen gebildet, da der Fertigungsprozeß im Mittelpunkt der Betrachtung steht.

Der *Reduzierungsgrad* des Programmumfangs ist ein komplexes, *kontinuierlich abstufbares* Merkmal, dessen absolute Merkmalskomponente der Programmumfang ist. Relative Merkmalskomponenten sind die Reduzierungsmaßnahmen, in folgenden Maßzahlen formal[31] ausgedrückt:

Normierungsgrad des Fertigungsprogramms

Er zeigt den Anteil der genormten Einzelteilesorten an der Gesamtzahl der Einzelteilesorten im Fertigungsprogramm oder — bei voll-

---

[29] Vgl. allgemein zur Programmreduzierung z. B. *Beste*, Th., Fertigungswirtschaft, S. 130 ff.

[30] Vgl. Kap. 3.3.2. u. Kap. 3.3.3., Grundlegendes.

[31] Die praktische Anwendbarkeit der folgenden Definitionen muß angezweifelt werden. Es zeigen sich vielfältige Definitionsmöglichkeiten, die pragmatisch ausgewählt werden müssen.

ständiger Normierung der Produktteileart — den Anteil der genormten Produktteilearten an der Gesamtzahl der Produktteilearten im Fertigungsprogramm. Statt des gesamten Fertigungsprogramms kann er auch noch auf die Endproduktart bezogen werden.

Typisierungsgrad des Fertigungsprogramms

Er zeigt den Anteil der typisierten Endproduktsorten (bzw. -arten) oder den Anteil der typisierten Teilegruppensorten (bzw. -arten) am Fertigungsprogrammumfang.

Kombinierungsgrad des Fertigungsprogramms

Er zeigt den Anteil der kombinierbaren Teilegruppensorten (bzw. -arten) an der Gesamtzahl der Teilegruppensorten (bzw. -arten) im Fertigungsprogramm.

Um die Typenbildung klar darstellen zu können, ist es sinnvoll zu unterstellen, daß die Reduzierungsmaßnahmen *stufenweise kombiniert* angewendet werden. Eine isolierte Betrachtung wäre zwar einfacher aber weniger realistisch. Die Elementartypen sind in bezug auf das komplexe Merkmal Reduzierungsgrad *eindimensional*; in bezug auf die Merkmalskomponenten Reduzierungsmaßnahmen sind sie ein-, zwei- und dreidimensional. Es ist nicht sinnvoll, Extrem- und Zwischentypen zu unterscheiden.

Der *Reduzierungsgrad* kann allgemein als der Anteil der eliminierten Teile, Teilegruppen bzw. Endprodukte an allen eliminierbaren Teilen, Teilegruppen bzw. Endprodukten des Basisfertigungsprogramms definiert werden.

— *Bildung von Fertigungstypen*

D_1 : *Normfertigung*

Dieser Elementartyp wird gebildet durch den Bereich geringster Ausprägung des Reduzierungsgrades. Er wird durch die *ausschließliche Anwendung der Normung* als Reduzierungsmaßnahme definiert; insofern ist der Reduzierungsgrad innerhalb dieses Ausprägungsbereiches sachlich gleichbedeutend mit dem Normierungsgrad.

Die Normung wird sich in der Regel auf Teile beziehen: *Normteilefertigung*. Allerdings ist auch an den Fall der Fertigung von genormten Endprodukten (z. B. Schraubenfabrik) zu denken: *Normproduktfertigung*. Diese beiden Eigenschaften bilden Spezialtypen der Normfertigung.

Bei einigen Teilen (z. B. Schrauben) ist die Verwendung von genormten Teilen fast selbstverständlich, bei anderen Teilen (Teilegruppen)

(z. B. Ventile) ist die Verwendung durch besonderen Abstimmungsaufwand schwieriger. Mit zunehmendem Normierungsgrad wird der Rationalisierungsgewinnzuwachs geringer. Deshalb wird man noch vor Erreichen des maximalen Normierungsgrades eine weitere Reduzierungsmaßnahme, die Typung, heranziehen.

D_2 : *Typenfertigung*

Dieser Elementartyp wird gebildet durch den Bereich mittlerer Ausprägung des Reduzierungsgrades und durch die *kombinierte Anwendung der Normung und Typung.*

Die Typung wird sich meist auf Endprodukte beziehen: *Produkttypenfertigung.* Allerdings spielt auch die Typung von Teilegruppen eine erhebliche Rolle: *Teiletypenfertigung.* Diese beiden Erscheinungsformen bilden Spezialtypen der Typenfertigung.

Die Typung muß spätestens dann hinzugezogen werden, wenn ihr Rationalisierungsgewinnzuwachs größer ist als der der Normung. Da jedoch auch bei zunehmendem Typisierungsgrad der Rationalisierungsgewinnzuwachs abnimmt, wird man vor Erreichen des maximalen Typisierungsgrades das Baukastenprinzip anwenden.

D_3 : *Baukastenfertigung*

Will man die Reduzierungsmöglichkeiten der Typung voll ausschöpfen, müssen die Teilegruppen so ausgebildet sein, daß sie sich zu verschiedenen Endprodukten kombinieren lassen. Da bei der Bildung dieser Typenreihe von einem Basisfertigungsprogramm ausgegangen wurde, ist der Ausprägungsbereich dieses Elementartyps durch die höchste Reduzierungsstufe gekennzeichnet, d. h. eine bestimmte Zahl von Endproduktsorten läßt sich mit einer geringstmöglichen Zahl von Teilesorten bzw. Teilegruppensorten fertigen. Die Vielfalt der Kundenwünsche wird durch Kombinationsmöglichkeiten berücksichtigt. Tendenziell kann verstärkt auf Vorrat gefertigt werden. Der Fertigungsprozeß wird deterministischer. Tendenziell erhöht sich durch die Reduzierung der Teilezahl die Stückzahl je Teilesorte. Kostendegression ist ein Ergebnis dieser Rationalisierungsmaßnahme.

— *Darstellung der Typenreihe D*

Da der Reduzierungsgrad ein komplexes Merkmal darstellt, ist die Flächenskala[32] eine adäquate Darstellungsform. Abb. 26 zeigt sie in gestaffelter Ausprägung.

---

[32] Vgl. Kap. 2.3., Komplexe Merkmalsarten.

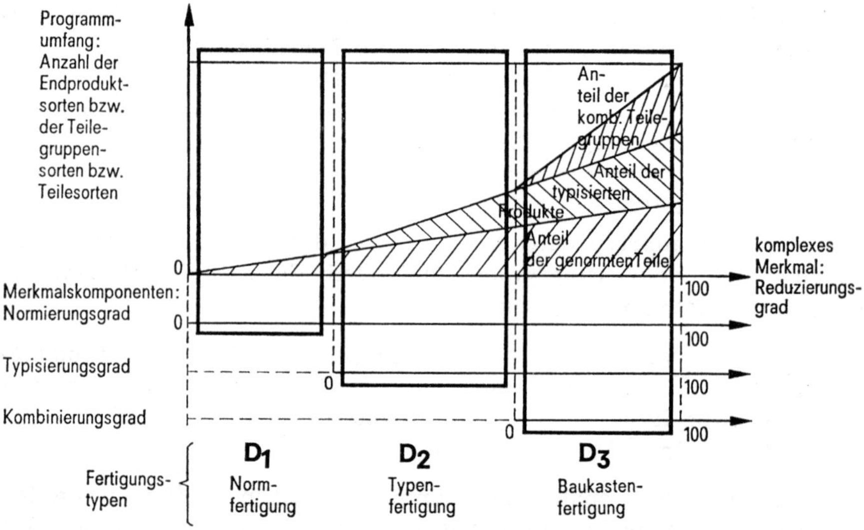

Abb. 26. Typenreihe D, Programmreduktionstypen

3.3.5. Quantitätswiederholungstypen: Einzel-, Serien- und Massenfertigung (Typenreihe E)

— *Merkmalsausprägungen*

Das Merkmal

Anzahl der Leistungswiederholungen

ist ein *kontinuierlich abstufbares* Merkmal. Es zielt nicht nur auf die Mengenkomponente des Fertigungsprogramms ab, sondern auch auf den *Fertigungsprozeß.* Wie bereits festgestellt, können mit reinen Programmerkmalen nur sehr bedingt Fertigungstypen gebildet werden. Deshalb sollen Zusatzmerkmale des Fertigungsprozesses mit herangezogen werden, die die Leistungswiederholung genauer definieren. Um die Zahl der Zusatzmerkmale jedoch möglichst gering zu halten, seien die zusätzlichen Aspekte bereits in die Definition des Leitmerkmals einbezogen.

Nicht die Wiederholung des Fertigungsprozesses schlechthin ist gemeint, sondern die Wiederholung im Zusammenhang mit der Unterbrechung des Fertigungsprozesses, und zwar die *ununterbrochene Wiederholung der Fertigung einer bestimmten Leistungseinheit.* Das Leitmerkmal soll zunächst nur auf eine bestimmte Leistungseinheit abstellen und nicht auf das gesamte Fertigungsprogramm. Insofern wird es zunächst als einfaches (nicht komplexes) Merkmal untersucht. Als Leistungseinheiten kommen Endprodukte, Teilegruppen und Teile in Betracht.

Damit überhaupt von Wiederholung gesprochen werden kann, muß die Anzahl gleichartiger Leistungseinheiten *sukzessiv* gefertigt werden, und zwar entweder auf völlig oder überwiegend denselben Betriebsmitteln in völlig oder überwiegend derselben Reihenfolge bei völlig oder überwiegend derselben Einstellung der Betriebsmittel[33]. Werden gleichartige Leistungseinheiten nicht sukzessiv (zeitlich nacheinander) sondern parallel (zeitlich nebeneinander) gefertigt, dann liegt keine Wiederholung des Fertigungsprozesses sondern eine Vervielfachung vor[34]. Es soll in diesem Fall von

Mehrfachfertigung

gesprochen werden. Sie wird entsprechend der

Einfachfertigung (nicht Einzelfertigung)

gegenübergestellt. Diese Fertigungstypen sollen aber in diesem Zusammenhang nicht weiter verfolgt werden[35].

Die Gruppe von Leistungseinheiten, die in der beschriebenen Weise nacheinander ununterbrochen gefertigt werden soll, bildet eine *Auflage*[36]. Aus den definitorischen Bedingungen in bezug auf den Fertigungsprozeß geht hervor, daß eine Auflage die Menge einer Produktart ist, daß aber innerhalb der Auflage Sortendifferenzierungen vorkommen können. Deshalb muß das Leitmerkmal nur auf die Produktart und nicht auf die Produktsorte abstellen[37].

— *Bildung von Fertigungstypen*

Die Typenreihe *E* wird nach dem nun genauer spezifizierten Leitmerkmal *Anzahl der ununterbrochen sukzessiv gefertigten Einheiten einer Produktart (Endproduktart, Teilegruppenart, Teileart) bzw. kurz*

---

33 Vgl. zur Identität der Betriebsmittel *Kosiol*, E., Aktionszentrum, S. 32. Dieser Punkt wird in der Literatur an anderen Stellen kaum gesehen. Obwohl Kosiol ihn ausdrücklich berücksichtigt, bezeichnet er die Serienfertigung als einen Programmtyp. Das ist methodisch unbefriedigend.

34 Diese Gesichtspunkte werden bei Beste nicht exakt genug getrennt. Vgl. *Beste*, Th., Fertigungsverfahren, Sp. 1767 f.

35 Es ging hier nur darum, den Typ der Mehrfachfertigung auszuschalten. Dieser Typ wird in anderem Zusammenhang später als Parallelfertigung behandelt werden. Der Begriff der Mehrfachfertigung wäre ohnehin zu mißverständlich. Die Einfachfertigung ist nur das terminologische Pendant. Sachlich entspricht sie der Einzelfertigung. Damit erscheint die Ausklammerung dieser Typen gerechtfertigt.

36 Vgl. *Kosiol*, E., Aktionszentrum, S. 31 f. Dieser Begriff der Auflage wird in der vorliegenden Untersuchung ebenfalls als Oberbegriff verwandt, jedoch im Inhalt spezifiziert.

37 Vgl. anders *Kosiol*, E., Aktionszentrum, S. 31.

der Auflagenhöhe gebildet. Diese Typenreihe E_i besteht aus *eindimensionalen* Elementartypen. Eine Unterscheidung in Extrem- und Zwischentypen ist nicht sinnvoll.

Eine weitere Differenzierung dieser Typenreihe erfolgt durch die *kontinuierlich abstufbaren Zusatzmerkmale*

Unterbrechungsdauer und

Anzahl der ununterbrochen sukzessiv gefertigten Einheiten einer Produktsorte.

Diese weitere Differenzierung führt dann zur Bildung von zweidimensionalen Elementartypen $E^j{}_i$.

E_1 : *Einzelfertigung*

Es wird eine Produktart in einer einzigen Einheit gefertigt. Vor Aufnahme und nach Beendigung der Fertigung ist eine Umrüstung der Betriebsmittel (quantitativ und qualitativ) erforderlich. Die Auflagenhöhe hat den Wert 1.

Keineswegs ist für diesen Typ die Einmaligkeit des Fertigungsprozesses erforderlich. Der Fertigungsprozeß kann durchaus zu einem späteren Zeitpunkt wiederholt werden. Zwischen dem erstmaligen und dem wiederholten Fertigungsprozeß erstreckt sich die *Unterbrechungsdauer*. Für die Fertigungsablaufplanung ist entscheidend, daß nach der erstmaligen und vor der wiederholten Einzelfertigung eine völlig bzw. weitgehende Umrüstung der Betriebsmittel erforderlich ist, da innerhalb der Unterbrechungsdauer eine (fertigungsfremde) Produktart gefertigt wird.

Mit dem *Zusatzmerkmal der Unterbrechungsdauer* werden zwei *zweidimensionale* Elementartypen, *Spezialtypen*[38] der Einzelfertigung, gebildet[39]:

$E^1{}_1$: *Einmalige Einzelfertigung*

Einzelfertigung bei unendlich großer Unterbrechungsdauer.

$E^2{}_1$: *Mehrmalige Einzelfertigung*

Einzelfertigung bei endlicher Unterbrechungsdauer. Wird eine Wiederholung des Fertigungsprozesses erwartet, ist es bei der *erstmaligen Einzelfertigung* wirtschaftlich, den Planungsaufwand gegenüber der einmaligen Einzelfertigung zu erhöhen, da man bei der *wiederholten Einzelfertigung* darauf zurückgreifen kann. Das Umrüstungsproblem besteht auch bei diesem Typ in vollem Maße. Die Veränderung betrifft lediglich die Gestaltung des Planungsaufwandes, vor allem den Genauigkeitsgrad.

---

[38] Vgl. zur Terminologie Untertypen — Spezialtypen Kap. 1.2.

[39] Vgl. ähnlich *Ellinger*, Th., Ablaufplanung, S. 70.

E_2 : *Serienfertigung*

Es wird eine Produktart in mehreren Einheiten ununterbrochen nacheinander gefertigt. Die Auflagenhöhe hat einen endlichen Wert: $1 < n < \infty$. Man spricht auch von einem Fertigungslos. Die Begriffe Auflage und Los stellen primär nur auf die Menge ab. Der Begriff *Serie* umfaßt dagegen auch Merkmale des Fertigungsprozesses. Mit einer Serie sollen mehrere Einheiten einer Produktart bezeichnet werden, die unmittelbar nacheinander (seriell, sukzessiv) auf völlig oder überwiegend denselben Betriebsmitteln bei völlig oder überwiegend gleicher Einstellung in völlig oder überwiegend gleicher Reihenfolge gefertigt werden. Innerhalb einer Serie sind Sortendifferenzierungen möglich.

Wenn gesagt wird, daß die Auflagenhöhe einen endlichen Wert hat, dann wird vom Planungszeitraum (Planungshorizont) der Unternehmung ausgegangen[40]. Der Fertigungszeitraum einer Serie ist stets kleiner als der Planungszeitraum. Der Wiederholungsgrad ist bei Planungsbeginn bestimmt.

Bisher war die Serienfertigung global als Fertigung mehrerer Leistungseinheiten definiert worden. Entsprechend der bisherigen Terminologie lassen sich zwei *Untertypen* unterscheiden. Diese Typen bilden nur zwei bestimmte Ausprägungen des Leitmerkmals, sind also *eindimensionale* Typen, deshalb Untertypen der Serienfertigung.

E^1_2 : *Kleinserienfertigung*

Es werden wenige Einheiten einer Produktart ununterbrochen nacheinander gefertigt, d. h. Auflagenhöhe bzw. Serienumfang bzw. Wiederholungsgrad sind klein.

E^2_2 : *Großserienfertigung*

Es werden viele Einheiten einer Produktart ununterbrochen nacheinander gefertigt, d. h. Auflagenhöhe bzw. Serienumfang bzw. Wiederholungsgrad sind groß.

E_3 : *Massenfertigung*[41]

Es wird eine Produktart in unendlich vielen Einheiten ununterbrochen nacheinander gefertigt. Die Auflagenhöhe ist unbegrenzt, also unendlich groß. Dies bezieht sich jedoch auf den Planungszeitraum der Unternehmung, heißt also nur, daß die Auflagenhöhe bzw. der Wiederholungsgrad zu Planungsbeginn unbestimmt sind, daß der Fertigungszeitraum der Auflage größer ist als der Planungszeitraum.

---

[40] Vgl. zum Planungszeitraum als Bezugsgröße für die Abgrenzung zwischen Serien- und Massenfertigung *Kosiol*, E., Aktionszentrum, S. 31 f.

[41] Vgl. auch ergänzende Ausführungen bei *Mellerowicz*, K., Kosten, S. 155.

Mit dem *zweiten Zusatzmerkmal*, der Anzahl der ununterbrochen sukzessiv gefertigten Sorteneinheiten, werden zwei *zweidimensionale* Elementartypen gebildet, *Spezialtypen* der Massenfertigung[42].

E^1_3 : *Wechselnde Massenfertigung*

Eine Produktart wird in unendlich vielen Einheiten ununterbrochen nacheinander gefertigt. Es wird jedoch ein *Sortenwechsel* vorgenommen. Der Fertigungszeitraum der Sorte ist kleiner als der Planungszeitraum der Unternehmung, die Auflagenhöhe der Sorte ist also begrenzt, der Wiederholungsgrad bei Planungsbeginn bestimmt. Wechselnde Massenfertigung ist immer Sortenfertigung. Die Betriebsmittel werden bei Sortenwechsel umgerüstet (überwiegend quantitativ, ggfs. geringfügig qualitativ)[43]. Beispiele für diesen Fertigungstyp finden sich in Walzwerken, Brauereien, Spinnereien und Schraubenfabriken.

E^2_3 : *Kontinuierliche Massenfertigung*

Eine Produktart wird in identischer Ausführung in unendlich vielen Einheiten ununterbrochen nacheinander gefertigt. Da hier Art und Sorte identisch sind, wird auch die Sorte in unendlicher großer Auflage bzw. mit unendlich großem Wiederholungsgrad gefertigt, denn ein Sortenwechsel ist innerhalb des Planungszeitraumes nicht vorgesehen.

— *Darstellung der Typenreihe E*

Abb. 27 stellt in der Darstellung der Typenreihe *E* auf die Wiederholung bzw. Auflagenhöhe einer (!) Produktart (Endproduktart bzw. Teileart) ab. Für die Einzelfertigung erscheint die Darstellungsform einer polaren Merkmalsausprägung adäquat.

Abb. 27 stellt zwar die Typdefinitionen anschaulich dar, jedoch bedarf diese Darstellung insofern einer Ergänzung, da sie nur auf die Wiederholung des Fertigungsprozesses einer (!) Produktart abstellt. Es muß aber auch noch das Fertigungsprogramm in seiner Gesamtheit erfaßt werden so wie dies bisher bei allen Typenreihen geschehen ist[44]. Es muß deshalb die Frage beantwortet werden, zu welchem Anteil die Produkte des gesamten Fertigungsprogramms einzeln, in Serie oder in unbegrenzter Auflage gefertigt werden. Das Merkmal Anzahl der Leistungswiederholungen wird als komplexes Merkmal aufgefaßt. Absolute Merkmalskomponente ist der Programmumfang. Relative Merkmalskomponenten sind die Anteile der Produktarten, für die der jeweilige Fertigungstyp zutrifft. Abb. 28 stellt diesen Zusammenhang dar.

---

[42] Vgl. zu diesen Typen z. T. abweichende Auffassungen bei *Heber*, A., Die Abrechnung wechselnder Massenerzeugnisse in Rohstoff-, Halbfertig-, Fertig- und Teilerzeugnis-Betrieben, in: ZfhF, 31 (1937), S. 6 ff. und *Hax*, K., Industriebetrieb, S. 247.

[43] Vgl. hierzu die Ausführungen zur Sortenfertigung Kap. 3.3.2.

[44] Vgl. Kap. 2.3., Komplexe Merkmalsarten u. Kap. 2.8.2.

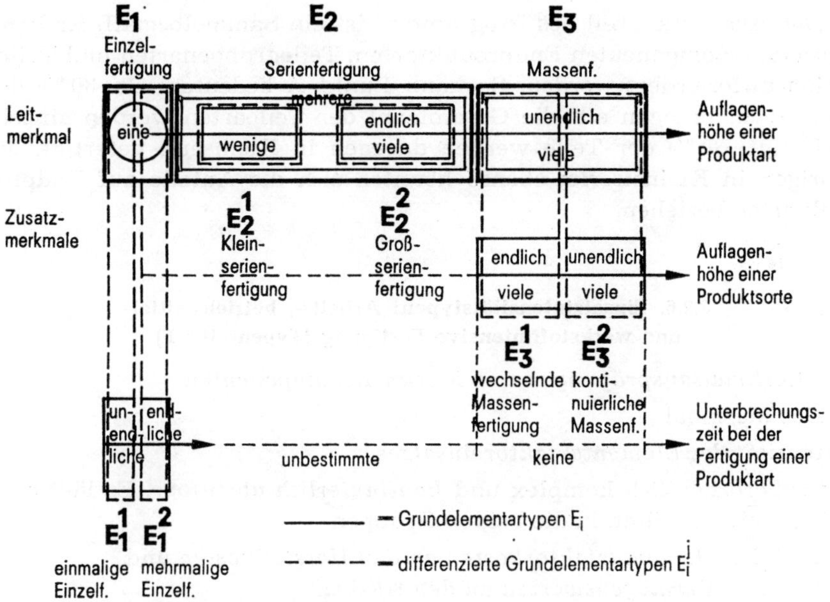

Abb. 27. Typenreihe E, Quantitätswiederholungstypen

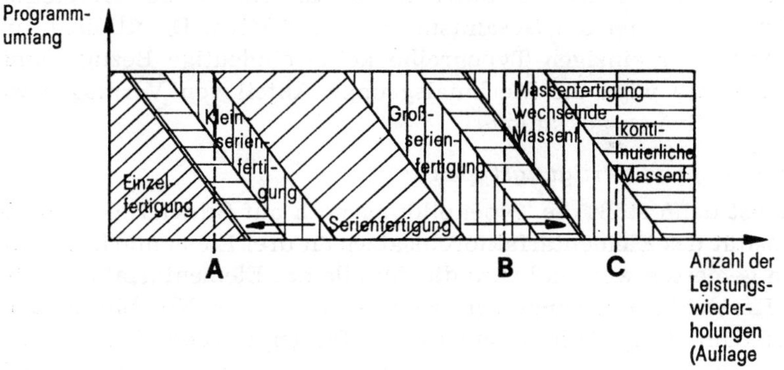

Abb. 28. Typenreihe E bezogen auf das gesamte Fertigungsprogramm

Erläuterung der Auflagen *A*, *B* und *C*:

A: Für einen Teil des Programms trifft Einzelfertigung, für einen anderen Teil trifft dagegen Kleinserienfertigung zu.

B: Für einen Teil des Programms trifft Großserienfertigung, für einen anderen Teil trifft dagegen wechselnde Massenfertigung zu.

C: Für einen Teil des Programms trifft wechselnde, für einen anderen Teil des Programms kontinuierliche Massenfertigung zu. Dieses Fertigungsprogramm weist „reine" Massenfertigung auf; es liegt ausschließlich der Fertigungstyp E_3 vor.

Der Ausdruck „Teil des Programms“ ist ein Sammelbegriff. Er kann nach den Komponenten Endproduktarten, Teilegruppenarten und Teilearten differenziert werden. So kann Punkt *A* bedeuten: Ca. 30 % der Teilearten bezogen auf die Gesamtzahl der Teilearten werden einzeln gefertigt; 30 % der Teile werden dagegen in Kleinserie gefertigt, die übrigen in Kleinstserie; ebenso könnten sich die Anteile auf Endproduktarten beziehen.

3.3.6. Einsatzintensitätstypen: Arbeits-, betriebsmittel- und werkstoffintensive Fertigung (Typenreihe F)

— *Merkmalsausprägungen und Merkmalskomponenten*

Das Merkmal

Intensität des Elementarfaktoreinsatzes

ist außerordentlich komplex und *kontinuierlich abstufbar*. Es läßt sich, wie bereits erwähnt, in die beiden Gruppen

Anteil der Elementarfaktorkosten an den Herstellkosten und

Anteil von Vermögenswerten an den Aktiva

aufspalten, die ihrerseits komplexe Merkmale bilden. Absolute Merkmalskomponenten wären einmal die Gesamtsumme der Herstellkosten und zum anderen die Gesamtsumme der Aktiva. Damit liegt für die Bildung einer einzigen Typenreihe keine eindeutige Bezugsgrundlage vor. Deshalb wird die Merkmalsgruppe Anteil von Vermögenswerten an den Aktiva ausgeklammert.

— *Bildung von Fertigungstypen*

Selbst dann stößt die Typenbildung noch auf Schwierigkeiten, da die Intensität des Elementarfaktoreinsatzes an drei Elementarfaktorkostenarten gemessen werden kann; die Anteile der Elementarfaktorkosten an den Herstellkosten können in sehr verschiedenen Kombinationen auftreten. Um die Typenbildung zu vereinfachen, werden die Kostenanteile als relative Merkmalskomponenten simultan behandelt, so daß lediglich *eindimensionale* Typen gebildet werden. Diese werden aber nicht durch die Abstufung des Merkmals Intensität des Elementarfaktoreinsatzes schlechthin gebildet, also nach zunehmender Intensität, sondern nach der wechselnden Intensität des Einsatzes der einzelnen Elementarfaktoren, so den unterschiedlichen Anteilen der Elementarfaktorkosten. Wegen dieser simultanen Behandlung scheidet eine Trennung in Extrem- und Zwischentypen aus.

F_1 : *Arbeitsintensive Fertigung*

Der Lohnkostenanteil ist wesentlich höher als jeder andere Anteil an den Herstellkosten; entweder aufgrund eines hohen Lohnsatzes bei

Fertigung mit hochbezahlten Facharbeitern (z. B. Druckerei) oder aufgrund vieler Lohnstunden bei Fertigung mit vielen ungelernten oder angelernten Arbeitskräften (z. B. Textilindustrie).

F_2 : *Betriebsmittelintensive Fertigung*

Der Betriebsmittelkostenanteil ist wesentlich höher als jeder andere Anteil an den Herstellkosten; entweder aufgrund sehr geringer Nutzungsdauer (z. B. Chemiefaserindustrie) oder aufgrund sehr großen Anlagebestandes (z. B. Brauereien). Die Betriebsmittelkosten umfassen zunächst nur die unmittelbaren Kosten wie die kalkulatorischen Abschreibungen, Wagnisse und Zinsen und die Instandhaltungskosten. Unterscheidet man aber weiterhin nur drei Elementarfaktoren, dann ist es zwar umstritten aber dennoch konsequent, auch die mittelbaren Betriebsmittelkosten, die Energiekosten, hinzuzurechnen[45].

F_3 : *Werkstoffintensive Fertigung*

Der Werkstoffkostenanteil ist wesentlich höher als jeder andere Anteil an den Herstellkosten; entweder aufgrund der Verwendung hochwertiger Werkstoffe (z. B. Lederwarenindustrie) oder aufgrund der Verarbeitung großer Werkstoffmengen (z. B. Kokerei).

— *Darstellung der Typenreihe F*

Das Problem, in einer Flächenskala alle Kombinationsmöglichkeiten der drei Kostenanteile darzustellen, kann nur näherungsweise als Prin-

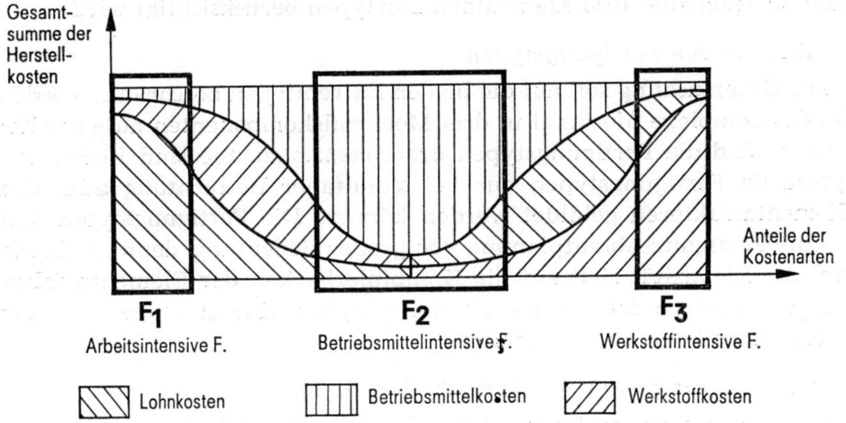

Abb. 29. Typenreihe F, Einsatzintensitätstypen

[45] Das gilt auch z. B. für elektrolytische Prozesse. So ist bei der Aluminiumschmelzflußelektrolyse der Schmelzflußelektrolyseofen ein wesentliches Betriebsmittel. Der elektrische Strom, der die Elektrolyse, quasi den Bearbeitungsvorgang, bewirkt, bildet einen quasi immateriellen Teil des Betriebsmittels. Die Aluminiumherstellung ist betriebsmittelintensiv. Man kann aber ebenso die Energiekosten gesondert betrachten und von energieintensiver Fertigung sprechen. Da aber dann der Bezug zu den drei Elementarfaktoren nicht hergestellt wird, bleibt diese Typenbildung unbefriedigend.

zipdarstellung gelöst werden. Eine exakte Darstellung ist nur dreidimensional möglich; dies scheidet aus Gründen der Vergleichbarkeit mit den Darstellungen anderer Fertigungstypen aus. Abb. 29 ist eine von mehreren Möglichkeiten, die Typenreihe *F* vereinfacht und übersichtlich darzustellen.

3.3.7. Einsatzelastizitätstypen: Spezial- und Universalfertigung (Typenreihe G)

— *Merkmalsausprägungen*

Das Merkmal

Elastizität des Elementarfaktoreinsatzes

ist außerordentlich komplex[46]. Deshalb wurde es bereits in drei Merkmalskomponenten entsprechend den drei Elementarfaktoren aufgespalten. Das Merkmal ist eigentlich *kontinuierlich abstufbar.* Um aber die Typenbildung an dieser Stelle zu vereinfachen, wurden bereits Elementarfaktortypen nach dem Merkmal der Elastizität gebildet. Damit wurden bestimmte Ausprägungsbereiche dieses Merkmals definiert, so daß es für die Fertigungstypenbildung jetzt nur noch partiell abstufbar ist. Bisher wurden die Elementarfaktortypen isoliert betrachtet. Von Fertigungstypen kann jedoch erst dann gesprochen werden, wenn die Kombination aller drei Elementarfaktortypen berücksichtigt wird.

— *Bildung von Fertigungstypen*

Die Untersuchung soll auf die beiden Extremtypen beschränkt werden. Da das komplexe Merkmal in drei Merkmalskomponenten aufgespalten wurde, sind die Fertigungstypen *dreidimensional.* Sie sind Elementartypen, da Fertigungstypen nur bei simultaner Betrachtung aller drei Elementarfaktoren gebildet werden können. Die Fertigungstypen sind für die Fertigungsablaufplanung von großer Bedeutung, denn das Merkmal der Elastizität zielt auf die Kombinierbarkeit der Elementarfaktoren ab. Insofern treffen die Fertigungstypen eine Aussage über den Freiheitsgrad der Ablaufplanung.

G_1 : *Spezialfertigung = Unelastische Fertigung*

Der Fertigungsprozeß wird durch folgende Konstellation der Elementarfaktortypen in der Reihenfolge ihrer fertigungstypbildenden Bedeutung bestimmt:

— Der *Maschinenbestand* weist überwiegend Spezialmaschinen auf, also Maschinen, die nur auf die Ausführung einer Tätigkeitsart bzw.

[46] Vgl. nochmals Kap. 3.2.3., einschließlich Fußnote 18).

auf die Bearbeitung einer Werkstoff(Produkt)art spezialisiert sind und praktisch nicht umgerüstet werden können.

— Der *Arbeitskräftebestand* setzt sich überwiegend aus hoch spezialisierten Arbeitskräften zusammen. Änderungen der den Arbeitskräften zugeordneten Tätigkeitsarten sind nur begrenzt möglich. Bei hoch qualifizierten Arbeitskräften würde man u. U. auf die Produktivität ihrer Spezialausbildung verzichten; bei gering qualifizierten Arbeitskräften (angelernten und ungelernten) ist in der Regel eine erneute Unterweisung erforderlich.

— Der *Werkstoffbedarf* bezieht sich überwiegend auf gering elastische Werkstoffe. Diese sind produktartspezialisiert. Es handelt sich vor allem um Fertigerzeugnisse, z. T. aber auch um Halberzeugnisse. Allerdings können bei der Spezialfertigung nur schwer Aussagen über die Art des Werkstoffbedarfs getroffen werden.

Die Kombinationsmöglichkeit dieser Elementarfaktortypen sind bei der Spezialfertigung vergleichsweise minimal. Optimierungsprobleme der Fertigungsablaufplanung sind bei diesem Fertigungstyp gegenüber Fertigungstypen mit größerem Elastizitätsgrad ceteris paribus leichter lösbar, da besonders die Reihenfolgevariationen stark begrenzt sind. Exakte Lösungen lassen sich relativ häufig mit vertretbarem Rechenaufwand finden. Beispiele für diesen Fertigungstyp finden sich in Webereien oder in der Automobilindustrie.

G_2 : *Universalfertigung = Elastische Fertigung*

Der Fertigungsprozeß wird durch folgende Konstellation der Elementarfaktortypen in der Reihenfolge ihrer fertigungstypbildenden Bedeutung bestimmt:

— Der *Maschinenbestand* weist überwiegend Universalmaschinen auf, also Maschinen, die auf mehrere Tätigkeitsarten und/oder Werkstoffarten umrüstbar sind.

— Der *Arbeitskräftebestand* setzt sich überwiegend aus gering spezialisierten Arbeitskräften zusammen, also Arbeitskräften, die entweder mehrere Tätigkeitsarten verrichten oder mehrere Betriebsmittelarten bedienen oder mehrere Werkstoffarten bearbeiten können, d. h. meist aus Facharbeitern aber auch aus Hilfsarbeitern.

— Der *Werkstoffbedarf* bezieht sich überwiegend auf hoch elastische Werkstoffe, also auf Werkstoffe, aus denen mehrere Endproduktarten gefertigt werden können. Somit handelt es sich vor allem um Rohstoffe. Auch bei der Universalfertigung sind Aussagen über die Art des Werkstoffbedarfs schwierig.

Die Kombinationsmöglichkeiten dieser Elementarfaktortypen sind bei der Universalfertigung vergleichsweise maximal. Die Lösung von Optimierungsproblemen der Fertigungsablaufplanung ist extrem aufwendig, da vor allem Reihenfolgevariationen extrem vielfältig sind. Exakte Lösungen scheitern in der Regel am Rechenaufwand. Näherungslösungen unter Anwendung der Simulation müssen oft genügen. Beispiele für diesen Fertigungstyp finden sich in der Möbelindustrie (Werkstoffbedarf überwiegend Rohstoffe) und beim Bau von Apparaten für chemische oder physikalische Analysen (Werkstoffbedarf überwiegend Halb- und Fertigerzeugnisse).

— *Darstellung der Typenreihe G*

Abb. 30 ordnet die beiden dreidimensionalen Extremtypen drei Flächenskalen zu. Das komplexe Merkmal Elastizität des Elementarfaktor-

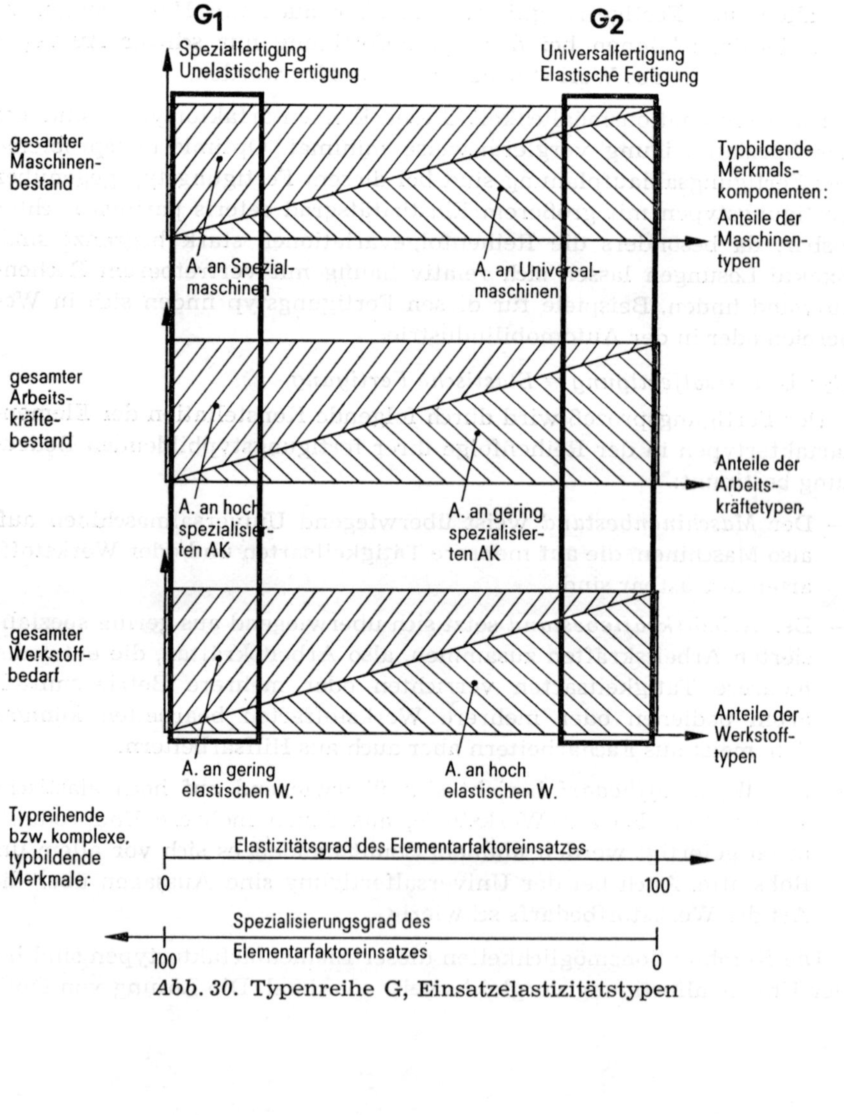

Abb. 30. Typenreihe G, Einsatzelastizitätstypen

einsatzes ist den drei Merkmalskomponenten — hier als Anteile der verschieden elastischen Elementarfaktortypen am jeweiligen Elementarfaktorbestand — übergeordnet. Die komplexen typbildenden Merkmale Elastizitätsgrad bzw. Spezialisierungsgrad lassen sich auch als typreihende Merkmale auffassen. Die Darstellung berücksichtigt vereinfachend nur den Fall, daß der betreffende Gesamtbestand bzw. -bedarf nur aus den jeweils vereinfachend gebildeten beiden extremen Elementarfaktortypen besteht. Weitere Differenzierungen ließen sich unter bestimmten Bedingungen leicht berücksichtigen. Für die Bildung der beiden extremen Fertigungstypen ist das aber unerheblich.

3.3.8. Qualitätswiederholungstypen: Partie- und Chargenfertigung (Typenreihe H)

— *Methodische Vorbemerkungen*

Bei der Typenbildung wurde bisher fast immer progressiv (konstruktiv) vorgegangen[47], d. h. es wurden Merkmalsausprägungen zu Typen kombiniert. Bei der Bildung dieser Typenreihe soll dagegen (ausnahmsweise) retrograd von der Kenntnis bestimmter Erscheinungsformen der Fertigung ausgegangen werden, um durch Analyse der Merkmale diese Erscheinungsformen systematisch zu erfassen. Hier geht es um die Erfassung der Partiefertigung und der Chargenfertigung.

— *Erfassung der Erscheinungsformen und der Merkmalsausprägungen*

Die *Partiefertigung*

ist dadurch gekennzeichnet, daß die Fertigung einer bestimmten Endproduktqualität ceteris paribus (bei exakt gleicher Wiederholung des Fertigungsprozesses) nur dann wiederholbar ist, wenn der für die Fertigung eingesetzte Werkstoff ein und derselben Partie entnommen wird. Unter einer *Partie* wird eine begrenzte, qualitativ homogene Werkstoffmenge verstanden, die herkunftsbedingt (natur- oder fertigungsbedingt) in gleicher Qualität nicht wiederbeschaffbar ist[48]. Die Unmöglichkeit der Wiederbeschaffung derselben Werkstoffqualität ist entweder naturbedingt, wenn ein Rohstoff homogener Qualität in der Natur nur in begrenzter Menge vorkommt, oder er ist fertigungsbedingt, wenn der Lieferant aufgrund mangelnder Beherrschbarkeit des Fertigungsprozesses, den Werkstoff in derselben Qualität über die Partiemenge hinaus nicht liefern kann. Beispiele hierfür sind Felle gleicher Zeichnung, Holz gleicher Maserung, Erdöl gleicher Provenienz,

---

47 Vgl. zu dieser Methode nochmals Kap. 1.4., Fußnote 23), und zwar bes. *Knoblich*, H., Warentypologie, S. 32.

48 Vgl. ähnlich *Riebel*, P., Erzeugungsverfahren, Fußnote 8, S. 97; ferner *Riedelbauch*, H., Partie- und Chargenfertigung in betriebswirtschaftlicher Sicht, in: ZfhF, N. F., 9 (1957), S. 533—535.

Tabak gleicher Ernte, NE-Metallpulver gleicher Charge (des Lieferanten), Porzellan gleicher Charge, Glas gleicher Schmelze[49].

Der Fertigungstyp Partiefertigung bezieht sich primär nicht auf den Fertigungsprozeß sondern auf die Wiederholbarkeit des Rohstoffeinsatzes, d. h. auf ein *Inputmerkmal*. Dieses Merkmal ist somit typbildend. Damit ist dieser Fertigungstyp primär für die Einsatzplanung (Potentialstrukturierung) und erst sekundär für die Prozeßplanung (Aktionsstrukturierung) bedeutsam.

Betrachtet man das Inputmerkmal genauer, dann ergibt sich letztlich, daß Rohstoffe in der Regel nicht in exakt derselben Qualität wiederbeschaffbar sind, daß also *Qualitätsschwankungen* die Regel sind. Je nach Größe dieser Qualitätsschwankungen könnte das Merkmal Wiederholbarkeit des Rohstoffeinsatzes kontinuierlich abgestuft werden. Diese Betrachtung ist aber für die Fertigungsablaufplanung — und somit für die Typenbildung — nicht erheblich, denn kleinere Qualitätsschwankungen brauchen meist bei der Strukturierung des Fertigungsprozesses nicht berücksichtigt zu werden. Von Partiefertigung soll erst dann gesprochen werden, wenn die Qualitätsschwankungen des Rohstoffes für die Endproduktqualität erheblich sind, so daß die Fertigungsablaufplanung den Rohstoffeinsatz partieweise einplanen muß, so daß Teile der Partie den Fertigungsprozeß im *Zusammenhang* durchlaufen müssen, wenn die Endproduktqualität homogen sein soll. Hierin liegen die Auswirkungen des typbildenden Inputmerkmals auf den Fertigungsprozeß[50]. Die Ursache ist in dem typbildenden Inputmerkmal selbst begründet.

In dieser Kausalitätsbeziehung wird die Verbindung zur Aktionsstrukturierung deutlich. Zur Fertigungstypenbildung gehören zwar der Input, der Prozeß und der Output; aber — wie bereits mehrfach betont — bleiben Fertigungstypen, die nur den Output (Programmtypen) oder nur den Input (Einsatztypen) umfassen, unbefriedigend. Die Betonung liegt letztlich auf dem Fertigungsprozeß, zumal, wenn die Typenbildung fertigungsablaufplanungsadäquat sein soll.

---

[49] Vgl. zu weiteren Beispielen ebenda, S. 541—543 und *Schlörb*, H. P., Die Beherrschbarkeit des Produktionsergebnisses, Diss., Erlangen—Nürnberg 1969, S. 35—134.

[50] Es soll der Ansicht Riebels voll zugestimmt werden, daß die Partiefertigung kein Erzeugungsverfahren ist, denn das typbildende Merkmal ist ein reines Inputmerkmal. Soll aber mit diesem Merkmal ein Fertigungstyp gebildet werden — hier unter der Zielsetzung der Fertigungsablaufplanungsadäquanz — dann müssen die Auswirkungen auf den Prozeß explizit berücksichtigt werden. Vgl. dazu *Riebel*, P., Erzeugungsverfahren, Fußnote 8, S. 97. Zur besonderen Problematik des Ausgleichs von partieweisen Qualitätsunterschieden bei der Prozeßplanung vgl. *Riedelbauch*, H., Partie- und Chargenfertigung, S. 534 f.

Es wurde soeben ausgeführt, daß das Merkmal Wiederholbarkeit des Rohstoffeinsatzes als kontinuierlich abstufbares Merkmal gesehen werden kann. Unter der einschränkenden Bedingung aber, daß die Qualitätsschwankungen von der Fertigungsablaufplanung berücksichtigt werden müssen, nimmt dieses Merkmal *polaren Charakter* an. Entweder sind die Qualitätsschwankungen des Rohstoffs so groß, daß sie von der Ablaufplanung durch partieweise „Verplanung" berücksichtigt werden müssen, dann gilt der Rohstoffeinsatz als nicht wiederholbar, nachdem die betreffende Partie eingesetzt worden ist. Oder die Qualitätsschwankungen sind geringer, so daß sie nicht besonders berücksichtigt werden müssen, dann gilt der Rohstoffeinsatz als wiederholbar. Abstufungen sind nicht denkbar. Typbildend ist nur die erste Merkmalsausprägung. Die zweite Merkmalsausprägung ist in diesem Zusammenhang irrelevant, sie braucht inhaltlich nicht weiter gekennzeichnet zu werden. Somit ist sie nur die formal-logische Negation des ersten Falles. Damit ist das typbildende Merkmal *monopolar*[51].

Der Elementartyp Partiefertigung ist *eindimensional*, d. h. er wird allein durch das monopolare Inputmerkmal Wiederholbarkeit des Rohstoffeinsatzes gebildet[52], und zwar durch die Ausprägung (den Pol) Nichtwiederholbarkeit des Rohstoffeinsatzes (über die Partie hinaus).

Die Partiefertigung wird fast immer in einem Atemzug mit der Chargenfertigung genannt, und beide Fertigungstypen werden oft auf eine Stufe gestellt[53]. Diese Ansicht ist nicht haltbar, wenn man — wie für die Typenbildung erforderlich — auf die wesentlichen Merkmale abstellt. Die *Gemeinsamkeiten* sind überwiegend formaler Natur. Bei beiden Fertigungstypen liegen ungewollte Differenzierungen in der Endproduktqualität vor, sind von der Fertigungsablaufplanung begrenzte, in sich qualitativ homogene Teilmengen besonders zu berücksichtigen, ist die Fertigung über die Teilmengen hinaus nicht wiederholbar.

---

[51] Vgl. nochmals Kap. 1.2. u. Kap. 2.3.

[52] Es soll ausdrücklich hervorgehoben werden, daß die Partiefertigung nicht an das Vorliegen diskontinuierlichen Materialflusses gebunden ist, d. h. diese Merkmalsausprägung ist nicht typbildend. Allerdings wird zu dieser Merkmalsausprägung eine starke Korrelation bestehen. Somit ist Partiefertigung auch bei kontinuierlicher Fertigung denkbar, wenngleich dies selten vorkommt.

[53] Vgl. zu dieser Ansicht *Nowak*, P., Betriebstyp und Kalkulationsverfahren, Wuppertal-Elberfeld 1936, S. 40 ff.; Mellerowicz bezeichnet beide Fertigungstypen als Sondertypen und stellt sie auf eine Stufe, vgl. *Mellerowicz*, K., Kosten, S. 154 u. 158; ähnlich *Berger*, K.-H., Organisationstypen der Produktion, in: Industrielle Produktion, hrsg. von K. Agthe, H. Blohm u. E. Schnaufer, Baden-Baden—Bad Homburg v. d. H. 1967, S. 179; eine Begründung dieser Ansicht gibt *Riedelbauch*, H., Partie- und Chargenfertigung, S. 539 f.

Die *Chargenfertigung*
ist dadurch gekennzeichnet, daß eine durch das Fassungsvermögen der Betriebsmittel begrenzte Teilmenge von Fließ- oder Stückgütern[54] einen gemeinsamen Fertigungsprozeß durchläuft, so daß die ausgebrachte Teilmenge qualitativ homogen ist. Nach Ausbringung dieser Teilmenge kann der Fertigungsprozeß aufgrund mangelnder Beherrschbarkeit der Verfahrensbedingungen[55] in bezug auf die folgend eingesetzte Teilmenge nicht exakt wiederholt werden, so daß zwischen beiden Teilmengen Qualitätsunterschiede bestehen[56].

Die Teilmengen werden als Chargen bezeichnet. Eine *Charge* umfaßt sowohl eine Rohstoffmenge (Einsatzmenge) als auch eine Endproduktmenge (Ausbringungsmenge)[57] im Gegensatz zur *Partie*, die nur eine Einsatzmenge umfaßt. Die Begrenzung der Charge ist betriebsmittelbedingt (prozeßbedingt), die der Partie dagegen rohstoffeigenschaftsbedingt (naturbedingt).

Wie bei der Partiefertigung ist auch bei der Chargenfertigung ein qualitatives Phänomen entscheidend. Bei beiden Fertigungstypen ist eine homogene Qualität lediglich für begrenzte Endproduktmengen erreichbar. Über die Teilmengen hinaus treten bei beiden Fertigungstypen ungewollte Qualitätsunterschiede auf. Für die Typbildung ist jedoch in beiden Fällen entscheidend, daß sie von der Fertigungsablaufplanung zu berücksichtigen sind[58]. Hierin liegen aber nur die Wirkungen. Die *Ursache* ist jedoch bei den Fertigungstypen grundverschieden.

---

[54] Chargenfertigung findet sich zwar ganz überwiegend bei Fließgütern; sie ist aber auch bei Stückgütern anzutreffen, z. B. beim Brennen von Porzellan; vgl. auch *Riebel*, P., Erzeugungsverfahren, S. 112. Deshalb kann das Merkmal Form der Güter nicht als typbildend angesehen werden.

[55] Vgl. zur Beherrschbarkeit des Fertigungsprozesses in einem anderen Zusammenhang *Riebel*, P., Kuppelproduktion, S. 45 ff.; vgl. ferner *Schlörb*, H. P., Beherrschbarkeit, bes. S. 191—226, aber auch S. 177—190.

[56] Vgl. zum Begriff der Chargenfertigung unvollständige Definitionen bei *Hax*, K., Industriebetrieb, S. 247; ferner *Henzel*, Friedr., Die Kostenrechnung, 4. Aufl., Essen 1964, S. 191; *Gutenberg*, E., Produktion, S. 106; *Riedelbauch*, H., Partie- und Chargenfertigung, S. 535—539; *Heinen*, E., Einführung, S. 175. Die Definition der vorliegenden Untersuchung fußt vor allem auf der Darlegung von Riebel, obwohl Riebel im wesentlichen auf die Periodizität der diskontinuierlichen Fertigungsweise dieses Typs abstellt und nicht auf Qualitätsunterschiede, Prozeßbeherrschbarkeit und damit Wiederholbarkeit. Vgl. *Riebel*, P., Erzeugungsverfahren, S. 96 ff. einschließlich der Fußnote 8, S. 96 f. und ders., Kostengestaltung bei chargenweiser Produktion, in: Der Industriebetrieb und sein Rechnungswesen, hrsg. von C. E. Schulz, Wiesbaden 1956, S. 137 ff.

[57] Hier, wie im folgenden, sei von dem Fall abgesehen, daß nur einzelne Fertigungsstufen den Typ der Chargenfertigung aufweisen. Dann kämen als Einsatz- und Ausbringungsmengen auch Halbprodukte in Betracht.

[58] Vgl. zur Art der Berücksichtigung *Riedelbauch*, H., Partie- und Chargenfertigung, S. 537 und die dort diesbezüglich zitierten Autoren.

Bei der Chargenfertigung liegt die Ursache in dem begrenzten Fassungsvermögen der Betriebsmittel und in der mangelnden Beherrschbarkeit des Fertigungsprozesses, somit in der Nichtwiederholbarkeit des Fertigungsprozesses. Für die Chargenfertigung ist damit ein Prozeßmarkmal typbildend und nicht ein Inputmerkmal.

Das *monopolare*[59] Merkmal Wiederholbarkeit des Fertigungsprozesses ist das Leitmerkmal. Im Gegensatz zur eindimensionalen Partiefertigung kommt bei der Chargenfertigung noch ein Zusatzmerkmal hinzu, nämlich die Kontinuität des Materialflusses. Dieses Merkmal ist bipolar. Die Ausprägung ‚diskontinuierlich' ist nicht lediglich die formal-logische Negation der Ausprägung ‚kontinuierlich', sondern sie kann als sachlich eigenständig gesehen werden. Bei der Chargenfertigung ist der Materialfluß stets diskontinuierlich[60]. Die Chargenfertigung ist damit ein *zweidimensionaler* Elementartyp.

— *Bildung und Darstellung der Typenreihe*

Im vorigen Abschnitt wurde der Versuch unternommen, durch eine Analyse der Merkmale und ihrer Beziehungen zueinander die beiden Erscheinungsformen exakt zu erfassen und sie als Typen zu definieren. Die erwähnten Literaturstellen lassen erkennen, daß die systematische Einordnung dieser Fertigungstypen in eine Gesamtordnung Schwierigkeiten bereitet. Beide Typen sind in der Literatur im Zusammenhang behandelt worden. Daran soll hier angeknüpft werden. Jedoch nur mit einer Art logischem Kunstgriff läßt sich eine *Reihe* mit diesen Typen bilden.

Er besteht darin, zunächst zwei Elementartypen mit dem monopolaren Merkmal

Wiederholbarkeit der Fertigung

zu bilden[61], denn der Partie- und Chargenfertigung ist gemeinsam, daß

---

[59] Begründung der Monopolarität entsprechend den diesbezüglichen, vorstehenden Ausführungen zur Partiefertigung.

[60] Vgl. zu diesem Merkmal Kap. 3.2.4.1.1. und Kap. 3.3.11.
Im Gegensatz zu Riebel wird hier in der Kontinuität des Materialflusses lediglich ein Zusatzmerkmal gesehen. Riebel scheint es als eine Art Leitmerkmal zu betrachten. Vgl. nochmals *Riebel*, P., Erzeugungsverfahren, S. 96 ff.
Mit dieser Konstellation der Merkmalsausprägungen ist eine diskontinuierliche Fertigung von Fließgütern möglich, die nicht Chargenfertigung ist, nämlich dann, wenn der Fertigungsprozeß beherrschbar ist, so daß sich keine Qualitätsunterschiede zwischen den ausgebrachten Teilmengen ergeben, jedenfalls nicht in der Weise, daß sie von der Fertigungsablaufplanung besonders berücksichtigt werden müßten. Leistungseinheiten der Teilmengen sind dann unabhängig voneinander weiterverwendbar, da Qualitätsunterschiede entweder gar nicht bestehen oder nicht nennenswert sind.

[61] Auf die theoretischen Bedenken, mit einem monopolaren Merkmal Typen zu bilden, war in den Ausführungen zur theoretischen Typologie bereits eingegangen worden. Vgl. Kap. 1.2. (bes. Fußnote 10), Kap. 1.5. u. bes. Kap. 2.3.

sie nicht wiederholbare Fertigungsprozesse darstellen. In diesem Merkmal liegt die beide Typen verbindende Klammer. Die Bildung der Typenreihe *H* ist insofern gegenüber der Bildung aller anderen Typenreihen ungewöhnlich, als die Stellung der beiden schwerpunktmäßig betrachteten Typen — Partie- und Chargenfertigung — nicht durch ein Nebeneinander, sondern durch ein Untereinander gekennzeichnet ist. Nebeneinander stehen dagegen die wiederholbare und die nicht wiederholbare Fertigung.

Die Wiederholbarkeit eines Fertigungsprozesses ist Ausdruck der Beherrschbarkeit. Da sie zwei Hauptursachen haben kann, nämlich Input- und Prozeßursachen, sind die beiden zu bildenden, extremen Elementartypen zweidimensional. Dann sollen die Fertigungstypen mit dem Zusatz „i. e. S." gekennzeichnet werden. Stellt man dagegen bei der Wiederholbarkeit nur auf Prozeßursachen ab, sollen die Fertigungstypen den Zusatz „i. w. S." erhalten.

H_1 : *Nicht wiederholbare Fertigung i. e. S.*

Dieser zweidimensionale Elementartyp liegt vor, wenn die mangelnde Beherrschbarkeit sich einmal in der nicht wiederholbaren Beschaffung der Rohstoffqualität ausdrückt (Partiefertigung), und zum anderen ihre Ursachen in den technologischen bzw. technisch-wirtschaftlichen Gegebenheiten des Fertigungsprozesses selbst zu suchen sind (bedingt Chargenfertigung). Die technologischen Ursachen seien hier nicht weiter untersucht. Ein Beispiel für diesen relativ selten vorkommenden Typ wäre in der Möbelindustrie zu finden. In diesem Fertigungstyp finden Partie- und Chargenfertigung ihre gemeinsame Klammer.

H_2 : *Wiederholbare Fertigung i. e. S.*

Dieser Typ wird vor allem aus logischen Gründen eingeführt. Die Pole der beiden Merkmale haben im Zusammenhang dieser Typenreihe vorwiegend den Charakter formal-logischer Negationen der jeweiligen Pole (Merkmalsausprägungen) der nicht wiederholbaren Fertigung i. e. S.

Obwohl der Typ den Zusatz „i. e. S." trägt, umspannt er die meisten realen Erscheinungsformen der Fertigung, denn in den meisten Fällen ist der Prozeß soweit beherrschbar, daß die Qualitätsunterschiede von der Fertigungsablaufplanung nicht besonders berücksichtigt zu werden brauchen, daß also ein wiederholbarer Prozeß vorliegt; sehr viel seltener ist die Fertigung aufgrund der Rohstoffbeschaffung nicht wiederholbar.

H'_1 : *Partiefertigung*

Dieser eindimensionale Typ erscheint in der Typenreihe als ein Untertyp der zweidimensionalen nicht wiederholbaren Fertigung i. e. S. Die Indizierung soll dies andeuten. Partiefertigung stellt — wie bereits ausgeführt — nur auf das Inputmerkmal in der Ausprägung Nichtwiederholbarkeit des Rohstoffeinsatzes ab. Nicht wiederholbare Fertigung i. e. S. ist somit immer Partiefertigung.

H''_1: Nicht wiederholbare Fertigung i. w. S.

Dieser eindimensionale Typ ist ein Untertyp der zweidimensionalen nicht wiederholbaren Fertigung i. e. S. Er ist gewissermaßen das Pendant zur Partiefertigung. Die entsprechende Indizierung deutet dies an. Er stellt nur auf das Prozeßmerkmal Wiederholbarkeit des Fertigungsprozesses ab, und zwar Nichtwiederholbarkeit aufgrund mangelnder Beherrschbarkeit des Fertigungsprozesses. Er ist weiter als H_1 (nicht wiederholbare Fertigung i. e. S.), da er die Einschränkung des gleichzeitigen Vorliegens der Nichtwiederholbarkeit des Rohstoffeinsatzes nicht erfaßt.

H^1_1 : Chargenfertigung

Dieser zweidimensionale Fertigungstyp erscheint in der Typenreihe als eine Eingrenzung des Typs H''_1 (nicht wiederholbare Fertigung i. w. S.). Mit diesem hat er die Leitmerkmalsausprägung Nichtwiederholbarkeit des Fertigungsprozesses gemeinsam. Er stellt jedoch nicht auf die Nichtwiederholbarkeit des Rohstoffeinsatzes ab. Das unterscheidet ihn von der Partiefertigung H'_1. Er ist enger als H''_1 (nicht wiederholbare Fertigung i. w. S.), da er nur bei dem gleichzeitigen Vorhandensein der Zusatzmerkmalsausprägung diskontinuierlicher Materialfluß vorliegt. Er ist somit nicht — wie die Partiefertigung — Untertyp H_1 (nicht wiederholbare Fertigung i. e. S.) sondern ein Spezialtyp.

— Darstellung der Typenreihe H

Die in verbaler Ausdrucksweise etwas komplizierten Unterschiede und Gemeinsamkeiten der beschriebenen Typen dieser Reihe verdeutlicht Abb. 31 ebenso einfach wie anschaulich.

Abb. 31 ist in bezug auf die Vergleichbarkeit mit den Darstellungen der vorstehend behandelten Typenreihe noch nicht ausreichend. Die Typen sind in ihrer Monopolarität zwar hinreichend exakt dargestellt worden; aber es bleibt offen, ob diese Aussagen für alle Rohstoffe, alle Fertigungsprozesse (Tätigkeitskomplexe) bzw. alle Güterarten der Unternehmung zutreffen[62].

So ist für die Partiefertigung nur ausgesagt worden, daß sie vorliegt, wenn der Rohstoffeinsatz nicht wiederholbar ist. Dies kann aber nur für einen Teil der Rohstoffe zutreffen. Ist dieser Anteil am Gesamtrohstoffeinsatz der Unternehmung verschwindend gering, dann kann

---

[62] Vgl. nochmals Kap. 2.3., Komplexe Merkmalsarten.

für die gesamte Unternehmung wohl kaum der Typ der Partiefertigung festgestellt werden. Gegenteiliges gilt für eine Unternehmung, die Pelzmäntel fertigt, denn die Partiefertigung trifft für den größten Teil des Rohstoffeinsatzes zu, nämlich für die Pelze, nicht dagegen für den kleineren Teil, die Knöpfe, das Garn, das Futter etc. Ob die Bezugsgröße (absolute Merkmalskomponente) Gesamtwerkstoffeinsatz mengenmäßig oder wertmäßig zu bilden ist, kann nur pragmatisch entschieden werden.

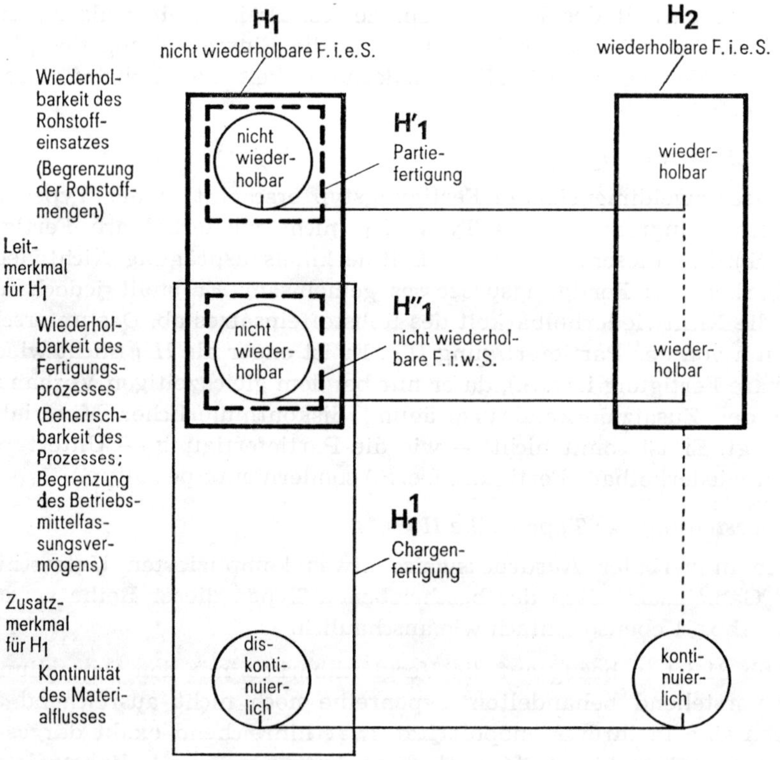

Abb. 31. Typenreihe H, Qualitätswiederholungstypen (Einzelfalldarstellung)

Die übrigen Bezugsgrößen, also die Gesamtgrößen der Unternehmung, die den typbildenden Merkmalen entsprechen, seien hier nicht mehr erläutert. Sie sind der Abb. 32 zu entnehmen, die im Zusammenhang mit der Abb. 31 zu betrachten ist. Während Abb. 31 exakt die Verbindungen der typbildenden Merkmalsausprägungen für den Einzelfall aufzeigt, gibt Abb. 32 eine Typdefinition für die gesamte Unternehmung.

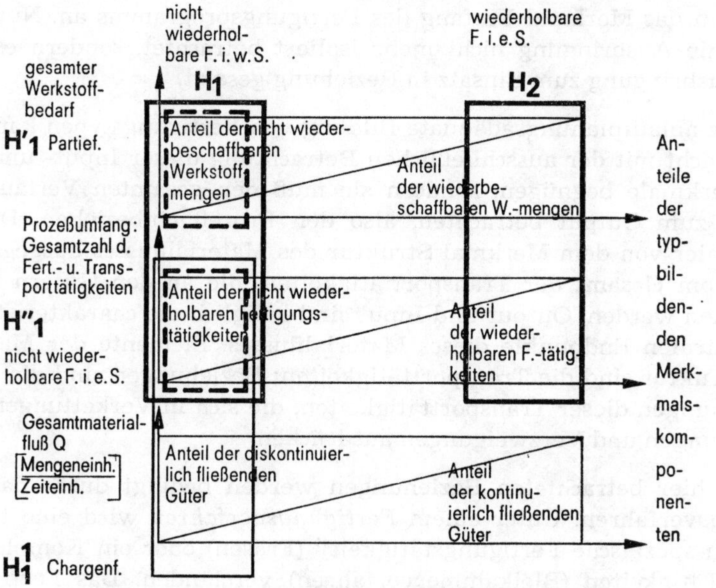

Abb. 32. Typenreihe H, Qualitätswiederholungstypen (gesamtunternehmungsbezogene Darstellung)

3.3.9. Materialflußtypen: Durchlaufende, analytische, umgruppierende und synthetische Fertigung (Typenreihe J)

— *Merkmalsausprägungen*

Den Ausprägungen des Merkmals

Struktur des verfahrensbedingten Materialflusses

kommt für die Fertigungsablaufplanung eine hervorragende Bedeutung zu[63]. Wesentliche Kenngrößen des Materialflusses sind die Anzahl der eingesetzten Werkstoffarten bzw. -sorten und die Anzahl der ausgebrachten Endproduktarten bzw. -sorten[64]. Insofern knüpft diese Betrach-

---

[63] Die Ausführungen knüpfen an Schäfers Unterscheidungen nach der „Art der Stoffverwertung" an. Vgl. *Schäfer*, E., Aufgabe, S. 27—30 und ders., Industriebetrieb, Bd. 1, S. 19—46. Auch Riebel baut auf der Terminologie Schäfers auf, wenngleich er diese modifiziert; vgl. *Riebel*, P., Kuppelproduktion, S. 139—153; ferner ders., Erzeugungsverfahren, S. 55—61; vgl. auch seine Systematik der chemischen Verfahren, ders., Kuppelproduktion, S. 35. Die Ausführungen zu dieser Typenreihe werden ergänzt durch die Untersuchungen des Merkmals Verbundenheitsgrad der Fertigung; vgl. Kap. 3.3.17. der vorliegenden Untersuchung.

[64] Hier werden die Werkstoffe und die Endprodukte explizit herausgestellt. Dies ist einer Totalbetrachtung einer Industrieunternehmung adäquat. Die Ausführungen lassen sich jedoch auch auf eingesetzte und ausgebrachte Zwischenprodukte erweitern.

tung an das Merkmal Umfang des Fertigungsprogramms an. Nun wird aber die Ausbringung nicht mehr isoliert betrachtet, sondern es wird die Ausbringung zum Einsatz in Beziehung gesetzt.

Eine ablaufplanungsadäquate Bildung von Fertigungstypen kann sich aber nicht mit der ausschließlichen Betrachtung dieser Input- und Outputmerkmale begnügen, sondern sie muß den gesamten Verlauf vom Input zum Output betrachten, also den Prozeß einbeziehen. Deshalb wird hier von dem Merkmal Struktur des Materialflusses ausgegangen, also vom Gesamt der Transporttätigkeiten, die an den Gütern vorgenommen werden. Output und Input sind lediglich die charakteristischen diametralen Endpunkte dieses Materialflusses. Elemente der Materialflußstruktur sind die Transporttätigkeiten; Beziehungen sind die Folgebeziehungen dieser Transporttätigkeiten, die sich in Verkettungen, Einmündungen und Verzweigungen ausdrücken.

Die hier betrachteten Beziehungen werden bedingt durch das Fertigungsverfahren. Unter einem *Fertigungsverfahren* wird eine technologisch-spezifische Fertigungstätigkeit[65] (Fräsen) oder ein Komplex solcher Tätigkeiten (Bleikammerverfahren) verstanden. Das Fertigungsverfahren bedingt in qualitativer Sicht die *Art der Materialflußstruktur* und in quantitativer Sicht ihre *Komplexität*. Typbildend ist in dieser Reihe nur die Art der Materialflußstruktur. Die Komplexität ist hier nur *typbeschreibend* (typordnend). Erst in der nachfolgenden Typenreihe wird dieses Merkmal typbildend.

Es wird hier nicht der Materialfluß schlechthin berücksichtigt sondern unter der Einschränkung, daß er durch das Fertigungsverfahren (Stoffumformung bzw. -umwandlung) bedingt ist bzw. hervorgerufen wird. Diesen wichtigen Tatbestand mag ein Beispiel erläutern. Auf einem Fließband werden Elektromotore montiert. Alle Bearbeitungstätigkeiten am Band bestehen in einem Hinzufügen von Teilen. Nach Verlassen des Bandes liegen fertige Motore vor. Sie sollen in drei verschiedene Gehäusearten eingebaut werden, die auf drei verschiedenen Bändern zu Endprodukten weiterverarbeitet werden. Es bestehen vom Motorenband drei verschiedene Transportmittel zu den Gehäusebändern zur Verfügung. Eine Verteilerstation teilt die Motore diesen Transportmitteln und damit den Gehäusebändern zu. Bei der Verteilerstation verzweigt sich also der Materialfluß. Wegen dieser Verteilerfunktion kann jedoch nicht — in vorausgreifender Weise — von analytischer Fertigung gesprochen werden. In dem Beispiel lag ausschließlich synthetische Fertigung vor. Die Verteilung war kein Fertigungsverfahren,

65 Vgl. zu einem inhaltlich ähnlichen Verfahrensbegriff *Gutenberg*, E., Produktion, S. 86.

sie war letztlich programmbedingt und nicht verfahrensbedingt[66]. Entsprechendes gilt für ähnliche Zusammenfassungen. Auf die Fälle des *programmbedingten Materialflusses* stellt die folgende Typenreihe nicht ab.

Die Struktur des Materialflusses wird als *partiell abstufbares* Merkmal betrachtet.

— *Bildung einer Grundtypenreihe J*

Zunächst wird der Fertigungsprozeß (Materialfluß) als ein einheitlicher, undifferenzierter Tätigkeitskomplex (von Transporttätigkeiten) aufgefaßt. Fertigungsprozesse, die parallel zueinander und isoliert voneinander ablaufen, werden nicht berücksichtigt. In dieser vereinfachenden Betrachtung sind zwar die genannten Input- und Outputmerkmale ausschließlich typbildend, jedoch müssen grundsätzlich auch Prozeßbedingungen berücksichtigt werden. Dies wird allerdings explizit erst für die Differenzierung der Grundtypenreihe zutreffen. Da jeder der folgenden Grundtypen mit einem Input- und einem Outputmerkmal gebildet wird, sind alle Grundtypen *zweidimensional.*

J_1 : *Durchlaufende Fertigung*[67]

In dem Fertigungsprozeß wird nur eine (!) Werkstoffart eingesetzt, die zu einer (!) Endproduktart transformiert wird. Beispiele für diesen Fertigungstyp, den man auch stoffverfeinernde oder veredelnde Fertigung nennt, sind Drahtzieherei, Walzwerk, Kunststoffpreßwerk und Spinnerei. Die Fertigungsverfahren können physikalischer und chemischer Natur sein. Stoffumformende Verfahren stehen allerdings weit im Vordergrund. Partielle (meist periphere) Stoffumwandlungen kommen noch relativ häufig vor, wie z. B. beim Härten von Metallen. Beim Imprägnieren von Holz und Galvanisieren von Metallen liegt streng genommen schon ein Übergang zur gering synthetischen Fertigung vor. Allerdings sollten diese Beispiele auch noch der durchlaufenden Fertigung zugerechnet werden. Vollständige Stoffumwandlungen sind bei der durchlaufenden Fertigung selten, z. B. Gewinnung von hochgespanntem Dampf aus Wasser in Kraftwerken, Gewinnung von radioaktiven Substanzen. In der zitierten Literatur werden diese Fälle wohl nicht berücksichtigt. Weiterhin könnte man an Elektrizitätswerke denken. Allerdings bereitet dieses Beispiel, wie immer bei Energieumwandlungsprozessen, in bezug auf die Werkstoffdefinition Schwierigkeiten.

---

66 Wohl aus diesen Erwägungen heraus nannte Schäfer das typbildende Merkmal Art der Stoffverwertung. Es ist sprachlich nicht so aussagefähig. Aber auch die Formulierung ‚Struktur des verfahrensbedingten Materialflusses' ist angreifbar. Für die Fertigungsablaufplanung scheint sie aber wesentlich aussagefähiger zu sein.

67 Vgl. zu diesem Fertigungstyp *Schäfer*, E., Industriebetrieb, Bd. 1, S. 39 ff. und *Riebel*, P., Erzeugungsverfahren, S. 56.

Die Struktur des Materialflusses ist durch eine Verkettung von Transporttätigkeiten gekennzeichnet. Der Umfang des Fertigungsprozesses (Gesamtzahl der Fertigungs- und Transporttätigkeiten) ist vergleichsweise minimal[68]. Eine oder wenige Tätigkeitsarten dominieren. Der Aufwand der Fertigungsablaufplanung ist relativ gering.

J_2 : *Analytische Fertigung*[69]

In dem Fertigungsprozeß wird eine (!) Werkstoffart eingesetzt, die in mehrere (!) Endproduktarten bzw. -sorten aufgespalten wird. Beispiele für diesen Fertigungstyp, den man auch zerlegende Fertigung nennt, sind die Wasserelektrolyse, Erdölverarbeitung, Erzaufbereitung und Fleischverarbeitung. Die Fertigungsverfahren können physikalischer und chemischer Natur sein.

Die Struktur des Materialflusses ist durch eine Verzweigung von Transporttätigkeiten gekennzeichnet. Die Verzweigung ist oft technologisch-zwangsmäßig. Die Unternehmung ist in der Regel naturnah und verarbeitet oft große Rohstoffmengen. Die Beschaffung des Rohstoffes ist dann von erheblicher Bedeutung[70]. Die Marktanpassungsfähigkeit ist begrenzt. Der Absatz ist somit relativ langfristig zu sichern. Die Fertigung ist relativ inflexibel. Der Umfang des Fertigungsprozesses wird oft größer sein als bei der durchlaufenden Fertigung, da die Fertigung mehrerer Endproduktarten zusätzliche Tätigkeiten erfordert.

Es soll nicht nach der Verwandtschaft der zerlegten Endprodukte[71] abgestuft werden, sondern nach der Zahl der Werkstoffarten bzw. -sorten. Damit ergeben sich folgende *Untertypen*:

J'_2 : *Gering analytische Fertigung*

Eine Werkstoffart wird in wenige (!) Endproduktarten (z. B. Fleischverarbeitung) bzw. Endproduktsorten (z. B. Erzaufbereitung) aufgespalten.

J''_2 : *Hoch analytische Fertigung*

Eine Werkstoffart wird in viele (!) Endproduktarten bzw. -sorten (z. B. Erdölverarbeitung) aufgespalten.

J_3 : *Umgruppierende Fertigung*[72]

In einem Fertigungsprozeß werden mehrere (!) Werkstoffarten bzw. -sorten eingesetzt, die in mehrere (!) Endproduktarten bzw. -sorten

---

[68] Vgl. *Schäfer*, E., Industriebetrieb, Bd. 1, S. 41 u. S. 43 f.

[69] Vgl. zu diesem Fertigungstyp *Schäfer*, E., Industriebetrieb, Bd. 1, S. 22 ff. und *Riebel*, P., Erzeugungsverfahren, S. 55. Kosiol spricht hier von divergierender Fertigung. Vgl. *Kosiol*, E., Aktionszentrum, S. 158.

[70] Vgl. auch *Schäfer*, E., Industriebetrieb, Bd. 1, S. 103 f.

[71] Vgl. *Schäfer*, E., Industriebetrieb, Bd. 1, S. 24.

[72] Vgl. zu diesem Fertigungstyp *Riebel*, P., Erzeugungsverfahren, S. 56.

umgesetzt werden. Zwar könnte man die Meinung vertreten, daß dieser Typ lediglich eine Synthese aus analytischer und synthetischer Fertigung darstelle[73], dann träfe man aber das Wesen dieses Typs nicht. Die Synthese erfolgt nicht in einem vorgelagerten und die Analyse in einem nachgelagerten Fertigungsprozeß, sondern sie erfolgt uno actu, so wie zwei Einsatzstoffarten durch eine chemische Reaktion zu zwei neuartigen Ausgangsstoffen umgewandelt werden. Synthese und Analyse sind eins, nämlich Umgruppierung bzw. Austausch. Schließlich spricht für die Berechtigung dieses Typs, daß bei der Bildung dieser Grundtypenreihe auf den formalen Tatbestand der Anzahl der Einsatzstoffarten im Verhältnis zur Anzahl der Ausgangsstoffarten abgestellt wird. Und dann ergibt sich formal-logisch zwangsläufig die Kombinationsmöglichkeit „mehrere Ausgangsstoffe/mehrere Einsatzstoffe". Allerdings wurde in den theoretischen Grundlagen dargelegt, daß dieses Vorgehen bei der Typenbildung nur ausnahmsweise zulässig ist. Dieses Vorgehen gehört in den Bereich der Klassifikation. Deshalb ist auch das Prozeßmerkmal der Simultaneität der Entstehung der Ausgangsstoffe als wesentlich hinzugenommen worden[74].

Beispiele für diesen Fertigungstyp sind in der Stoffumwandlungsindustrie und in der Landwirtschaft zu finden. Ein konkretes Beispiel ist der Hochofenprozeß, bei dem aus Eisenerz, Koks und Luft in einem Fertigungsprozeß simultan Roheisen, Gichtgas und Hochofenschlacke gefertigt wird[75]. Bei diesem Fertigungstyp sind die Verfahren überwiegend chemischer Natur.

Die Struktur des Materialflusses ist durch eine Kreuzung gekennzeichnet, gebildet aus dem Zusammentreffen von Einmündung und Verzweigung von Transporttätigkeiten. Die Struktur ist meist technologisch-zwangsmäßig bedingt, wie auch bei der analytischen Fertigung. In bezug auf die Beschaffungs- und Absatzseite lassen sich keine eindeutigen Aussagen treffen, obwohl dieser Fertigungstyp häufig eine Verwandtschaft zur analytischen Fertigung aufweist und somit naturnah sein wird. Bei Verarbeitung großer Rohstoffmengen haben Beschaffungsfragen erhebliche Bedeutung. Die Marktanpassungsfähigkeit ist bei relativ starren Ausbringungsmengenverhältnissen begrenzt. Beim Vorherrschen technologisch-zwangsmäßiger Strukturen ist die Fertigung

---

[73] Vgl. zu dieser Ansicht *Schäfer*, E., Industriebetrieb, Bd. 1, Fußnote 2, S. 20.

[74] Die Kritik Schäfers an der Berechtigung dieses Typs ist aber insofern stichhaltig, als die Übertragung dieses Typs auf eine gesamte Unternehmung Schwierigkeiten bereitet. Dieser Typ ist mehr an technologischen Gesichtspunkten einzelner Erzeugungsverfahren orientiert. Vgl. *Schäfer*, E., Industriebetrieb, Bd. 1, S. 20.

[75] Vgl. *Riebel*, P., Erzeugungsverfahren, S. 56 und ders., Kuppelproduktion, S. 141 f.

relativ inflexibel. Der Fertigungsprozeßumfang ist oft größer als bei der analytischen Fertigung, da die Bearbeitung mehrere Werkstoffarten vor der eigentlichen Umgruppierung in der Regel zusätzliche Tätigkeiten erfordert. Somit wird der Aufwand für die Fertigungsablaufplanung größer sein.

Dieser etwas problematische Typ soll auch negativ abgegrenzt werden. Z. B. findet sich bei der Büromöbelfertigung kein Beispiel. Dort werden zwar auch aus mehreren Werkstoffarten (Stahlblechen, Profilen, Holzplatten) mehrere Endproduktarten (Schreibtische, Beistelltische, Karteischränke, Aktenschränke) gefertigt, jedoch nicht simultan in einem einheitlichen Fertigungsprozeß, sondern parallel oder sukzessiv. Diese Fertigung weist keine Zwangsläufigkeit auf. Man sieht deutlich, daß es nicht nur auf die Anzahl der Werkstoffarten bzw. Endproduktarten ankommt, sondern auch auf Angaben des Fertigungsprozesses.

Es soll im folgenden nicht nach dem Verwandtschaftsgrad der eingesetzten bzw. ausgebrachten Güter abgestuft werden, sondern nur nach deren Anzahl. Damit ergeben sich folgende *Untertypen*:

J'_3 : *Gering umgruppierende Fertigung*

In einem Fertigungsprozeß werden wenige (!) Werkstoffarten bzw. -sorten eingesetzt, die in wenige (!) Endproduktarten bzw. -sorten umgesetzt werden, wie z. B. beim Hochofenprozeß.

J''_3 : *Hoch umgruppierende Fertigung*

In einem Fertigungsprozeß werden viele (!) Werkstoffarten bzw. -sorten eingesetzt, die in wenige (!) Endproduktarten bzw. -sorten umgesetzt werden. Dieser Fall wird für besonders realistisch gehalten. Er kommt in der Fertigung von Chemikalien häufig vor. Rein formallogisch gäbe es noch die Kombination „viele/viele" und „wenige/viele", die aber selten vorkommen dürften. Es soll nochmal darauf hingewiesen werden, daß solange mehrere Inputstoffe und mehrere Outputstoffe in einem Fertigungsprozeß vorhanden sind, keine synthetische oder analytische Fertigung vorliegt. Außerdem wird auf das Gesamtbild der Unternehmung abgestellt. Es ist also durchaus möglich, daß innerhalb des Fertigungsprozesses der Typ der umgruppierenden Fertigung mehrfach vorkommt. Darauf wird aber noch einzugehen sein.

J_4 : *Synthetische Fertigung*[76]

In einen Fertigungsprozeß werden mehrere (!) Werkstoffarten bzw. -sorten eingesetzt, die zu einer (!) Endproduktart zusammengesetzt wer-

---

[76] Vgl. zu diesem Fertigungstyp *Schäfer*, E., Industriebetrieb, Bd. 1, S. 31 ff. u. *Riebel*, P., Erzeugungsverfahren, S. 54 f. Kosiol spricht hier von konvergierender Fertigung, vgl. *Kosiol*, E., Aktionszentrum, S. 157 f.

den. Beispiele für diesen Fertigungstyp, den man auch — allerdings dann einschränkend — zusammenbauende Fertigung nennt, sind Brükken- und Maschinenbau, Möbel-, Automobil- und Schuhindustrie, aber auch Ammoniaksynthese und Margarineherstellung und Salzsäureerzeugung. Die Fertigungsverfahren können physikalischer und chemischer Natur sein. In den vorigen Abschnitten ist manchmal die synthetische Fertigung wegen ihrer hervorragenden Bedeutung besonders berücksichtigt worden. Dort wurde besonders an die mechanisch-synthetische (zusammenhängende) Fertigung gedacht. Aber auch die chemisch-synthetische Fertigung mit chemischer Stoffumwandlung, wie z. B. bei der Ammoniaksynthese, ist denkbar, wenngleich seltener. Wie immer bei der Bildung dieser Grundtypenreihe wird nur auf den formalen Aspekt der Anzahl der Outputstoffe in Beziehung zur Anzahl der Inputstoffe abgestellt, bei diesem Typ also nur auf die Reduktion mehrerer Inputstoffe auf einen Outputstoff. Von der Technologie des Verfahrens wird abstrahiert; ob Stoffumwandlung oder Stoffumformung[77], ob ein physikalisches oder chemisches Verfahren vorliegt, ist unerheblich[78].

Die Struktur des Materialflusses wird durch eine Einmündung (ein Zusammenlaufen) von Transporttätigkeiten gekennzeichnet. Im Gegensatz zur analytischen Fertigung ist die Unternehmung besonders eng mit dem Absatzmarkt verbunden. Die technologischen Ablaufrestriktionen sind gegenüber der analytischen und umgruppierenden Fertigung geringer, so daß die Fertigung flexibler ist, die sich aber auch kurzfristig möglichen Marktveränderungen schneller anpassen muß[79].

Der Umfang des Fertigungsprozesses ist bei der mechanisch-synthetischen Fertigung meist sehr groß, da meist sehr unterschiedliche Fertigungstätigkeiten anfallen. Der Aufwand der Fertigungsablaufplanung ist oft erheblich und die Aufgabe, den Materialfluß zu koordinieren, schwierig, denn die Synthese vollzieht sich in der Regel in vielen Stufen, worauf noch einzugehen sein wird. Die Reduzierung der Kombinationsmöglichkeiten durch naturbedingte (verfahrensbedingte) Zwangsläufigkeit entfällt.

Im folgenden soll wiederum nur nach der Anzahl der eingesetzten bzw. ausgebrachten Güter abgestuft werden. Damit ergeben sich folgende *Untertypen*:

---

[77] Vgl. zu diesen beiden Begriffen *Riebel*, P., Erzeugungsverfahren, S. 29 ff.

[78] Vgl. auch *Schäfer*, E., Industriebetrieb, Bd. 1, S. 34. Die Abstraktion von der Technologie wurde bisher konsequent durchgehalten. Daran wird sich auch im folgenden nichts ändern. Das Merkmal der Technologie, besonders in den Ausprägungen mechanischer und chemischer Verfahren wird für die Ablaufplanung als nicht wesentlich, damit nicht als typbildend sondern nur als typbeschreibend angesehen. Anders *Schäfer*, E., ebenda, S. 46 ff.

[79] Vgl. ebenda, S. 31—39.

J'_4 : *gering synthetische Fertigung*

In einen Fertigungsprozeß werden wenige (!) Werkstoffarten bzw. -sorten eingesetzt, die zu einer (!) Endproduktart zusammengesetzt (zusammengebaut oder umgewandelt) werden.

J''_4 : *hoch synthetische Fertigung*

In einen Fertigungsprozeß werden viele (!) Werkstoffarten bzw. -sorten eingesetzt, die zu einer (!) Endproduktart zusammengesetzt werden. Dieser Fertigungstyp weist häufig den größten Programmumfang (bei erweiterter Programmdefinition, die die Summe aller Produktteilearten und -sorten umfaßt) und den größten Prozeßumfang auf; dabei ist der Materialfluß äußerst komplex, da die synthetischen Teilprozesse vielfach vorkommen. Dieser Gesichtspunkt der Vervielfachung ist im folgenden Abschnitt zu erläutern.

— *Differenzierung der Grundtypenreihe J*

In der vorliegenden Untersuchung wird grundsätzlich die *gesamte Industrieunternehmung* betrachtet. Zur Erfassung des Fertigungsbereiches einer gesamten Industrieunternehmung ist die bisherige Grundtypenreihe noch ungeeignet, denn in einer Industrieunternehmung findet man fast nie nur einen der Fertigungstypen dieser Reihe vor. Vielmehr trifft man die verschiedensten *Differenzierungen und Mischformen* dieser Grundtypen an. Würde man dieser Tatsache zumindest im Prinzip nicht Rechnung tragen, wäre die Typenbildung zu wenig realitätsbezogen[80].

Im folgenden soll deshalb der *Materialfluß* nicht mehr global als einheitlicher Komplex betrachtet werden, sondern seine *Struktur* soll in detaillierter Betrachtung differenzierend aufgeschlüsselt werden, indem die einzelnen Bearbeitungsstationen explizit berücksichtigt werden. Zunächst ist der Fall zu betrachten, in dem der Materialfluß *mehrfach hintereinander* Verkettungen, Verzweigungen, Kreuzungen oder Ein-

---

[80] Vgl. nochmals Kap. 2.3., komplexe Merkmalsarten, der vorliegenden Untersuchung. Die Behandlung der Grundtypenreihe mag ausreichend sein, wenn man sich entweder auf den Standpunkt Riebels stellt, daß diese Typen nicht auf ganze Unternehmungen angewendet werden sollten, sondern nur auf einzelne Erzeugungsverfahren, also auf Teilabschnitte im Gesamtfertigungsprozeß. Vgl. *Riebel*, P., Erzeugungsverfahren, S. 56 f. Sie ist ferner ausreichend, wenn man Schäfers Ansicht teilt, daß diese Typen sehr wohl auf die gesamte Industrieunternehmung anwendbar seien, wenn man nur auf das „Gesamtbild" der Industrieunternehmung abstelle. Vgl. *Schäfer*, E., Industriebetrieb, Bd. 1, S. 21 f. u. S. 45 f. Die Ansicht Riebels vereinfacht die Probleme, ist aber für eine Totalbetrachtung irrelevant. Sie ist für eine technologische nicht aber für eine ablaufplanerische Betrachtung geeignet. Die Einwendungen gegen Schäfers Ansicht sind dagegen anderer Art. Sie ist zu ungenau. Sie berücksichtigt typologisch keine Differenzierungen und Mischformen. Sie ist daher nicht realitätsnah. Beide Autoren weisen nur auf die Existenz von Mischformen hin.

mündungen zwischen den einzelnen Bearbeitungsstationen aufweist. Treten in einem Fertigungsprozeß hintereinander mehrfach jeweils nur dieselben genannten Folgebeziehungen des Materialflusses auf, soll von mehrfach-durchlaufender, mehrfach-analytischer, mehrfach-umgruppierender bzw. mehrfach-synthetischer Fertigung gesprochen werden. Der jeweilige Grundtypus bleibt dabei in reiner Ausprägung erhalten.

Abb. 33 stellt schematisch Beispiele für den Materialfluß der jeweiligen Grundtypen in einfacher und mehrfacher Ausprägung einander gegenüber. Die einfache Ausprägung entspricht gleichzeitig der global undifferenzierenden Betrachtung und die mehrfache Ausprägung der nun behandelten detaillierten differenzierenden Betrachtung.

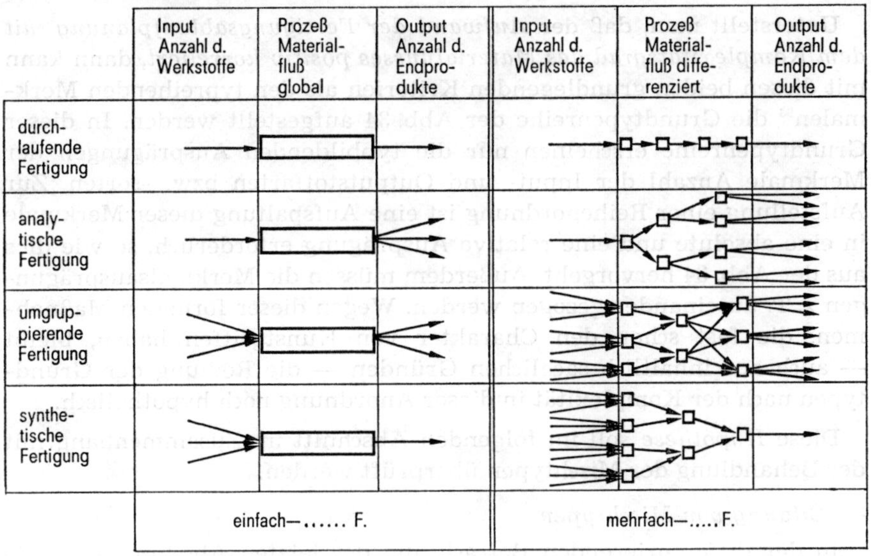

Abb. 33. Materialfluß der Grundtypenreihe J in undifferenzierender und differenzierender Betrachtung

Erst in der differenzierenden Betrachtung wird die Struktur des Materialflusses deutlich, da erst dann die einzelnen Transporttätigkeiten zwischen den einzelnen Bearbeitungsstationen explizit berücksichtigt werden. Damit wird auch das Merkmal der *Komplexität* des Materialflusses deutlich, mit dem es möglich wird, die bisher global gebildete Grundtypenreihe gedanklich genauer zu durchdringen und damit zu überprüfen.

Eine für diese Untersuchung adäquate, umfassende und exakte *Definition des Komplexitätsgrades* ist mit größerem Aufwand verbunden[81]. Hier mag es genügen festzustellen, daß der Komplexitätsgrad des Materialflusses ein komplexes Merkmal ist, das von der Zahl der Bearbeitungsstationen, der Zahl der Transporttätigkeiten (der maximalen, tatsächlichen und minimalen)[82], der Zahl der Transportwege durch das gesamte Transportnetz (der maximalen, tatsächlichen und minimalen) und der Zahl der Maschen des Transportnetzes (der maximalen, tatsächlichen und minimalen) abhängt. Dies sind die *Merkmalskomponenten*. Mit ihnen kann der Komplexitätsgrad definiert werden. Auf eine exakte Definition muß jedoch verzichtet werden, da sie nur im Rahmen einer umfassenden und aufwendigen Ableitung der verschiedenen Möglichkeiten sinnvoll und aussagefähig ist.

— *Darstellung der Grundtypenreihe J*

Unterstellt man, daß der *Aufwand der Fertigungsablaufplanung mit dem Komplexitätsgrad des Materialflusses positiv korreliert*, dann kann mit diesen beiden grundlegenden Kriterien als den typreihenden Merkmalen[83] die Grundtypenreihe der Abb. 34 aufgestellt werden. In dieser Grundtypenreihe erscheinen nur die typbildenden Ausprägungen der Merkmale Anzahl der Input- und Outputstoffarten bzw. -sorten. Zur Aufstellung einer Reihenordnung ist eine Aufspaltung dieser Merkmale in eine absolute und eine relative Ausprägung erforderlich, so wie dies aus der Abb. 34 hervorgeht. Außerdem müssen die Merkmalsausprägungen z. T. auseinander gezogen werden. Wegen dieser formalen Maßnahmen, die fast schon den Charakter von Kunstgriffen haben, bleibt — auch aus inhaltlich-sachlichen Gründen — die Reihung der Grundtypen nach der Komplexität in dieser Anordnung noch hypothetisch.

Diese *Hypothese* soll im folgenden Abschnitt im Zusammenhang mit der Behandlung der Mischtypen überprüft werden.

— *Bildung von Mischtypen*

In der differenzierenden Betrachtung des letzten Abschnittes wurde der Materialfluß zwischen den einzelnen Bearbeitungsstationen unter-

---

[81] Vgl. den Versuch von *Dreger*, W., Grundzüge der Netzplantechnik, in: Industrie-Anzeiger, 88 (1966) 43, S. 910 und ergänzend *Schwinn*, R., Maximale und minimale Wegzahlen in Netzen, in: IO, 33 (1964), S. 247 f.

[82] Die Zahl der Transporttätigkeiten (ggfs. ergänzend auch die Zahl der Bearbeitungsstationen) macht den Umfang des Materialflusses aus. So ist — wie schon aus der Literatur der Fußnote 81) hervorgeht — der Vorschlag Ulrichs, die Komplexität an der Varietät zu messen, zwar für allgemeine Ziele praktikabel, jedoch für typologische Ziele nicht spezifisch genug. Ulrich schlägt die einfache Formel $V = m\,(n\,(n - 1)/2)$ vor. (V = Varietät, m = Zahl der Beziehungen, n = Zahl der Elemente). Vgl. *Ulrich*, H., Unternehmung, S. 116.

[83] Vgl. Kap. 1.2.

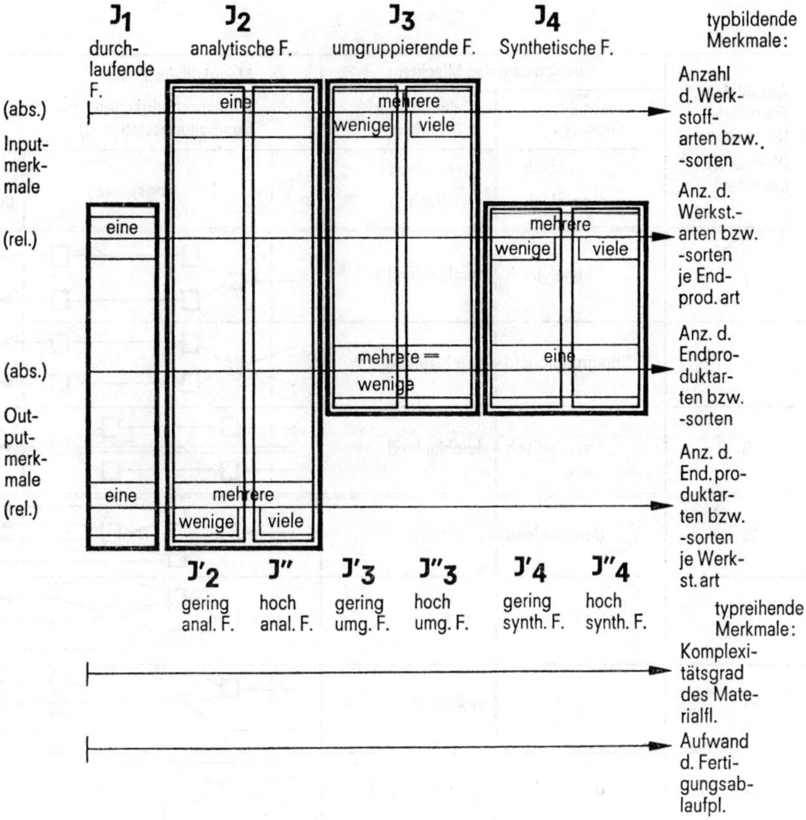

Abb. 34. Grundtypenreihe J, Materialflußtypen

sucht und das Merkmal der Komplexität als ein die Grundtypen reihendes, ordnendes Merkmal eingeführt. Doch auch diese Betrachtung ist noch zu abstrakt, zu wenig realitätsbezogen. In Industrieunternehmungen kommen die genannten Grundtypen meist nebeneinander und nacheinander, also *gemischt*, vor[84]. Erst wenn dieser Tatsache Rechnung getragen wird, kann auch das Merkmal der *Komplexität* aussagefähig verdeutlicht werden.

Die behandelten reinen *Grundtypen sind zu Mischtypen zu kombinieren.* Dabei wird davon ausgegangen, daß ein Grundtyp vorherrscht, d. h. er kommt häufiger als andere vor und bestimmt damit das Gesamtbild der Unternehmung. Auf diesen *dominanten Grundtyp* kann der Mischtyp zurückgeführt werden. Abb. 35 zeigt stark vereinfacht die möglichen Mischtypen mit dem schematisierten Materialfluß in einer mög-

[84] Vgl. dazu nochmals Fußnote 80).

Anzahl der Transporttätigkeiten (Komplexitätsindex)	Bezeichnung des Mischtyps: rezessiver Grundtyp	Bezeichnung des Mischtyps: dominanter Grundtyp	Materialflußschema (Transporttätigkeiten bzw. Bearbeitungsstationen): Input – Fertigungsprozeß – Output
	einfach – wenigfach –	– wenigfach – vielfach	
7	analytisch	durchlaufend	
8	umgruppierend	durchlaufend	
9	synthetisch	durchlaufend	
10	durchlaufend	analytisch	
11	umgruppierend	analytisch	
12	synthetisch	analytisch	
13	durchlaufend	umgruppierend	
14	analytisch	umgruppierend	
15	synthetisch	umgruppierend	
16	durchlaufend	synthetisch	
17	analytisch	synthetisch	
18	umgruppierend	synthetisch	

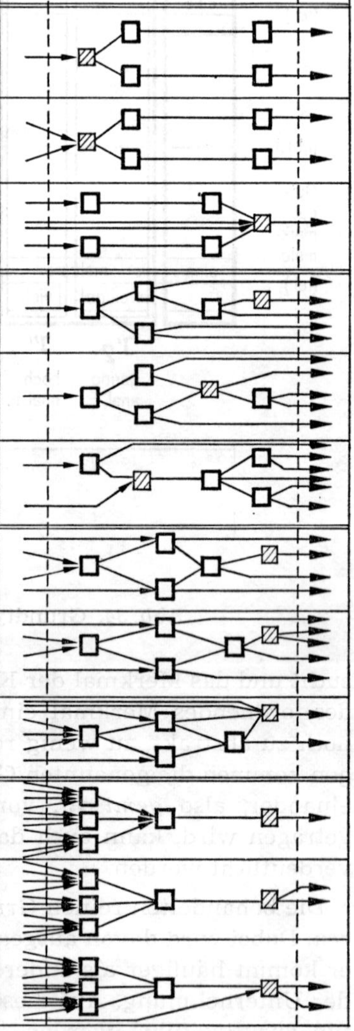

▨ = Masch. □ = Masch.

Abb. 35. Schematische Zusammenstellung der Mischtypen der Reihe J

lichen Ausprägung[85]. In dem Doppelbegriff bezeichnet der zweite Begriff den dominanten Grundtyp, der mehrfach (wenig- oder vielfach) vorkommt. Der erste Begriff bezeichnet den Grundtyp, der geringer in Erscheinung tritt (einfach oder wenigfach), den *rezessiven Grundtyp*.

Mit der Abb. 35 kann man die Vielfalt der realen Erscheinungsformen recht gut erfassen. Der dominante Grundtyp wird in den drei möglichen Mischtypen gezeigt, allerdings gemischt nur mit einem einzigen der übrigen drei Grundtypen. Mischtypen mit zwei oder allen drei übrigen Grundtypen können in den Materialflußzeichnungen leicht durch entsprechende Verbindungslinien zwischen den Einzeldarstellungen berücksichtigt werden.

Die *Systematisierung* dieser zahlreichen Mischtypen, jeweils noch in der Ausprägung „gering" oder „hoch", „einfach" oder „mehrfach" führt zu einer formalen Spielerei, bei der die einzelnen Erscheinungsformen sprachlich nicht mehr aussagefähig bezeichnet werden können. Darauf sei deshalb verzichtet. In der Abb. 35 kommt es jedoch nur darauf an, einmal die großen Linien der Systematisierung dieser für die Fertigungsablaufplanung äußerst wichtigen Typen aufzuzeigen und zum anderen das schwierige Merkmal der Komplexität in den Griff zu bekommen.

Eine exakte Definition der Komplexität war bisher nicht gegeben worden. Darauf soll auch weiterhin verzichtet werden. Es waren lediglich die Komponenten dieses Merkmals angegeben worden[86]. Trotzdem wurde die Hypothese aufgestellt, daß die Typenreihe *J* in der Anordnung der Abb. 34 nach zunehmendem Komplexitätsgrad aufgestellt werden kann. Dieser Weg[87] wird für effizienter gehalten als der aufwendige Weg[88], die Typenreihe aufgrund einer exakten Definition der Komplexität zu bilden. In Abb. 35 wird diese Hypothese in einem stark vereinfachenden *Experiment* überprüft. Die Versuchsbedingungen sind in ihrer Vereinfachung durchaus problematisch. Sie sind nicht ganz frei von Manipulation, also bewußt auf zunehmende Komplexität zielender Gestaltung. Trotzdem können sie als hinreichend aussagefähig angesehen werden: Bei allen Mischtypen ist dieselbe Anzahl der Bearbei-

---

[85] Ergänzend sei hier vermerkt, daß Riebel im Zusammenhang mit dem Verbundenheitsgrad der Fertigung zwei Typen näher untersucht hat, die bedingt den beiden Mischtypen „durchlaufend-synthetische" und „umgruppierend-analytische Fertigung" ähnlich sind; allerdings finden sich dort weder spezielle Aussagen zur Kombination noch allgemeine Aussagen über die Gesetzmäßigkeit ihrer Bildung; vgl. *Riebel*, P., Kuppelproduktion, S. 142—153.

[86] Vgl. „Differenzierung der Grundtypenreihe J".

[87] Der Weg, mit einer Hypothese zu beginnen, enspricht dem intuitiven Wesenszug der Typologie. Vgl. Kap. 1.4.

[88] Der Weg, mit einer Definition zu beginnen, entspricht dem formalkonstruktiven Wesenszug der Klassifikation.

tungsstationen vorhanden. In allen Fällen ist der dominante Grundtyp vierfach (bei vier Bearbeitungsstationen) und der rezessive Grundtyp einfach (bei einer Bearbeitungsstation) vertreten. Die Definition der Grundtypen wird nicht nur für jede Bearbeitungsstation sondern auch für die Input- und Outputseite beachtet. Der Komplexitätsgrad des Materialflusses wird grob vereinfachend an der Zahl der Transporttätigkeiten zwischen den Bearbeitungsstationen gemessen. Diese Zahl ist quasi ein Komplexitätsindex, obwohl diese Zahl nur den Umfang des Materialflusses wiedergibt und nichts über die Vermaschung der Materialflußstruktur aussagt. Über die Vermaschung kann aber in so einfachen Beispielen nichts ausgesagt werden, zumal hier nur auf den verfahrensbedingten Materialfluß abgestellt wird; würde der programmbedingte Materialfluß[89] hinzugenommen, dann könnte eine stärkere und aussagefähigere Vermaschung angenommen werden.

Das *Ergebnis* dieses Experimentes besagt nur, daß die Hypothese richtig sein kann, daß sie aber nicht generell gültig ist. Die Exaktheit im Anstieg des Komplexitätsindex ist durch Manipulation erreicht worden. Aber die Beispiele sind gut miteinander vergleichbar und drücken das Typische aus. Das Ergebnis wird als *Bestätigung* dafür angesehen, daß die aufgestellte Reihenordnung sowohl für die Grundtypen als auch für die Mischtypen sinnvoll ist. Die Komplexität steigt von der durchlaufenden über die analytische und umgruppierende zur synthetischen Fertigung an. Um den Gültigkeitsbereich der Hypothese genauer abzugrenzen, müßte das einfache Experiment zu einem umfangreichen und exakt begründeten *Simulationsmodell* ausgeweitet werden. Das ist jedoch für die Bildung einer typologischen Reihenordnung nicht unbedingt erforderlich. Die Abb. 35 zeigt darüber hinaus, daß die Methode eines Experimentes in Form grafischer Darstellungen für typologisches Arbeiten brauchbar ist. Die Methode entspricht dem anschaulichen Charakter der Typologie.

Die zunächst hypothetisch aufgestellte, typologisch untersuchte und dann experimentell bestätigte Reihenordnung entspricht auch der *Anschauung* bzw. Erfahrung. Danach ist unmittelbar ersichtlich, daß die durchlaufende Fertigung den geringsten Komplexitätsgrad aufweist. Bei den übrigen Fertigungstypen liegt der Fall schwieriger. Bei der analytischen und umgruppierenden Fertigung kommen die eigentlich analytischen bzw. umgruppierenden Teilprozesse (Verzweigungs- bzw. Kreuzungspunkte), die die Komplexität des Materialflusses wesentlich bestimmen, oft nur einfach oder wenigfach vor. Diese Teilprozesse beruhen oft auf chemischen oder physikalisch-chemischen Verfahren. So kommt bei grober Betrachtung der Erdölverarbeitung der analytische

---

[89] Vgl. Kap. 3.3.9., Merkmalsausprägungen.

Teilprozeß nur bei der Destillation bzw. Crack-Anlage vor. Die restlichen Tätigkeiten bilden vor allem durchlaufende Teilprozesse. Erst bei genauerer Betrachtung erkennt man weitere, vor allem analytische, Teilprozesse. Der Materialfluß läßt sich bildhaft als Verästelung kennzeichnen. Vermaschungen — bedingt durch ein Zurückführen der Spaltprodukte in einen synthetischen Prozeß — sind seltener. Diese kommen bei der vorwiegend umgruppierenden Fertigung von Chemikalien dagegen häufiger vor.

Der hoch synthetischen Fertigung kommt deshalb oft der höchste Komplexitätsgrad zu, da hier mechanisch-synthetische (zusammenbauende) Teilprozesse im Vordergrund stehen, die meist vielfach hintereinander vorkommen. Allerdings kann durchaus auch eine chemisch-umgruppierende Fertigung bei hohem Vermaschungsgrad einen höheren (verfahrensbedingten) Komplexitätsgrad aufweisen.

Eben diese Überlegungen machen die Reihung der gebildeten Grund- bzw. Mischtypen so schwierig. Da jede Typenbildung aus der Anschauung bzw. Erfahrung wesentlich bestimmt wird, ist das typologische Ergebnis bedingt durch eben diesen letztlich subjektiven Hintergrund relativ.

In methodischer Sicht zeigt die Bildung dieser Typenreihe die Bedeutung, die einem typreihenden Merkmal, hier der Komplexität, zukommen kann. Es zeigt, daß die Typenreihung schwieriger sein kann als die Typenbildung selbst. Es beweist damit die Relevanz der anfänglichen Unterscheidung in typbildende, typreihende und typbeschreibende Merkmale[90].

Ergänzend sei noch erwähnt, daß bei dieser Typenbildung — auch bei differenzierender Betrachtung der Materialflußstruktur — vor allem auf das Gesamtbild der Industrieunternehmung abgestellt wurde[91]. Eine Darstellung, die den jeweiligen Anteil der durch einen bestimmten Materialflußtyp verbundenen Transporttätigkeiten an deren Gesamtzahl (Materialflußumfang) zeigt, scheidet somit aus.

3.3.10. Komplexitätstypen: Gering und hoch komplexe Fertigung (Typenreihe K)

— *Merkmalsausprägungen und Merkmalskomponenten*

Im vorigen Abschnitt ist das Merkmal der Komplexität in bezug auf den verfahrensbedingten Materialfluß als ein die Typenreihe *J* ordnendes, also als ein typreihendes[1], Merkmal erfaßt worden. Nun wird die

[90] Vgl. Kap. 1.2.

[91] Vgl. Fußnote 80).

[1] Vgl. Kap. 1.2.

Komplexität als *typbildendes* Merkmal angesehen. Dies erscheint sinnvoll, weil die vorstehende Untersuchung die Relevanz dieses Merkmals gezeigt hat. Weiterhin wird es auf den gesamten Fertigungsprozeß bezogen, d. h. Fertigungstätigkeits- und Transporttätigkeitsstruktur (Materialflußstruktur) werden integriert betrachtet. Zudem kann es mit dem Merkmal Umfang des Fertigungsprogramms[2] in direktem Zusammenhang gesehen werden. Eine realitätsbezogene Typenbildung kann bei diesem *umfassenden Merkmal* nicht mehr — wie bei der Typenreihe *J* — nur auf den verfahrensbedingten Materialfluß beschränkt bleiben. Der Einbezug des programmbedingten Materialflusses[3] wird erforderlich. Damit wird die enge Verbindung dieser Typenreihe mit den Typenreihen *C* und *J* deutlich[4]. Gleichzeitig ergeben sich Zweifel, ob mit einem so umfassenden Merkmal noch eine Elementartypenreihe oder bereits eine Verbundtypenreihe gebildet wird. Dies ist um so problematischer, je enger man die Verbindung zu den genannten Typenreihen knüpft.

Deshalb soll die eigentliche Typenbildung hier nicht so weit — d. h. die *Verbindungsmöglichkeiten* einschließend — ausgedehnt werden. Die weiterreichenden Verbindungsmöglichkeiten werden hier als zusätzlich mögliche Spezifizierungsmöglichkeiten aufgezeigt. Es muß einer spezielleren Untersuchung vorbehalten bleiben, auf der Grundlage exakter Definitionen die Verbindungen und Abgrenzungen der Typen genauer zu begründen. In jedem Fall stellt sich aber dann das Problem, die Typen noch sprachlich aussagefähig genug zu bezeichnen. Nach hier vertretener Ansicht bleiben dann starke Zweifel daran bestehen, ob sprachlich zu exakte Definitionen für praktische Anwendungen brauchbar sind. Eine zu weit exakt spezifizierte Typenbildung verliert schon durch ihren artifiziellen Charakter an Anschaulichkeit und wäre damit pervertiert. Allerdings wird bei speziellen Modellbildungen ein solcher Genauigkeitsgrad sicherlich erforderlich. Für in solchem Rahmen pragmatisch auszurichtende Definitionen muß aber die vorliegende mehr grundlegende Untersuchung in ihrem weit gespannten Feld noch einen ausreichenden Freiheitsgrad belassen.

Das Merkmal
Komplexität der Fertigung
in *kontinuierlich abstufbar*. Auf eine aufwendige exakte Definition sei hier wiederum verzichtet. Stattdessen werden die *Merkmalskomponenten* herausgearbeitet. Sie können aus dem bereits Ausgeführten abgeleitet werden.

---

[2] Vgl. Kap. 3.3.3., Grundlegendes ...
[3] Vgl. Kap. 3.3.9., Merkmalsausprägungen.
[4] Vgl. Abb. 24 u. Abb. 34.

Elemente des Fertigungsprozesses (i. w. S. = einschl. des Transportprozesses) sind Fertigungs- und Transporttätigkeiten, in „reiner“ oder „kombinierter“ Ausprägung[5]. Ihre Anzahl macht den Umfang des Fertigungsprozesses aus und bildet eine Komponente der Komplexität. Die noch wichtigere Komponente ist die Anzahl der Maschen des Fertigungs-Transport-Netzes. Liegt keine Vermaschung vor, wie z. B. bei durchlaufender Einproduktfertigung, dann kann überhaupt nicht von komplexer Fertigung gesprochen werden, anders formuliert, bei einem Vermaschungsgrad von Null ist auch der Komplexitätsgrad gleich Null[6].

Die wichtigsten *Komponenten* sind somit:

— Anzahl der Maschen des Fertigungs-Transport-Netzes,

— ggfs. ergänzend Anzahl der Wege durch dieses Netz,

— Anzahl der Tätigkeiten des Netzes.

Die letzte Komponente kann weiter aufgespalten werden:

— Anzahl der „reinen“ Transporttätigkeiten (ohne Fertigung)

— Anzahl der Fertigungstätigkeiten (mit und ohne Transport).

Die letzte Komponente kann — um an die vorige Typenreihe noch enger anzuknüpfen — weiter detailliert werden in:

— Anzahl der Bearbeitungsstationen und

— Anzahl der Fertigungstätigkeiten je Bearbeitungsstation.

— *Bildung und Darstellung von Extremtypen*

Die Dimensionalität der Extremtypen bestimmt sich nach dem jeweils angestrebten Detaillierungsgrad der Merkmalskomponenten entsprechend den vorstehend aufgezeigten Möglichkeiten. Die Extremtypen sind keinesfalls eindimensional, denn ein nicht aufgeschlüsseltes Merkmal „Komplexität“ wäre völlig aussagelos. Sie sind *mindestens zweidimensional*, eine Aussage über die Maschen- und Tätigkeitszahl enthaltend.

Abb. 36 zeigt die unterschiedlichen Detaillierungsmöglichkeiten auf. Daraus geht auch noch einmal hervor, daß zusätzlich Ausprägungen der Materialflußstruktur und des Programmumfangs als typbildend (!) denkbar sind. Es wäre aber besser, dann bereits von Verbundtypen zu sprechen. Diese Angaben sind für eine sinnvolle Elementartypenbildung nicht unbedingt erforderlich.

---

[5] Vgl. Kap. 3.2.4.1.1.

[6] Vgl. nochmals Fußnoten 81) u. 82).

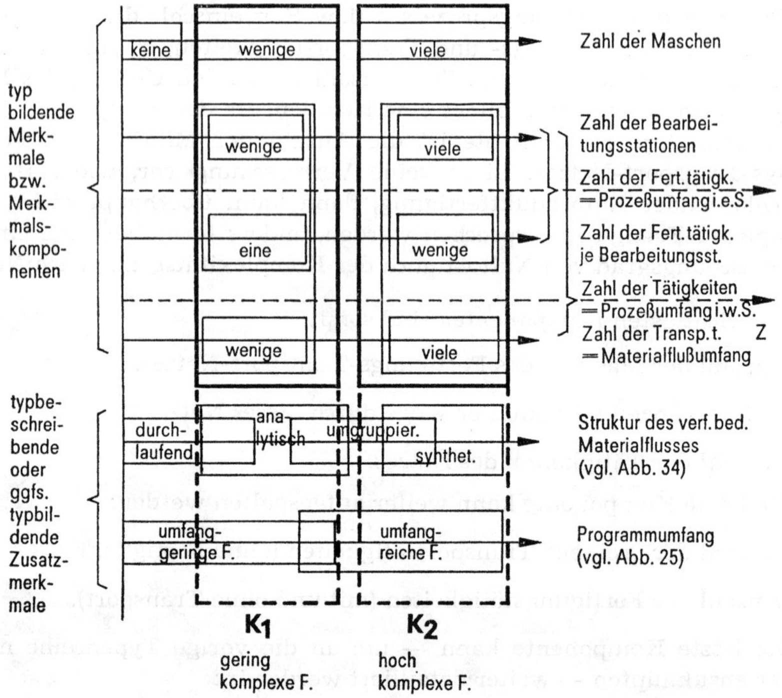

Abb. 36. Typenreihe K, Komplexitätstypen

Da auf eine exakte Definition des typbildenden Merkmals der Komplexität der Fertigung verzichtet wurde, können mit den Merkmalskomponenten nur grob *zwei Extremtypen* gebildet werden.

K_1 : gering komplexe Fertigung

Kennzeichnend ist vor allem eine geringe Maschenzahl des Fertigungs-Transport-Netzes. Meist ist auch der Prozeßumfang gering. Im Grenzfall ist aber auch ein großer Prozeßumfang denkbar, wenn der Programmumfang groß ist, z. B. bei analytisch-durchlaufender Fertigung vieler Produkte in parallel ablaufenden Prozessen bei geringer Vermaschung. Ein mehr typisches Beispiel läge jedoch vor, wenn bei umfanggeringer[7] und vorwiegend durchlaufender Fertigung ein Walzwerk (vielfach-durchlaufende Fertigung) und ein Kunststoffolienwerk (gering analytisch-synthetische Fertigung) verbunden sind, um verschiedene kunststoffbeschichtete Bleche (gering einfach-synthetische Fertigung) herzustellen.

[7] Vgl. Kap. 3.3.3., Erweiterung ...

K_2 : *hoch komplexe Fertigung*

Primär kennzeichnend ist ein hoher Vermaschungsgrad der Prozeßstruktur mit stark vermaschtem verfahrens- und programmbedingtem Materialfluß. Meist dominiert die synthetische Fertigung. Andere Materialflußtypen kommen meist nur einfach oder wenigfach vor. Der Aufwand der Fertigungsablaufplanung ist extrem hoch. Bei umfangreicher Fertigung sind viele Fertigungsprozesse der verschiedenen Produkte zu koordinieren. Das Reihenfolgeproblem gestaltet sich besonders schwierig. Im Extremfall ist aber auch ein minimaler Programmumfang (bezogen auf Endprodukte), also eine Einproduktfertigung, denkbar, weil trotzdem noch der Prozeßumfang bei hohem Vermaschungsgrad sehr groß sein kann. Dieser Grenzfall läge bei der Einzelfertigung einer großen Schiffumschlagsanlage vor. Typischere Beispiele finden sich in der auftragsgebundenen Großmaschinenindustrie, die in Kleinserien fertigt.

3.3.11. Kontinuitätstypen: Diskontinuierliche und kontinuierliche Fertigung (Typenreihe L)

— *Merkmalsausprägungen*

Das Merkmal
Kontinuität des Materialflusses
stellt auf den Bewegungsablauf des Güterstromes ab. Es wird untersucht, ob die Güter (Werkstoffe, Produkte, Materialien) in einem kontinuierlichen, d. h. stetigen Ablauf ununterbrochen bewegt werden, oder ob der Bewegungsablauf durch Ruhezustände der Güter unterbrochen wird.

Der *Bewegungsablauf* des Materialflusses war bereits als eine Folge (Verkettung bzw. Vermaschung) von an Gütern ausgeführten *Transporttätigkeiten* mit oder ohne gleichzeitiger Fertigung analysiert worden. Somit ist letztlich auf die Kontinuität der Transport- und nicht auf die der Fertigungstätigkeiten abzustellen. Technologische Gesichtspunkte der Kontinuität oder Diskontinuität von Fertigungstätigkeiten — wie z. B. die gleichmäßige Aufrechterhaltung bzw. rhythmische Veränderung von Druck- und Temperaturverhältnissen oder die rotierend bzw. translatorische Bewegung von Werkzeugen — sind für den Fertigungsablaufplaner von untergeordnetem Interesse[8].

Das Merkmal untersucht ein *zeitliches,* nicht etwa ein räumliches, *Phänomen.* Es wird geprüft, ob eine Ruhezeit vorhanden ist oder ob

[8] Vgl. dazu aber *Riebel,* P., Erzeugungsverfahren, S. 92 f. Riebel nimmt — bei anderer Zielsetzung — diese Trennung in Fertigungs- und Transporttätigkeiten nicht vor. Sie wird hier jedoch für die Systematisierung — besonders von Grenzfällen — für wesentlich gehalten.

nur Transportzeiten vorkommen. Dabei ist die quantitative Ausprägung uninteressant. Das Merkmal untersucht ein *qualitatives* Phänomen. Es ist damit *bipolar* und wird in zwei Ausprägungen differenziert, kontinuierlich und diskontinuierlich. Die Grenze zwischen den Ausprägungen kann im Prinzip sehr einfach durch das *Vorhandensein eines Ruhezustandes* des bewegten Gutes bestimmt werden. Trotzdem kann es manchmal dem herrschenden Sprachgebrauch entsprechen, bei sehr kurzen Ruhezuständen noch von einem kontinuierlichen Materialfluß zu sprechen, etwa bei den Bewegungen der Brammen beim Walzvorgang[9]. Allerdings nur, wenn man dem Sprachgebrauch in dieser Weise nachgibt, ist die Grenze zwischen den Merkmalsausprägungen fließend.

Für die Kontinuität des Materialflusses sind *nur die Bedingungen des Fertigungsprozesses* (i. w. S.) selbst maßgebend — man hätte insofern auch hier wieder das Adjektiv verfahrensbedingt (i. w. S.) hinzufügen können. Nicht interessieren Unterbrechungen aufgrund der Arbeitszeit (z. B. bei Ein-Schicht-Betrieb oder an Feiertagen) und aufgrund von Reparaturen, Wartung, Inspektion, Umstellung o. ä.[10]. Insbesondere stellt die Kontinuität nicht auf die Unterbrechbarkeit (!) ab. So ist der Hochofenprozeß zwar nicht unterbrechbar, trotzdem ist der Materialfluß diskontinuierlich; so wird das Roheisen beim Abstich chargenweise entnommen; beim Erschmelzungsvorgang selbst befindet sich — zumindest für den Ablaufplaner — das Roheisen in einem Ruhezustand[11].

In der bisher aufgebauten Terminologie läßt sich auch ein relativ schwieriger *Grenzfall* zuordnen. An einem stetig laufenden Fließband ist eine Folge von Handarbeitsplätzen angeordnet. Es werden Teile zu Endprodukten montiert. Die Produkte werden vom Fließband kontinuierlich transportiert. An jedem Arbeitsplatz wird das unfertige Produkt zur Durchführung des jeweiligen Montagevorgangs vom Fließband genommen. Nach erfolgter Montage wird das Produkt zum folgenden Montagevorgang auf das Fließband zurückgegeben. Während der Montagevorgänge erfährt das Produkt eine Ruhelage. Trotzdem ist der Materialfluß dieses Beispiels im Sinne der Ablaufplanung kontinuierlich. Hier liegt insofern eine Besonderheit vor, als der Transportvorgang auch bei zeitweiligem Nichtvorhandensein des Produktes auf dem Transportmittel kontinuierlich aufrechterhalten wird. Auch in diesem Sonderfall ist konsequenterweise auf die Transporttätigkeit abzustellen. In zeitlicher Hinsicht ist die Transporttätigkeit gegenüber der Fertigungstätigkeit dominierend, denn die Transportzeit determiniert die

---

[9] Vgl. *Riebel*, P., Erzeugungsverfahren, S. 93.

[10] Vgl. ähnlich *Riebel*, P., Erzeugungsverfahren, S. 90.

[11] Vgl. eine andere Auffassung bei *Schäfer*, E., Industriebetrieb, Bd. 2, S. 268.

Fertigungszeit, insofern ist die Fertigung an den kontinuierlichen Transport gebunden, insofern wird der Bewegungsablauf kontinuierlich.

An diesem Beispiel läßt sich generell ein sehr wichtiges *Ergebnis* ableiten. Bei kontinuierlichem Materialfluß ist die *Durchlaufzeit* t_i^D (Transportzeit innerhalb des Einwirkungsbereiches einer Bearbeitungsstation, z. B. Griffbereich eines Handarbeitsplatzes oder Durchflußzeit durch das Rohrsystem eines Wärmeaustauschers; also Transportzeit bei gleichzeitig (möglicher) Fertigung) *gleich der maximal möglichen Fertigungszeit* p_i^{max} [12].

Außerdem zeigt das Beispiel, daß die Typenbildung *ausnahmsweise nicht nur eindimensional* sein kann. Zwar reicht es im Regelfall aus, nur zu prüfen, ob ein Ruhezustand der Produkte vorhanden ist, und mit diesem einen Merkmal eindimensionale Typen zu bilden. Im Ausnahmefall muß *zusätzlich das Verhältnis von Durchlaufzeit* t_i^D *und Fertigungszeit* p_i (i = Index der Bearbeitungsstation) geprüft werden; dabei muß gelten

$$t_i^D \geqq p_i^{tats} \text{ bzw. } t_i^D = p_i^{max}$$ [13].

Daß der „Fließbandfall" sinnvoll zugeordnet ist, läßt sich daran zeigen, daß für die Fertigungsablaufplanung kein Unterschied bestehen kann, ob nun das Produkt vorübergehend zur Fertigungsdurchführung vom Band genommen wird, oder ob der Arbeiter auf dem Band innerhalb seines „Einwirkungsbereiches" mit dem Produkt transportiert wird oder mitgeht, wie z. B. bei der Automobilendmontage. Der ablaufplanungsrelevante Sachverhalt der Kontinuität, d. h. der ununterbrochenen Bewegung, ist in beiden Fällen der gleiche. Daher fallen beide (verschiedene) reale Erscheinungsformen unter den gemeinsamen Typ der kontinuierlichen Fertigung, der auf der Grundlage dieser Abgrenzung gebildet werden kann.

---

[12] Bei Riebel findet sich ein ähnlicher Gedanke mit anderen Begriffsumfängen und in anderem Zusammenhang. Aus dem dortigen Zusammenhang geht hervor, daß Riebel in bezug auf die „reinen" Transportzeiten anderer Ansicht ist, da er mehr auf die Technologie abstellt als auf die Ablaufplanung. Daher wird hier spezifischer formuliert. Vgl. *Riebel*, P., Erzeugungsverfahren, S. 93.
Im Zusammenhang mit dem Fließprinzip findet sich der Grundgedanke in ähnlicher Form mit anderer Ausdeutung auch bei REFA (Hrsg.), Das Refa-Buch, Bd. 1, Arbeitsgestaltung, Kapitel: Die Organisation des Arbeitsablaufs von H. Böhrs, 10. Aufl., München 1961, S. 64.

[13] Da die für den Grenzfall (Fließbandfall) detaillierte Zeitbetrachtung auf andere Merkmale, das der zeitlichen Abstimmung und das der Anordnung der Betriebsmittel (Fließprinzip), bereits überleitet, soll hier betont werden, daß diese Betrachtung nur als Begründung für die richtige Einordnung des Grenzfalles gegeben wurde. Diese Betrachtung hat zusätzlichen bzw. typbeschreibenden Charakter. Für die Typenbildung selbst genügt es, konsequent auf Ruhezustände des Transports abzustellen und damit die Typen eindimensional zu bilden.

— *Bildung von Extremtypen*

Da das Merkmal der Kontinuität des Materialflusses von erheblicher Bedeutung ist und weitere, zeitliche Kontinuitätsbedingungen als Zusatzbedingungen angesehen werden können, sollen auch aus Gründen der Klarheit die folgenden Fertigungstypen *eindimensional* gebildet werden. Von der Kontinuität des Materialflusses (!) wird auf die Kontinuität der Fertigung schlechthin (!) geschlossen. Da das Merkmal der Kontinuität bipolar ist, lassen sich nur zwei Extremtypen bilden.

L_1 : *diskontinuierliche Fertigung*

Es wird bei unterbrochenem Materialfluß gefertigt. Es gibt Zwischenlager und damit Wartezeiten. Um an den Fließbandfall, also den Grenzfall der kontinuierlichen Fertigung, in diesem Zusammenhang anzuknüpfen, sei hier der Fall eines ruckweise bewegten Fließbandes erwähnt. Ob die Güter vom Band genommen werden oder ob sie auf dem Band gefertigt werden, ist auch hier wieder unwichtig. Entscheidend ist, daß die Bearbeitungszeit von der Transportzeit völlig unabhängig ist, daß die erwähnte zeitliche Bedingung[14] nicht gilt. Damit liegt in diesem Fall eindeutig diskontinuierliche Fertigung vor. Allerdings ist hier wiederum ein Grenzfall gegeben, da keine Zwischenlager und Wartezeiten vorliegen, sondern der Transport lediglich zur Bearbeitung unterbrochen wird.

L_2 : *kontinuierliche Fertigung*

Es wird bei ununterbrochenem Materialfluß gefertigt. Es gibt keine Zwischenlager und damit keine Wartezeiten. Da primär auf den Materialfluß, also auf den Transport, abgestellt wird, ist es völlig unerheblich, ob zwischen den Fertigungstätigkeiten auch reine Transporttätigkeiten liegen, ob also neben den Fertigungszeiten auch reine Transportzeiten (Zeiten bei ausschließlichem Transport) anfallen. Ein kontinuierlicher Produktionsfortschritt[15], bei dem Fertigungstätigkeiten nicht von reinen Transporttätigkeiten unterbrochen werden, ist damit unwesentlich. Es soll ausdrücklich betont werden, daß kontinuierliche Fertigung nichts mit fließender Fertigung bzw. Fließfertigung zu tun hat[16].

---

[14] Vgl. vorstehenden Abschnitt.

[15] Vgl. eine abweichende Ansicht bei *Riebel*, P., Erzeugungsverfahren, S. 93—95. Riebel hält auch dieses Merkmal für erforderlich und überdies noch ein technologisches (vgl. ebenda, S. 92 f.), so daß er insgesamt — in der vorliegenden Terminologie — eine dreidimensionale Typenbildung anstreben würde (vgl. ebenda, S. 91—95).

[16] Vgl. gleiche Auffassungen bei *Schäfer*, E., Industriebetrieb, Bd. 2, S. 266 f. und *Kölbel*, H. und *Schulze*, J., Die Abgrenzung chemischer Produktionstypen nach Leistungsprogramm, Fertigungsorganisation und Prozeßführung, in: IO, 34 (1965) 4, S. 157.

— *Darstellung der Extremtypen*

Wie schon bei verschiedenen vorigen Typenreihen kommen auch hier zwei Darstellungsformen in Betracht. Abb. 37 ordnet die Fertigungstypen zunächst den beiden bipolaren Ausprägungen des einfachen (!) Merkmals der Kontinuität zu.

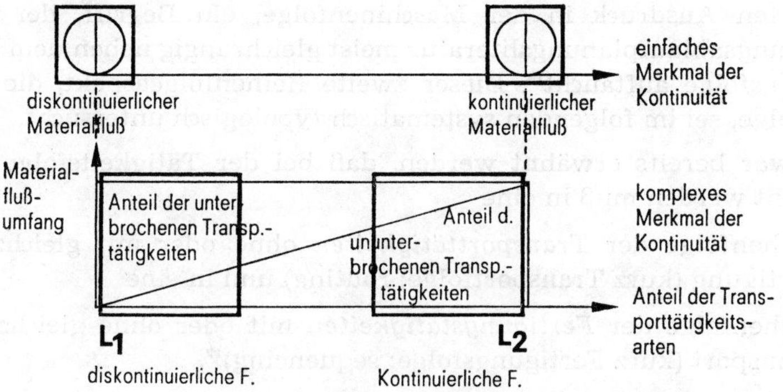

Abb. 37. Typenreihe L
mit einfachem und komplexem Merkmal der Kontinuität des Materialflusses

Es muß aber bei realitätsbezogener Darstellung auch die Tatsache berücksichtigt werden, daß in der Industrieunternehmung oft nur ein Teil der Transporttätigkeiten kontinuierlich miteinander verbunden sind; somit muß auch in bezug auf diese Mischformen eine Aussage getroffen werden. Abb. 37 ordnet die Fertigungstypen deshalb weiterhin den beiden extremen Ausprägungen des komplexen (!) Merkmals der Kontinuität zu. Absolute Merkmalskomponente ist die Gesamtzahl der Transporttätigkeiten (Materialflußumfang). Grundlegende relative Merkmalskomponente[17] ist der Anteil der Transporttätigkeiten, die ununterbrochen hintereinander ablaufen, d. h. in deren Ablauf kein Ruhezustand eintritt. Dieser Anteil umfaßt besonders die Transporttätigkeiten mit gleichzeitiger Fertigung. Hinzu kommen die Transporttätigkeiten, die die maximale Fertigungszeit bestimmen und im Verlauf derer auch Fertigungstätigkeiten im Ruhezustand durchgeführt werden.

3.3.12. Reihenfolgetypen: Reihenfolgekonstante, reihenfolgevariable und reihenfolgeverschiedene Fertigung (Typenreihe M)

— *Merkmalsausprägungen und Merkmalskomponenten*

Reihenfolgeprobleme können sich einmal in bezug auf die Produkte (als Objekte des Fertigungsprozesses) und zum anderen in bezug auf die Tätigkeiten des Fertigungsprozesses ergeben.

[17] Vgl. nochmals Kap. 2.3., Komplexe Merkmalsarten.

Im ersten Fall kann man von Produktfolge oder *Auftragsfolge* sprechen. Diese zu bestimmen, ist zwar eine wesentliche Aufgabe der Fertigungsablaufplanung, jedoch kann man mit diesem Merkmal offensichtlich keine aussagefähigen Fertigungstypen bilden. Dieser Reihenfolgeaspekt sei deshalb ausgeschieden.

Der zweite Aspekt, die *Tätigkeitsreihenfolge*, findet seinen sehr spezifizierten Ausdruck in der Maschinenfolge, ein Begriff, der in der Fertigungsablaufplanungsliteratur meist gleichrangig neben dem Begriff Auftragsfolge auftaucht[18]. Dieser zweite Reihenfolgeaspekt, die Tätigkeitsfolge, sei im folgenden systematisch typologisch untersucht.

Es war bereits erwähnt werden, daß bei der Tätigkeitsfolge streng getrennt werden muß in eine

— Reihenfolge der *Transporttätigkeiten* ohne oder mit gleichzeitiger Fertigung (kurz Transportfolge; routing) und in eine

— Reihenfolge der *Fertigungstätigkeiten* mit oder ohne gleichzeitigen Transport (kurz Fertigungsfolge; sequencing)[19].

Ebenfalls wurde erwähnt, daß die Transporttätigkeitsfolge ausgeführt an Gütern als Güterstrom (*Materialfluß*) von Bearbeitungsstation zu Bearbeitungsstation fließend veranschaulicht werden kann. In der Transportfolge drückt sich die *räumliche Dimension* des Fertigungsablaufs (i. w. S. = einschließlich Transport) am deutlichsten aus[20].

So notwendig auch zunächst eine gedankliche Trennung zwischen Fertigungsfolge und Transportfolge ist, so erfordert eine realitätsbezogene Typenbildung eine *Integration* beider Merkmale, die allerdings dann weiterhin als Elemente klar erkennbar bleiben müssen. Die Integration kann durch eine vereinfachende Annahme sehr leicht durch-

---

[18] Vgl. z. B. *Hoss*, K., Fertigungsablaufplanung, S. 46 ff. und S. 51 f.

[19] Vgl. nochmals Kap. 3.2.4.1.1.
Die ergänzend angeführten englischen Begriffe werden in der angelsächsischen Literatur keineswegs einheitlich gebraucht und in dieser Schärfe voneinander getrennt. Trotzdem deuten sie die Problemkreise anschaulich an. Beim Inhalt des Begriffes sequencing steht allerdings oft mehr der Terminplanungs- als der Reihenfolgeplanungsaspekt im Vordergrund.

[20] Allerdings kann die räumliche Dimension des Fertigungsablaufs nicht vollständig durch die Transportfolge beschrieben werden. Hinzu kommen müssen Angaben über die Struktur des verfahrensbedingten Materialflusses (vgl. Kap. 3.3.9.) und die Struktur des programmbedingten Materialflusses, ein Merkmal, das später im Zusammenhang mit der Fertigungsprozeßzuordnung (Sukzessiv- und Parallelfertigung) noch behandelt werden wird (vgl. Kap 3.3.22.). Eine vollständige Beschreibung der räumlichen Dimension des Fertigungsablaufs ist wegen der komplexen Verflochtenheit der Merkmale nicht auf der Stufe der Elementartypenbildung, sondern erst auf der Stufe der Verbundtypenbildung möglich. Führt man die Erscheinungsformen des Fertigungsablaufes nicht auf wenige elementare Formen zurück, wird keine klare, systematische Gliederung erreicht. Vgl. hierzu aber die Ausführungen von *Schäfer*, E., Industriebetrieb, Bd. 2, S. 250 ff.

geführt werden. Wenn nämlich je Bearbeitungsstation lediglich eine einzige Fertigungstätigkeitsart ausgeführt wird, die von Produkt zu Produkt dieselbe bleibt (also wenn keine qualitative Umrüstung stattfindet), läßt sich ausschließlich von der Transportfolge ausgehend auf die Fertigungsfolge eindeutig schließen. Von diesem einfachen Fall sei bei der Typenbildung ausgegangen, um die Ausführungen zu verkürzen[21]. Durch diese vereinfachende *Prämisse* wird die Integration beider Merkmale — der Transportfolge und der Fertigungsfolge — auf ein Merkmal — nämlich die Transportfolge — zurückgeführt. Somit ist einmal eine systemgerechte Erweiterungsmöglichkeit der Untersuchung aufgezeigt, und zum anderen ist es möglich, im folgenden von umfassenden Fertigungstypen — und nicht nur von Materialflußtypen — zu sprechen, da die Fertigungstätigkeiten im Prinzip berücksichtigt werden.

Das Reihenfolgeproblem wird im folgenden unter dem Gesichtspunkt der Variabilität untersucht. Das Merkmal der

Variabilität der Reihenfolge

hat zunächst zwei Ausprägungen, wenn man es als monopolares Merkmal auffaßt, nämlich variabel und konstant (nicht variabel). Dabei werden mindestens zwei Tätigkeitsfolgen von jeweils mindestens zwei Produkteinheiten, die in einer Planungsperiode gefertigt werden, miteinander verglichen.

Der *Begriff der Variabilität* ist zweideutig. Es läßt sich darunter einmal eine *tatsächliche Veränderung* und zum anderen eine *potentielle Veränderlichkeit* verstehen. Für die Typenbildung ist diese Unterscheidung äußerst bedeutsam. Eine Tätigkeitsfolge kann potentiell veränderlich sein, sie kann aber tatsächlich unverändert bleiben; je nachdem, auf welchen Aspekt abgestellt wird, kann diese reale Erscheinungsform der Fertigung zwei unterschiedlichen Fertigungstypen (entweder reihenfolgevariabler oder reihenfolgekonstanter Fertigung) zugeordnet werden.

Die Frage nach der Veränderlichkeit (!) einer Reihenfolge kann auch als Frage nach ihrer *Zwangsläufigkeit* formuliert werden. Die Zwangsläufigkeit kann technologisch und/oder wirtschaftlich bedingt sein. Bei technologischen Reihenfolgerestriktionen (entweder technische Restriktionen: schleifen vor polieren; oder naturgesetzliche Restriktion: erhitzen vor destillieren) kann man noch relativ häufig berechtigt von

---

[21] Bei der Behandlung von „routing problems" in der OR-Literatur wird in der Regel ebenfalls diese Prämisse gemacht. Sie trifft aber nur für Spezialmaschinen zu, also für Maschinen, die nur eine Fertigungstätigkeit ausführen können und qualitativ (in der Tätigkeitsart) nicht umrüstbar sind, also obige Bedingungen erfüllen. Vgl. auch Kap. 3.3.2., Bildung von Zwischentypen.

einer Zwangsläufigkeit sprechen; bei wirtschaftlichen Reihenfolgerestriktionen (z. B. bedingt durch den Aufwand bei Änderung der Transportfolge auf einer Transferstraße) ist dies äußerst problematisch. Bei konsequenter Ausrichtung auf das Wirtschaftlichkeitsprinzip — wovon hier ausgegangen wird[22] — ist letztlich jede Tätigkeitsfolge zwangsläufig. Das Merkmal der Zwangsläufigkeit (im Sinne von Unveränderlichkeit) erscheint wegen seiner schwierigen Erfaßbarkeit in technologischer und wirtschaftlicher Hinsicht für die Elementartypenbildung wenig geeignet zu sein[23]. Ohne auf die Problematik der Erfaßbarkeit einzugehen, ließen sich zwei Merkmalsausprägungen denken, mit denen Elementartypen gebildet werden könnten:

— *reihenfolgefixierte Fertigung* (unveränderliche Reihenfolge) und

— *reihenfolgeunfixierte Fertigung* (veränderliche Reihenfolge).

---

[22] Vgl. Kap. 3.1.7. u. Kap. 3.2.1.

[23] Vgl. zur Problematik der Erfassung der Zwangsläufigkeit der Reihenfolge *Ellinger*, Th., Ablaufplanung, S. 63 ff.
Das Merkmal der Zwangsläufigkeit ist von vielen Autoren in unterschiedlichster Weise zur Bildung des Typs Zwangslauffertigung herangezogen worden. Dabei wird zwar meist die Zwangsläufigkeit der Reihenfolge als wichtigste Merkmalskomponente genannt, darüber hinaus werden aber meist noch weitere Komponenten angegeben. In den meisten Fällen ist aber diese Typenbildung wenig aussagefähig, weil die Merkmale nicht klar genug herausgearbeitet werden oder sogar völlig unklar bleiben. Vgl. dazu *Kalveram*, W., Industriebetriebslehre, S. 58 f.; ferner *Hoss*, K., Fertigungsablaufplanung, S. 16; ferner *Riebel*, P., Erzeugungsverfahren, S. 103 f.; ferner *Schäfer*, E., Industriebetrieb, Bd. 1, S. 186 f. und Bd. 2, S. 265 f. und S. 289 f.; bei der Behandlung der Zwangsläufigkeit der Reihenfolge wird dort von „räumlichem Zwangslauf" gesprochen. Dies erscheint dem Verfasser als eine Verwirrung der Merkmale, denn eine Tätigkeitsreihenfolge (undifferenziert) sagt nichts zwingend über die räumliche Folge aus, so kann sich das Reihenfolgeproblem auf einer einzigen Bearbeitungsstation stellen, so daß damit keine räumliche Dimension gegeben ist. Nur wenn auf die Transportfolge allein abgestellt wird, liegt eine klare Aussage über die räumliche Folge vor. Vgl. nochmals vorstehende Ausführungen, Stichwort „Prämisse".
Ebensowenig darf das Reihenfolgeproblem mit der zeitlichen Dimension in direkten Bezug (partiell gleichsetzend) gebracht werden, denn von einer Reihenfolge zweier Tätigkeiten kann nur bedingt auf ihre zeitliche Folge geschlossen werden. Ein reihenfolgemäßiges Nacheinander bedeutet zwar auch ein zeitmäßiges Nacheinander, aber die Tätigkeiten können sich dabei teilweise überlappen, oder es kann zwischen ihnen ein zeitlicher Abstand liegen. Somit muß bei der Elementartypenbildung nach dem Merkmal der Reihenfolgevariabilität von räumlichen und zeitlichen Gesichtspunkten getrennt werden, auch wenn diese Merkmale sehr eng miteinander verflochten sind. Von der Zwangsläufigkeit spricht Schäfer erst bei gleichzeitigem Vorhandensein von räumlichem und zeitlichem Zwangslauf. Vgl. nochmals *Schäfer*, E., Industriebetrieb, Bd. 2, S. 289 f. Dabei nimmt er als zeitlichen Aspekt das Merkmal der Unterbrechbarkeit hinzu. Vgl. Kap. 3.3.13. der vorliegenden Untersuchung. Aus diesen Ausführungen zur Zwangslauffertigung ist der Schluß zu ziehen, daß es sinnvoller ist, diesen Typ als einen Verbundtyp zu fassen, und nicht als Elementartyp.

Von einer diesbezüglichen Typenbildung (!) soll aber Abstand genommen werden, da die Ausprägungen nicht befriedigend erfaßt werden können. Stellt man jedoch nur auf technische Gesichtspunkte ab, dann sind die Ausprägungen immerhin anschaulich. So kann z. B. bei einem starren, geschlossenen Rohrsystem die Durchflußrichtung und damit die Bearbeitungsfolge eines Produktes unveränderlich sein. Deshalb können die genannten Merkmalsausprägungen durchaus zur Typenbeschreibung (!) herangezogen werden. Bei der folgenden Typenbildung (!) soll allerdings *allein* auf die *tatsächliche Veränderung* der Reihenfolge abgestellt werden. Damit wird die Typenbildung ebenso einfacher wie aussagefähiger.

Die Ausprägungen des Merkmals der *Variabilität* werden hier als variabel = *verändert* und konstant = *unverändert* definiert. Die Frage nach der Veränderlichkeit ist allenfalls von untergeordnetem Interesse. Sie wird immer bei Betrachtung einer einzigen (!) Tätigkeitsfolge beantwortet, im Gegensatz zur Frage nach der Variabilität, die durch *Vergleich zweier (!) Tätigkeitsfolgen* beantwortet wird. Damit wird deutlich, daß eine konstante = unveränderte Reihenfolge sowohl fixiert = unveränderlich als auch unfixiert = veränderlich sein kann. Eine variable = veränderte Reihenfolge ist dagegen immer unfixiert = veränderlich[24].

Wenn die Frage nach der Variabilität der Reihenfolge durch einen *Vergleich zweier Tätigkeitsfolgen* beantwortet wird, dann ist es offensichtlich, daß dieser Vergleich bei der Einzelfertigung in Form der Einproduktfertigung nicht möglich ist, denn hier existiert nur eine einzige Tätigkeitsfolge, da in der Planungsperiode nur eine einzige Produktart in einer Einheit gefertigt wird. Wohl aber ist ein Vergleich bei Einzelfertigung in Form der *Mehrproduktfertigung* möglich, denn hier werden in der Planungsperiode mehrere Produktarten jeweils in einer einzigen Einheit (bei einmaliger Einzelfertigung) gefertigt. Die Tätigkeitsfolgen sind in diesem Fall voneinander verschieden, d. h. sie variieren. Ebenfalls ist ein Vergleich bei Einproduktfertigung in Form der *Serienfertigung* möglich, denn es wird in der Planungsperiode eine Produktart in mehreren Einheiten gefertigt. Kommen keine Sortendifferenzierungen vor, dann sind die Tätigkeitsfolgen einander gleich, d. h. sie sind konstant.

Bezieht man — wie hier — das Reihenfolgeproblem vereinfachend auf die Transportfolge, dann läßt sich die Variabilität quantifizieren,

---

[24] Hierzu gibt es nur scheinbar einen Ausnahmefall. Bei einem starren, geschlossenen Rohrsystem kann die Reihenfolge einer jeden (!) Tätigkeitsfolge fixiert sein. Trotzdem brauchen zwei Tätigkeitsfolgen nicht zueinander konstant zu sein, dann nämlich nicht, wenn eine zur anderen konträr ist; sie sind dann aber auch nicht zueinander variabel (verändert), sondern verschieden. Auf diese Unterschiede wird noch im folgenden eingegangen werden.

indem man *zwei Transportfolgen miteinander vergleicht* und den Grad der Veränderung an der *Anzahl der veränderten Transporttätigkeiten* mißt. Man erkennt, daß das Merkmal der Variabilität *kontinuierlich abstufbar* ist.

Stuft man nach abnehmender Variabilität ab, kann man sich bei beliebig großer Anzahl der Tätigkeiten beliebig nahe dem Grenzwert der *Reihenfolgekonstanz* nähern. Aber es handelt sich um einen Grenzwert eigener Art, da auch bei infinitesimaler Betrachtung konstant nicht variabel gleichgesetzt werden kann.

Stuft man nun in umgekehrter Richtung nach zunehmender Variabilität ab, also von geringer Veränderung zu starker Veränderung, dann läßt sich bei beliebiger Steigerung der gegenpolige Grenzwert finden. Auch bei stärkster Veränderung muß noch eine gewisse Gemeinsamkeit zwischen den Tätigkeitsfolgen bestehen, damit die eine Folge als Veränderung der anderen angesehen werden kann. Ist dies nach beliebiger Steigerung der Veränderung nicht mehr der Fall, liegt eine Verschiedenartigkeit (totale Nicht-Gemeinsamkeit) vor und damit wiederum ein Grenzwert eigener Art. Bei Reihenfolgekonstanz und Reihenfolgevariabilität liegt eine totale bzw. partielle Reihenfolgegemeinsamkeit vor. In dieser Formulierung erkennt man, daß *Reihenfolgeverschiedenheit* den gesuchten, zur Reihenfolgekonstanz diametralen Grenzwert darstellt.

Auf diesen *drei Ausprägungen konstant, variabel* und *verschieden* muß die Typenbildung aufbauen.

— *Bildung der Fertigungstypen*

Um die folgende Typenbildung zu systematisieren, sei einheitlich davon ausgegangen, daß *zwei Produkteinheiten* gefertigt werden. Die beiden Tätigkeitsfolgen werden miteinander verglichen. Es bleibt weiterhin die vereinfachende Annahme bestehen, daß je Bearbeitungsstation — es seien im folgenden beispielsweise Maschinen — nur eine Tätigkeitsart durchgeführt werden kann.

Die folgende Typenbildung ist zur weiteren Vereinfachung *eindimensional* und stellt nur auf das Merkmal der Reihenfolgevariabilität ausgedrückt in der Tätigkeitsfolgenveränderung ab. Um die Typenbildung aussagefähiger zu machen, werden die Verbindungen zu zwei Programmerkmalen gezogen, zur Anzahl der Produktarten und zur Verwandtschaft der Produkte. Da an dieser Stelle eine Bildung (!) mit bereits vorhandenen Elementartypen nicht in Betracht kommt — dies wäre dann eine Verbundtypenbildung — können diese Merkmale nur typbeschreibend sein. Ein weiteres typbeschreibendes Merkmal ist die Gemeinsamkeit der Bearbeitungsstationen (bzw. Betriebsmittel, hier beispielsweise Maschinen). Dieses Merkmal könnte jedoch ebenso als ein typbildendes Merkmal betrachtet werden, so daß die folgende Typenbildung zweidimensional wäre. Um die folgende Typenbildung im Zusammenhang vereinfacht und anschaulicher erfassen zu können, sei bereits vorab auf die Abbn. 39 und 40 hingewiesen.

M_1 : *reihenfolgekonstante Fertigung*

Wenn beispielsweise zwei Produkteinheiten auf vier Maschinen A, B, C und D gefertigt werden, ist für beide Produkteinheiten die Maschinen- bzw. Transportfolge identisch, z. B. A-B-C-D[25]. Unter den gegebenen Prämissen können so nur zwei gleichartige, identische Produkte gefertigt werden. Alle Maschinen sind beiden Tätigkeitsfolgen gemeinsam.

Reihenfolgekonstanz ist manchmal eine Folgemerkmalsausprägung der Reihenfolgefixiertheit. Bei Serien- oder Massenfertigung mit hoher Anlagenintensität und hohem Mechanisierungsgrad ist die Reihenfolgefixiertheit im wesentlichen wirtschaftlich bedingt. Sie kann sich aber auch aus Produkteigenschaften und Verfahrensbedingungen ergeben. Dann läge der Fall vor, daß zwei Tätigkeitsfolgen deshalb konstant sind, weil jede einzelne fixiert ist. Viel häufiger ist aber der Fall, daß zwei Tätigkeitsfolgen einfach deshalb konstant sind, weil sie zu identischen Produkten gehören. Somit kommt Reihenfolgekonstanz immer bei ununterbrochen wiederholter, sukzessiver Fertigung identischer Produkteinheiten vor.

M_2 : *reihenfolgevariable Fertigung*

M'_2 : *gering reihenfolgevariable Fertigung*

Wenn beispielsweise zwei Produkteinheiten auf vier Maschinen A, B, C und D gefertigt werden, und zwar ein Produkt in der Folge A-B-C-D, dann weicht die Folge des anderen Produktes geringfügig ab, z. B. A-B-D oder A-B-C-C-D. Der erste Fall wird als Überspringen (Maschine C wird ausgelassen)[26], der zweite Fall als Rücktransport (der Bearbeitungsvorgang auf Maschine C wird — ggfs. in veränderter Form — wiederholt) bezeichnet. In jedem Fall haben die Reihenfolgeveränderungen den Charakter von Ausnahmen; von einer Grundfolge wird abgewichen, um bestimmte Eigenschaften des Produktes zu modifizieren. Für den Fall, daß zwei Produkteinheiten gefertigt werden, liegt dann Einproduktfertigung als Sortenfertigung[27] vor, da nur eine Pro-

---

[25] Entspricht dem Typ „identical routing — no passing". Vgl. *Littger*, K., Bearbeitung komplexer Reihenfolgeprobleme mit elektronischen Datenverarbeitungsanlagen, in: Elektronische Rechenanlagen, 6 (1964) 4, S. 191—193. Vgl. dazu auch *Müller—Merbach*, H., Optimale Reihenfolgen, Berlin—Heidelberg—New York 1970, S. 177 f.

[26] Entspricht dem Typ „identical routing — passing permitted". Vgl. *Littger*, E., Reihenfolgeprobleme, S. 193.

[27] Vgl. Kap. 3.3.2. der vorliegenden Untersuchung.

duktart (!) aber in zwei Sorten gefertigt wird. Den beiden Tätigkeitsfolgen sind die meisten bzw. viele Maschinen gemeinsam.

Geringe Reihenfolgevariabilität ist oft eine Folgemerkmalsausprägung der Serienfertigung bei Sortendifferenzierung. Durch die Reihenfolgeausnahmen ergibt sich ein relativ geringes Problem der zeitlichen Abstimmung.

M''_2 : *stark reihenfolgevariable Fertigung*

Wenn beispielsweise zwei Produkteinheiten auf acht Maschinen A, B, C, D, E, F, G und H gefertigt werden, eine Einheit in der Folge A-B-C-D, dann weicht die Folge der anderen stark davon ab: A-B-E-F-G-H[28]. Beiden Folgen sind nur wenige Maschinen gemeinsam. Bedingt durch die unterschiedlichen Tätigkeitsfolgen werden zwei verschiedene Produktarten hergestellt.

Starke Reihenfolgevariabilität ist oft eine Folgemerkmalsausprägung der Einzelfertigung als Mehrproduktfertigung. Da wenige Maschinen den Tätigkeitsfolgen gemeinsam sind, konkurrieren die Produkte verschiedentlich um dieselben Kapazitätsträger. Somit tauchen kleinere Warteschlangenprobleme mit Prioritätsfragen auf (Reihenfolgeprobleme in bezug auf die Auftragsfolge, nicht die Maschinenfolge). Bei diesem Typ ist das Problem der Kapazitätsbelegung relativ gut mit Balkendiagrammen zu lösen, da man damit am anschaulichsten erkennt, wann sich auf welcher Maschine Kapazitätsengpässe ergeben. Unter den gegebenen typbildenden Bedingungen ist aber eine weitgehend parallele Fertigung der Produkte möglich, da die Konkurrenzsituation nur für wenige Maschinen zutreffen kann.

M_3 : *reihenfolgeverschiedene Fertigung*

M_3' : *reihenfolgekonträre Fertigung*

Der erste Untertyp[29] der reihenfolgeverschiedenen Fertigung geht von einer Steigerung der Reihenfolgeveränderung bei Fertigung auf denselben Maschinen aus. Werden zwei Produkteinheiten auf den Maschinen A, B, C und D gefertigt, dann sind beiden Tätigkeitsfolgen alle vier Maschinen gemeinsam. Aber die Veränderung ist soweit gesteigert worden, daß beiden Tätigkeitsfolgen kein einziger Transportvorgang gemeinsam ist, da beide Folgen zueinander exakt konträr sind: A-B-C-D und D-C-B-A. Daher wird von reihenfolgeverschiedener Fertigung gesprochen. Unter diesen Bedingungen können nur zwei verschiedene Produktarten gefertigt werden.

---

[28] Entspricht dem Typ „different routing". Vgl. *Littger*, K., Reihenfolgeprobleme, S. 193—195.

[29] Ob hier ein Untertyp oder ein Spezialtyp vorliegt, ist Auffassungssache. Wenn man die Gemeinsamkeit der Maschinen als ein typbildendes (!) Zusatzmerkmal ansieht, dann liegt ein Spezialtyp vor. Vgl. auch Kap. 1.2.

Geht man von der bisher zugrunde gelegten Vorstellung aus, daß die Bearbeitungsstationen (Betriebsmittel mit den dazugehörigen Arbeitskräften) fest angeordnet sind und die Produkte zwischen ihnen transportiert werden, dann kommt reihenfolgekonträre Fertigung selten vor. Bei reihenfolgefixierter Fertigung sind die Maschinen nach zunehmender Produktreife angeordnet. Es kann nur sehr bedingt und in begrenztem Umfang vorkommen, daß eine zweite Produktart die exakt konträre Tätigkeitsfolge hat. In bezug auf die gesamte Tätigkeitsfolge des zweiten Produktes wird in aller Regel stark reihenfolgevariable Fertigung vorliegen, die nur partiell konträr ist. Bei reihenfolgekonträrer in Form der reihenfolgefixierten Fertigung können die Produkte nur sukzessiv gefertigt werden. Auch der Fall der unfixierten, konträren Reihenfolge ist selten, wenn man wie bisher von stationären Maschinen ausgeht.

Geht man aber von einer Transportfolge schlechthin aus und bezieht diese nicht auf die Güter, sondern auf die Arbeitskräfte und Betriebsmittel, dann läßt sich die Bedeutung dieses Typs zeigen. Beim Bau von Hochhäusern, Serienhäusern, Großmaschinen, Lokomotiven und anderer wiederholter, ortsfixierter Fertigung liegen diese Bedingungen vor.

Sollen z. B. zwei verschiedene Gruppen von Arbeitskräften an fünf Serienhäusern A, B, C, D, und E zwei Tätigkeitsarten (je Gruppe eine) verrichten, die in ihrer Reihenfolge voneinander unabhängig sind, dann läßt sich mit den Gegebenheiten der Abb. 38 (Dauer der Bearbeitungszeiten und festen Einsatzterminen der Gruppen) leicht zeigen, daß eine konträre Transportfolge gegenüber einer sukzessiven zu kürzeren Durchlaufzeiten ohne Wartezeiten führen kann.

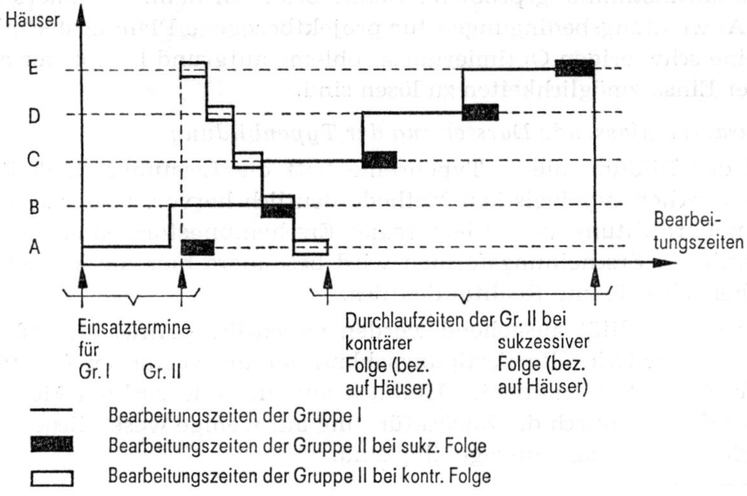

Abb. 38. Balkendiagramme mit einer konträren Transportfolge als optimaler Alternative

Diese Ausführungen zeigen, daß konträre Reihenfolgen oft eine Folgemerkmalsausprägung der Einzel- bzw. Kleinserienfertigung sind[30].

M''_3 : *reihenfolgeindependente Fertigung*

Der zweite Untertyp der reihenfolgeverschiedenen Fertigung geht von einer Steigerung der Reihenfolgeveränderung aus, bei der mit zunehmender Transportveränderung schließlich bei der Fertigung zweier Produkteinheiten den beiden Tätigkeitsfolgen keine Maschine mehr gemeinsam ist. Knüpft man an das Beispiel der stark reihenfolgevariablen Fertigung an, dann ergibt sich nun beispielsweise für das eine Produkt die Folge A-B-C-D und für das andere Produkt die Folge E-F-G-H. Die eine Folge kann nicht mehr als eine Veränderung der anderen angesehen werden, sie haben nichts mehr gemeinsam. Man kann sie nicht in einen Zusammenhang miteinander bringen, sie sind nicht vergleichbar. Die Fertigung zweier Produkte auf jeweils unterschiedlichen Betriebsmitteln führt an der Regel zu zwei unterschiedlichen Produktarten. In besonderen Fällen kann jedoch auch ein Produkt bei unterschiedlichen Verfahren auf unterschiedlichen Betriebsmitteln hergestellt werden, z. B. Schwefelsäure im Kontaktverfahren bzw. im Bleikammerverfahren.

Reihenfolgeindependenz ist in der Regel eine Folgemerkmalsausprägung der Einzelfertigung als Mehrproduktfertigung. Ein Kapazitätsabstimmungsproblem in bezug auf die Maschinen ergibt sich hier nicht. Die Fertigung der Produkte kann parallel erfolgen. Wenn auch die Arbeitskräfte vollständig oder überwiegend fest den Maschinen zugeordnet sind, ergibt sich auch im Hinblick auf die Arbeitskräfte kein Kapazitätsabstimmungsproblem. Damit bestehen dann besonders günstige Anwendungsbedingungen für projektbezogene Planungstechniken, da keine schwierigen Optimierungsprobleme aufgrund komplexer alternativer Einsatzmöglichkeiten zu lösen sind.

— *Zusammenfassende Darstellung der Typenbildung*

Bei der Bildung dieser Typenreihe tritt die Leistungsfähigkeit der systematischen typologischen Methode deutlich hervor. In der systematischen Verdichtung vielfältiger realer Erscheinungsformen zu wenigen wesentlichen Erscheinungsformen wird besonders hier die Verbindung zwischen Theorie und Realität deutlich.

Von der Realität ausgehend werden wesentliche Anwendungsbedingungen für entwickelte Fertigungsablaufplanungsverfahren formuliert, die durch die Systematik im Hinblick auf die untersuchten Merkmale vollständig und durch die Zurückführung auf wenige wesentliche, scharf präzisierte Merkmale aussagefähig sind.

---

[30] Auf einen Fall konträrer Reihenfolge bei Fließfertigung wird später eingegangen werden. Vgl. Kap. 3.3.20., Fließfertigung.

Von der Theorie ausgehend werden Problembedingungen für die Entwicklung von Fertigungsablaufplanungsverfahren formuliert, die durch die Systematik generell anwendbare Lösungen anstreben und durch die Präzisierung das Finden von anwendungsadäquaten Lösungen erleichtern[31].

Abb. 39 stellt die bisher behandelten Tätigkeitsfolgen der Typenreihe noch einmal übersichtlich zusammen.

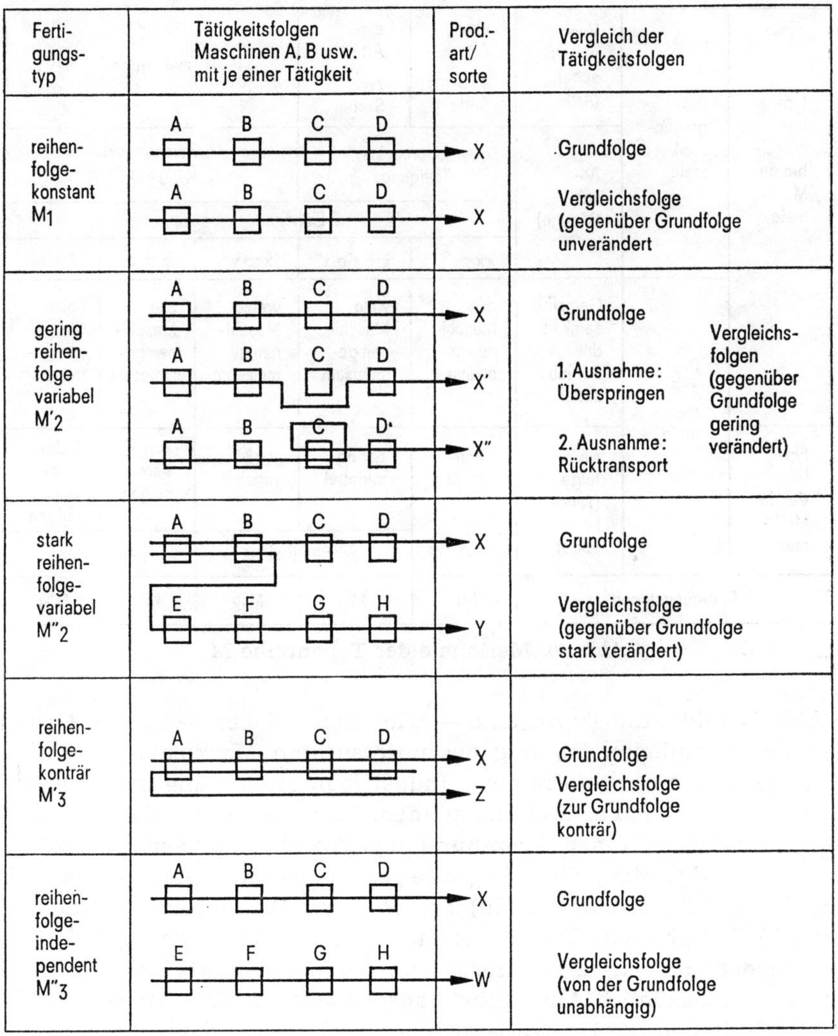

Abb. 39. Tätigkeitsfolgen der Typenreihe M, Reihenfolgetypen

---

[31] Als Beispiel einer Untersuchung, an der diese Betrachtungen anknüpfen könnten, vgl. *Littger*, K., Reihenfolgeprobleme, S. 184—197.

Abb. 40 faßt die bisher behandelten Merkmalsausprägungen der Typenreihe in einer Übersicht zusammen. Wiederholend sei erwähnt, daß die Gemeinsamkeit der Betriebsmittel auch als typbildendes Merkmal betrachtet werden kann, um insbesondere die Untertypen (bei zweidimensionaler Betrachtung Spezialtypen[32] der reihenfolgenverschiedenen Fertigung präzise zu unterscheiden.

typbeschreibende Merkmale	Programmmerkmale	Verwandtschaft (Art)	eine Art eine Sorte	eine Art zwei Sorten	zwei Arten		
		Anzahl (Menge)	Einproduktfertigung		Zweiproduktfertigung		
			2 Einheiten				
			2x	x+x' o. x''	x+y	x+z	x+w
	Prozeßmerkmale	Gemeinsamkeit der Betriebsmittel	alle Maschinen gemeinsam	viele Maschinen gemeinsam	wenige Maschinen gemeinsam	alle Maschinen gemeinsam	keine Maschinen gemeinsam
typbildende Merkmale		Reihenfolge (Tätigkeitsfolge)	konstant	gering variabel	stark variabel	konträre Folgen	independente Folgen
				variabel		verschieden	
Fertigungstypen			M_1	M'_2	M''_2	M'_3	M''_3

Abb. 40. Merkmale der Typenreihe M

Abb. 41 bildet die Typenreihe — wie immer bisher — auf der Grundlage der komplexen Fassung des untersuchten Merkmals ab, um die gesamte Erscheinungsform einer Industrieunternehmung nach dem untersuchten Merkmal erfassen zu können. Absolute Merkmalskomponente ist hier wiederum der Prozeßumfang (Anzahl der Fertigungs- und Transporttätigkeiten). Grundlegende relative Merkmalskomponente[33] ist der Anteil (die anteilige Zahl) der in ihrer Reihenfolge veränderten (i. w. S.) Tätigkeiten. Das Problem, die Untertypen der reihenfolgeverschiedenen Fertigung differenziert darzustellen, sei unter Hinweis auf das diesbezüglich Ausgeführte ausgeklammert. Die Grenzwerte der Variabilität sind aus Übersichtsgründen als Bereiche dargestellt.

---

[32] Vgl. nochmals Kap. 1.2.

[33] Vgl. nochmals Kap. 2.3., Komplexe Merkmalsarten.

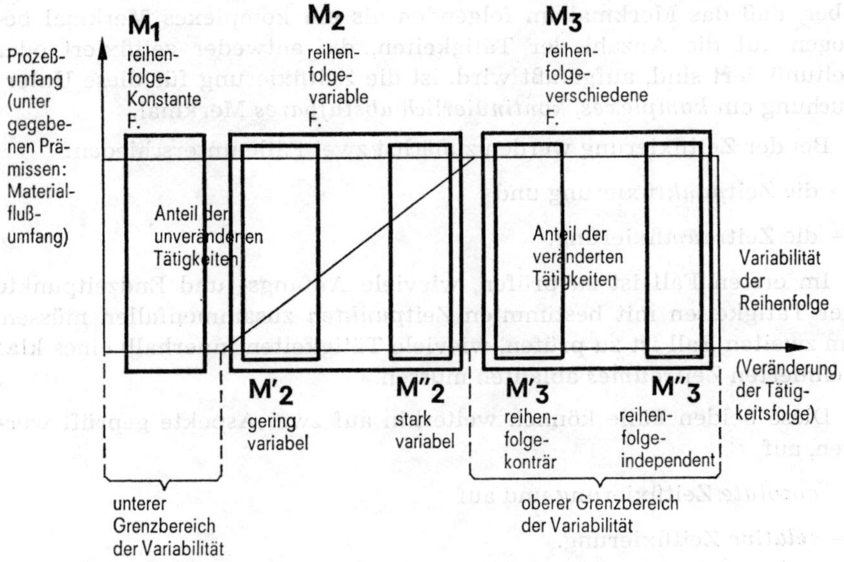

Abb. 41. Typenreihe M, Reihenfolgetypen

3.3.13. Zeitfixierungstypen: Zeitunfixierte und zeitfixierte Fertigung (Typenreihe N)

— *Merkmalsausprägungen und Merkmalskomponenten*

Das Merkmal

Zeitfixierung der Fertigung

untersucht, inwieweit die Freiheit der zeitlichen Gestaltung der Fertigung eingeschränkt ist. Es fällt damit in eine Gruppe von für die Fertigungsablaufplanung sehr wichtigen Merkmalen, die den Freiheitsgrad dieses Strukturierungs- bzw. Kombinationsprozesses bestimmt. Dieser Freiheitsgrad kann nicht nur in zeitlicher, sondern auch in räumlicher (folgemäßiger oder punktuell-ortsmäßiger) Hinsicht untersucht werden, wie dies bereits z. T. schon vorgenommen worden ist. Angesichts der Wichtigkeit dieser Merkmale erscheint es unverständlich, daß sie in der Literatur nicht systematisch untersucht wurden.

Es ist jedoch nicht leicht, den Charakter des Merkmals der Zeitfixierung zu bestimmen. Vereinfachend kann es als *monopolares* Merkmal charakterisiert werden. Allerdings kann die Zeitfixierung auch mehr oder minder bestehen, d. h. die Eigenschaft (!) Zeitfixierung kann als abstufbar angesehen werden; dabei fällt es aber schwer, die Abstufung zu quantifizieren. Daher soll im folgenden die Eigenschaft lediglich in *zeitfixiert* und *zeitunfixiert* differenziert werden. Dadurch aber, daß das Merkmal im folgenden als ein komplexes Merkmal bezogen auf die Anzahl der Tätigkeiten, die entweder zeitfixiert oder zeitunfixiert sind, aufgefaßt wird, ist die Zeitfixierung für diese Untersuchung ein *komplexes, kontinuierlich abstufbares* Merkmal.

Bei der Zeitfixierung werden zunächst zwei Fälle unterschieden:

— die Zeit*punkt*fixierung und

— die Zeit*raum*fixierung.

Im ersten Fall ist zu prüfen, wieviele Anfangs- und Endzeitpunkte der Tätigkeiten mit bestimmten Zeit*punkten* zusammenfallen müssen. Im zweiten Fall ist zu prüfen, wieviele Tätigkeiten innerhalb eines klar definierten Zeit*raumes* ablaufen müssen.

Diese beiden Fälle können weiterhin auf zwei Aspekte geprüft werden, auf

— *absolute* Zeitfixierung und auf

— *relative* Zeitfixierung.

Im ersten Fall ist die Fertigungsablaufplanung an eine *absolute* (kalendarische) Zeitangabe gebunden, die ein nicht beeinflußbares Datum darstellt. Hier ist die zeitliche Fixierung in der Regel auf exogene Einflüsse zurückzuführen. Absolut zeit*punkt*bezogene Beispiele wären: Für ein Entwicklungsprojekt werden feste Zwischentermine vorgegeben; ein Ausstellungspavillon muß zu Messebeginn fertiggestellt sein; ein neues Produkt muß zu Saisonbeginn eingeführt sein; ferner sind alle Fertigungen mit festem Liefertermin zu nennen. Auch absolut zeit*raum*bezogene Beispiele sind zahlreich: Die Fertigung von bestimmten Textilien muß zwischen Vorstellung der Kollektion und Saisonbeginn erfolgen; der Druck von Zeitungen muß nach Redaktionsschluß und vor Auslieferung erfolgen; die Fertigung eines neuen Produktes ist an den Zeitraum des Gewinnrückgangs übriger Produkte gebunden.

Im zweiten Fall besteht die zeitliche Fixierung *relativ,* d. h. bezogen auf eine andere Tätigkeit oder Tätigkeitsfolge. Auch hier ist die zeitliche Fixierung ein vollständig bzw. weitgehend unbeeinflußbares Datum. Es ist meist auf endogene Einflüsse, und zwar technologischer bzw. technisch-wirtschaftlicher Natur, zurückzuführen. Relativ zeit*punkt*bezogene Beispiele überwiegen: Die Destillation einer Flüssigkeit muß nach einem Erhitzungsvorgang bei bestimmter Viskosität erfolgen; die Verschalung von Beton kann erst nach einer bestimmten Abbindezeit entfernt werden; Getränke können erst nach einer bestimmten Gärungszeit weiterbehandelt werden; Hölzer können erst nach einer bestimmten Trockenzeit zugeschnitten werden. Zeit*raum*bezogene Beispiele wären: Eine Werbekampagne muß während der Einführung eines neuen Produktes auf dem Testmarkt durchgeführt werden; die Bearbeitung von aus einem Blech gestanzten Teilen muß vor ihrem Verschweißen erfolgen.

In den Fällen dieser Systematik drücken sich die verschiedenen Ausprägungen der zeitlichen Fixierung aus. Ihnen ist gemeinsam, daß diese Formen der Einschränkung des Freiheitsgrades zeitlicher Gestaltung für den Fertigungsablaufplaner gegebene exogene oder endogene Ausgangsdaten sind, die er oft gar nicht oder nur schwer, manchmal nur indirekt beeinflussen kann.

Dies trennt das Merkmal der Zeitfixierung von dem der zeitlichen Abstimmung, die — z. B. in Form der Taktfertigung — nicht Ausgangsdatum für die Zeitplanung, sondern Ergebnis der Zeitplanung ist[34]. Daher müssen beide Merkmale streng voneinander getrennt werden[35].

Innerhalb der behandelten Systematik hat eigentlich nur der Fall der relativen Zeitpunktfixierung Beachtung gefunden. Dieser Fall wurde unter dem Gesichtspunkt der Unterbrechbarkeit untersucht[36]. Er soll deshalb hier schwerpunktmäßig behandelt werden.

Unter einer *Unterbrechung* wird das Einschieben eines nicht unmittelbar prozeßbedingten *Zeitraumes* in die Tätigkeitsfolge bei der Fertigung eines Produktes (Zwischenproduktes, Auftrages) verstanden. Darunter fallen somit nicht irgendwelche Ruhezeiten (Wartezeiten), die prozeßbedingt sind, z. B. Trockenzeiten, Abbindezeiten, Gärungszeiten. Sie stellen keine Unterbrechung dar, im Gegenteil, sie sind gerade Beispiele für Zeiträume, die fest an vorangehende oder nachfolgende Tätigkeiten gebunden sind. Eine Unterbrechung liegt dagegen vor, wenn in die Tätigkeitsfolge der Fertigung eines bestimmten Produktes eine Tätigkeit für ein anderes Produkt eingeschoben wird. Auch Instandhaltungszeiten sind Unterbrechungen, denn sie sind nicht unmittelbar prozeßbedingt, sondern prozeßerhaltend.

Grundsätzlich kann selbstverständlich jeder Vorgang unterbrochen werden. Der Begriff Unterbrechung erfaßt somit kein ausschließlich technisches, sondern ein *technisch-wirtschaftliches* Phänomen. Nichtunterbrechbarkeit bedeutet, daß über die Opportunitätskosten der Untätigkeit hinaus weitere Kosten entstehen, z. B. für Betriebsmittel-

---

[34] Diese scharfe Trennung ist etwas vereinfachend. Sie ist bedingt haltbar, da hier nur auf die Zeitplanung abgestellt wird. Im Rahmen einer umfassenden Fertigungsablaufplanung kann die zeitliche Abstimmung auch Datum für andere Planungsvariable sein.

[35] Daher wird auch der Ausdruck Zeitverbundenheit vermieden, da er sprachlich nicht exakt dem einen oder anderen Merkmal zurechenbar ist.

[36] Vgl. *Schäfer*, E., Industriebetrieb, Bd. 2, S. 286—290; ferner *Reiners*, H., Erscheinungsformen der Fließfertigung, Diss., Erlangen—Nürnberg 1968, S. 129—138.

schaden, Materialverluste, Ausschuß und für erneuten Anlauf der Betriebsmittel[37]. Im Fall der Unterbrechung zur Instandhaltung ist die Kostenbetrachtung weiter zu differenzieren.

Wenn die Frage nach der Unterbrechbarkeit durch einen Kostenvergleich beantwortet wird, so daß eine Ja-Nein-Antwort vorliegt, ergibt sich daraus, daß die Eigenschaft (!) der Unterbrechbarkeit *monopolar* (in anderer Sicht bipolar) ist[38]. In der Fassung als *komplexes* Merkmal bezogen auf den Prozeßumfang, also in der Fragestellung, wieviele Tätigkeiten unterbrechbar sind, ist es dagegen *kontinuierlich abstufbar*.

Wenn unter einer *Unterbrechung* ein eingeschobener, nicht prozeßbedingter *Zeitraum* zu verstehen ist, dann lassen sich die *Gründe* für die Unterbrechung als Zeitraum*arten* definieren. Es werden folgende *Unterbrechungszeitraumarten* unterschieden:

(1) *Ruhezeiten*, z. B. Arbeitspausen, Ruhezeiten nachts, sonn- und feiertags, Urlaubszeiten.

(2) *Instandhaltungszeiten*, das sind einmal planmäßige Zeiten für Inspektion, Wartung (Reinigung, Oberflächenschützung), Ersatz (Reparatur, Erneuerung) und zum anderen unplanmäßige Zeiten für zufällige (Not)-Reparaturen.

(3) *Auftragswechselzeiten* (Produktwechselzeiten), das sind Umrüstzeiten und (!) Bearbeitungszeiten für das Produkt, auf das gewechselt wurde. Abb. 42 zeigt einen Fall, bei dem ein Auftragswechsel sinnvoll

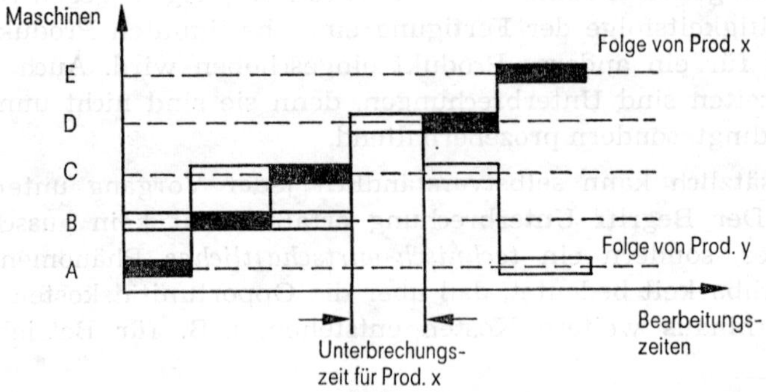

Abb. 42. Unterbrechung einer Tätigkeitsfolge durch Auftragswechsel

[37] Vgl. ähnlich *Ireson*, W. G., Factory Planning and Plant Layout, 6th print., Englewood Cliffs, N. J. 1963, S. 4.
Vgl. zu den qualitativen Auswirkungen der Unterbrechungen in einem anderen Zusammenhang *Riebel*, P., Kuppelproduktion, S. 48 f.

[38] Dies stützt die hier vertretene Ansicht, die Eigenschaft der Zeitfixierung lediglich monopolar zu differenzieren. Vgl. vorstehende Ausführungen.

ist, d. h. eine Unterbrechung der Tätigkeitsfolge für Produkt x auf Maschine D, um in dieser Zeit auf Maschine D Produkt y zu bearbeiten. Die Durchlaufzeiten beider Produkte werden in dieser Konstellation minimiert. Ein Verschieben von Produkt y führt zu wesentlich ungünstigeren Ablaufplänen.

— *Bildung von Fertigungstypen*

Die Systematisierung der Komponenten der Zeitfixierung bildet den Ausgangspunkt der Typenbildung. Aus den genannten Komponenten lassen sich zwei generelle bzw. vier speziellere Merkmale bilden:

— Zeitpunktfixierung und

— Zeitraumfixierung

bzw.

— relative Zeitpunktfixierung,

— absolute Zeitpunktfixierung,

— relative Zeitraumfixierung und

— absolute Zeitraumfixierung.

Um die Typenbildung zu vereinfachen, soll von den genereIleren Merkmalen ausgegangen werden. Aus der Voruntersuchung läßt sich schließen, daß die relative Zeitpunktfixierung und die absolute Zeitraumfixierung besonders wichtig sind. Deshalb soll innerhalb der generellen Merkmale jeweils von dieser Fassung ausgegangen werden. Die übrigen beiden spezielleren Merkmale werden als eine weitere Spezialisierungsmöglichkeit angedeutet.

N'_1 : Zeitpunktunfixierte Fertigung

Viele bzw. alle Tätigkeiten des Fertigungsprozesses weisen nicht exakt fixierte Anfangs- und Endzeitpunkte auf, d. h. sie lassen sich zeitlich verschieben.

Stellt man auf die *relative* Zeitpunktfixierung ab, kann man diesen Typ auch als

unterbrechbare Fertigung

bezeichnen. Die meisten Tätigkeiten weisen insofern Pufferzeiten auf, als sich zwischen die Tätigkeiten[39] nicht prozeßbedingte Zeiträume schie-

---

[39] Man beachte diese Terminologie sehr genau. Es wird nur darauf abgestellt, daß zwei Tätigkeitsarten (Fertigungsvorgänge) durch Einschieben eines Zeitraumes voneinander getrennt werden können, nicht etwa darauf, daß ein Vorgang selbst unterbrochen werden kann. Dies ist aus wirtschaftlichen Überlegungen heraus fast niemals sinnvoll. Bei jeder Unterbrechung wird man in der Regel den betreffenden Vorgang vollenden und erst danach (!) unterbrechen. Damit wird die Terminologie Schäfers von der „beliebigen

ben lassen. Dieser Fall liegt vor allem bei zusammenbauender Fertigung in Form der Einzel- oder Kleinserienfertigung nach dem Werkstattprinzip vor[40].

Stellt man auf die *absolute* Zeitpunktfixierung ab, dann gibt es für keine Tätigkeit oder für nur wenige Tätigkeiten eine kalendarische Zeitfixierung. Insbesondere existiert keine Bindung an einen Liefertermin oder an besonders fixierte Zwischentermine.

N'_2 : Zeitpunktfixierte Fertigung

Viele bzw. alle Tätigkeiten des Fertigungsprozesses weisen exakt fixierte Anfangs- und Endzeitpunkte auf, d. h. sie lassen sich zeitlich nicht verschieben.

Stellt man auf die *relative* Zeitpunktfixierung ab, dann kann man diesen Typ auch als

nicht unterbrechbare Fertigung

bezeichnen. In der Terminologie der Netzplantechnik läßt sich das Wesen dieses Typs exakt definieren. Viele Tätigkeiten sind gegeneinander nicht verschiebbar, d. h. innerhalb einer Tätigkeitsfolge ist der Endzeitpunkt der vorangehenden Tätigkeit oft mit dem spätestmöglichen Anfangszeitpunkt des Nachfolgers identisch, so daß Pufferzeiten im gesamten Fertigungsprozeß selten vorkommen. Dabei ist für diesen Fertigungstyp die Dauer der Pufferzeiten im Sinne der netzplantechnischen Zeitgestaltungsmöglichkeiten bei bestimmten Struktur- und Zeitkonstellationen[41] uninteressant. Wichtig ist allein, daß überhaupt keine Puffermöglichkeit besteht, woraus sich z. B. für die Anwendung der Netzplantechnik äußerst wichtige Konsequenzen ergeben.

Der Charakter der Unterbrechung ist bereits detailliert erläutert worden. Nicht unterbrechbare Tätigkeitsfolgen ergeben sich bei chemischen Prozessen[42] (Stoffumwandlung, z. B. bei Schwefelsäureherstellung, Hochofenprozeß), bei chemisch-physikalischen Prozessen (Stofftrennung bzw. -umwandlung, z. B. bei der Erdölverarbeitung in Destillation bzw. im Crackprozeß), bei physikalischen Prozessen (Erhitzungs-, Brenn- und Sinterprozesse, z. B. bei Kunststoff-, Porzellan- und Zementherstellung)

Unterbrechbarkeit“ abgelehnt. Schäfer führt als Beispiel für einen beliebig unterbrechbaren Fertigungsablauf die Strickwarenindustrie an. Vgl. *Schäfer*, E., Industriebetrieb, Bd. 2, S. 287. Man wird wohl kaum den Strickvorgang eines Pullovers mitten im Verlauf abbrechen, denn der Pullover würde dann nach erneuter Aufnahme des Strickvorganges einen sichtbaren Fehler aufweisen.

40 Vgl. auch *Schäfer*, E., Industriebetrieb, Bd. 2, S. 288.

41 Vgl. zu den Arten und Bedingungen der Pufferzeiten z. B. *Thumb*, N., Grundlagen und Praxis der Netzplantechnik, München 1968, S. 77 ff.

42 Vgl. zur Unterbrechung von chemischen Prozessen *Riebel*, P., Erzeugungsverfahren, S. 73.

und bei biochemischen Prozessen (Gärungsprozesse, z. B. bei der Alkohol- und Bierherstellung).

Stellt man auf die *absolute* Zeitpunktfixierung ab, dann werden viele Tätigkeitszeitpunkte durch die Ausrichtung auf einen oder mehrere absolute Termine fixiert. Dies ist häufig bei der Bestellfertigung durch die Ausrichtung auf einen Liefertermin der Fall. Ist der Endzeitpunkt eines Fertigungsablaufes (i. w. S.) ein Liefertermin und ist der spätestmögliche und der frühestmögliche Endzeitpunkt identisch, dann sind alle Tätigkeitszeitpunkte auf dem kristischen Weg absolut zeitfixiert[43].

N''_1 : *Zeitraumunfixierte Fertigung*

Viele bzw. alle Tätigkeiten des Fertigungsprozesses müssen nicht innerhalb eines absolut und/oder relativ (auf anderen Tätigkeitsfolgen bezogenen) definierten Zeitraumes ablaufen. Dieser Fall tritt vor allem bei der Vorratsfertigung auf, wenn eine Unternehmung in starker Marktposition sehr gewinnbringende Produkte unabhängig voneinander fertigt.

N''_2 : *Zeitraumfixierte Fertigung*

Viele bzw. alle Tätigkeiten eines Fertigungsprozesses müssen innerhalb eines absolut und/oder relativ definierten Zeitraumes ablaufen. Der Zeitraum kann von Kundenwünschen, Konkurrenzaktionen, Programm- oder Ablaufverbundwirkungen bestimmt werden.

Damit wurden mit zwei generelleren Merkmalen, der Zeitraum- und der Zeitpunktfixierung, vier Elementartypen gebildet; sie sind in differenzierter Sicht, d. h. bei weiterer Unterscheidung in relative und absolute Zeitfixierung, entweder *ein- oder zweidimensional.* Die vier genannten Merkmalsarten waren zu Beginn der Untersuchung in diesem Abschnitt als Komponenten aus dem komplexen Merkmal Zeitfixierung(sgrad) abgeleitet worden. Führt man die differenzierte Typenbetrachtung vereinfachend wieder auf dieses eine komplexe Merkmal zurück, dann kann man analog zwei eindimensionale Elementartypen mit diesem einen komplexen Merkmal in zwei Ausprägungen bilden. Definiert man aber diese beiden Elementartypen nur eindimensional, dann ist die Aussagefähigkeit der Typenbildung gering. Aussagefähig wird die Typenbildung erst, wenn man die Definition mit den genannten vier Merkmalskomponenten durchführt, dann aber sind die Elementartypen nicht mehr eindimensional sondern *vierdimensional.* Die folgenden Typendefinitionen berücksichtigen beide Möglichkeiten. Die Typenbildung wird somit sowohl streng *systematisch* als auch *flexibel*

---

43 Auf die Problematik, unter diesen Bedingungen das Merkmal der absoluten Zeitpunktfixierung noch als kontinuierlich abstufbar anzusehen, kann hier nicht mehr eingegangen werden.

gestaltet. In dieser dichten Form und bei diesem daraus resultierenden relativ hohen Abstraktionsgrad nimmt die Typenbildung — wie an verschiedenen anderen Stellen der gesamten vorliegenden Untersuchung — schon fast klassifikatorischen Charakter an[44].

N_1 : *zeitunfixierte Fertigung*

Bei diesem Fertigungstyp ist der Freiheitsgrad zeitlicher Gestaltung des Ablaufplanes denkbar groß, d. h. der Zeitfixierungsgrad ist äußerst gering.

Es besteht weder eine absolute Bindung an Zeitpunkte und Zeiträume noch eine relative Bindung von Zeitpunkten einzelner Tätigkeiten oder Tätigkeitsfolgen aneianander.

N_2 : *zeitfixierte Fertigung*

Bei diesem Fertigungstyp herrschen exakt gegenteilige Verhältnisse.

— *Darstellung der Typenreihe N*

Abb. 43 faßt das bisher Ausgeführte übersichtlich zusammen. Dabei wird der relativen Zeitpunktfixierung und der absoluten Zeitraumfixierung gegenüber den anderen beiden Merkmalen, die als weitere Spezialisierungsmöglichkeit berücksichtigt werden, wie bisher größere Bedeutung eingeräumt.

[44] Vgl. nochmals Kap. 1.5.

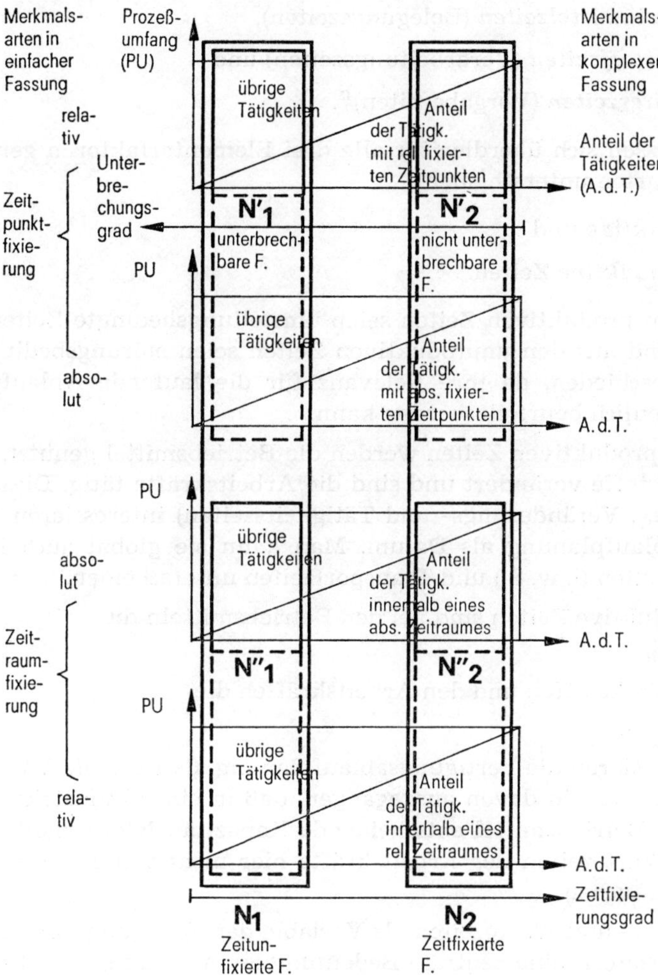

Abb. 43. Typenreihe N, Zeitfixierungstypen

3.3.14. Zeitabstimmungstypen: Zeitlich nicht abgestimmte und zeitlich abgestimmte Fertigung (Typenreihe O)

— *Merkmalsausprägungen*

Die zeitliche Dimension des Fertigungsprozesses läßt sich konkretisieren, indem man für die drei Elementarfaktoren folgende Zeiten unterscheidet:

(1) *Betriebsmittelzeiten* (Belegungszeiten),

(2) *Werkstoffzeiten* (Verarbeitungszeiten) und

(3) *Arbeiterzeiten* (Vorgabezeiten)[45].

Es lassen sich überdies für alle drei Elementarfaktoren gemeinsam zwei Zeitarten unterscheiden:

(1) *Produktive* und

(2) *unproduktive* Zeiten.

Aus den produktiven Zeiten seien umstellungsbedingte Zeiten (Rüstzeiten), und aus den unproduktiven Zeiten seien störungsbedingte Zeiten ausgeschieden, da ihre Relevanz für die laufende Ablaufplanung unterschiedlich beurteilt werden kann.

In den produktiven Zeiten werden die Betriebsmittel genutzt, werden die Werkstoffe verändert und sind die Arbeitskräfte tätig. Diese Zeiten (Nutzungs-, Veränderungs- und Tätigkeitszeiten) interessieren die Fertigungsablaufplanung als Datum. Man kann sie global auch in Bearbeitungszeiten (i. w. S.) und Transportzeiten unterscheiden.

Unproduktive Zeiten sind bei den Betriebsmitteln die

Leerzeiten,

bei den Werkstoffen und den Arbeitskräften die

Wartezeiten.

Sie interessieren die Fertigungsablaufplanung als *Variable*[46]. Wie bisher sei auch weiterhin davon ausgegangen, daß in einer Industrieunternehmung die Betriebsmittel entscheidende Kapazitätsdeterminante sind, so daß die Wartezeiten der Arbeitskräfte hier nicht weiter zu untersucht werden brauchen.

Den Leer- und Wartezeiten als Variable der Fertigungsablaufplanung kommt insofern eine zentrale Bedeutung zu, als sie mit den *Zielen* der Fertigungsablaufplanung[47] in engster Verbindung stehen bzw. sich als Zielgrößen formulieren lassen[48]. Damit wird die Bedeutung dieser beiden Zeitarten offensichtlich. Es ergibt sich daraus fast selbstverständlich, daß das Merkmal der

zeitlichen Abstimmung

an das Nichtvorhandensein bzw.

---

[45] Vgl. hierzu auch *Hoss*, K., Fertigungsablaufplanung, S. 31—33 und REFA (Hrsg.), Das REFA-Buch, Bd. 2, Zeitvorgabe, München 1958 S. 11 ff.

[46] Vgl. *Hoss*, K., Fertigungsablaufplanung, S. 32 f.

[47] Vgl. Kap. 3.1.7. der vorliegenden Untersuchung.

[48] Vgl. *Hoss*, K., Fertigungsablaufplanung, S. 45.

Vorhandensein von Leer- und Wartezeiten geknüpft wird. Damit wird deutlich, daß die zeitliche Abstimmung ein *kontinuierlich abstufbares* Merkmal ist. In dem Maße, in dem der Anteil der Leer- und Wartezeiten am Gesamtzeitbedarf der Fertigung (z. B. bezogen auf die Planungsperiode) abnimmt, nimmt die zeitliche Abstimmung zu.

Es wird hier in zwei Ausprägungen differenziert:

— *Zeitlich abgestimmt* bedeutet, daß keinerlei oder nur geringfügige[49] Leer- und (!) Wartezeiten vorhanden sind;

— *zeitlich nicht abgestimmt* bedeutet, daß überhaupt oder in erheblichem Ausmaß Leer- und Wartezeiten vorliegen.

— *Bildung der Grundtypenreihe O*

Den genannten Merkmalsausprägungen werden exakt entsprechend zwei *eindimensionale* Elementartypen zugeordnet:

O_1 : *zeitlich nicht abgestimmte Fertigung*

Im Ablaufplan der Planungsperiode sind entweder überhaupt oder in erheblichem Ausmaß Leer- und Wartezeiten vorhanden.

O_2 : *zeitlich abgestimmte Fertigung*

Im Ablaufplan der Planungsperiode sind entweder keinerlei oder nur geringfügige Leer- und Wartezeiten vorhanden.

Der Fall zeitlich abgestimmter Fertigung erweist sich als *spezieller Grenzwert*, der zunächst darauf untersucht werden muß, ob seine Existenz an das *Vorhandensein weiterer Merkmale* gebunden ist.

Abb. 44 stellt hierzu den aufschlußreichen Fall dar, in dem drei Produkte x, y und z auf drei Maschinen A, B und C zeitlich abgestimmt gefertigt werden. Aus dieser Darstellung ist erkennbar, daß die Bearbeitungszeiten keineswegs alle einander gleich (getaktet) zu sein brauchen, sondern voneinander verschieden sein können. Außerdem liegt in diesem Beispiel reihenfolgeverschiedene Fertigung vor, d. h. die Tätigkeitsfolgen der drei Produkte sind unterschiedlich. Die Bearbeitungszeiten können entsprechend der Produktart (Stück- oder Fließgüter) je Stück, je Los oder je Charge angegeben sein. Die Bearbeitung kann auch im Ruhezustand erfolgen; die zeitlich abgestimmte Fertigung ist somit weder zwingend an die Kontinuität des Materialflusses gebunden, noch an das gleichzeitige Vorliegen weiterer Merkmalsausprägungen. In verschiedenen Darstellungen der Literatur wird dieser Anschein

[49] Je nach Betrachtung kann der Zusatz „geringfügig" auch fortgelassen werden.

erweckt. Somit ist hier eine eindimensionale Elementartypenbildung durchaus möglich und darüber hinaus definitorisch sinnvoll, denn eben weil dieser Elementartyp in aller Regel mit anderen Merkmalsausprägungen stark korreliert und sich daraus eine komplexe Verbindung von Merkmalen ergibt, kann andernfalls der Zusammenhang nicht mehr klar dargestellt werden.

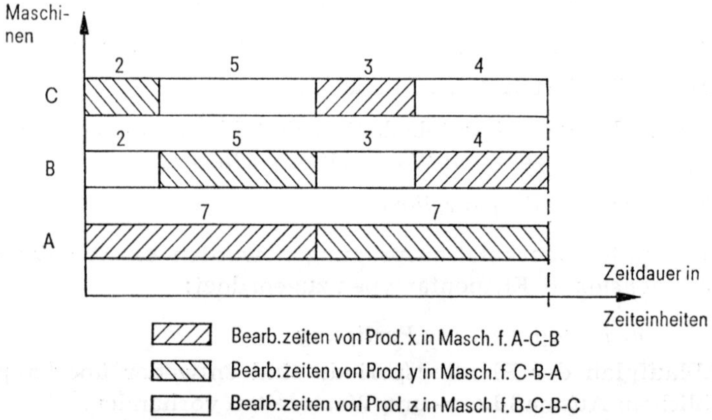

Abb. 44. Beispiel einer zeitlich abgestimmten Fertigung

Aber wenngleich auch die vermuteten Merkmalsausprägungen (Taktung, Reihenfolgekonstanz und Kontinuität) bei zeitlich abgestimmter Fertigung nicht vorliegen müssen, so ist in Abb. 44 doch eine andere *Prämisse* gemacht worden. Die Produktzahl ist gleich der Betriebsmittelzahl, da sonst keine zeitlich abgestimmte Fertigung vorläge, denn wenn die Fertigung aller Produkte nicht gleichzeitig auf allen Maschinen beginnen kann, weil die Produktzahl größer ist als die Maschinenzahl, treten Wartezeiten auf; im umgekehrten Fall (Produktzahl kleiner als Maschinenzahl) liegen Leerzeiten vor. Man erkennt in Abb. 44 die bewußte logische Konstruktion, um die obige *Hypothese der Eindimensionalität* dieser Typenbildung zu verifizieren. Gleichzeitig wird aber auch deutlich, daß für den Normalfall diese Prämissenkonstruktion nicht zutrifft. Sie wurde ausschließlich aus Gründen exakter Darstellung gewählt. Für eine endgültige (!) Typenbildung ist — wie sich aus der Darstellung ihrer theoretischen Grundlagen ergibt — ein solches Vorgehen nicht statthaft. Daraus ergibt sich zwingend, Leitmerkmalsausprägungen bei genauer Untersuchung der Prämissen zu finden, aus denen sich die zeitliche Abstimmung als Folgemerkmal ergibt. Somit ergibt sich der Zwang zur systematischen Verbundtypenbildung.

Da der Zusammenhang zwischen der zeitlichen Abstimmung (dem Vorliegen von Leer- und Wartezeiten) und den beiden primären Zielen der Fertigungsablaufplanung (der Durchlaufzeitminimierung und der Kapazitätsausnutzungsmaximierung) aufgezeigt wurde[50], kann die Frage nach der Merkmalsausprägungskonstellation bei zeitlicher Abstimmung auch als Frage nach der *Merkmalsausprägungskonstellation bei optimaler Ablaufplanung* formuliert werden, wodurch die zentrale Bedeutung dieser Fragestellung schärfer ausgedrückt wird.

Daraus folgt aber auch, daß eine solche Verbundtypenbildung eine entscheidende *Prüfung der Leistungsfähigkeit* der typologischen Denk- und Untersuchungsmethode ermöglicht. Im Gegensatz zur *operationsanalytischen Methode*, die *Einzelfragen optimaler Ablaufgestaltung* untersucht, zielt die *typologische Methode* stärker auf die Beantwortung von *generellen Fragen optimaler Ablaufgestaltung*. Eine systematische typologische Methode kann hier auf eine quantitative Präzisierung nicht verzichten. In ihrer umfassenden, systematisch geschlossenen (ganzheitlichen) Betrachtung zeigt sich ihr Anspruchsniveau und ihre Leistungsfähigkeit. In diesen Überlegungen wird eine wesentliche Erkenntnis der vorliegenden Untersuchung gesehen. Hieraus wird abgeleitet, die Elementartypenbildung besonders dieser Reihe auf wenige, aussagefähige, quantifizierbare Erscheinungsformen zu reduzieren, um aus einer Verbundtypenbildung systematisch fundierte, präzise Aussagen für die Vielfalt der Realität treffen zu können.

— *Differenzierung der Grundtypenreihe O*

Diese Grundtypenreihe soll durch *zwei zusätzliche Merkmale* differenziert werden, d. h. genauer formuliert, es soll nur der Typ O_2, also die zeitliche abgestimmte Fertigung, spezifiziert werden, da dieser Typ innerhalb dieser Reihe schwerpunktmäßig interessiert. Diese Zusatzmerkmale sollen hier im Zusammenhang mit dem Leitmerkmal[51] der zeitlichen Abstimmung behandelt werden, da sie sehr eng mit diesem Merkmal verbunden sind und sie hier nur im Zusammenhang mit der Ausprägung (!) zeitlich abgestimmte Fertigung interessieren und mit dieser typische Erscheinungsformen bilden, die den Charakter von Elementartypen haben. Daher scheidet nach hier vertretener Ansicht eine getrennte Bildung von Typenreihen und eine anschließende Verbundtypenbildung aus.

Der Typ zeitlich abgestimmte Fertigung wurde bisher nur mit globalen Bearbeitungszeiten dargestellt. (Vgl. Abb. 44). In einer Differenzierenden Behandlung sind zunächst die *Transportzeiten* explizit darzustellen. Abb. 45 zeigt hierzu den Fall einer zeitlich abgestimmten Fer-

---

[50] Vgl. vorigen Abschnitt u. Kap. 3.1.7. Darauf wird noch genauer einzugehen sein. Vgl. Kap. 3.3.20., Abschn. Werkstattfertigung u. Abschn. Fließfertigung.

[51] Zur Definition vgl. nochmals Kap. 2.5.

tigung von drei Produkten auf zwei Maschinen mit besonderer Berücksichtigung der Transportzeiten auf den Fördermitteln.

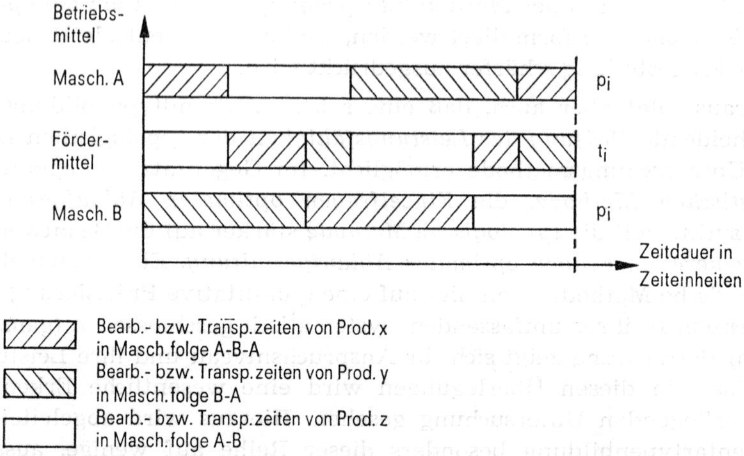

Abb. 45. Beispiel einer zeitlich abgestimmten Fertigung bei Trennung in Bearbeitungszeiten und Transportzeiten

Falls die Transportzeiten technologisch exakt fixiert sind, dann stellt Abb. 45 einen Sonderfall dar, denn es ist bei festen Transportzeiten unwahrscheinlich, daß sich keine Leer- und Wartezeiten ergeben. In der Regel lassen sich aber die Transportzeiten variieren. In diesem Fall belegt man die Maschinen so, daß keine Leerzeiten entstehen und ausreichende Transportzeiten verbleiben, d. h. man geht zunächst nur von den Bearbeitungszeiten aus. Die Fördermittelgeschwindigkeit wird dann den verbleibenden Transportzeiten angepaßt. Fördern sie zu schnell, entstehen Wartezeiten, fördern sie zu langsam, entstehen Leerzeiten.

Betrachtet man die Fertigungs- und Transportzeiten gesondert, dann interessiert das Verhältnis zwischen diesen Zeitarten. Bei der Untersuchung der Kontinuität des Materialflusses war festgestellt worden, daß eine

Bindung zwischen t_i^D und p_i

bestehen kann[52].

Mit diesem Zusatzmerkmal wird der eindimensionale Elementartyp der zeitlich abgestimmten Fertigung O_2 differenzierend betrachtet[53]. Dieses Zusatzmerkmal wird *bipolar* gefaßt:

[52] Vgl. Kap. 3.3.11.

[53] Für den anderen Elementartyp O_1 (zeitlich nicht abgestimmte Fertigung) ist diese Differenzierung unwesentlich.

(1) Transportzeit und Fertigungszeit sind voneinander *unabhängig*, d. h. es besteht *keine Bindung* zwischen beiden Zeitarten (diskontinuierliche Fertigung).

(2) Die Transportzeit innerhalb des Einwirkungsbereiches einer Bearbeitungsstation t_i^D begrenzt die Fertigungszeit p_i, d. h. es besteht *eine Bindung* zwischen beiden Zeitarten (kontinuierliche Fertigung).

Mit der ersten Ausprägung und zwei wichtigen, bipolaren Unterausprägungen der zweiten Ausprägung werden zusammen mit der Merkmalsausprägung der zeitlich abgestimmten Fertigung drei *zweidimensionale* Elementartypen gebildet:

O^1_2 : *unabhängig zeitlich abgestimmte Fertigung*

Es besteht *keine Bindung* der Bearbeitungszeiten an die Transportzeiten. Insofern ist die zeitliche Abstimmung unabhängig. Der Materialfluß ist diskontinuierlich. Die Bearbeitungszeiten können alle voneinander verschieden sein.

Die zeitliche Definitionsgleichung lautet: $p_i \neq f(t_i)$.

Der Fall wurde bereits im Zusammenhang mit Abb. 45 beschrieben.

O^2_2 : *unvollständig zeitlich abgestimmte Fertigung*

Es besteht *eine Bindung* der maximalen Bearbeitungszeiten p_i^{max} an die Transportzeiten t_i^D, und zwar limitieren die Transportzeiten die Bearbeitungszeiten. Alle oder die meisten tatsächlichen Bearbeitungszeiten p_i^{tats} sind kleiner als die maximal möglichen. Der Materialfluß ist kontinuierlich. Die Bearbeitungszeiten können alle voneinander verschieden sein.

Die zeitliche Definitionsgleichung lautet:

$$p_i^{tats} < p_i^{max} = t_i^D.$$

Dieser Fall ist z. B. bei der Fließgüterfertigung gegeben, wenn die Durchlaufzeit des Gutes durch eine Rohrleitung größer ist als die während des Durchlaufens erforderliche Bearbeitungszeit. Allgemein läßt sich feststellen, daß die Kapazität nicht voll ausgenutzt wird; die Intensität der Bearbeitung ist nicht exakt auf den Durchlauf abgestimmt. Es entsteht eine *intensitätsbedingte Leerzeit.* Insofern ist die zeitliche Abstimmung unvollständig. Allerdings treten keine arbeitsablaufbedingten Leer- und Wartezeiten auf. Insofern liegt hier durchaus eine zeitlich abgestimmte Fertigung vor.

O^3_2 : *vollständig zeitlich abgestimmte Fertigung*

Es besteht ebenfalls *eine Bindung* der maximalen Bearbeitungszeiten p_i^{max} an die Transportzeiten t_i^D, aber alle oder die meisten tatsächlichen Bearbeitungszeiten p_i^{tats} sind hier gleich den maximal möglichen

Bearbeitungszeiten und somit gleich den Transportzeiten. Der Materialfluß ist kontinuierlich. Die Bearbeitungszeiten können alle voneinander verschieden sein. Es gibt *keine intensitätsbedingten Leerzeiten.*

Die zeitliche Definitionsgleichung lautet:

$$p_i^{tats} = p_i^{max} = t_i^D.$$

Dieser Typ kommt bei der Fließgüterfertigung häufig vor. Hierzu läßt sich das vorangegangene Beispiel leicht übertragen: Die Durchlaufzeit durch eine Rohrleitung ist genau auf die (technisch erforderliche) Bearbeitungszeit abgestimmt. Aber auch bei der Stückgüterfertigung (Transferstraße) liegt dieser Typ häufig vor, z. B. bei Lackierstraßen in der Automobilfertigung, die bei unterschiedlicher Länge der Bearbeitungsstationen unterschiedliche Bearbeitungszeiten aufweisen. Insbesondere hoch mechanisierte Fertigungen bieten gute Voraussetzungen für eine vollständige zeitliche Abstimmung.

Die letzten drei Elementartypen waren *zweidimensional*, sie enthielten eine Aussage über die zeitliche Abstimmung und die Bindung der Bearbeitungszeiten an die Transportzeiten. Über die relative Dauer der Bearbeitungs- oder Transportzeiten auf den jeweiligen Bearbeitungsstationen, d. h. über die Dauern im Verhältnis zueinander, wurde keine klare Aussage getroffen[54].

Im folgenden soll zu den beiden bisherigen Merkmalen zusätzlich das *dritte Merkmal*, die *Taktung*, und zwar in der Ausprägung getaktete Bearbeitungszeiten, hinzugezogen werden zur *dreidimensionalen* Elementartypenbildung, die weitgehend synchron zur Bildung der drei voranstehenden Typen erfolgen.

O'_2 : unabhängige Taktfertigung

Die Bearbeitungszeiten je Bearbeitungsstation sind *egalisiert*, so daß sich je Station gleiche Arbeitstakte p_o^{max}, d. h. maximal zur Verfügung stehende Bearbeitungszeiträume, ergeben. Es besteht *keine Bindung* der Bearbeitungszeiten an die Transportzeiten. Insofern ist die Taktung der Bearbeitungszeiten und damit die zeitliche Abstimmung unabhängig. Der Materialfluß ist diskontinuierlich.

Die zeitliche Definitionsgleichung lautet:

$$p_o^{max} \neq f\,(t\,(t_i \text{ oder } t_o)\,).$$

Dieser äußerst wichtige Typ liegt beim ruckweise bewegten Fließband bzw. bei der intervallweise transportierenden Transferstraße vor.

---

[54] Es wurde aber der Fall unterstellt, daß die Bearbeitungszeiten alle voneinander verschieden seien (daher p_i und t_i). Insofern hätte man hier auch von einer dreidimensionalen Elementartypenbildung sprechen können, als hier stillschweigend eine Ausprägung eines dritten Merkmals Taktung, nämlich die Ausprägung nicht getaktet, unterstellt wurde.

Der für alle Bearbeitungsstationen gleiche Arbeitstakt wird durch eine vorgegebene Haltezeit für das gesamte Fertigungssystem (z. B. die Transferstraße) erzwungen. Die Diskontinuität der Fertigung ist hier ebenso offensichtlich wie die Unabhängigkeit der Bearbeitungszeit (Haltezeit) von der Transportzeit. Geht man von den (einfachen) Annahmen aus, daß die Fördergeschwindigkeiten zwischen allen Bearbeitungsstationen gleich sind ebenso wie die Abstände zwischen den Stationen, dann sind auch die Transportzeiten getaktet.

O''_2 : *unvollständige Taktfertigung*

Die Bearbeitungszeiten je Bearbeitungsstation sind *getaktet*. Es besteht *eine Bindung* der Bearbeitungszeit an die Transportzeit. Der Materialfluß ist kontinuierlich. Die gesamte Transportlänge einer Transportfolge ist in gleiche Transportabschnitte eingeteilt. Daraus ergeben sich gleiche Einwirkungsbereiche der Bearbeitungsstationen, die in der Transportzeit (Durchlaufzeit) t_o^D vom Produkt durchlaufen werden. Diese Transportzeiten begrenzen die maximal möglichen Bearbeitungszeiten auf gleiche Arbeitstakte p_o^{max}. Die tatsächlichen Bearbeitungszeiten p_i^{tats} können voneinander verschieden sein; sie sind in aller Regel kleiner als die Taktzeiten.

Die zeitliche Definitionsgleichung lautet:

$$p_i^{tats} < p_o^{max} = t_o^D.$$

Dieser Typ liegt z. B. bei manueller Stückgütermontage an einem stetig laufenden Fließband mit mehreren Arbeitsplätzen vor. Arbeitet die Arbeitskraft schneller als p_o^{max}, entsteht für die eine intensitätsbedingte Wartezeit, die so lange dauert bis das nächste Stück in ihren Einwirkungsbereich transportiert wird. Insofern wird die Kapazität nicht voll genutzt. Da die menschliche Arbeitskraft Intensitätsschwankungen unterliegt, ist hier eine Taktung nur unvollständig möglich, nämlich nur in bezug auf die t_o^D und die p_o^{max}, nicht aber in bezug auf die p_i^{max}. Es treten aber keine arbeitsablaufbedingten Wartezeiten auf, insbesondere keine Wartezeiten des Werkstoffs (Produkts). Somit liegt hier durchaus eine zeitlich abgestimmte Fertigung vor, aber in einer speziellen Ausprägung.

O'''_2 : *vollständige Taktfertigung*

Die Bildung dieses Typs entspricht weitgehend der des voranstehenden. Hier sind jedoch keine intensitätsbedingten Schwankungen der tatsächlichen Bearbeitungszeiten möglich, so daß *keine intensitätsbedingten Warte- oder Leerzeiten* auftreten können, und zwar in der Regel deshalb, weil der Träger der Fertigung hier nicht Arbeitskräfte sondern Betriebsmittel sind. Tatsächliche Bearbeitungszeit und Taktzeit sind identisch, oder anders formuliert, hier sind auch die tatsächlichen Bearbeitungszeiten getaktet.

Die zeitliche Definitionsgleichung lautet:

$$p_i^{tats} = p_o^{tats} = p_o^{max} = t_o^D.$$

Insofern wird die Kapazität voll ausgenutzt, die Taktung ist vollständig. Der Typ liegt bei hoch mechanisierten, stetig laufenden Transferstraßen vor.

— *Darstellung der Typenreihe*

Abb. 46 faßt die Ausführungen dieses Abschnittes übersichtlich zusammen.

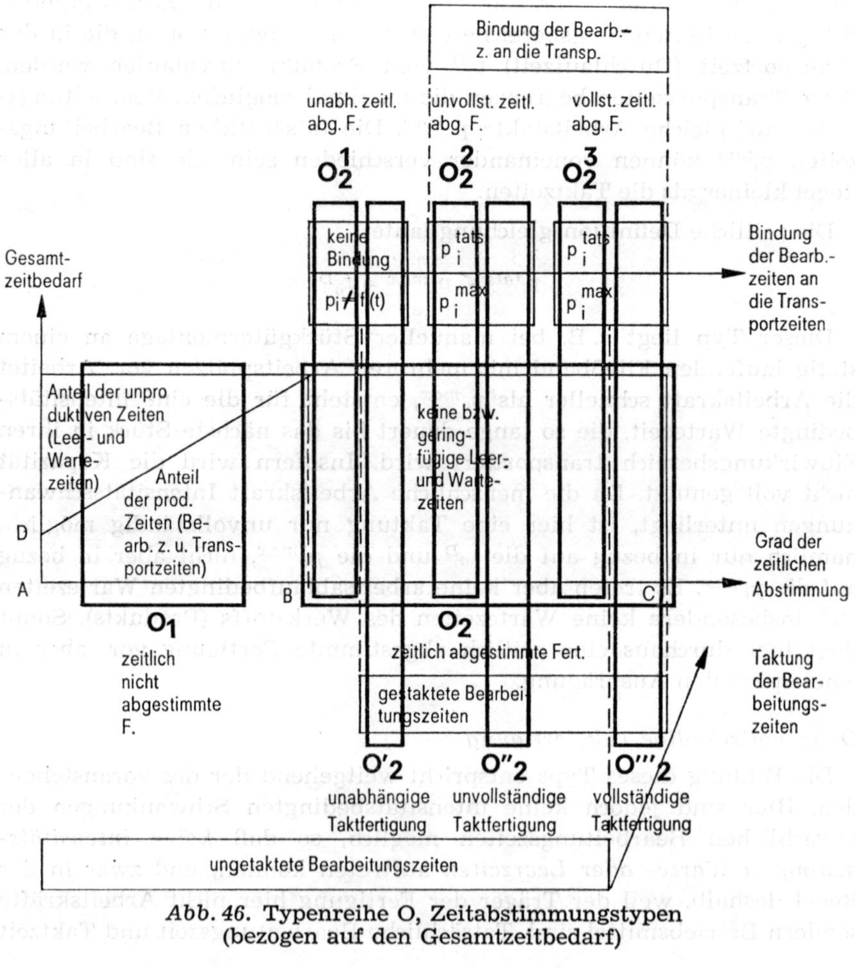

Abb. 46. **Typenreihe O, Zeitabstimmungstypen (bezogen auf den Gesamtzeitbedarf)**

Der Bereich A — B entspricht dem Ausprägungsbereich des kontinuierlich abstufbaren Merkmals der zeitlichen Abstimmung in komplexer Fassung. Grundlegende relative Merkmalskomponente ist der zunehmende Anteil der produktiven Zeiten (Bearbeitungs- und Transportzeiten). Komplementäre relative Merkmalskomponente ist der abnehmende Anteil der unproduktiven Zeiten (Leer- und Wartezeiten). Absolute Merkmalskomponente ist der *Gesamtzeitbedarf* der Planungsperiode, der in der Regel in Maschinenstunden (-tagen), allgemein in Betriebsmittelstunden (-tagen), zu fassen ist. Die Lage der Teildiagonalen D — E ist problematisch. Eine absolute Fixierung der Strecke A — D ist nicht möglich; sie soll nur im Prinzip andeuten, daß eine Fertigung ohne produktive Zeiten nicht denkbar ist; daher kann die Diagonale nicht durch den Nullpunkt (hier A) laufen[55].

Der Grenzwert der zeitlich abgestimmten Fertigung ist zu einem Bereich B — C auseinandergezogen worden, um die Ausprägung der beiden Zusatzmerkmale darstellen zu können.

Abb. 46 bezieht sich auf den Gesamtprozeß, und zwar auf den Gesamtzeitbedarf (absolute Merkmalskomponente). Man kann das Merkmal der zeitlichen Abstimmung aber auch auf die Tätigkeitsanzahl, den *Prozeßumfang*, beziehen. Grundlegende relative Merkmalskomponente ist dann der Anteil der Tätigkeiten, die zeitlich aufeinander abgestimmt sind. Dieser Bezug ist oft sehr zweckmäßig, da häufig innerhalb eines Gesamtprozesses einzelne Tätigkeitsfolgen zeitlich abgestimmt sind. Diese Mischformen werden durch diese Darstellungsweise wesentlich besser erfaßt. Sie wird in Abb. 47 ohne Differenzierung des Elementartyps O_2 wiedergegeben.

Die Aussage der Abb. 47 ist von der der Abb. 46 verschieden. Abb. 47 differenziert das Merkmal der zeitlichen Abstimmung nur bipolar. Über die Dauer der Leer- und Wartezeiten wird nichts ausgesagt. Dagegen faßt Abb. 46 das Merkmal als ein kontinuierlich abstufbares.

Die *Wahl zwischen beiden Darstellungsformen* hängt von der Art der realen Erscheinungsform der Fertigung ab, die zugeordnet werden soll. Wenn z. B. ein Einproduktfertigungsprozeß in 40 Fertigungstätigkeiten und reine Transporttätigkeiten zerlegt wird und 20 Fertigungstätigkeiten mit gleichzeitigem Transport auf kontinuierlich laufenden Fließbändern erfolgen und die restlichen Tätigkeiten zeitlich nicht abgestimmt sind, dann ist dieser Typ als ein Zwischentyp genau auf der Hälfte der Abszissenstrecke in Abb. 47 einzutragen. Da keine Zeitdauern erfaßt zu werden brauchen, ist die Zuordnung hier denkbar leicht. Zur

---

55 Vorübergehende Stillegungen oder Betriebsunterbrechungen zur Instandhaltung über die gesamte Planungsperiode scheiden für die Fertigungsablaufplanung aus.

Eintragung in Abb. 46 wäre erst eine genaue Zeitdauerverteilung festzustellen. Je nach den genauen Werten der Zeitanteile, liegt dann der Zuordnungspunkt rechts oder links des Halbierungspunktes der Strecke A — B. Der genaue Zuordnungspunkt (Abszissenwert = Grad der zeitlichen Abstimmung) ist jedoch in Abb. 46 nicht bestimmbar — im Gegensatz zum Ordinatenwert (Zeitanteilswert), da — wie bereits erwähnt — die Lage der Diagonalen nicht eindeutig fixiert werden kann.

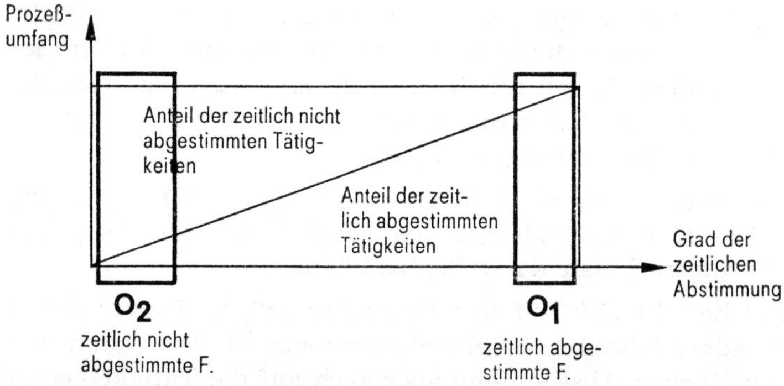

Abb. 47. Typenreihe O (bezogen auf den Prozeßumfang)[56])

Den beiden *Nachteilen* der Abb. 46 (Problem der Diagonalenbestimmung und größerem Ermittlungsaufwand) steht der *Vorteil* ihrer erhöhten Aussagefähigkeit gegenüber. Stellt man diese Darstellungsform z. B. in den Dienst des Zeitvergleichs (z. B. Vergleich der Ablaufpläne zweier Perioden), ist es für den Fertigungsablaufplaner außerordentlich aufschlußreich zu erfahren, in welchem Betrag sich der Grad der zeitlichen Abstimmung des einen Ablaufplans gegenüber dem anderen verändert hat, um hieraus z. B. eine Aussage über die Veränderung der Kapazitätsausnutzung (Veränderung des Leerzeitenanteils) ableiten zu können. Genügt ihm eine ordinale Aussage (relative Veränderung des Zuordnungspunktes auf der Abszisse, also des Wertes der zeitlichen Abstimmung in der Fassung der Abb. 46), dann entfällt der Nachteil

---

[56] Die Einzeichnung der Ausprägungsbereiche beider Elementartypen ist eine reine Definitionsfrage. Bereits aus der verbalen Darstellung ging hervor, daß hier — wie übrigens auch an manchen anderen Stellen der vorliegenden Untersuchung — eine flexible Meinung vertreten wird. Der Ausprägungsbereich des Typs O_1 könnte wesentlich breiter gefaßt werden, und der Ausprägungsbereich des Typs O_2 könnte auf den Extremwert (punktuelle Ausprägung; Merkmalsintensität 100 %) fixiert werden, bei dem alle (!) Tätigkeiten zeitlich abgestimmt sind. Die flexible Einstellung gegenüber Definitionsfragen resultiert aus der Einsicht, daß typologische Arbeiten immer zweckbezogen sein müssen, so daß Definitionsfragen immer pragmatisch zu beantworten sind. Einer systematischen Darstellung ist eine starre Fixierung außerdem nicht adäquat.

der „Diagonalenproblematik". Für eine kardinale Aussage muß die Veränderung dagegen direkt an der Veränderung der absoluten Leerzeitenwerte gemessen werden. Diese Aussagen können allein mit der Abb. 46 (in exakt gleicher oder modifizierter Form) dargestellt werden, nicht dagegen mit der Abb. 47, da diese das Merkmal der zeitlichen Abstimmung nicht kontinuierlich abstufbar sondern lediglich bipolar faßt.

Ist der Fertigungsablaufplaner dagegen weniger an Fragen der Kapazitätsausnutzung im Zeitvergleich interessiert, sondern verlangt er globalen (bipolaren) Aufschluß über die zeitliche Abstimmung des Materialflusses (einzelner Tätigkeitsfolgen) im Zeitvergleich, dann ist die Aussagefähigkeit der Abb. 47 u. U. vollkommen ausreichend. Für die praktische Fertigungsablaufplanung kann auch die Feststellung der Tätigkeitszahl zu aufwendig sein; es genügt dann u. U., im Zeitvergleich die zeitliche Abstimmung bereichsweise (bezogen auf Fertigungsstufen, Abteilungen oder sonstige organisatorische Einheiten) festzustellen.

Der relativ ausführliche *Vergleich der beiden Darstellungsformen* dieser Typenreihe diente nicht nur der theoretischen Durchdringung, sondern auch dem Zweck, am Beispiel dieses wichtigen Merkmals die praktischen Anwendungsmöglichkeiten der typologischen Darstellung anzureißen. Im Rahmen der vorliegenden Untersuchung kann dies nicht für alle Typenreihen geschehen[57].

3.3.15. Determiniertheitstypen: Unsichere, stochastische und deterministische Fertigung (Typenreihe P)

— *Merkmalsausprägungen*

Das Merkmal

Determiniertheitsgrad der Fertigung

ist ein komplexes Merkmal, das in verschiedene Komponenten zerlegt werden kann. Zunächst interessieren die Ausprägungen des Determiniertheitsgrades selbst.

Es lassen sich *drei Ausprägungen* unterscheiden: *Deterministisch* (sicher), *stochastisch* (probalistisch, risikobehaftet) und *unsicher*. Im Fall des sicheren Ereignisses beträgt die Eintrittswahrscheinlichkeit 100 %, im Fall des stochastischen Ereignisses liegt sie niedriger, und bei unsicheren Ereignissen fehlen Wahrscheinlichkeitsvorstellungen[58]. Diese

---

[57] Vgl. daher die generellen Ausführungen in Kap. 2.8.1.

[58] Vgl. zur Definition dieser Begriffe *Knight*, F. H., Risk, Uncertainty and Profit, Neudruck der 1. Aufl. Boston—New York 1921, London—Bradford 1948, S. 224 ff.; ferner *Gutenberg*, E., Produktion, S. 140 f. und *Heinen*, E., Einführung, S. 36—41.

Definitionen lassen bereits erkennen, daß bei dieser Abstufung keine logische Kontinuität vorliegt.

Zunächst läßt sich der Determiniertheitsgrad *bipolar*[59] fassen, und zwar in *vorhandene Wahrscheinlichkeitsvorstellungen* und in *nicht vorhandene Wahrscheinlichkeitsvorstellungen.* Die erste Ausprägung ist ihrerseits nach dem Wahrscheinlichkeitsgrad total abstufbar, dabei erscheint die Ausprägung „sicher“ als Grenzwert mit der Wahrscheinlichkeit 100 %. Der diametral entgegengesetzte Extremwert ist die Ausprägung „unsicher“, der aber als ein Wert eigener Art erscheint, also weiterhin als polare Ausprägung. Damit ist der Determiniertheitsgrad ein *gemischtes Merkmal,* und zwar ein *monopolar-partiell abstufbares*[60].

Die Merkmalskomponenten sind aus dem Bezugsobjekt des Determiniertheitsgrades abzuleiten, also aus der Fertigung. Zur systematischen Ableitung ist die systemorientierte Darstellung der Unternehmung eine wesentliche Hilfe[61].

Um einen umfassenden Fertigungstyp nach dem Determiniertheitsgrad bilden zu können, müßten die Tätigkeitsarten, ihre Beziehungen, ihre Zeitdauern, ihre Kosten, ihr Kapazitätsbedarf und ggfs. auch die Werkstoffe (Produkte) jeweils auf ihre Determiniertheit untersucht werden. In bezug auf die Produkte interessiert vor allem die Determiniertheit der Endproduktqualität. Dieser Aspekt wurde im Zusammenhang mit der Chargenfertigung unter dem Gesichtspunkt der Wiederholbarkeit bzw. der Beherrschbarkeit des Fertigungsprozesses bereits erwähnt[62]. Er sei daher hier ausgeschieden. Auch die Determiniertheit der Kenngrößen der Tätigkeiten, die Zeitdauern, die Kosten und der Kapazitätsbedarf seien nicht explizit betrachtet.

Von grundlegender Bedeutung ist dagegen der

Determiniertheitsgrad der Tätigkeitsstruktur,

d. h. hier vor allem der Fertigungstätigkeitsfolge. Von ihr wird mit erheblicher Berechtigung auf die Determiniertheit des gesamten Fertigungsprozesses geschlossen.

Die stochastische Ausprägung der Tätigkeitsstruktur läßt sich sehr anschaulich mit der *netzplantechnischen Darstellung* der Abb. 48 erläutern. Von dieser Darstellung ausgehend kann dann leicht auf die sichere (determinierte bzw. deterministische) und auf die unsichere Ausprägung geschlossen werden.

---

[59] Vgl. zu einer bipolaren Differenzierung anderer Art Kap. 3.2.4.1.2. u. Kap. 3.3.1. Dort wurde in determiniert (sicher) und undeterminiert (stochastisch oder unsicher) differenziert.

[60] Vgl. Kap. 2.3.

[61] Vgl. Abb. 19.

[62] Vgl. Kap. 3.3.8., bes. Fußnote 55).

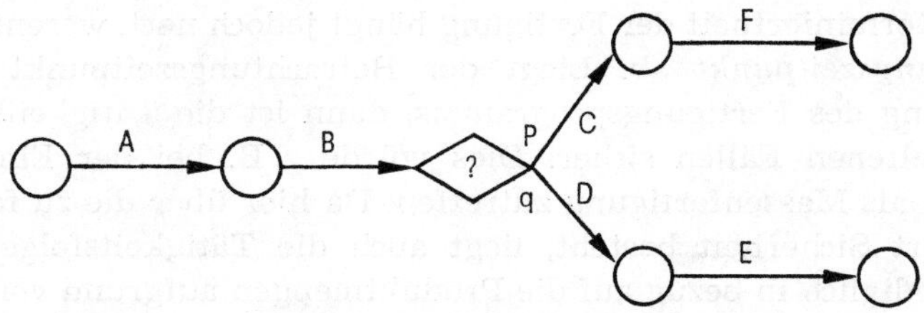

Abb. 48. Stochastische Tätigkeitsstruktur in netzplantechnischer Darstellung

Die Tätigkeit B folgt sicher auf die Tätigkeit A. Die Tätigkeitsfolge ist insofern deterministisch. Mit Vollendung der Tätigkeit B ergibt sich eine Entscheidungssituation. Es kann nicht sicher vorausgesagt werden, ob danach die Tätigkeitsfolge C-F oder die Folge D-E ablaufen wird. Für die Folge C-F ergibt sich eine Wahrscheinlichkeit p und somit für die Folge D-E der komplementäre Wert q.

In Abb. 48 ist ein Entscheidungsblock enthalten. Würde er fehlen, dann wäre die Tätigkeitsstruktur deterministisch. Mit zunehmender Anzahl der Entscheidungsblöcke nimmt der Determiniertheitsgrad ab[63]. Schließlich wird der Punkt erreicht, an dem selbst Wahnscheinlichkeitsvorstellungen fehlen, die Struktur wird unsicher. Damit sind die Ausprägungen des Merkmals Determiniertheitsgrad der Tätigkeitsstruktur hinreichend differenziert und präzisiert worden. Damit besteht eine gewisse relative Vorstellung von diesem Merkmal. Es fehlt jedoch noch eine gewisse absolute Vorstellung.

---

[63] Eisner setzte den Determiniertheitsgrad in seiner grundlegenden Veröffentlichung zum Entscheidungsblock-Netzplan in eine interessante Beziehung zum Entropiebegriff in Analogievorstellung zum thermodynamischen bzw. informationstheoretischen Gleichverteilungs- bzw. Gleichwahrscheinlichkeitsbegriff. Er zeigt, daß sich eine Tätigkeitsstruktur ohne Entscheidungsblöcke als ein Grenzfall der allgemeinen Tätigkeitsstruktur mit Entscheidungsblöcken, also einer stochastischen Struktur, auffassen läßt. Vgl. *Eisner*, H., A Generalized Network Approach to the Planning and Scheduling of a Research Project, in: OR, 10 (1962) 1, S. 115—125. Dies entspricht genau den Ausprägungen des Determiniertheitsgrades der Tätigkeitsstruktur: Die determinierte (sichere) Struktur (Wahrscheinlichkeit = 100 %) ist der Grenzfall der stochastischen Struktur (Wahrscheinlichkeit < 100 %).
Der Determiniertheitsgrad einer Struktur läßt sich über den Entropiebegriff auch in informationstheoretischer und kybernetischer Sicht zum Begriff der Varietät eines Systems und schließlich zu dem der Komplexität eines Systems in Beziehung setzen. Vgl. hierzu *Beer*, St., Kybernetik, S. 60—66.
Zur Problematik, den Determiniertheitsgrad einer gesamten Struktur mit zahlreichen Entscheidungsblöcken (disjunktiven und konjunktiven Verbindungen) zu bestimmen, gibt es jedoch noch weitere Ansätze. Vgl. zu einem wahrscheinlichkeitstheoretischen Ansatz *Weber*, K., Projektanalyse unter Verwendung des Theorems von Bayes, in: IO, 36 (1967) 7, S. 293—298. Rosenkranz stellt den Entscheidungsblock in den Zusammenhang mit der Booleschen Algebra. Vgl. *Rosenkranz*, F., Netzwerktechnik und wirtschaftliche An-

Die Determiniertheit der Fertigung hängt jedoch noch wesentlich vom *Betrachtungszeitpunkt* ab. Liegt der Betrachtungszeitpunkt vor der Aufstellung des Fertigungsprogramms, dann ist die Tätigkeitsstruktur nur in seltenen Fällen sicher. Dies würde z. B. bei der Einproduktfertigung als Massenfertigung zutreffen. Da hier über die zu fertigende Produktart Sicherheit besteht, liegt auch die Tätigkeitsfolge fest. Es können lediglich in bezug auf die Produktmengen aufgrund von Absatzprognosen stochastische Aussagen getroffen werden. Selbst bei der Mehrproduktfertigung in Form der Massenfertigung und Sortenfertigung, z. B. der Automobilindustrie, besteht in bezug auf die Tätigkeitsfolge der Endmontage vor Aufstellung des Fertigungsprogramms (vor Eingang der Kundenaufträge) keine Sicherheit. Erst nach Eingang der Kundenaufträge ist die Tätigkeitsfolge (nahezu) determiniert. Bei der Bestellfertigung als Einzelfertigung kann vor Eingang der Kundenaufträge im Hinblick auf die Ablaufstruktur nur eine stochastische Aussage mit relativ geringen Wahrscheinlichkeitswerten getroffen werden. Dagegen nach Eingang der Kundenaufträge und nach Aufstellung des Fertigungsprogramms ist der Determiniertheitsgrad der Fertigung wesentlich größer. Er hängt dann nur noch davon ab, inwieweit Änderungswünsche der Kunden auftreten können und inwieweit die Unternehmung Erfahrungen mit der Fertigung gleicher oder ähnlicher Produkte gemacht hat, also vom Novitätscharakter des Produktes für die Unternehmung.

— *Bildung der Typenreihe P*

Bei der folgenden Typenbildung, die nicht auf die Programmplanung, sondern auf die Ablaufplanung abzustellen hat, wird davon ausgegangen, daß ein Fertigungsprogramm gegeben ist, entweder durch vor-

---

wendung — Mit besonderer Berücksichtigung der Netzplantechnik, Meisenheim am Glan 1968, S. 145—151.

Weiterhin müssen die spezifischen netzplantechnischen Entwicklungen erwähnt werden. An dieser Stelle seien nur die grundlegenden Arbeiten von Elmaghraby erwähnt. Vgl. *Elmaghraby*, S. E., An Algebra for the Analysis of Generalized Activity Networks, in: M Sc, 10 (1964) 3, S. 494—514; ferner ders., On Generalized Activity Networks, in: J. of Ind. Eng., 17 (1966) 11, S. 621—631. Diese Arbeiten führten schließlich zur Entwicklung des bekannten GERT-Verfahrens, mit dem stochastische Tätigkeitsstrukturen in praktischer Anwendung erfolgreich geplant wurden (Apollo-Projekt).

Weiterhin darf eine spezielle Entwicklung für die Planung stochastischer Tätigkeitsstrukturen bei der Einführung von neuen Produkten nicht unerwähnt bleiben. Vgl. hierzu *Charnes*, A., *Cooper*, W. W., *DeVoe*, J. K. and *Learner*, D. B., *Demon*: Decision Mapping via Optimum Go — No Networks — A Model for Marketing New Products, in: M Sc, 12 (1966) 11, S. 865—887.

Schließlich ist noch auf die Möglichkeit hinzuweisen, stochastische Tätigkeitsstrukturen mit Entscheidungsbaumverfahren planen zu können. Vgl. hierzu die grundlegenden Arbeiten von *Magee*, J. F., Decision Trees for Decision Making, in: HBR, 42 (1964) 4, S. 126—138; ferner ders., How to Use Decision Trees in Capital Investment, in: HBR, 42 (1964) 5, S. 79—96.

liegende Kunden- oder Unternehmeraufträge. Durch die Ausführungen wird auch die Beziehung dieser Typenreihe *P* zur Typenreihe *A* (Bestell- und Vorratsfertigung) angedeutet. Die folgenden Typen sind *eindimensional.*

P_1 : *Unsichere Fertigung*

In bezug auf die Tätigkeitsstruktur liegen keine Wahrscheinlichkeitsvorstellungen vor, d. h. eine Tätigkeitsstruktur läßt sich überhaupt nicht angeben, damit ist eine Ablaufplanung (Aktionsstrukturierung) nicht möglich. Dieser Fall ist grundsätzlich bei der Grundlagenforschung gegeben. Hier bestehen noch nicht einmal Zielvorstellungen über das Vorhaben. Es kann nur die Ausgangssituation beschrieben werden. Es mag strittig sein, ob man bei diesem Beispiel überhaupt von einem Fertigungstyp sprechen kann[64]. Bei der Definition der Fertigung in der vorliegenden Untersuchung (Be- und Verarbeitung von Stoffen) spricht aber grundsätzlich nichts dagegen. Dieser Typ liegt oft auch bei der Zweckforschung vor. Im Gegensatz zur Grundlagenforschung besteht hier nicht nur eine Vorstellung von der Ausgangssituation, sondern auch über das Forschungsziel[65]. Die zwischen diesen Projektbegrenzungspunkten liegende Tätigkeitsstruktur ist jedoch ebenfalls unsicher.

P_2 : *Stochastische Fertigung*

In bezug auf die Tätigkeitsstruktur liegen Wahrscheinlichkeitsvorstellungen vor. Die Aktionsstrukturierung hat allerdings wenige bis viele Entscheidungsblöcke (probabilistische Verzweigungen) zu berücksichtigen. Beispiele für diesen Fertigungstyp sind zahlreich.

Die probabilistischen Einflüsse bzw. die Risiken, die auf die Tätigkeitsstruktur einwirken, sind vor allem:

— Naturwissenschaftliche und technische Risiken,

— Kunden- und Konkurrenzeinflüsse.

Naturwissenschaftliche Risiken ergeben sich z. B. bei Zweckforschungs- und Entwicklungsprojekten, wenn nicht exakt vorhersehbare, naturwissenschaftlich bedingte Ergebnisse die weitere Tätigkeitsstruktur beeinflussen können.

Technische Risiken ergeben sich z. B. bei Instandhaltungsprojekten, wenn z. B. erst bei einem bestimmten Zustand der Instandhaltung entschieden werden kann, welche Teile zu ersetzen sind[66]. Auch bei der

[64] Vgl. zum Inhalt der Fertigung z. B. *Schäfer*, E., Industriebetrieb, Bd. 2, S. 206 f. u. S. 217 ff.

[65] Vgl. zu diesen Begriffen *Mellerowicz*, K., BWL der Industrie, Bd. II, S. 219.

[66] Vgl. zu einem diesbezüglichen Beispiel *Falkenhausen*, H. v., Prinzipien und Rechenverfahren der Netzplantechnik, 2. Aufl., Kiel 1968, S. 47 f.

Instandhaltung ist auf terminologische Probleme in bezug auf ihre Abgrenzung zur Fertigung hinzuweisen[67].

Kundeneinflüsse sind vor allem bei der Bestellfertigung[68] zu berücksichtigen. Hier können Änderungswünsche oder besondere Spezifizierungswünsche den Fertigungsprozeß stochastisch gestalten.

Kundeneinflüsse sind auch besonders bei der Einführung neuer Produkte zu berücksichtigen. Ferner muß sich hier die Fertigung auch an *Konkurrenzeinflüsse* anpassen können. Falls bedeutende Einflüsse vorhersehbar sind, müssen Alternativ- bzw. Eventualplanungen durchgeführt werden.

P_3 : Deterministische Fertigung

Die Tätigkeitsstruktur der Fertigung ist festgelegt, entweder aufgrund technologischer Restriktionen oder aufgrund exakter technisch-wirtschaftlicher Ablaufplanungserfahrung und aufgrund der Tatsache, daß keine exogenen Einflüsse die Struktur verändern können bzw. potentielle Einflüsse nicht berücksichtigt zu werden brauchen. Dieser Typ liegt vor allem bei Vorratsfertigung als Großserien- oder Massenfertigung vor.

— *Darstellung der Typenreihe P*

Abb. 49 faßt die Behandlung der Typenreihe übersichtlich und komprimiert zusammen. Dabei wird der Determiniertheitsgrad als ein gemischtes, monopolar-partiell abstufbares Merkmal mit drei markanten Ausprägungen verdeutlicht.

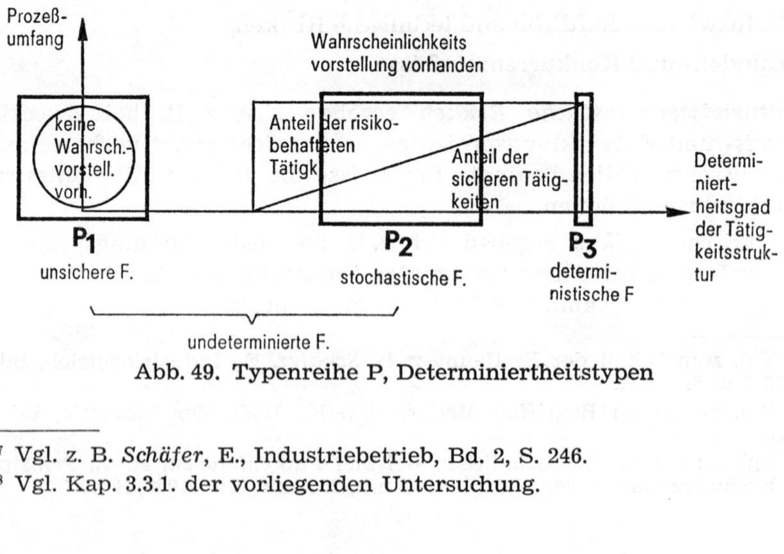

Abb. 49. Typenreihe P, Determiniertheitstypen

---

[67] Vgl. z. B. *Schäfer*, E., Industriebetrieb, Bd. 2, S. 246.

[68] Vgl. Kap. 3.3.1. der vorliegenden Untersuchung.

3.3.16 Güterformtypen: Fließgüter- und Stückgüterfertigung (Typenreihe Q)

— *Merkmalsausprägungen*

Das Merkmal

Form der Güter

kann in *bipolare* Ausprägungen, *ungeformte* und *geformte* Güter, differenziert werden. Innerhalb der geformten Güter können zweidimensional und dreidimensional geformte Güter unterschieden werden, je nachdem ob die Güter zweidimensional konstruktiv fixiert sind, wie faden-, seil-, band-, stangen-, röhren- oder flächenförmige Güter, oder ob sie dreidimensional konstruktiv fixiert sind, wie einfache oder zusammengesetzte Stückgüter[1]. Somit kann man das Merkmal auch *tripolar* fassen: *Ungeformte, zweidimensional geformte* und *dreidimensional geformte* Güter. In dieser Formulierung erkennt man, daß die ursprüngliche *bipolare* Fassung auch in einer anderen Weise möglich ist:

— *Unvollständig geformte Güter = Fließgüter* (Güter, bei denen mindestens eine Dimension nicht fixiert ist) und

— *vollständig geformte Güter = Stückgüter* (Güter, bei denen alle drei Dimensionen fixiert sind).

Diese Merkmalsdifferenzierung umfaßt alle (!) Güter und teilt sie in zwei Klassen. Für eine hierauf aufbauende eindimensionale Fertigungstypenbildung ergeben sich zwei wichtige Konsequenzen:

— Die mit diesen Ausprägungen gebildeten Typen sind keine Extremtypen, da sie keine Zwischentypen umschließen können.

— Die Typenbildung trägt überwiegend klassifikatorischen Charakter, da die zugrunde liegende Merkmalsdifferenzierung rein klassifikatorischer Art ist[2].

Trotzdem läßt sich auch hier rechtfertigen, von einer Fertigungs*typen*bildung und nicht von einer Fertigungs*klassen*bildung zu sprechen. Mit den genannten Merkmalsausprägungen soll — wie bei allen Typenreihen — der Fertigungsprozeß erfaßt werden, und zwar die spezifische Ausprägung seiner Erscheinungsform in Abhängigkeit (!) von der typbildenden Merkmalsausprägung. Es geht also keineswegs nur um die Differenzierung der Merkmalsausprägung allein.

Dies mag ein *Beispiel* erläutern. Aufgrund der genannten Kriterien kann ziemlich exakt in Stück- und Fließgüter differenziert werden. So sind z. B. Schrauben eindeutig Stückgüter, da sie dreidimensional kon-

---

[1] Vgl. zu dieser Differenzierung *Riebel*, P., Erzeugungsverfahren, S. 49.
[2] Vgl. nochmals Kap. 1.5.

struktiv fixiert sind. Sie können jedoch unter bestimmten Bedingungen wie Schüttgüter in Schwingförderrinnen in einem kontinuierlichen Strom transportiert werden. Somit weisen in diesem Fall die Transporttätigkeiten den Charakter der Fließgüterfertigung auf. Werden die Schrauben, z. B. in einem einheitlichen Strom mehreren Oberflächenbehandlungen ausgesetzt, so weisen auch mehrere Fertigungstätigkeiten den Charakter von Fließgüterfertigung auf. Man erkennt an diesem Beispiel, daß zwar die Merkmalsausprägungen leicht getrennt werden können, nicht aber die darauf aufbauenden Fertigungstypen.

Betrachtet man weiterhin sehr hoch mechanisierte Fertigungsprozesse, dann wird der *Unterschied zwischen Stückgüter- und Fließgüterfertigung* durch die hohe Kontinuisierung beider Prozesse immer geringer bzw. das Abgrenzungsproblem der Fertigungstypen (nicht der Güter) immer größer.

Ohne auf Zusatzmerkmale des Fertigungsprozesses einzugehen, soll es hier bei einer *eindimensionalen* Typenbildung belassen bleiben; das Problem einer exakten Abgrenzung — und im Zusammenhang der typologische Charakter — wird aber grundsätzlich deutlich.

— *Bildung von Fertigungstypen*

Q_1 : *Fließgüterfertigung*

Die Be- oder Verarbeitungstätigkeiten werden an Fließgütern ausgeführt. Die umgeformten Fließgüter lassen sich entsprechend den Aggregatzuständen weiter aufteilen in Gase, Flüssigkeiten, Schüttgüter und deren Mischungen (z. B. Aerosole, Suspensionen). Ihre ungeformten Stoffteilchen lassen sich leicht gegeneinander bewegen, so daß sie während der Fertigungs-, Transport- und Lagervorgänge einen Behälter benötigen. Da sie sich gut an alle möglichen Behälterformen anpassen lassen, eignen sie sich gut für eine kontinuierliche Fertigung[3]. Dies trifft auch für die geformten Fließgüter zu, die nur zweidimensional konstruktiv fixiert sind[4]. Daher werden diese Güter auch unter der Bezeichnung Fließgüter zusammengefaßt[5].

Bei der Fließgüterfertigung fallen keine produktartbedingten Leistungseinheiten an. Die Mengenbestimmung erfolgt nicht durch Zählen sondern durch Messen. Typische Fertigungselemente sind Rohre, Kessel, Düsen, endlose Bänder, Rinnen und Walzen[6]. Typische Transportsteuerelemente sind Ventile, Schieber und Abstreifer. Besonders bei hoch mechanisierter Fertigung ist die Reihenfolgevariation (Materialfluß-

---

[3] Vgl. zu den letzten drei Sätzen *Riebel*, P., Erzeugungsverfahren, S. 48—50.

[4] Vgl. hierzu ebenda, S. 53.

[5] Nach Riebel geht diese Bezeichnung auf Dolezalek zurück. Vgl. ebenda.

[6] Vgl. zu den letzten drei Sätzen ebenda, S. 49—53.

gestaltung) oft wesentlich weniger aufwendig als bei der Stückgüterfertigung von großen Werkstücken[7]. Durch die Formlosigkeit des Gutes werden zur Erleichterung der Identifizierung oft besondere Maßnahmen erforderlich[8]. Die Fließgüterfertigung kennt spezifische Regel- und Meßprobleme. Bei zunehmender Mechanisierung kann die Dosierung der Fließgüter zu einem schwierigen Problem werden, bzw. sie kann gegenüber der Stückgüterfertigung, die dieses Problem nicht kennt, einen erheblichen Mehraufwand verlangen. Dafür bewirkt die Anpassungsfähigkeit der Fließgüter an Transport- und Fertigungsbehälter eine erhebliche Erleichterung bei der Transportmechanisierung gegenüber der Stückgüterfertigung. Das Problem der individuellen Anpassung von Transporteinrichtungen an die Form des Gutes entfällt weitgehend.

Fließgüterfertigung korreliert häufig mit chemischer bzw. physikalisch-chemischer Fertigung. Das Fertigungssteuerungsproblem besteht dann vor allem in einer — oft schwer zu beherrschenden — Konstanthaltung der Prozeßbedingungen und in einem Mengensteuerungsproblem (Durchflußmengen bzw. -geschwindigkeiten bzw. -zeiten), denn die Betriebsmittel sind meist in erheblich größerem Ausmaß tätigkeitsunelastisch. Das Problem der Fertigungsablaufplanung liegt hier somit nicht in der Tätigkeitsstrukturplanung, sondern in der Kenngrößenplanung (vor allem in der Durchflußplanung). Die Ablaufstruktur ist häufig durch technologische Restriktionen weitgehend fixiert und weniger komplex als bei hoch synthetischer Stückgüterfertigung[9].

Q_2 : *Stückgüterfertigung*

Die Be- und Verarbeitungstätigkeiten werden an Stückgütern ausgeführt, also an Gütern, deren Form in allen drei Dimensionen konstruktiv fixiert ist. Bei der Fließgüterfertigung fallen produktartbdingte Leistungseinheiten an. Die Mengenbestimmung erfolgt durch Zählen[10]. Dosierungs- und Identifizierungsprobleme sind nicht gegeben. Das typische Betriebsmittel ist die „offene Maschine“[11].

Durch die Abgegrenztheit der Güter wird bei Serien- oder Massenfertigung oft eine rhythmische Wiederholung der Arbeitsvorgänge erforderlich, d. h. die Verfahrensbedingungen können meist[12] nicht konstant gehalten werden, wie dies bei der Fließgüterfertigung häufig ist.

---

[7] Deshalb wird auch die Verbindung von Fließgüterfertigung und Zwangslauffertigung als nicht gerechtfertigt angesehen. Vgl. nochmals Kap. 3.3.12.

[8] Vgl. *Riebel*, P., Erzeugungsverfahren, S. 52.

[9] Vgl. Kap. 3.3.9., Bildung von Mischtypen.

[10] Vgl. zu den letzten beiden Sätzen *Riebel*, P., Erzeugungsverfahren, S. 49.

[11] Vgl. ebenda, S. 53.

[12] Allerdings kommen auch konstante Verfahrensbedingungen vor, z. B. bei der Tauchlackierung.

Dies hängt vor allem damit zusammen, daß die Stückgüterfertigung häufig mit der mechanischen Fertigung korreliert. Stückgüter leisten gegenüber der Kontinuisierung des Fertigungsprozesses erheblichen Widerstand. Dies liegt vor allem daran, daß sich die Stückform an Transport- oder Fertigungseinrichtungen nicht problemlos, vor allem nicht selbsttätig, anpaßt, sondern daß hier aufwendige, spezielle Anpassungsvorgänge vorgenommen werden müssen. So müssen bei Stückgütern zahlreiche Bewegungsvorgänge aufwendig mechanisiert werden: Zufuhr des Werkstückes, Spannen des Werkzeuges, Positionierung von Werkstück und Werkzeug, oft zahlreiche Wendevorgänge, Rückführen von Werkstück und Werkzeug und Werkstückabfällen[13]. Auch die Kontrolle durch optisches oder mechanisches Abtasten erfordert Spezialeinrichtungen bis hin zu automatischen Meßmaschinen. So sind in der Regel die Maschinen und Transportmittel speziell auf das Werkstück auszurichten. Schwierig ist weiterhin das Problem des Werkzeugersatzes.

Somit wird deutlich, daß eine on-line-Fertigungssteuerung bei Stückgütern erheblich schwieriger ist als bei Fließgütern. Das Problem der Fertigungsablaufplanung liegt (in Abhängigkeit von den Produktmengen) in der Strukturplanung (Reihenfolgeplanung) (bei geringen Mengen) bzw. in der zeitlichen Abstimmung der Tätigkeiten (bei großen Mengen).

— *Darstellung der Typenreihe Q*

Die Darstellung der eindimensionalen Typenreihe in Abb. 50 ist infolge der bipolaren Merkmalsausprägungen äußerst einfach. Bei einer komplexen Fassung des Merkmals könnte man eine Abstufung nach dem Anteil der Tätigkeiten an Stückgütern bzw. Fließgütern am Prozeßumfang denken. Jedoch kommt eine gleichzeitige Fließ- und Stückgüterfertigung selten vor. Daher sei darauf verzichtet.

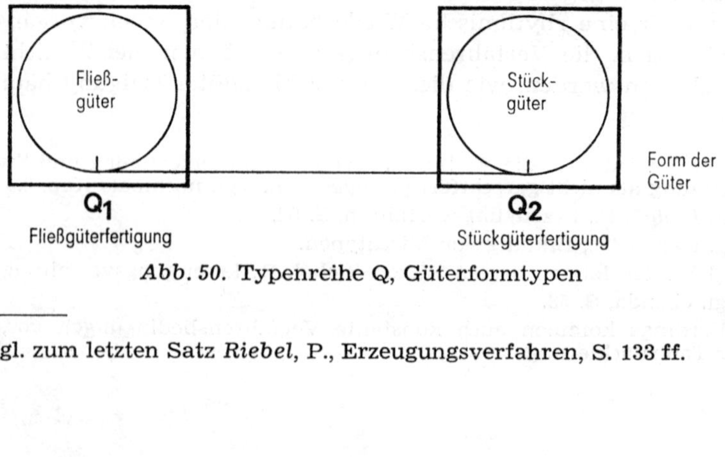

Abb. 50. Typenreihe Q, Güterformtypen

[13] Vgl. zum letzten Satz *Riebel*, P., Erzeugungsverfahren, S. 133 ff.

3.3.17. Prozeßbindungstypen: Unverbundene und verbundene Fertigung (Typenreihe R)

— *Merkmalsausprägungen und Bildung vorläufiger Typenreihen*

Das Merkmal

Verbundenheit des Fertigungsprozesses

ist von allen typbildenden Merkmalen bisher wohl am gründlichsten untersucht worden[14]. Jedoch bleibt auch hier noch Raum für eine Präzisierung im Rahmen einer typologischen Untersuchung.

Das Merkmal des Verbundenheitsgrades erweist sich für eine aussagefähige und realitätsnahe Typenbildung als zu abstrakt. In einer *bipolaren* Differenzierung kann man zunächst in

unverbundene Fertigung und in

verbundene Fertigung

unterscheiden. Da aber der Typ der verbundenen Fertigung sehr unterschiedliche Erscheinungsformen aufweisen kann, ist eine Konkretisierung des Merkmals aussagefähiger. Somit wird der Verbundenheitsgrad der Fertigung als ein komplexes Merkmal gefaßt, das sich aus zwei wesentlichen Merkmalskomponenten zusammensetzt.

Der Verbundenheitsgrad drückt sich einmal darin aus, daß bei der Fertigung verschiedener Produkte die ausgebrachten Mengen in unterschiedlicher Intensität miteinander korrelieren können. Er drückt sich weiterhin darin aus, daß die Fertigung verschiedener Produkte in unterschiedlicher Weise auf teilweise denselben Betriebsmitteln in einem gemeinsamen Fertigungsprozeß erfolgen kann. Somit sind zunächst die Ausprägungen dieser beiden Merkmalskomponenten

des *Produktmengenkorrelationskoeffizienten* und

der *Gemeinsamkeit der Fertigungsprozesse*

zu untersuchen. Mit diesen Ausprägungen können zwei vorläufige Typenreihen gebildet werden.

Der Produktmengenkorrelationskoeffizient sei vereinfachend für den Zwei-Produkt-Fall dargestellt. Er ist zwar grundsätzlich kontinuierlich abstufbar, jedoch sei hier nur in drei Ausprägungen differenziert, den Wert Null, den negativen und den positiven Bereich[15]. Das eigentlich kontinuierlich abstufbare Merkmal kann in dieser Fassung auch als ein gemischtes, und zwar als ein *monopolar-partiell abstufbares* Merkmal

---

[14] Und zwar durch die profunde Arbeit von *Riebel*, P., Kuppelproduktion.

[15] Diese Unterscheidung der Korrelationsmöglichkeiten geht im Prinzip auf E. Schneider zurück. Vgl. *Schneider*, E., Einführung in die Wirtschaftstheorie, II. Teil, Wirtschaftspläne und wirtschaftliches Gleichgewicht in der Verkehrswirtschaft, 9. Aufl., Tübingen 1964, S. 109—113 u. auch S. 152—163.

betrachtet werden. Mit diesen drei Ausprägungen kann die folgende *vorläufige Typenreihe* gebildet werden.

R': *unverbundene Fertigung*

Die Produktmenge x_1 kann ohne Beeinflussung der Produktmenge x_2 gefertigt werden; es besteht keine Korrelation zwischen beiden Mengen; der Korrelationskoeffizient hat den Wert Null.

R'': *negativ verbundene Fertigung*

Die Produktmenge x_1 kann nur vergrößert werden, wenn die Menge x_2 verringert wird, weil beide Produkte auf derselben Maschine gefertigt werden, so daß die Maschine mit beiden Produkten nur alternativ belegt werden kann; der Korrelationskoeffizient ist negativ.

R''': *positiv verbundene Fertigung*

Die Produktmenge x_1 kann nur durch eine Vergrößerung der Menge x_2 gesteigert werden; der Korrelationskoeffizient ist positiv.

Abb. 51 stellt diese drei Korrelationsmöglichkeiten übersichtlich zusammen.

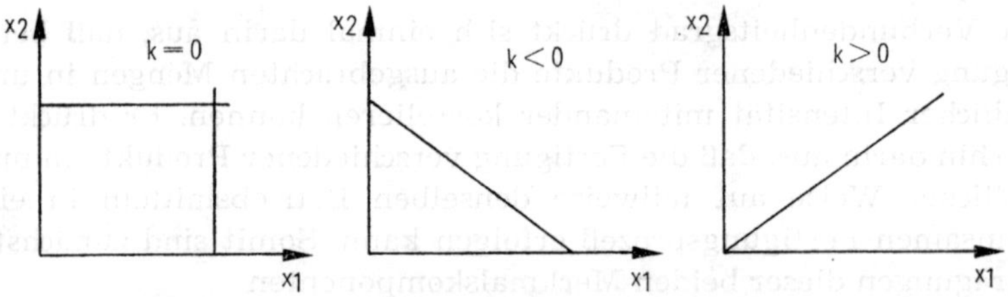

Abb. 51. Korrelationsmöglichkeiten der Mengen von zwei verschiedenen Produkten

Der letzte Typ R''' muß jedoch noch mit der zweiten Merkmalskomponente, der Gemeinsamkeit der Fertigungsprozesse, differenziert werden. Auch bei dieser Komponente können grundsätzlich drei Ausprägungen unterschieden werden, auf denen eine zweite *vorläufige Typenreihe* aufbaut.

$R^{\cdot}$: *isolierte Fertigung*

Zwei oder mehr Fertigungsprozesse haben keinen Produktionsfaktor gemeinsam, insbesondere belegen die Produkte nicht dieselben Maschinen; somit laufen die Prozesse isoliert voneinander ab. Der isolierte Prozeßablauf schließt in dieser Definition einen zeitlich und/oder räumlich parallelen Verlauf nicht aus[16].

---

[16] Vgl. zu einer wohl anderen, aber nicht näher präzisierten Auffassung *Riebel*, P., Kuppelproduktion, S. 59 f. u. S. 62.

$R^{\cdot\cdot}$: *sukzessive Fertigung*

Zwei oder mehrere Fertigungsprozesse haben einen oder mehrere Produktionsfaktoren gemeinsam, aber die Produkte werden in sukzessiv aufeinander folgenden Prozessen gefertigt, insbesondere werden die gemeinsam genutzten Maschinen nacheinander belegt.

$R^{\cdot\cdot\cdot}$: *simultane Fertigung*

Die Fertigung von zwei oder mehreren Produkten erfolgt auf vollständig oder überwiegend denselben Betriebsmitteln in einem vollständig oder teilweise gemeinsamen Prozeß gleichzeitig; somit kann von einer simultanen Fertigung gesprochen werden.

— *Bildung der Typenreihe R*

Aus der Zusammenfassung beider vorläufigen Typenreihen ergibt sich nun die *endgültige Typenreihe R*. Somit ist die Bildung der endgültigen Typenreihe zweidimensional, d. h. sie muß bezüglich beider Merkmalskomponenten, die somit zu typbildenden Merkmalen werden, Aussagen treffen.

R_1 : *Independente Fertigung*

Dieser Typ wird dadurch gekennzeichnet, daß keinerlei Gemeinsamkeit zwischen den Fertigungsprozessen von zwei oder mehreren Produkten vorliegt, auch keine Korrelation zwischen den Produktmengen auftritt. Somit stimmen die Minimaltypen der beiden vorläufigen Typenreihen in diesem Typ exakt überein, d. h. es liegt sowohl isolierte als auch nicht korrelierende Fertigung vor.

R_2 : *Alternativfertigung*

Die Mengen mehrerer Produkte korrelieren miteinander positiv; mehrere Produkte werden, da sie um dieselben Betriebsmittel konkurrieren, sukzessiv gefertigt.

R_3 : *Komplementärfertigung*

Die Mengen mehrerer Produkte korrelieren positiv miteinander; die Produkte werden sukzessiv (!) gefertigt. Die Verbundenheit ist wirtschaftlich bedingt. Die Fertigung erfolgt aufgrund der Verbesserung der Kapazitätsausnutzung. Das Mengenverhältnis der Leistungsmöglichkeiten (!) ist ebenso starr wie der Rhythmus der zeitlichen Folge. Das Mengenverhältnis der tatsächlichen Produktmengen ist allerdings variabel. Ein Beispiel findet sich bei der Stromerzeugung, und zwar in der Erzeugung von Tag- und Nachtstrom[17]. Man erkennt, daß eine Kon-

[17] Beispiele aus Dienstleistungsbetrieben (z. B. aus der Schiffahrt, bei der Last- und Leerfahrt) haben für die vorliegende Untersuchung keine Bedeutung, da hier nur der Fertigungsprozeß von Industriebetrieben Untersuchungsgegenstand ist. In diesem Bereich sind relevante Beispiele nicht sehr zahlreich, woraus die relativ untergeordnete Bedeutung dieses Fertigungstyps geschlossen werden kann.

kurrenz zwischen den Leistungsarten ausgeschlossen ist, daß insofern keine Alternativfertigung vorliegt[18].

R_4 : *Kuppelfertigung*

Bei diesem Fertigungstyp entstehen *zwangsläufig verschiedene Produkte* in einem *gemeinsamen*[19] Fertigungsprozeß, und zwar in einem oder mehreren *Aufspaltungsprozessen*[20], aufgrund derer die ausgebrachten Produktmengen positiv miteinander korrelieren; das Mengenverhältnis der Produkte ist manchmal nahezu starr, oft aber mehr oder weniger variabel; die Aufspaltungsprozesse weisen eine umgruppierende oder analytische Materialflußstruktur auf[21]. Die Kuppelfertigung bildet den wichtigsten Typ dieser Reihe. Deshalb soll er auch etwas ausführlicher behandelt werden[22].

Die Anlässe, die zur Kuppelfertigung führen, sind außerordentlich zahlreich. Somit liegt hier ein genenereller Typ vor, der vielfältige reale Erscheinungsformen umfaßt[23]. Eine spezifische Eingrenzung stößt auf erhebliche Definitionsschwierigkeiten[24]. Dieser Fertigungstyp läßt

---

[18] Vgl. zu den letzten drei Sätzen *Riebel*, P., Kuppelproduktion, S. 58—60. Riebel rechnet diesen Fertigungstyp nicht zur Kuppelproduktion. Vgl. ebenda, S. 61. Diese Ansicht wird geteilt. Anderer Meinung ist Mellerowicz. Vgl. *Mellerowicz*, K., Kosten, S. 144—146.

[19] So knüpft auch Riebel die Kuppelfertigung an einen gemeinsamen Fertigungsprozeß. Vgl. *Riebel*, P., Kuppelproduktion, S. 27. In der vorliegenden Untersuchung wird konsequent jede nicht simultane, nicht gleichzeitige, also nicht gemeinsame Verbundenheit von der Kuppelfertigung ausgeschlossen, also eine Verbundenheit bei paralleler und insbesondere sukzessiver Prozeßfolge. Riebel ist hier nicht ganz so konsequent: Fallen z. B. in einem Stahlwerk zeitlich hintereinander verschiedene Chargen an (also in einer Fertigungsstufe), dann faßt Riebel diesen Fall als uneigentliche Kuppelproduktion auch noch unter diesen Typ. Vgl. ebenda, S. 78 f.
Von dieser hier vertretenen konsequenten Terminologie wird nicht berührt, daß bei mehrfacher (!) Kuppelfertigung in verschiedenen (!) Fertigungsstufen zeitlich nacheinander Kuppelprodukte anfallen können. Darauf wird noch kurz einzugehen sein.

[20] Vgl. ebenda, S. 27 f.

[21] Dagegen braucht beim ausschließlichen Vorliegen einer analytischen oder umgruppierenden Reaktion noch keine Kuppelfertigung vorzuliegen, wenn das einheitliche Produktgemisch abgesetzt werden kann, wenn also keine Aufspaltung (Trennung) vorgenommen wird. Dann liegen keine Kuppelprodukte (Plural!) vor, sondern es handelt sich wirtschaftlich gesehen um ein (!) Produkt. Vgl. *Riebel*, P., Kuppelproduktion, S. 35 f.

[22] Es kann hier auf der detaillierten Arbeit von Riebel aufgebaut werden. Somit genügt es, einerseits Riebels Untersuchung terminologisch bei veränderten Gewichtungen in die vorliegende Untersuchung zu integrieren und andererseits Zusammenhänge aufzuzeigen.

[23] Vgl. dazu *Riebel*, P., Kuppelproduktion, S. 27, S. 60 f. u. S. 225.

[24] Somit faßt auch Riebel diesen Typ — wie die zitierten und noch zu zitierenden Stellen im Zusammenhang gesehen beweisen — ziemlich weit.

sich zunächst unter dem Gesichtspunkt der *Anlässe der Kuppelfertigung* eingrenzen[25].

Bedingt durch die oben gegebene Fertigungsdefinition scheiden die Fälle der Gewinnung und Aufbereitung von Rohstoffen hier aus[26], (z. B. Erdgas und Erdöl bei der Erdölförderung, Wolle, Fleisch und Haut bei der Schafschlachtung). Bei der Stoffumwandlung finden sich zahlreiche Beispiele (Erdölverarbeitung, Elektrolyse, Hochofen, Brauerei, Stahlwerk). Auch bei der Energieumwandlung fallen Kuppelprodukte an (z. B. Abwärme, Abdampf und Kühlwasser). Bei der umformenden Fertigung bilden Abfälle und Ausschuß die Kuppelprodukte[27], z. B. Späne beim Drehen, Steiger und Trichter beim Gießen, Ausschuß oder Stoffe zweiter Wahl beim Weben). Wichtig ist dann noch der Fall der außerplanmäßigen Qualitäten[28], der Anfall gekoppelter Sorten bzw. Qualitäten (joint grades) aufgrund mangelnder Beherrschbarkeit des Fertigungsprozesses; sie können als Einzel- oder auch als Chargenleistungen vorliegen. Die Kuppelprodukte sind hier einander eigenschaftsverwandt (Sorten)[29]. In der Regel ist der Aufspaltungsprozeß hier ein Sortierungsvorgang, in dem die unterschiedlichen Qualitäten voneinander getrennt werden. Wenn auch die gekoppelten Sorten rohstoff- bzw. fertigungsbedingt miteinander eigenschaftsverwandt sind, so ist ihre absatzwirtschaftliche Bedeutung oft höchst verschieden.

Weniger bedeutsam erscheinen bei der Kuppelfertigung die Fälle der wiedergewonnenen Hilfsstoffe (z. B. Hefe bei Brauprozessen, Lösungsmittel, Katalysatoren und Schmiermittel bei chemischen Prozessen); ebenso auch die Koppelung beim Gattungskauf, die Koppelung von Verpackung und Produkt und schließlich der (strittige) Fall der ausgedienten Produktionsmittel[30]. Der Fall der Verbundenheit bei Kom-

---

[25] Die folgende Skizzierung der Anlässe ist eine Verdichtung von *Riebel*, P., Kuppelproduktion, S. 27—60, bei veränderter Beurteilung und Gewichtung.

[26] Vgl. Kap. 3.1.1. der vorliegenden Untersuchung. Somit wird hier konsequent von Kuppelfertigung und nicht von Kuppelproduktion gesprochen.

[27] Mellerowicz bezieht diesen Fall nicht mehr in die Kuppelfertigung ein, ohne seine Ansicht stichhaltig zu begründen. Vgl. *Mellerowicz*, K., Kosten, S. 143 f. Riebel ist gegenteiliger Ansicht. Diese differenzierte Meinung wird geteilt. Vgl. *Riebel*, P., Kuppelproduktion, S. 42.

[28] Vgl. hierzu *Riebel*, P., Kuppelproduktion, S. 45 ff.

[29] Damit liegt jedoch noch nicht zwingend Sortenfertigung vor, denn bei diesem Fall der Kuppelfertigung entstehen die Sorten aus einem (!) gemeinsamen (!) Fertigungsprozeß; bei dem Fertigungstyp (!) Sortenfertigung dagegen entstehen Sorten aus sukzessiven (!) Fertigungsprozessen (Plural!). Trotzdem kann Sortenfertigung und Kuppelfertigung durchaus gemeinsam vorliegen, z. B. in der Brauerei; es werden hintereinander Biersorten hergestellt (Sortenfertigung); bei jedem einzelnen Fertigungsprozeß liegt wieder Kuppelfertigung vor, z. B. ist die betreffende Biersorte mit der wiedergewonnenen Hefe gekoppelt; vgl. zu diesem Beispiel auch ebenda, S. 43.

[30] Vgl. hierzu *Riebel*, P., Kuppelproduktion, S. 43 f., S. 52 ff. u. S. 55 ff.

plementärfertigung war bereits oben schon von der Kuppelfertigung abgegrenzt worden.

Für die Bildung des Typs der Kuppelfertigung ist es noch aufschlußreicher, die *Arten der Kuppelprodukte* zu systematisieren und ihre *Verwandtschaft* zu untersuchen als die Anlässe der Kuppelfertigung zu betrachten. In der Definition der Kuppelfertigung hieß es, daß verschiedene Produkte entstehen[31]. Die Qualitätsunterschiede können nun einerseits so groß sein, daß verschiedene Produktarten entstehen (z. B. bei der Teerdestillation und der Elektrolyse); sie können aber auch geringer sein, so daß nur von verschiedenen Sorten gesprochen werden kann (z. B. bei der Kokssortierung nach der Korngröße). Unterscheiden sich substanzgleiche Produkte nur in der Form, dann entscheidet oft der absatzwirtschaftliche Verwendungszweck darüber, ob Sorten (wie beim Koksbeispiel) oder Arten (z. B. Späne beim Drehen) vorliegen[32].

— *Darstellung der Typenreihe R*

Der bisher dargestellte Typenbildungsprozeß wird in Abb. 52 übersichtlich verdichtet. Dadurch wird insbesondere die Differenzierung des komplexen Merkmals des Verbundenheitsgrades und seiner beiden

[31] Vgl. ersten Satz des Abschnitts R_4.

[32] Eine Systematisierung der Kuppelproduktarten erfolgt nach Riebel auf der Grundlage zweier Kriterien:
— dem Fertigungsziel und
— der Ertragswirkung.
Mit diesen Kriterien unterscheidet er in:
— Verluste, d. h. sich selbst beseitigende ungenutzte Kuppelprodukte, z. B. Abwärme, unschädliche Abgase und u. U. Abwasser;
— lästige Abfälle, d. h. unter Aufwand zu beseitigende, nicht verwertbare Abfälle, z. B. Schwefelwasserstoff und radioaktive Abfälle;
— verwertbare Abfälle, d. h. gekoppelte Leistungen, die abgesetzt werden können, z. B. Schlacke in der Gießerei für Isolierzwecke und Holzspäne im Sägewerk für Spanplatten;
— Nebenprodukte, d. h. gekoppelte Leistungen, die für den Ertrag der Unternehmung durchaus interessant, für die Kapazitätsausnutzung jedoch unwesentlich sind, z. B. Schwefeldioxyd bei der Schwefelsäureherstellung, Benzol bei der Steinkohleentgasung und Leuchtöl bei der Erdöldestillation;
— Koprodukte, d. h. gekoppelte Leistungen, die ertragsmäßig gleichrangig sind, so daß keines der Produkte zum Hauptprodukt erhoben werden kann: Beispiele finden sich bei der Teerdestillation und der Kochsalzelektrolyse;
— Hauptprodukt, d. h. eine Leistung, die mit Nebenprodukten gekoppelt ist, denen gegenüber es das relativ ertragbringendste ist, jedoch allein noch nicht kostendeckend ist;
— Leitprodukt, d. h. ein Neben- oder Koprodukt, das zur Festlegung des Fertigungsvolumens wesentlich ist;
— Zweckprodukt, d. h. ein Produkt, das ausschließlich Ziel der Fertigung ist, neben dem es keine Nebenprodukte gibt; es ist lediglich mit Verlusten oder Abfällen gekoppelt. Hier liegt ein Grenzfall der Kuppelfertigung vor.
Vgl. zu dieser Einteilung der Kuppelprodukte und zu der detaillierten Beschreibung *Riebel*, P., Kuppelproduktion, S. 124—135.

Merkmalskomponenten und die Verbindung dieser Ausprägungen zu der endgültigen Typenreihe in ihrer Systematik deutlich.

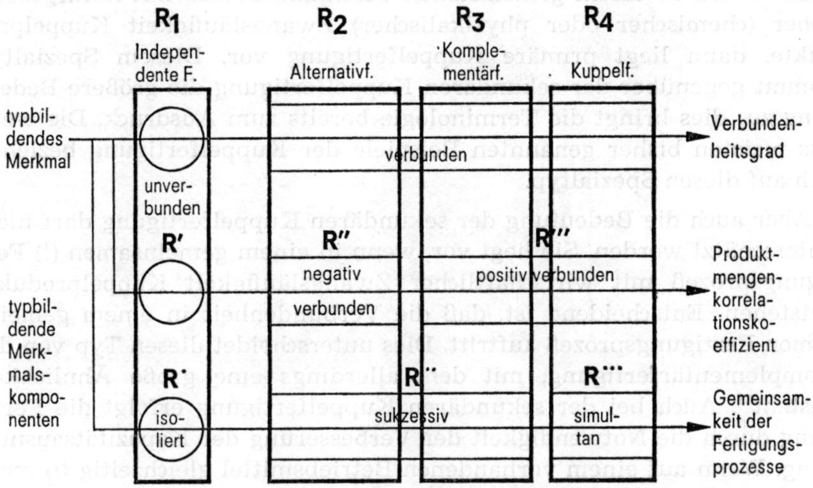

Abb. 52. Typenreihe R, Prozeßbindungstypen

— *Differenzierung des Typs Kuppelfertigung*

Die Ausgangsthese, daß Kuppelfertigung ein sehr genereller Typ sei[33], kann durch die Behandlung der Anlässe und die Kuppelprodukte als hinreichend erwiesen angesehen werden. Daraus kann der Schluß gezogen werden, daß zur Konkretisierung eine Differenzierung der Kuppelfertigung zumindest in groben Zügen erforderlich ist. Die Differenzierung muß bei den wesentlichen Definitionselementen ansetzen; dabei werden hier

— die *Art der Zwangsläufigkeit,*

— die *Variabilität des Mengenverhältnisses der Kuppelprodukte* und

— die *Anzahl der Aufspaltungsprozesse*

als wesentliche Definitionselemente angesehen, die als Ausgangspunkte für eine Differenzierung, also als Zusatzmerkmale, sinnvoll erscheinen, da sich aus diesbezüglichen Angaben wichtige Rückschlüsse für den Freiheitsgrad der Fertigungsablaufplanung ergeben. Da die folgenden Typen über die beiden typbildenden Merkmale Gemeinsamkeit des Fertigungsprozesses und positive Produktmengenkorrelation hinaus noch die genannten Zusatzmerkmale zur Differenzierung hinzuziehen, liegen Spezialtypen[34] der Kuppelfertigung vor.

---

[33] Vgl. zweiten Absatz des Abschnitts R_4.

[34] Vgl. nochmals Kap. 1.2.

Primäre (naturgesetzliche) und sekundäre (wirtschaftliche) Kuppelfertigung

Entstehen in einem gemeinsamen Fertigungsprozeß mit naturgesetzlicher (chemischer oder physikalischer) Zwangsläufigkeit Kuppelprodukte, dann liegt primäre Kuppelfertigung vor. Diesem Spezialtyp kommt gegenüber der sekundären Kuppelfertigung die größere Bedeutung zu; dies bringt die Terminologie bereits zum Ausdruck. Die weitaus meisten bisher genannten Beispiele der Kuppelfertigung beziehen sich auf diesen Spezialtyp.

Aber auch die Bedeutung der sekundären Kuppelfertigung darf nicht unterschätzt werden. Sie liegt vor, wenn in einem gemeinsamen (!) Fertigungsprozeß mit wirtschaftlicher Zwangsläufigkeit Kuppelprodukte entstehen. Entscheidend ist, daß die Verbundenheit in einem gemeinsamen Fertigungsprozeß auftritt. Dies unterscheidet diesen Typ von der Komplementärfertigung, mit dem allerdings eine große Ähnlichkeit besteht[35]. Auch bei der sekundären Kuppelfertigung erfolgt die Fertigung durch die Notwendigkeit der Verbesserung der Kapazitätsausnutzung. Wenn auf einem vorhandenen Betriebsmittel gleichzeitig (!) mehrere Produkte gefertigt werden können, ein Produkt die Kapazität nicht auslastet, dann wird ein weiteres Produkt hinzugenommen. Da gleichzeitige Fertigung vorausgesetzt ist, muß die Verwandtschaft sekundärer Kuppelprodukte sehr groß sein. Die Fertigungsmöglichkeit (!) entsteht naturgesetzlich (technisch) zwangsläufig, die Verbundenheit der tatsächlichen Fertigung ist jedoch wirtschaftlich bedingt. Das Mengenverhältnis der Fertigungsmöglichkeit ist starr, das Verhältnis der tatsächlich gefertigten Mengen ist jedoch variabel. Die Bedeutung der sekundären Kuppelfertigung nimmt mit zunehmender Anlagenintensität zu. Ein Beispiel findet sich bei der Erzeugung von Kraft- und Leuchtstrom.

Starre und elastische Kuppelfertigung[36]

Bei genauer Untersuchung dieser Spezialtypen wird man zu dem Ergebnis kommen, daß entgegen der herrschenden Meinung absolut starre Mengenverhältnisse als Ausnahmefall anzusehen sind[37]. Generell unveränderliche, d. h. auch auf lange Sicht starre, Mengenverhältnisse

---

[35] Vgl. zu den folgenden Ausführungen zur sekundären Kuppelfertigung auch *Mellerowicz*, K., Kosten, S. 144—148. Es wird als ein Mangel der Darstellung von Mellerowicz empfunden, daß dort der Gesichtspunkt der Simultaneität der Fertigungsprozesse nicht explizit herausgearbeitet wird, um so die sekundäre Kuppelfertigung scharf von der Komplementärfertigung trennen zu können.

[36] Vgl. zu den folgenden Ausführungen bezüglich dieser Spezialtypen *Riebel*, P., Kuppelproduktion, S. 91—111. Die Terminologie wird hier sowohl vereinfacht als auch verdichtet.

[37] Vgl. ebenda, S. 92.

kommen nur bei chemischen Umwandlungen, der Zerlegung einfacher Verbindungen (z. B. Elektrolyse von Wasser) und vollständig verlaufenden Umsetzungen vor. Im Einzelfall starre Mengenverhältnisse liegen dann vor, wenn bei gegebenem Rohstoff, gegebenem Betriebsmittel bzw. Verfahren und bestimmtem Fertigungsziel das Mengenverhältnis unveränderlich ist. Durch Veränderung dieser Bedingungen können jedoch die Mengenverhältnisse geändert werden.

Die zahlreichen Fälle elastischer Kuppelfertigung können nach

— der *Lenkbarkeit des Mengenverhältnisses*,

— den *qualitativen Auswirkungen der Mengenvariation* und

— der *Art der Einflußfaktoren des Mengenverhältnisses*

systematisiert werden.

Nach dem *ersten Kriterium* kann man differenzieren:

— Zufällige, nicht lenkbare elastische Kuppelfertigung, (z. B. Schwefelsäureherstellung, Metallhütten);

— begrenzt lenkbare elastische Kuppelfertigung, (z. B. Hochofen, Erdöldestillation);

— willkürlich lenkbare elastische Kuppelfertigung, (z. B. Sägewerk).

Nach dem *zweiten Kriterium* kann man differenzieren:

— Elastische Kuppelfertigung ohne qualitative Veränderung der Kuppelprodukte, (z. B. Blechstanzerei: Stanzteile und Abfall; Stromerzeugung: Strom und Abdampf);

— elastische Kuppelfertigung mit Veränderung der Substanz der Kuppelprodukte, (z. B. Crackprozeß bei der Erdölverarbeitung, der zu leichteren Kohlenwasserstoffen führt, u. a. Benzin höherer Oktanzahl gegenüber fraktionierter Destillation);

— elastische Kuppelfertigung mit Veränderung der Gestalt der Kuppelprodukte, (z. B. abtrennende Verfahren, z. B. spanabhebende Fertigung, Sägewerk: Bretter verschiedener Abmessungen).

Nach dem *dritten Kriterium* kann man differenzieren:

— Rohstoffbedingt elastische Kuppelfertigung, (z. B. Variation des Mengenverhältnisses bei der Erdö lverarbeitung durch Einsatz unterschiedlicher Rohölqualitäten);

— verfahrensdatenbedingt elastische Kuppelfertigung,
  z. B. Variation des Mengenverhältnisses durch Veränderung des Druckes und/oder der Temperatur bei der Kohlehydrierung);

— verfahrensartbedingt elastische Kuppelfertigung,
  z. B. Variation des Mengenverhältnisses durch Veränderung der Ofenart, z. B. Vertikal- oder Horizontalkammerofen bei der Kokerei).

Einfache und mehrfache Kuppelfertigung

Die Kuppelfertigung ist bisher neben anderen Merkmalen durch das Vorhandensein von Aufspaltungsprozessen gekennzeichnet worden. In einer verfeinerten Betrachtung ist die Häufigkeit dieser Aufspaltungsprozesse zu differenzieren. Es wurde bereits darauf hingewiesen, daß diese Aufspaltungsprozesse eine analytische oder umgruppierende Materialflußstruktur aufweisen können. Die Komplexität einer Kuppelfertigungsprozeßstruktur hängt entscheidend von der Zahl und der Verbundenheit der einzelnen Aufspaltungsprozesse ab. In dieser Formulierung wird deutlich, daß diese Differenzierung unmittelbar an die bereits gebildete Typenreihe *J* bezüglich der verfahrensbedingten Materialflußstruktur anknüpft. Wurde dort das Problem der Komplexität relativ formal untersucht, so findet diese frühere Untersuchung in der hier betrachteten Differenzierung der Kuppelfertigung eine wesentliche sachliche Begründung.

Einfache Kuppelfertigung liegt dann vor, wenn in einem (!) Aufspaltungsprozeß (also bei einem split off point) nebeneinander (!) mehrere Kuppelprodukte anfallen.

Mehrfache Kuppelfertigung liegt dann vor, wenn in mehreren (!) Aufspaltungsprozessen (bei mehreren split off points) nebeneinander und (!) nacheinander mehrere Kuppelprodukte anfallen.

Gering komplexe Kuppelfertigung liegt bei sukzessiver Folge mehrerer Kuppelprozesse vor. Beispiele finden sich bei Energieerzeugungs- und -umwandlungsprozessen (z. B. Kohle — Dampf — mechanische Energie — elektrische Energie). Hierbei ist die Verbindung der Kuppelprozesse oft an eine bestimmte Reihenfolge gebunden[38].

Hoch komplexe Kuppelfertigung liegt vor, wenn sukzessive und parallele Kuppelprozesse einen Verbund bilden. In diesen Fällen kommen neben analytischen oder umgruppierenden Prozessen (also Aufspaltungsprozessen) auch synthetische Prozesse vor. Dann lassen sich unmittelbare und mittelbare Kuppelprodukte unterscheiden[39]. So kann

---

[38] Vgl. zur Gebundenheit der Reihenfolge *Riebel*, P., Kuppelproduktion, S. 79—82. „Je später ein Kuppelprozeß in einer Aufspaltungsfolge rangiert, desto leichter kann — der Tendenz nach — sein Produktionsvolumen der Nachfrage angepaßt werden.“ Ebenda, S. 81.

[39] Vgl. zu dieser Unterscheidung ebenda, S. 83—91.

z. B. ein Stoff A in zwei unmittelbare Kuppelprodukte A′ und A″ aufgespalten werden; wird A′ mit einem Stoff B zu einem Stoff B′ vereinigt, dann bilden A″ und B′ mittelbare Kuppelprodukte. In der Stoff- und Energieverbundwirtschaft der Eisenhüttenwerke finden sich hierzu zahlreiche Beispiele.

— *Zusammenfassend abschließende Bemerkungen*

In dieser Typenreihe wurden für die Fertigungsablaufplanung sehr wichtige Erscheinungsformen erfaßt. Der Verbundenheitsgrad des Fertigungsprozesses gibt erheblichen Aufschluß über den Freiheitsgrad, der der Ablaufplanung bei der Aufstellung der Alternativen verbleibt. Die Typenbildung wurde — wie es das Untersuchungsziel fordert — auf die spezifischen Problemkreise der Ablaufplanung abgestimmt. So gibt die Antwort auf die Frage nach der Gemeinsamkeit von Fertigungstypen Aufschluß über die Reihenfolge. Bei der Komplementärfertigung und der sekundären Kuppelfertigung stand besonders der Gesichtspunkt der Kapazitätsausnutzung im Vordergrund. Die Elastizität des Mengenverhältnisses bestimmt den Freiheitsgrad der Mengenplanung. Die Anzahl der verbundenen Prozesse läßt Rückschlüsse auf die Komplexität der Fertigungsstruktur zu. Man erkennt, daß bei verbundener Fertigung die Ablaufplanung eine Fülle struktureller Abhängigkeiten zu beachten hat, so daß graphenbezogene Planungsverfahren adäquate Anwendungsbedingungen finden.

3.3.18. Ortsbindungstypen: Ortsungebundene und ortsgebundene Fertigung (Typenreihe S)

— *Methodische Vorbemerkungen*

„Bei der Typenbildung wurde bisher fast immer progressiv (konstruktiv) vorgegangen[40], d. h. es wurden Merkmalsausprägungen zu Typen kombiniert. Bei der Bildung dieser Typenreihe soll dagegen (ausnahmsweise) retrograd von der Kenntnis bestimmter Erscheinungsformen der Fertigung ausgegangen werden, um durch Analyse der Merkmale diese Erscheinungsformen systematisch zu erfassen.“[41] Im folgenden soll die Baustellenfertigung erfaßt werden.

Vorab ist zu untersuchen, inwieweit eine *Eingrenzung* der einzubeziehenden Erscheinungsformen sinnvoll vorgenommen werden kann bzw.

[40] Vgl. zu dieser Methode nochmals Kap. 1.4., Fußnote 23).

[41] Die Bildung dieser Typenreihe ist methodisch der Bildung der Typenreihe H ähnlich. Dies drückt sich auch in der Wiederholung dieser einführenden Sätze aus. Vgl. Kap. 3.3.8., Vorbemerkungen. Wegen der ungleich viel größeren Bedeutung dieser Typen für die Anwendungsmöglichkeiten von Planungsverfahren, besonders der Netzplantechnik, wird allerdings hier sehr viel sorgfältiger vorzugehen sein.

in anderer Formulierung wieweit die folgende Typenreihe von anderen Erscheinungsformen isoliert werden darf.

Deshalb wird der *Gesamtzusammenhang* systematisch zu untersuchen sein, in den die Erscheinungsform der Baustellenfertigung sinnvoll gestellt werden kann; insbesondere interessieren die Verbindungen zur Werkstatt- und Fließfertigung, und zwar aus zwei Gründen: Die Baustellenfertigung ist mit diesen beiden Typen von einigen Autoren in eine Reihe gestellt worden, und sie ist zum anderen als ein Sonderfall der Fließfertigung betrachtet worden.

In einem folgenden Abschnitt sind dann die *Erscheinungsformen* der Baustellenfertigung präzise zu erfassen, und die Merkmale sind zu *analysieren*[42], um so die Wesentlichkeit der typbildenden Merkmale nachzuweisen.

— *Erfassung des Gesamtzusammenhangs*

Die zu untersuchenden Erscheinungsformen können im Gesamtzusammenhang als Ausprägungen von *Ordnungsprinzipien*[43], d. h. von spezifischen Strukturierungsmaßnahmen, gesehen werden. Das Spezifikum liegt in der *räumlichen Anordnung*. Mit dem syntaktischen Systemansatz[44] der vorliegenden Untersuchung lassen sich die *Anordnungsprinzipien* systematisieren[45]:

---

[42] Da zum Typ der Baustellenfertigung nur spärliche Untersuchungen vorliegen, muß die Merkmalsanalyse sorgfältig durchgeführt werden. Hier kann nur die kurze Betrachtung Schäfers substantiell positive Anregungen geben. Schäfer hat jedoch die typbildenden Merkmale nicht klar herausgearbeitet. Vgl. *Schäfer*, E., Industriebetrieb, Bd. 1, S. 168—171. Kalveram beleuchtet unsystematisch nur einige Aspekte dieses Typs, ohne sein Wesen zu erfassen. Vgl. *Kalveram*, E., Industriebetriebslehre, S. 50—52. Gutenberg betrachtet nur einen Sonderfall der Baustellenfertigung; er sieht sie als „eine besondere Art der Fließfertigung“ an. Vgl. *Gutenberg*, E., Produktion, S. 101. Diese Darstellung ist äußerst unbefriedigend, und es wird zu zeigen sein, daß sie mit der hier entwickelten Typologie nicht vereinbar ist. Vgl. hierzu auch die Kritik von *Schäfer*, E., Industriebetrieb, Bd. 1, S. 170 f.

[43] Da auch Schäfer den Gesamtzusammenhang der hier relevanten Erscheinungsformen betrachtet, kann von seiner Untersuchung ausgegangen werden. Vgl. dazu *Schäfer*, E., Industriebetrieb, Bd. 1, S. 158—166. Er betrachtet das „Prinzip der Baustellenfertigung“ (ebenda, S. 163) als eines von insgesamt fünf möglichen „Ordnungsprinzipien im Industriebetrieb“ (ebenda, S. 158), die er „unter dem Stichwort der Fertigungsorganisation erörtert“ (ebenda), obwohl er diese Ordnungsprinzipien wohl primär unter dem wesentlich engeren Aspekt der räumlichen Anordnung der Potentialfaktoren zu sehen scheint. Damit wird einerseits deutlich, daß hier eine grundsätzliche Problematik angesprochen wird, daß aber auch andererseits eine Systematik solcher Ordnungsprinzipien Gefahr laufen kann, bei zu hohem Abstraktionsgrad aussagelos zu sein; dies soll im folgenden gezeigt werden.

[44] Vgl. Kap. 3.1.2. der vorliegenden Untersuchung.

[45] Vgl. dazu die Aufzählung der Ordnungsprinzipien von *Schäfer*, E., Industriebetrieb, Bd. 1, S. 163. Dort liegt eine Systemlogik allenfalls implizit vor. Mit dem syntaktischen Systemansatz läßt sie sich explizit herausstellen und terminologisch präzisieren.

(1) trägerorientierte Anordnungsprinzipien

(11) betriebsmittelorientierte Anordnung (Prinzip der produktionsmittelorientierten Fertigung)[46]

(12) arbeitskräfteorientierte Anordnung (Prinzip der Werkbankfertigung)[46]

(2) tätigkeitsorientierte Anordnungsprinzipien

(21) tätigkeitsorientierte Anordnung (Werkstattprinzip)

(22) tätigkeitsablauforientierte Anordnung (Fließprinzip)

(3) objektorientiertes Anordnungsprinzip (Baustellenprinzip).

Zwar gelingt es mit diesem Systemansatz, das Anordnungsprinzip der Baustellenfertigung in einen logischen Zusammenhang mit den übrigen Anordnungsprinzipien zu bringen, aber diese Systematik besitzt keine spezifische Aussagekraft; sie ist zu abstrakt; mit ihr gelingt es, letztlich jedes Merkmal in einen logischen Zusammenhang zu stellen; deshalb wurde sie auch für eine umfassende Ordnung aller Merkmale gewählt[47]. Der Untersuchungsbereich ist somit einzugrenzen und zu konkretisieren.

Die trägerorientierten Anordnungsprinzipien sollen hier wegen ihrer untergeordneten Bedeutung ausgeklammert werden[48].

Es verbleiben somit die *tätigkeitsorientierten Anordnungsprinzipien* und das *objektorientierte Anordnungsprinzip*. Die Verbindung der hierunter zu erfassenden Erscheinungsformen (Werkstatt-, Fließ- und Baustellenfertigung) wird somit unter dem Gesichtspunkt der räumlichen Anordnung gesehen. Dies ist jedoch äußerst problematisch. Denn bei den tätigkeitsorientierten Anordnungsprinzipien (Werkstatt- und Fließfertigung) ist eine Eingrenzung auf die Betriebsmittel sinnvoll; es wird dann die räumliche Zuordnung der Betriebsmittel untereinander (!) untersucht; wo (!) diese Zuordnung erfolgt, ist unter diesem Gesichtspunkt unerheblich. Diese Frage wird aber eben gerade bei der Einord-

---

[46] Die beiden Klammerausdrücke geben die Schäfersche Formulierung wieder; vgl. *Schäfer*, E., Industriebetrieb, Bd. 1, S. 163.

[47] Vgl. Kap. 3.1.2. i. V. m. Kap. 3.2.1. der vorliegenden Untersuchung.

[48] Obwohl beide Prinzipien (betriebsmittel- und arbeitskräfteorientierte Anordnung) von Schäfer gesondert herausgestellt werden, so läßt sich gerade aus seiner Untersuchung erkennen, daß beide Fälle in Industrieunternehmungen nur untergeordnete Bedeutung haben bzw. nur partiell verwirklicht sind. Vgl. *Schäfer*, E., Industriebetrieb, Bd. 1, S. 167 u. 171. Das betriebsmittelorientierte Anordnungsprinzip (Anordnung auf das Betriebsmittel hin) findet sich z. B. bei Ofenprozessen. Das arbeitskräfteorientierte Anordnungsprinzip (Anordnung auf die Arbeitskräfte hin) findet sich z. B. in Reparaturwerkstätten.

nung der Baustellenfertigung untersucht, d. h. es wird nach der Art des Ortes (inner- oder außerbetrieblich) gefragt, und zwar bezogen auf den gesamten Fertigungsprozeß, d. h. eine Beschränkung auf die Betriebsmittel ist nicht sinnvoll.

Ferner ist bei der Erfassung der Baustellenfertigung zu fragen, inwieweit die Fertigung auf einen Ort fixiert ist. Damit in Zusammenhang steht die Frage nach der Beweglichkeit des Produktes, nach der *Produktmobilität*. So wäre

— Baustellenfertigung eine Fertigung bei unbeweglichem Produkt und

— Werkstatt- und Fließfertigung eine Fertigung bei beweglichem Produkt[49].

Innerhalb der zweiten Gruppe können die Werkstatt- und die Fließfertigung jedoch nicht mehr nach dem Merkmal der Mobilität der Produkte differenziert werden, d. h. ein weiteres Merkmal ist zur Differenzierung erforderlich, eben die Anordnung der Betriebsmittel. Die Produktmobilität hat dabei als ein typbildendes bzw. typdifferenzierendes Merkmal keinerlei Bedeutung. Eine Verbindung zwischen beiden Merkmalen (Produktmobilität und Betriebsmittelanordnung) führt nicht zu Elementartypen, sondern zu freien Verbundtypen[50].

Es ergibt sich damit das Ergebnis, daß zwischen Werkstatt-, Fließ- und Baustellenfertigung keine befriedigende Abstufungsmöglichkeit mit einem Merkmal besteht, die präzise und aussagefähig ist. Das gemeinsame Merkmal der räumlichen Anordnung wird für zu generell gehalten, das insbesondere das Wesen der Baustellenfertigung nicht spezifisch genug kennzeichnet. Das Wesen dieses Typs kann vielmehr durch Aussagen bezüglich der *Art und der Variabilität des Produktentstehungsortes* schärfer konkretisiert werden. Dieser Merkmalskomplex soll für die folgende Reihe typbildend sein.

Die umfassende Systematik der Anordnungsprinzipien wies die Werkstatt- und Fließfertigung als eine Gruppe eigener Art aus, nämlich als Ausprägungen tätigkeitsbezogener Anordnung. Nur für diese Gruppe

---

49 Vgl. zu dieser Unterscheidung *Beste*, Th., Fertigungsverfahren, Sp. 1770 ff. Vgl. zu einer vergleichbaren, aber detaillierteren Typenreihe ohne präzise Systematik *Pentzlin*, K., Rationelle Produktion, 2. Aufl., Kassel 1950, S. 154—158.

50 Beste hat jedoch diesen drei Typen noch das Merkmal „Weg des Erzeugnisses" vorangestellt. Vgl. *Beste*, Th., Fertigungsverfahren, Sp. 1770. Damit ließen sich zwar — wenn auch nicht sehr aussagefähig — Werkstatt- und Fließfertigung voneinander trennen, jedoch liegt bei der Baustellenfertigung allenfalls ein Grenzfall vor, denn hier legt das Produkt überhaupt keinen Weg zurück. Somit bleibt auch der Abstufungsvorschlag von Beste unbefriedigend, zumal er die Merkmale Beweglichkeit und Art des Weges nicht klar trennt.

ist die räumliche Anordnung ein sinnvolles typologisches Merkmal, insbesondere, wenn es auf die Betriebsmittel bezogen wird; dies wird noch nachzuweisen sein. Hier kam es nur darauf an zu zeigen, daß es sinnvoll ist, zwei isolierte Typenreihen zu bilden, mit der Werkstatt- und Fließfertigung einerseits und mit der Baustellenfertigung andererseits, da keine aussagefähige typdifferenzierende Merkmalsgemeinsamkeit besteht.

— *Erfassung der Erscheinungsformen*

Mit dem Begriff der Baustelle lassen sich zunächst zwei Erscheinungsformen verbinden:

1. *Erscheinungsform:*

Die Fertigung ist *auf einen bestimmten Ort, die Baustelle, fixiert*; diese Erscheinung resultiert aus den *Eigenschaften des Produkts*; das Produkt ist entweder mit dem Boden fest verbunden (z. B. beim Straßen-, Brücken- und Hausbau) oder es ist so schwer, daß eine Bewegung des Produktes während der Fertigung unwirtschaftlich ist (z. B. beim Flugzeug-, Schiffs- und Lokomotivenbau). Das bedeutet, daß das Produkt während der Fertigung ruht, daß also der Entstehungsort fixiert ist, während die Arbeitskräfte und Betriebsmittel zum Produkt transportiert werden.

Vergleicht man diese Erscheinungsform der Baustellenfertigung mit den übrigen Erscheinungsformen der Fertigung, dann stellt man fest, daß dort der umgekehrte Fall vorliegt: Die Betriebsmittel sind ortsfixiert und damit in mehr oder minder starkem Maße auch die Arbeitskräfte, die sie bedienen, während die zu bearbeitenden Stoffe (Produkte) von einem zum anderen Betriebsmittel transportiert werden, so daß der Entstehungsort verändert, variiert wird. Dieser Vergleich verdeutlicht das wesentliche Merkmal, auf das die Typenbildung abzustellen hat, nämlich die *Variabilität des Produktentstehungsortes.*

Diese Erscheinungsform der eigenschaftsbedingten, ortsfixierten Fertigung bedingt die ablaufplanerische Konsequenz, daß nicht nur der zeitliche sondern auch der örtliche Einsatz von Arbeitskräften und Betriebsmitteln vom Fortschritt der Produktentstehung abhängt. Dies wird beim Bau von Häusern und Brücken anschaulich. Die Produktabmessungen können somit einen dominanten, restriktiven Einfluß haben.

2. *Erscheinungsform:*

Mit dem Begriff der Baustelle verbindet sich primär die Vorstellung von der *außerbetrieblichen Fertigung*, d. h. man versteht primär unter einer Baustelle einen Produktentstehungsort, der sich außerhalb des Grundstückes der betreffenden Industrieunternehmung befindet. Im

Vergleich dieser Erscheinungsform, der außerbetrieblichen Fertigung, mit den übrigen Erscheinungsformen der Fertigung, der innerbetrieblichen Fertigung, verdeutlicht sich das wesentliche Merkmal, auf das die Typenbildung weiterhin abzustellen hat, nämlich die *Art des Produktentstehungsortes.*

Auf diese beiden Erscheinungsformen kommt es im wesentlichen an, d. h. die sie kennzeichnenden Merkmale sind *typbildend.* Allerdings können aus dem Begriff der Baustelle noch zwei weitere Merkmale abgeleitet werden, die die Art der Technologie und die Art der (verfahrensbedingten) Materialflußstruktur betreffen. Baustellenfertigung liegt nahezu ausschließlich nur bei zusammenbauender Fertigung, also bei mechanisch-synthetischer Fertigung, vor[51]. Diese Merkmale werden aber nur als typbeschreibend und nicht als typbildend angesehen.

Schließlich ist in dieser Merkmalsanalyse noch ein wichtiger *Sonderfall der Baustellenfertigung* zu untersuchen. Man denkt wohl bei der Baustellenfertigung primär an den Fall der außerbetrieblichen Einzelfertigung, also z. B. an Brücken-, Straßen- und Hausbau. Betrachtet man aber die Fälle der innerbetrieblichen, ortsfixierten Fertigung, erkennt man, daß auch mehrere Produkte ortsfixiert gefertigt werden können, z. B. beim Lokomotiven-, Waggon-, Schiffsdiesel-, Großturbinen- und Flugzeugbau. Hier liegt dann ortsfixierte Kleinserienfertigung vor. Es ergibt sich dann das zusätzliche Problem der zeitlichen Abstimmung, und zwar werden die Tätigkeiten, die die von Produkt zu Produkt wandernden Arbeitskolonnen verrichten, in mehr oder minder exakter Ausprägung getaktet. Dieser Sonderfall der Baustellenfertigung läßt sich als innerbetriebliche, ortsfixierte, getaktete Kleinserienfertigung definieren[52].

Da in der vorliegenden Untersuchung — wie schon angedeutet[53] — das Fließbandprinzip auf ein Anordnungsprinzip der Betriebsmittel nach dem wirtschaftlich-technologisch bedingten Tätigkeitsablauf eines Produktes eingegrenzt wird, kann nach dieser Auffassung der genannte Sonderfall niemals ein Sonderfall der Fließfertigung sein, sondern er ist immer — wie bereits formuliert — ein Sonderfall der Baustellenfertigung.

---

[51] Vgl. die sachlich gleiche Meinung in etwas anderer Terminologie von *Schäfer*, E., Industriebetrieb, Bd. 1, S. 169.

[52] Faßt man das Fließprinzip in komplexer Form wie Gutenberg auf, dann könnte man hier wie Gutenberg von einem Sonderfall der Fließfertigung sprechen. Vgl. *Gutenberg*, E., Produktion, S. 101 i. V. m. S. 98 f. Wie man die Dinge auch sieht, bleibt doch unverständlich, warum Gutenberg diesen Sonderfall der Baustellenfertigung ausschließlich zur Kennzeichnung der Baustellenfertigung heranzieht.

[53] Vgl. vorstehenden Abschnitt.

Es kann bestritten werden, daß die Fertigung dieses Sonderfalls überhaupt „fließenden Charakter" hat; zumindest wird die Kontinuität des „Arbeitskräfte- und Betriebsmittelstroms" so erheblich durch die Bearbeitungszeiten unterbrochen, daß die reinen Fortbewegungszeiten im Regelfall unwesentlich sind. Auch die zeitliche Abstimmung ist nicht so differenziert und exakt möglich wie bei der eigentlichen Fließfertigung. Vorausgreifend kann schon aus diesen Bemerkungen zur Fließfertigung geschlossen werden, daß Betriebsmittelanordnung, zeitliche Abstimmung und Kontinuität streng zu trennende Merkmale sind[54], mit denen getrennte Elementartypenreihen gebildet werden müssen, wenn unscharfe Aussagen vermieden werden sollen. Das Fließprinzip umfaßt nicht Ausprägungen aller drei Merkmale, sondern nur eine einzige, die ablauforientierte Betriebsmittelanordnung. Da aber der genannte Sonderfall gerade diese spezifische Ausprägung nicht aufweist, kann es sich nach hier vertretener Auffassung weder um Fließfertigung noch überhaupt um einen Elementartyp handeln, sondern es liegt bei diesem Sonderfall ein *Verbundtyp* vor, der somit aus diesem Untersuchungsabschnitt auszuscheiden ist.

— *Merkmalsausprägungen*

Die beiden typbildenden Merkmale sind in ihrer einfachen (!) Fassung bereits bipolar differenziert worden, und zwar das Merkmal
Variabilität des Produktentstehungsortes
in ortsfixierte und ortsvariable Fertigung und das Merkmal
Art des Produktentstehungsortes
in innerbetriebliche und außerbetriebliche Fertigung.

Wesentlich differenziertere und aussagefähigere Erkenntnisse lassen sich aus der *komplexen (!) Fassung* dieser Merkmale ziehen. Absolute Merkmalskomponente kann entweder der Programmumfang (Zahl aller Produktarten bzw. Teilearten der Unternehmung) oder — meist sinnvoller — der Produktumfang (Zahl der Teilearten je Produktart) sein. Diese Abstufung erfaßt die Realität wesentlich besser, denn es werden im Regelfall die Produkte nicht vollständig (!) ortsfixiert bzw. außerbetrieblich gefertigt. Bei innerbetrieblicher ortsfixierter Fertigung — bezogen auf die Entstehung des Endproduktes — wird meist die größere Zahl der Einzelteile ortsvariabel gefertigt; bei außerbetrieblicher Fertigung — wiederum bezogen auf die Entstehung des Endproduktes —

---

[54] Diese Trennung von Betriebsmittelanordnung und Kontinuität findet sich auch bei *Schäfer*, E., Industriebetrieb, Bd. 1, S. 162 i. V. m. S. 180 und Bd. 2, S. 266 f. Etwas weniger scharf trennen *Kölbel*, H. und *Schulze*, J., Fertigungsvorbereitung, S. 21, S. 23 u. S. 27. Die Betriebsmittelanordnung ist primär typbildend bei *Beste*, Th., Fertigungsverfahren, Sp. 1772 und *Mellerowicz*, K., BWL der Industrie, Bd. I, S. 148 und Bd. II, S. 317 i. V. m. S. 339. Zu diesen Auffassungen steht die Meinung Gutenbergs im Gegensatz; vgl. nochmals *Gutenberg*, E., Produktion, S. 98 f.

wird eine — je nach Produktart — mehr oder weniger große Anzahl der Teile innerbetrieblich gefertigt. Um auch den wichtigen Fall zu erfassen, in dem alle (!) Teile ortsvariabel bzw. innerbetrieblich gefertigt werden und lediglich Montagetätigkeiten ortsfixiert bzw. außerbetrieblich vorgenommen werden, muß auch noch auf den Prozeßumfang (Anzahl der Fertigungstätigkeiten) abgestellt werden.

Mit diesen Abstufungsmöglichkeiten kann ein beliebiger Feinheitsgrad erreicht werden. Hier sei nur global in zwei Ausprägungen (total und partiell) differenziert.

— *Bildung und Darstellung der Grundtypenreihe S*

Leitet man aus dem Merkmal der Ortsgebundenheit — mit der bereits erläuterten Begründung — die beiden Merkmalskomponenten Art und Variabilität des Produktentstehungsortes ab, dann läßt sich in einfacher (!) Fassung dieser beiden Merkmale folgende zweidimensionale Elementartypenreihe bilden.

S_1 : *Ortsungebundene Fertigung*

Die Produkte verändern während der Fertigung ihren Ort; sie werden innerbetrieblich gefertigt. Die Betriebsmittel bzw. Bearbeitungsstationen (Arbeitskräfte an Betriebsmitteln bzw. an Fördermitteln) sind ortsfixiert, und zwar nach dem Fließ- oder Werkstattprinzip angeordnet. Die Fertigungsablaufplanung kann als eine durchlaufzeitminimale bzw. kapazitätsausnutzungsmaximale Maschinenbelegung gekennzeichnet werden. Der Transport der Betriebsmittel bzw. auch der Arbeitskräfte ist unwirtschaftlich; dagegen ist es wirtschaftlicher, die Produkte zu transportieren. Nur dieser Fertigungstyp weist überhaupt einen Materialfluß (Werkstoff- bzw. Produktfluß) auf. Die Transporttätigkeitsfolge wird durch die Anordnung der Betriebsmittel mitbestimmt. Dieser Typ wird in der Literatur über Fertigungsablaufplanung nahezu ausschließlich betrachtet. In der Tat umfaßt er die weitaus größte Anzahl realer Erscheinungsformen.

S_2 : *Ortsgebundene Fertigung = Baustellenfertigung*

Die Produkte entstehen an einem Ort, d. h. die Ortsfixiertheit ist die wesentliche (primäre) Merkmalsausprägung. Ein Transport der Produkte ist unwirtschaftlich, wenn nicht gar unmöglich. Die Fertigungsablaufplanung kann meist als Arbeitskräfteeinsatzplanung gekennzeichnet werden. Dabei erstreckt sich die Planung oft sowohl auf Tätigkeitsgruppen als auch auf Arbeitskräftegruppen. Bei betriebsmittelintensiver Baustellenfertigung ist die Fertigungsablaufplanung jedoch primär eine Maschineneinsatzplanung. Die Ablaufplanung hat weniger von den Folgebeziehungen einzelner Tätigkeiten auszugehen, als vielmehr von den *Produkteigenschaften*, auf die der Ablauf in Gliederung und Feinheitsgrad abzustimmen ist. Anhand realer Erscheinungsformen müßte empirisch nachgewiesen werden, inwieweit diese Erscheinungsformen grundsätzlich Ablaufplanungsmodifikationen bedingen.

Mit dem (sekundären) Merkmal der Art des Ortes läßt sich weiter differenzieren:

S^1_2 : *Innerbetriebliche Baustellenfertigung*

Es liegt innerbetriebliche, ortsfixierte Fertigung vor. Häufig kommt dieser Typ in Verbindung mit der Kleinserienfertigung vor. Auf die dann auftretenden Probleme der zeitlichen Abstimmung ist schon hingewiesen worden. Sie müssen bei der Verbundtypenbildung untersucht werden. Beispiele finden sich vor allem im Großmaschinenbau — wie bereits ausgeführt wurde.

S^2_2 : *Außerbetriebliche Baustellenfertigung*

Es liegt außerbetriebliche, ortsfixierte Fertigung vor. Es sind gegenüber innerbetrieblicher Fertigung zusätzlich zahlreiche Probleme zu lösen: Transport und Unterbringung der Arbeitskräfte, erhöhte Unfallgefahr, klimatische Unsicherheit usw. Besonders die Zeitplanung nimmt damit einen stark probabilistischen Charakter an, der durch die Außeneinflüsse bedingt ist. Dieser Typ korreliert meist mit der Einzelfertigung; somit wird aus dem Fertigungsprozeß ein Projekt i. e. S.[55], so daß projektorientierte Planungstechniken adäquate Anwendungsbedingungen finden. Aber auch Kleinserienfertigung ist denkbar, z. B. beim Reihenhausbau.

Abb. 53 faßt diese Reihe noch einmal übersichtlich zusammen.

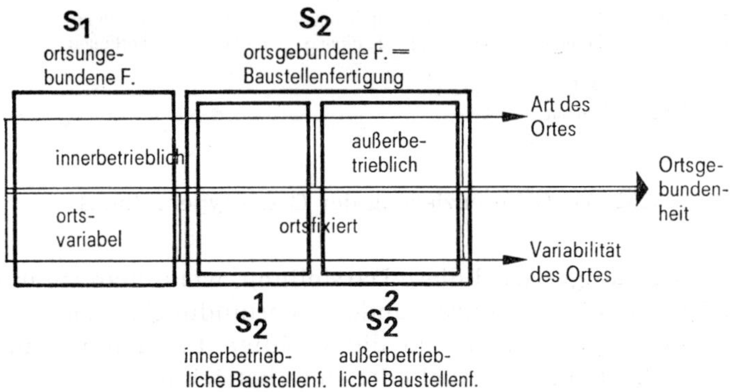

Abb. 53. Grundtypenreihe S, Ortsbindungstypen

[55] Projekt i. w. S. = zielorientierter, ganzheitlicher Tätigkeitsablauf;
Projekt i. e. S. = zielorientierter, ganzheitlicher, einmaliger Tätigkeitsablauf.

— *Differenzierung der Grundtypenreihe S*

Bei komplexer Fassung der Merkmale läßt sich die Typenbildung wesentlich verfeinern. Sie wird realitätsnaher und gleicht sich den bisherigen Darstellungen an. Je nachdem welche absolute Merkmalskomponente als Bezugsgrundlage gewählt wird (Produktumfang oder Prozeßumfang), lassen sich zwei differenzierte Typenreihen *S* bilden; ihre Bildung wird durch die systematische Abb. 54 ausreichend erläutert.

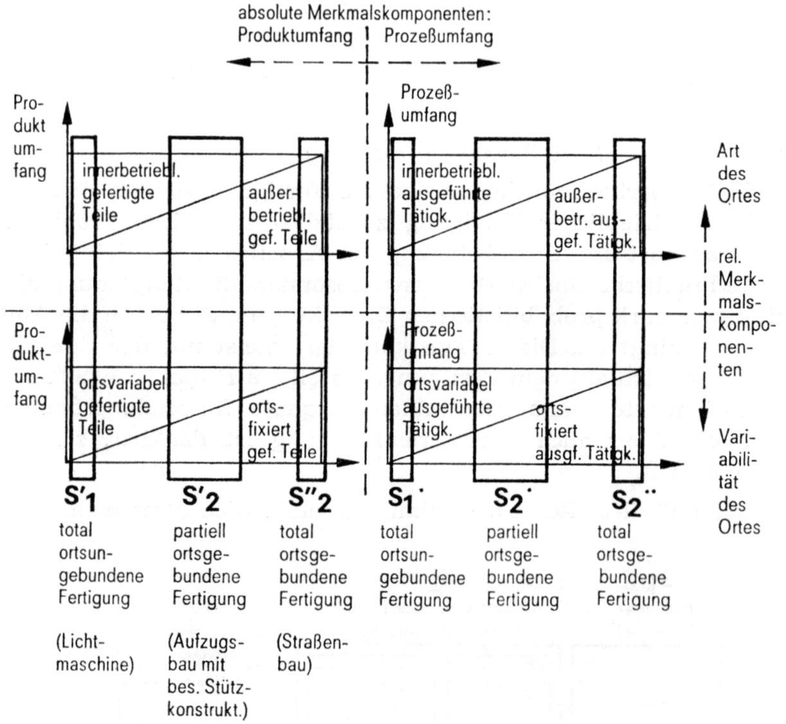

Abb. 54. Differenzierung der Grundtypenreihe S

Noch aussagefähiger wird diese Darstellung, wenn man sie in der Art der Abb. 55 ordnet und durch andere Verbindungen der Merkmalsausprägungen Typen bildet, die die wichtige Erscheinung umfassen, daß zwar alle Teile ortsvariabel oder innerbetrieblich gefertigt werden, jedoch ein großer Teil der Tätigkeiten (in der Regel Montagetätigkeiten) ortsfixiert oder außerbetrieblich ausgeführt werden. Abb. 55 differenziert die Baustellenfertigung unter diesem Gesichtspunkt. Ihre Systematik erübrigt eine weitere Erläuterung. Streng genommen kann hier allerdings nicht mehr von einer zweidimensionalen Typenbildung gesprochen werden, denn es werden nicht wie bisher bei beiden typbildenden Merkmale miteinander verbunden, sondern die Verbindung erstreckt sich auf ein Merkmal mit zwei Bezugsgrundlagen. Fordert man — zu Lasten der Übersichtlichkeit — absolute Kontinuität in der Methode, müßten alle vier Merkmalsausprägungsbereiche untereinander gezeichnet werden.

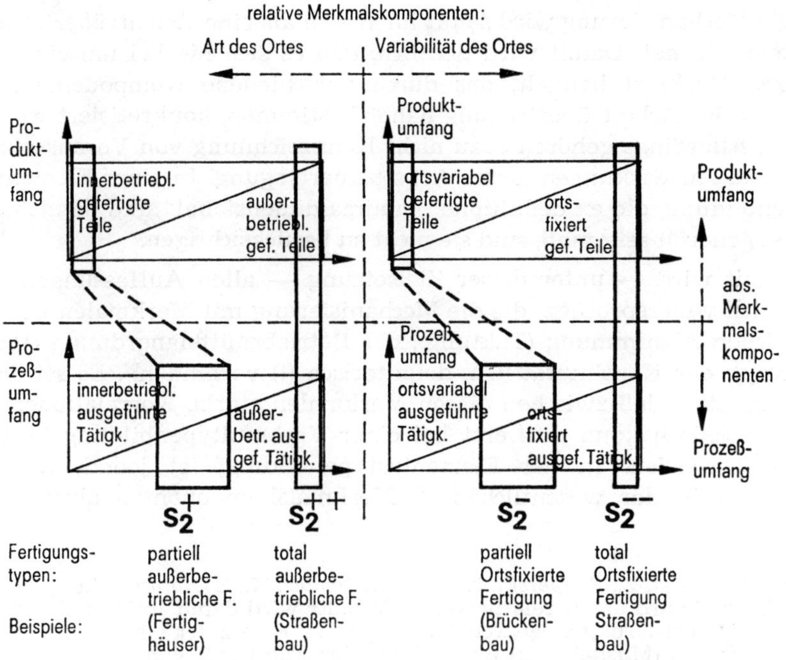

Abb. 55. Differenzierung der Baustellenfertigung

3.3.19. Mechanisierungstypen: Nicht automatisierte, teil- und vollautomatisierte Fertigung (Typenreihe T)

— *Grundlagen zur Ableitung der Merkmalsausprägungen und Merkmalskomponenten*

Unter Mechanisierung wird die Übertragung von „körperlichen" und geistigen Arbeitsprozessen des Menschen auf Mechanismen aller Art verstanden[56]. Die Übertragung hat dabei nicht nur substituierenden[57] sondern vor allem verstärkenden Effekt; sie verstärkt die „körperliche" und geistige Energie des Menschen (Kraft-, Kommunikations- und Intelligenzverstärkung). Mechanisierung bezieht sich nicht notwendigerweise nur auf wiederkehrende sondern auch auf einmalige Tätigkeiten[58], ferner nicht nur auf „körperliche" und fertigungstechnische sondern auch auf geistige und verwaltungstechnische Tätigkeiten[59].

Die Mechanisierung wird somit im Wesen als eine *Arbeitsübertragung* gekennzeichnet. Damit wird deutlich, daß es sich hierbei um ein *komplexes Merkmal* handelt, das durch verschiedene Komponenten, die die Art der Arbeitsübertragung näher bestimmen, konkretisiert werden kann. Allerdings gehören dazu nicht Kennzeichnung von Voraussetzungen und Auswirkungen dieser Arbeitsübertragung. In einer Elementartypenbildung, die ex definitione „minimaldimensional" und damit möglichst generell sein muß, sind sie nicht zu berücksichtigen.

Damit wird — unter dieser Zielsetzung — allen Auffassungen entschieden widersprochen, die die Mechanisierung mit Merkmalen wie der zeitlichen Abstimmung (Taktung), der Betriebsmittelanordnung (Fließprinzip), der Kontinuität u. a. definitorisch (!) verbinden[60]. Es sei dabei unbestritten, daß zwischen diesen Merkmalen starke Korrelationen bestehen, jedoch kann dies erst bei einer Verbundtypenbildung berücksichtigt werden. In der Elementartypenbildung ist jedoch auf die Minimalzahl der wesentlichen (!) Merkmalskomponenten abzustellen,

---

[56] Vgl. *Kosiol*, E., *Szyperski*, N. u. *Chmielewicz*, K., Systemforschung, S. 363. Der Begriff wird damit relativ weit gefaßt. Er wird damit insbesondere nicht auf die Motorisierung eingegrenzt, also auf den Ersatz der körperlichen Kraft des Menschen (Muskelkraft) durch die motorische Kraft von Kraftmaschinen (Motorkraft); ferner auch nicht auf die Maschinisierung, also auf den Ersatz von Handarbeit (ggfs. auch Fußarbeit) durch Maschinenarbeit. Vgl. hierzu auch *Riebel*, P., Erzeugungsverfahren, S. 114. Mechanisierung ist gegenüber Automatisierung der Oberbegriff. Automatisierung bezeichnet nur eine bestimmte Art, Phase bzw. Stufe der Mechanisierung; darauf wird noch kurz einzugehen sein; vgl. aber auch ebenda, S. 114 f.; ferner *Kosiol*, E., *Szyperski*, N. u. *Chmielewicz*, K., Systemforschung, S. 366 f.; ferner *Klaus*, E., (Hrsg.), Automatisierung, in: Wörterbuch der Kybernetik, Bd. 1, Frankfurt a. M.—Hamburg 1969, S. 70. Grochla bezeichnet die Automatisierung als „kontinuierliche Fortsetzung der Mechanisierung". Vgl. *Grochla*, E., Automation, S. 71.

[57] Vgl. aber *Riebel*, P., Erzeugungsverfahren, S. 113.

[58] Vgl. aber ebenda.

[59] Zur Differenzierung des Mechanisierungsgrades bezogen auf geistige Arbeiten (Büroarbeiten bzw. Verwaltungstätigkeiten) vgl. *Szyperski*, N., Analyse der Merkmale und Formen der Büroarbeit, in: Bürowirtschaftliche Forschung, Hrsg. E. Kosiol, Berlin 1961, S. 110—119.

[60] Vgl. z. B. *Engel*, K. H. u. *Bösherz*, F., Die Automation und ihre Probleme, in: Industrielle Produktion, hrsg. von K. Agthe, H. Blohm u. E. Schnaufer, Baden-Baden—Bad Homburg v. d. H., S. 204 f.; ferner *Schäfer*, E., Industriebetrieb, Bd. 1, S. 199 ff.; bedingt auch *Gutenberg*, E., Produktion, S. 101 ff.

und dazu gehören die zuletzt genannten Merkmale nicht. Die wesentlichen Merkmalskomponenten werden im folgenden aus der Definition des Mechanisierungsbegriffes abgeleitet.

Da unter Mechanisierung die Übertragung von menschlichen Tätigkeiten auf Mechanismen verstanden wird, also die *Tätigkeiten* im Mittelpunkt dieser Definition stehen, bietet sich für eine systematische Ableitung der Komponenten wieder das syntaktische Prinzip an:

(1) Trägerbezogene Komponenten:
— Art des Mechanismus,
— Träger der Energie (bzw. Kraft).

(2) Objektbezogene Komponente:
— Objekt der Tätigkeiten.

(3) Tätigkeitsbezogene Komponente:
— Verteilung der Tätigkeitsarten auf die Träger Mensch und Mechanismus.

Für die Ablaufplanung muß die tätigkeitsbezogene Komponente typbildend sein. Zunächst seien die träger- und objektbezogenen Komponenten betrachtet, die typbeschreibend sind.

— *Ausprägungen der träger- und objektbezogenen Komponenten*

Der Begriff Mechanismus läßt sich nicht auf die Mechanik als Teilgebiet der Physik beschränken; er erstreckt sich auch auf die Elektronik, die Chemie usw. Es werden folgende *Arten von Mechanismen* unterschieden:

(1) Einfache Mechanismen (Werkzeuge),
 (11) ohne Bewegungsvorgänge (z. B. Schraubenzieher),
 (12) mit Bewegungsvorgängen (z. B. Zange).

(2) Mensch—Werkzeug—Arbeit,
 (21) ohne Bewegungsvorgänge (Apparate, z. B. Wärmeaustauscher),
 (22) mit Bewegungsvorgängen (Maschinen, z. B. Drehbank und Computer (Elektronenbewegungen))[61].

Diese Einteilung enthält das zusätzliche Ordnungsmerkmal des zunehmenden Komplexitätsgrades. Sie gestattet, die *Ausprägungen des Mechanisierungsgrades nach den Mechanismenarten* zu differenzieren:

---

[61] Vgl. zu dieser Einteilung *Kosiol*, E., *Szyperski*, N. u. *Chmielewicz*, K., Systemforschung, S. 363.

(1) Mensch—Arbeit[62],

(2) Mensch—Werkzeug—Arbeit,

(3) Mensch—Apparat—Arbeit,

(4) Mensch—Maschine—Arbeit und

(5) Maschine—Arbeit.

Die Art (5), reine Maschine-Arbeit, ist in umfassender Sicht nicht denkbar, da bei jeder Arbeit der Mensch zumindest zur In-Gang-Setzung erforderlich ist. In partieller Sicht (bei Betrachtung von Teilprozessen) ist allerdings reine Maschine-Arbeit bei programmierter Steuerung häufig anzutreffen.

Die genannten fünf Arten lassen sich auf drei reduzieren. Diese Differenzierung macht eine sehr einfache Aussage über den *Verteilungsgrad der Arbeit* auf die Träger, ohne allerdings auf die Tätigkeitsarten einzugehen (!). Es wird reduziert auf:

(1) Mensch-Arbeit (Art 1),

(2) Mensch-Mechanismen-Arbeit (Art 2, 3 und 4) und

(3) Mechanismen-Arbeit (Art 5).

Ist die Mechanisierung der Übertragung menschlicher (geistiger und körperlicher) Tätigkeiten auf Mechanismen, dann läßt sich der Mechanisierungsgrad auch nach der Komponente *Objekt der Tätigkeit* differenzieren. Hierzu gibt es keine systematisch-fundierten Vorschläge. Wie bereits ausgeführt, können Tätigkeiten an den Objekten Stoffen, Geld und Informationen ausgeführt werden[63]. Geht man davon aus, daß in betriebswirtschaftlicher Sicht Tätigkeiten an konkreten Geldstücken und Geldscheinen irrelevant sind, sondern nur Tätigkeiten an den mit ihnen verbundenen Informationen interessieren, dann sind nur Tätigkeiten an Gütern (be- und verarbeitende und transportierende Tätigkeiten) und Tätigkeiten an Informationen (eingehende, verarbeitende und ausgehende bzw. planende, steuernde, messende, vergleichende und korrigierende Tätigkeiten) relevant. Daraus ergeben sich die beiden Hauptarbeitsarten:

(1) Güterarbeit (Realarbeit) und

(2) Informationsarbeit (Idealarbeit).

---

[62] Mensch-Arbeit bzw. menschliche Arbeit wird häufig auch als manuelle Arbeit bezeichnet. Stellt man dann jedoch auf den Antrieb von Mechanismen ab, dann müßte man — wenn auch selten — von „pediellem“ Antrieb sprechen. Um diese terminologischen Überspitzungen zu vermeiden, wird in der vorliegenden Untersuchung der Terminus manuell nicht verwandt.

[63] Vgl. Kap. 3.1.3.

Die *Güterarbeit* läßt sich im physikalischen Sinn als Produkt aus Kraft mal Weg verstehen. Sie kann nach der Art des (primären) Kraftlieferanten (Kraftträger) unterteilt werden in:

(1) Muskel-Arbeit (Mensch-Arbeit),

(2) Muskel-Motor-Arbeit (Mensch-Mechanismen-Arbeit) und

(3) Motor-Arbeit (Mechanismen-Arbeit)[64].

Die *Informationsarbeit* läßt sich nach der Art des (primären) Informationsverarbeitungsträgers (Energieträger) unterteilen in:

(1) Geistes-Arbeit (Mensch-Arbeit),

(2) Geistes-Computer-Arbeit[65] (Mensch-Mechanismen-Arbeit),

(3) Computer-Arbeit (Mechanismen-Arbeit).

Bei den realen Erscheinungsformen der Fertigung kommen die Muskel- und die Geistes-Arbeit in reiner Form praktisch nie vor. Geistes-Arbeit verbindet sich nahezu immer mit — allerdings oft nicht wesentlicher — Muskel-Arbeit; umgekehrt ist Muskel-Arbeit ohne Geistes-Arbeit nicht denkbar. Somit wäre bei der Typenbildung auf die primär vorliegende Arbeitsart abzustellen. Hierin begründet sich die Schwierigkeit, mit diesen Ausprägungen Typen zu bilden (!). Diese Ausprägungen werden deshalb nur zur Typenbeschreibung herangezogen.

Die bisher abgeleiteten Ausprägungen des Mechanisierungsgrades mit den träger- und objektbezogenen Komponenten sind in Abb. 56 zusammengefaßt.

— *Ausprägungen der tätigkeitsbezogenen Komponente*

Für eine ablaufplanungsbezogene Typenbildung kommt ihr hervorragende Bedeutung zu; sie soll typbildend sein, anders formuliert, das komplexe Merkmal Mechanisierungsgrad wird reduziert auf die Merkmalskomponente

Verteilung der Tätigkeitsarten auf die Träger Mensch und Mechanismus.

Die Tätigkeitsarten müssen konsequent und vollständig nach einem exakten Konzept differenziert werden. Hierfür wird das Regelkreis-

---

[64] Gutenberg unterscheidet mit diesem Kriterium in manuelle und maschinelle Fertigung. Vgl. *Gutenberg*, E., Produktion, S. 91 f. Diese Terminologie wird unter der Zielsetzung einer umfassenden Systematik für nicht sinnvoll gehalten. Zur berechtigten Kritik vgl. auch *Szyperski*, N., Analyse, S. 110 ff.

[65] Aus Gründen sprachlicher Dichte wurde hier der Begriff Computer gewählt. Er ist als Oberbegriff für informationsverarbeitende Maschinen zu verstehen und umfaßt somit auch Tischrechner, Buchungsmaschinen, Sortiermaschinen etc.

<table>
<tr><th rowspan="2">Objekt der Tätigkeit</th><th colspan="3">Träger der Tätigkeit</th></tr>
<tr><th>Energieträger</th><th>Verteilung der Tätigkeit</th><th>Art des Mechanismus</th></tr>
<tr><td rowspan="5">Güter-Arbeit</td><td>Muskel-Arbeit</td><td>Mensch-Arbeit</td><td>Mensch-Arbeit</td></tr>
<tr><td rowspan="3">Muskel-Motor-Arbeit</td><td rowspan="3">Mensch-Mechanismen-Arbeit</td><td>Mensch-Werkzeug-Arbeit</td></tr>
<tr><td>Mensch-Apparat-Arbeit</td></tr>
<tr><td>Mensch-Maschine-Arbeit</td></tr>
<tr><td>Motor-Arbeit</td><td>Mechanismen-Arbeit</td><td>Maschine Arbeit</td></tr>
<tr><td rowspan="3">Informations-Arbeit</td><td>Geistes-Arbeit</td><td>Mensch-Arbeit</td><td rowspan="3">s.o.</td></tr>
<tr><td>Geistes-Computer-Arbeit</td><td>Mensch-Mechanismen-Arbeit</td></tr>
<tr><td>Computer-Arbeit</td><td>Mechanismen-Arbeit</td></tr>
</table>

Abb. 56. Differenzierung der beiden Komponenten Arbeitsobjekt und Arbeitsträger des Merkmals Mechanisierung

konzept[66] gewählt, da die Entlastung des Menschen von Steuerung und Regelung für die Mechanisierung bzw. Automatisierung typisch ist. Es werden folgende Tätigkeitsarten unterschieden:

(1) *Positionierung*[67]*: Istwert-Erzeugung der Regelgröße*

Diese Tätigkeitsart läßt sich insofern schwer in das Regelkreiskonzept pressen, da sie die Regelgrößen-Erzeugung nicht voll umfaßt, sondern an der Regelgrößen-Erzeugung nur als ein Faktor beteiligt ist. Der Begriff ist also zu eng. Er ist auf die mechanische Fertigung konzipiert worden. Er beinhaltet bei Mensch-Werkzeug-Arbeit z. B. die Manipulation von Werkzeug und Werkstück; in der chemischen Fertigung z. B.

---

[66] Die folgende Tätigkeitsartendifferenzierung geht auf Gutenberg zurück; vgl. *Gutenberg*, E., Produktion, S. 92 ff. Die Untersuchung wurde dann von Szyperski verfeinert und präzisiert; vgl. *Szyperski*, N., Analyse, S. 110 ff.; eine wesentliche Weiterentwicklung liegt vor bei *Kosiol*, E., *Szyperski*, N. u. *Chmielewicz*, K., Systemforschung, S. 364 ff. Auf dieser Arbeit baut auch die vorliegende Untersuchung auf. Dort findet sich das Regelkreiskonzept schon implizit, nur wird es nicht deutlich herausgearbeitet, so daß auch Weiterentwicklungsmöglichkeiten nicht aufgezeigt werden.

[67] Wenngleich auch dieser Begriff vielleicht nicht voll zu befriedigen vermag, so wird er doch für erheblich aussagefähiger gehalten als der in den zitierten Arbeiten (einheitlich) gebrauchte Begriff „Führung“, der in erheblichem Maße mißverständlich ist.

die Manipulation von Reaktionsstoffen und Apparaturen. Stemmt z. B. ein Modelltischler mit einem Stemmeisen eine Kerbe in ein Brett, dann ist die Positionierung des Stemmeisens ursächlich für die Istwerte der Regelgrößen Länge und Tiefe der Kerbe.

(2) *Steuerung: Stellgrößen-Abgabe*

Diese Tätigkeitsart beeinflußt die Regelgrößen in ihrem Wert, sie verändert die Prozeßdaten, z. B. Druck, Temperatur, Schnittiefe, Bohrgeschwindigkeit usw.

(3) *Kontrolle: Istwert-Erfassung und Soll-Ist-Vergleich der Regelgröße*

Durch die Erfassung des Istwertes der Regelgröße (feed-back, Rückkoppelung) — dieser Vorgang soll hier mit in die Kontrolle einbezogen werden — schließt sich zwar der Regelpreis, jedoch wird damit noch keineswegs eine dynamische Wechselbeziehung, die die Stabilität des Regelkreises sichern könnte, hergestellt. Das Wesen der Kontrolle besteht in dem Vergleich zwischen dem Istwert der Regelgröße mit ihrem Sollwert. Ggfs. wird eine Abweichung zwischen beiden Werten festgestellt.

(4) *Korrektur: Veränderte Stellgrößen-Abgabe*

Sie wird erforderlich beim Feststellen einer Abweichung durch die Kontrolle. Aufgrund einer Abweichungsanalyse und einer Konsequenzanalyse wird eine veränderte Stellgröße aus der Abweichung abgeleitet, die die Regelgröße so beeinflußt, daß sich das System stabilisiert, also der Sollwert erreicht wird. Erst durch diese Maßnahme wird die Stabilität des Systems in dynamischer Wechselbeziehung gesichert.

(5) *Anpassung: Sollwert-Veränderung der Regelgröße*

Bei Zusammenfassung der bisher genannten Tätigkeitsarten spricht man von Regelung (i. e. S.). Demgegenüber ist Anpassung eine höher entwickelte Form der Regelung (i. w. S.)[68], die sich auf den Sollwert der Regelgröße bezieht. Es sei davon ausgegangen, daß ein System unter verschiedenen Verhaltensweisen auswählen kann. Vereinfachend seien diese Verhaltensweisen mit verschiedenen Sollwerten gleichgesetzt. Kann bei einer bestimmten Verhaltensweise (also einem bestimmten Sollwert) durch Korrekturen kein stabiler Zustand, also der Sollwert, erreicht werden, weil sich die Umwelt (Umgebung) des Systems verändert hat bzw. sich die Störgrößen in Art und Ausmaß erheblich gewandelt haben, dann ist das System in der Lage, sich durch Verände-

[68] Terminologisch läßt sich hier beliebig verfahren. Hier wird die Ansicht von Flechtner geteilt. Vgl. *Flechtner*, H.-J., Grundbegriffe, S. 44 ff. Er trennt Regelung und Anpassung, faßt also Regelung i. e. S. auf.

rung seiner Verhaltensweise (seines Sollwertes) zu stabilisieren. Es ist stabil bzw. ultrastabil[69].

Besteht ein System aus mehreren ultrastabilen Teilsystemen, die zeitweilig voneinander unabhängig arbeiten, ist es multistabil[70]. Es ist grundsätzlich in der Lage, sich selbst zu optimieren[71], zu lernen[72], sich zu reparieren und zu reproduzieren[73]. Auch wenn dieses Feld gemessen an dem augenblicklichen Entwicklungsstand der Technik in bezug auf die praktischen Anwendungsmöglichkeiten in einer Industrieunternehmung etwas utopisch anmuten mag — mit Ausnahme hochentwickelter Waffensysteme und Weltraumprojekte — so wäre eine exakte Differenzierung und Detaillierung zumindest vom theoretischen Standpunkt außerordentlich interessant in bezug auf die Formulierung von Anwendungsbedingungen für anspruchsvolle Planungsverfahren. Im Rahmen einer Typologie ausgehend von realen Erscheinungsformen sei hier jedoch darauf verzichtet.

(6) *Bedienung: Ein-Aus-Schalten des Systems*

Diese Tätigkeitsart bezieht sich nicht mehr auf den inneren Wirkungsablauf des Systems, sondern besteht nur noch in einem Ein- und Ausschalten des Wirkungsablaufes, steht somit zu ihm in einer äußeren Beziehung.

Abb. 57 stellt die beschriebenen Tätigkeitsarten des Regelkreiskonzeptes übersichtlich zusammen.

Die Beschreibung der sechs Tätigkeitsarten ist gleichbedeutend mit der Beschreibung von *sechs Ausprägungen der typbildenden Merkmalskomponente* Verteilung der Tätigkeitsarten auf die Träger. In der ersten Ausprägung liegt der Fall vor, daß der Mensch alle Tätigkeiten selbst ausführt. In der zweiten Stufe wird die Positionierung dem Mechanismus übertragen, die übrigen Tätigkeiten führt weiterhin der Mensch aus. In der dritten Stufe wird zusätzlich auch die Steuerung dem Mechanismus übertragen; in einer vierten, fünften und sechsten Stufe auch Kontrolle, Korrektur und Anpassung, so daß dem Menschen

---

69 Vgl. zu dieser Begriffsbestimmung von Ultrastabilität *Klaus*, G., (Hrsg.), Ultrastabilität, in: Wörterbuch der Kybernetik, Bd. 2, Frankfurt a. M.—Hamburg 1969, S. 674. Vgl. aber nochmals Kap. 3.1.3., Fußnote 21).

70 Vgl. *Klaus*, G., (Hrsg.), Multistabilität, in: Wörterbuch der Kybernetik, Bd. 2, S. 434 f.

71 Vgl. ebenda, S. 435.

72 Vgl. zu der Auffassung, Lernen als Spezialfall der Anpassung zu betrachten, *Horvath*, P., Betriebliche Entscheidungen als Teile eines Lernprozesses, Meisenheim a. G. 1971, S. 44—53; vgl. zu lernenden Systemen ebenda, S. 113 ff.; ferner *Flechtner*, H.-J., Grundbegriffe, S. 293 f. u. S. 47 ff.

73 Vgl. zur Selbsteinstellung die Stichwörter bei *Klaus*, G., (Hrsg.), in: Wörterbuch der Kybernetik, Bd. 2, S. 556—560 und ders., lernender Automat, in: Wörterbuch der Kybernetik, Bd. 1, S. 349—353.

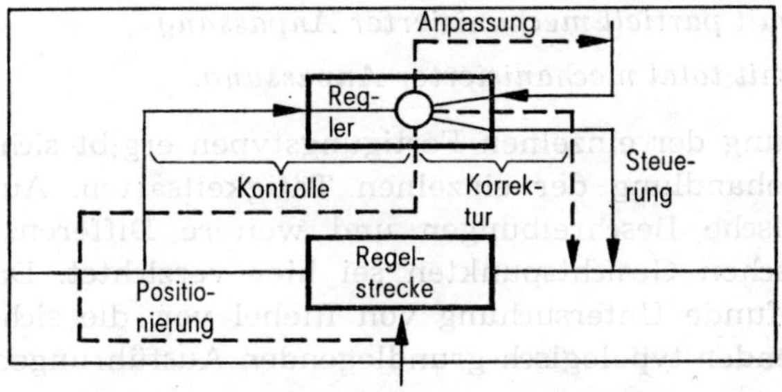

Abb. 57. Tätigkeitsarten des Regelkreiskonzeptes[74])

schließlich nur noch die Bedienung verbleibt. Damit ist das Merkmal Verteilung der Tätigkeitsarten zunächst sechs-polar. Berücksichtigt man aber, daß jede der sechs Tätigkeitsarten kontinuierlich abgestuft auf den Mechanismus übertragen werden kann, dann erhält man ein *partiell abstufbares Merkmal.* Beschränkt man sich vereinfachend je Tätigkeitsart auf zwei Abstufungen der Verteilung, nämlich auf partiell und total, dann erhält man statt sechs nun *elf Mechanisierungsstufen.*

Diesen Stufen können nun Typen zugeordnet werden.

— *Bildung der Typenreihe T*

Es wurde bereits ausgeführt, daß das komplexe Merkmal Mechanisierungsgrad auf eine einzige typbildende Komponente, die Verteilung der Tätigkeitsarten auf die Träger Mensch und Mechanismus, reduziert wird. Somit wird im folgenden eine *eindimensionale Elementartypenreihe* gebildet. Sie ergibt sich unmittelbar aus den schon erläuterten Merkmalsausprägungen, den Mechanisierungsstufen. Um die Untersuchung zu verdichten, sei die Reihe in ihrer Gesamtheit behandelt.

Es ergeben sich folgende *elf Elementartypen:*

T_1: *Fertigung mit total menschlicher Positionierung*

T_2: *Fertigung mit partiell mechanisierter Positionierung*

T_3: *Fertigung mit total mechanisierter Positionierung*

T_4: *Fertigung mit partiell mechanisierter Steuerung*

T_5: *Fertigung mit total mechanisierter Steuerung*

T_6: *Fertigung mit partiell mechanisierter Kontrolle*

T_7: *Fertigung mit total mechanisierter Kontrolle*

T_8: *Fertigung mit partiell mechanisierter Korrektur*

T_9: *Fertigung mit total mechanisierter Korrektur*

---

[74] Vgl. auch Abb. 18 der vorliegenden Untersuchung.

T_{10} : *Fertigung mit partiell mechanisierter Anpassung*

T_{11} : *Fertigung mit total mechanisierter Anpassung.*

Die Beschreibung der einzelnen Fertigungstypen ergibt sich aus der vorstehenden Behandlung der einzelnen Tätigkeitsarten. Auf detaillierte technologische Beschreibungen und weitere Differenzierungen nach technologischen Gesichtspunkten sei hier verzichtet. Dazu liegt bereits eine profunde Untersuchung von Riebel vor, die sich bedingt mit den vorstehenden typologisch-grundlegenden Ausführungen verbinden läßt[75].

Wenngleich auch die Bildung dieser Fertigungstypen auf das Merkmal der Verteilung der Tätigkeitsarten beschränkt werden kann, so kann bei der Beschreibung dieser Typen auf ein ganz wesentliches Zusatzmerkmal nicht verzichtet werden, auf das *Prinzip der Integration.* Dieses Merkmal wird in dem Phänomen der *Automatisierung* erfaßt.

In der Automatisierung wird eine *spezifische Ausprägung der Mechanisierung* gesehen[76]. Das Spezifikum liegt zum einen darin, daß die Automatisierung zwingend das Merkmal der *Integration beinhaltet* (bei der Mechanisierung ist dies nicht zwingend erforderlich) und daß die Automatisierung zum anderen *nur die höheren Mechanisierungsstufen erfaßt*[77]. Das Wesen der Automatisierung besteht in der Selbsttätigkeit der Integration[78].

Das Phänomen der *Selbsttätigkeit* ist bisher schon erfaßt worden. Es findet seine geringstentwickelte Ausprägung dann, wenn die Steuerung zumindest partiell auf Mechanismen übertragen worden ist (Typ T_4), so daß eine Selbsttätigkeit überhaupt erst möglich wird. Frühestens hier könnte von Automatisierung gesprochen werden. Bei diesem Typ ist die Gefahr der Instabilität des Systems jedoch aufgrund fehlender selbsttätiger Korrektur- und Anpassungsmöglichkeit extrem groß, so daß bei Instabilität die Selbsttätigkeit ihr Ende findet. Bestehen jedoch diese Möglichkeiten (Typ T_{11}), dann findet die Selbsttätigkeit ihre höchstentwickelte Ausprägung.

Bedeutender ist in diesem Zusammenhang das Prinzip der *Integration.* Wenn bisher von der Übertragung von Tätigkeiten auf Mecha-

---

[75] Vgl. *Riebel*, P., Erzeugungsverfahren, S. 115—165. Dieser Teil macht den größten Teil seiner Arbeit aus. Hier findet sich eine ähnlich profunde Untersuchung wie schon bei seiner Arbeit über die Kuppelproduktion. Vgl. zu weiterführenden Einzeldarstellungen auch die bei Riebel zitierte Literatur.

[76] Vgl. nochmals Kap. 3.3.19., Fußnote 56) der vorliegenden Untersuchung.

[77] Diese Ansicht wird als die herrschende Meinung bezeichnet bei *Kosiol*, E., *Szyperski*, N. u. *Chmielewicz*, K., Systemforschung, S. 366 und *Riebel*, P., Erzeugungsverfahren, S. 114.

[78] Vgl. *Grochla*, E., Automation, S. 29 ff.

nismen gesprochen wurde, dann wurde dabei nicht differenziert, ob eine oder wenige Tätigkeiten auf einen einzigen Mechanismus oder ob mehrere (wenige oder viele) Tätigkeiten auf mehrere Mechanismen gleichzeitig übertragen werden. Im letzteren Fall ergibt sich die Forderung, die Tätigkeiten bzw. die Mechanismen miteinander in Beziehung zu setzen, sie zu integrieren. Die spezifische, und zwar zielgerichtete und ganzheitliche, Integration führt zur *Bildung von Systemen*[79]. Konkret wird hier unter Integration besonders die Verbindung von Betriebsmitteln (Fertigungsmaschinen und Fördermitteln) zu einem Fertigungs- und Transportsystem und die Verbindung von Kommunikationsbeziehungen zu einem Informationssystem verstanden.

Die Integration wird als eine Komponente des komplexen Merkmals Mechanisierung angesehen. Sie ist typbeschreibend und korreliert positiv mit der typbildenden Komponente Verteilung der Tätigkeitsarten, d. h. je mehr Tätigkeitsarten auf Mechanismen übertragen werden, desto ausgeprägter findet sich die Integration. Allerdings gilt diese Korrelation nur tendenziell.

Bei einfacher Mensch-Werkzeug-Arbeit (Typ T_1 und T_2), z. B. in einer Reparaturabteilung, findet man keine ausgeprägte Integration. Bei zunehmender Übertragung der Tätigkeitsarten auf Mechanismen ist zunächst festzustellen, daß dieser Übertragungsprozeß einen ständig (überproportional) *steigenden Investitionsaufwand* verursacht. Dieser ist nur dann gerechtfertigt, wenn der Grenzertrag den Grenzaufwand übersteigt. Das ist ceteris paribus (bei hier als bekannt vorausgesetzten Prämissen) nur dann der Fall, wenn eine steigende Menge gefertigt wird, also letztlich die Produktionsgeschwindigkeit erhöht wird, also letztlich Leerzeiten abgebaut werden, somit schließlich die Kapazität besser ausgenutzt wird. Diese Folgekette begründet den *Zwang zur Integration* bei zunehmender Mechanisierung (i. e. S. = Übertragung von Tätigkeitsarten auf Mechanismen); anders formuliert, bei hoch entwickelter Mechanisierung (ab Typ T_5) sind die Begriffe Mechanisierung und Automatisierung praktisch inhaltsgleich, und zwar beinhalten beide Selbsttätigkeit und Integration. So sind die Fertigungstypen mit partieller und totaler Anpassung (T_{10} und T_{11}) ohne Integration überhaupt nicht denkbar. Die Integration wird in der Literatur meist am Beispiel der Transferstraße veranschaulicht. Ein kompliziertes System aus Transportmaschinen (oft mit Greifern und Wendern) ist voll mit den Fertigungsmaschinen abgestimmt. Diese werden von einem Prozeßrechner ständig kontrolliert und selbsttätig korrigiert (geregelt). In dem

[79] Vgl. zur Terminologie nochmals Kap. 1.4. der vorliegenden Untersuchung. Vgl. zu den Begriffen System, Ganzheit und Integration im Zusammenhang mit der Automatisierung nochmals *Grochla*, E., Automation, S. 31 ff.

Fall von totaler selbsttätiger Korrektur wird von Vollautomatisierung gesprochen (Typ T_9).

Abb. 58 stellt die Typenreihe mit den behandelten Komponenten und weiteren Beispielen übersichtlich zusammen.

Auf die allgemeinen Auswirkungen der Mechanisierung auf betriebswirtschaftliche Probleme sei hier nicht eingegangen; dazu liegt bereits eine relativ ausführliche Untersuchung vor[80]. Es seien vielmehr kurz einige grundlegende *Auswirkungen der Mechanisierung auf die Fertigungsablaufplanung* skizziert, die für die Anwendbarkeit quantitativer Planungsverfahren bedeutend sind.

Die *Komplexität der Fertigungsablaufplanung* (Aktionsstrukturierung) kann durch die Anzahl der Tätigkeiten, die Anzahl der Träger (Arbeitskräfte und Betriebsmittel) und die Anzahl der Aufträge (Kunden- oder Werkstattaufträge als Sachteilziele (Leistungsprogrammteile)) tendenziell gekennzeichnet werden. Die *quantitativen Dimensionen der Aktionsstrukturen* können durch Zeit-, Kapazitäts- (Betriebsmittel und Arbeitskräfte) und Kosteneinheiten bestimmt werden[81].

Die Mechanisierungstypen müßten somit unter dem Gesichtspunkt der Komplexität der Fertigungsablaufplanung und des Zeit-, Kapazitäts- und Kostenbedarfs (im Hinblick auf die Ziele der Ablaufplanung als durchlaufzeitminimaler, kapazitätsausnutzungsmaximaler und kostenminimaler Gestaltung) untersucht werden. Dies soll hier nur angedeutet werden, und zwar mit jeweils globalen Hinweisen auf die Komplexität, Hinweisen auf die Zeitreduktionsmöglichkeiten bei wiederholter gegenüber einmaliger Fertigung (Lernkurven)[82], Hinweisen auf das Fixkostendeckungsproblem und schließlich Hinweisen auf die Art des Kapazitätsträgers.

---

[80] Vgl. *Grochla*, E., Automation, S. 47 ff.

[81] Vgl. Abb. 19 der vorliegenden Untersuchung.

[82] Vgl. zum „Lerngesetz der Produktion“ und zum Begriff der Bestimmung von Lernkurven *Baur*, W., Neue Wege der betrieblichen Planung, Berlin—Heidelberg—New York 1967, S. 47 u. S. 56 ff.; ferner *Weber*, K., Lernkurven: Modelle und Anwendungsmöglichkeiten, in: IO, 38 (1969) 9, S. 401—405; ferner *Schneider*, D., „Lernkurven“ und ihre Bedeutung für Produktionsplanung und Kostentheorie, in: ZfbF, 17 (1965) 8/9, S. 501—515; Schneider rezensiert eine Arbeit von *Keachie*, E. C., Manufacturing Cost Reduction through the Curve of Natural Productivity Increase, Berkeley 1964 und berichtet über ein Ergebnis dieser Arbeit: „je weniger die Arbeitszeit maschinengebunden ist, desto höher ist der Lerngrad.“ „ein Ergebnis, das bereits Hirschs Untersuchung nahelegte.“ Ebenda, S. 511. Vgl. dazu auch *Hirsch*, W. Z., Firm Progress Ratios, in: Econometrica, 24 (1956), S. 136—143. In der vorliegenden Untersuchung wird die Behauptung aufgestellt, daß der Verlauf (die Steigung) der Lernkurve in direktem Zusammenhang mit dem Mechanisierungsgrad steht bzw. in der „typologischen Terminologie“ formuliert, daß dieses Merkmal zur Beschreibung der Typen herangezogen werden kann: Je höher der Mechanisierungsgrad, desto flacher verläuft die Lernkurve.

Typ	Verteilung der Tätigkeitsarten auf die Träger: Mensch		Mechanismus		Art der Integration	Art der Automatisierung	Art der Arbeit (Güterarbeit): allgemein	spezi-ell	Kraftquelle	Beispiele	
T_1	Positionierung	total	----		keine Integration	keine Automatisierung	Mensch-Arbeit	Mensch-Arbeit	Muskel-Arbeit	Montage-Arbeit	
							Mensch-Mechanismen-Arbeit	Mensch-Werkzeug-Arbeit		Schmieden mit Handhammer	
										Bohren mit Handbohrmaschine	
T_2		partiell	Positionierung	partiell					Muskel-Motor-Arbeit	Bohren mit Standbohrmaschine	
T_3	Steuerung	total		total				Mensch-Maschine-Arbeit		Drehen auf einfacher Drehbank	
T_4		partiell	Steuerung	partiell						Drehen auf Drehbank mit selbsttätigem Vorschub	
T_5	Kontrolle	total		total	Teilintegration (meist beschränkt auf Fertigungs- u. Transportsysteme)	Teilautomatisierung				automatisches Kopierdrehen durch Schablonenabtastung	
T_6		partiell	Kontrolle	partiell						chemisch-physikalische Mischprozesse mit Sichtkontrolle	
T_7	Korrektur	total		total						chemisch-physikalische Mischprozesse ohne Sichtkontrolle	
T_8		partiell	Korrektur	partiell						Papierherstellungsanlage, Drahtziehmaschine	
T_9	Anpassung	total		total	Vollintegration v. Fertig.-, Transp.- u. Informationssystemen	Vollautomatisierung			Motor-Arbeit	Transferstraßen, Erdöldestillations-Anlage	
T_{10}		partiell	Anpassung	partiell						stabile u. ultrastabile Teilsysteme	möglich bei chem. Massenfertigung, Raffinerien
T_{11}	Bedienung	---		total			Mechanismen-Arbeit	Maschine-Arb.		multistabile Systeme lernend, selbstoptimierend usw.	

Abb. 58. **Übersicht über die Differenzierungsmöglichkeiten der Typenreihe T**

Bei T_1 (*Fertigung mit total menschlicher Positionierung*, z. B.: Schmieden mit Handhammer) ist die Ablaufplanung relativ gering komplex. Das Zuordnungsproblem beschränkt sich auf Arbeitskräfte und Aufträge. Der Einsatz von Werkzeugen braucht in der Regel nicht besonders geplant zu werden. Träger (Determinante) der Kapazität ist ausschließlich der Mensch. Somit sind physiologisch bedingte Leistungsschwankungen und die sie beeinflussenden Umgebungsbedingungen besonders zu berücksichtigen. Da das Leistungsvermögen von der Geschicklichkeit des Menschen wesentlich bestimmt wird, ist bei zunehmender Wiederholung der Fertigung ein relativ hoher Einübungs- bzw. Lerneffekt bei der Zeitplanung zu berücksichtigen. Die Kostenstruktur wird im wesentlichen von variablen Kosten geprägt.

Bei T_3 (*Fertigung mit total mechanisierter Positionierung*, z. B.: Drehen auf einfacher Drehbank) ist die Fertigungsablaufplanung komplexer. Das Zuordnungsproblem erweitert sich auf Arbeitskräfte, Betriebsmittel und Aufträge. Träger der Kapazität sind sowohl der Mensch als auch die Maschine. Da die Maschine erheblichen Anteil an der Arbeitsleistung hat, sind die durch den Menschen bedingten Leistungsschwankungen nicht mehr so stark wie bei T_1. Da aber auch der Mensch erheblichen Anteil an der Arbeitsleistung übernimmt, sind die Umgebungseinflüsse unvermindert zu berücksichtigen. Ebenso ist bei zunehmender Wiederholung der Fertigung der Lerneffekt zu beachten. Allerdings verläuft die Lernkurve gegenüber T_1 flacher. Bedingt durch zunehmende Anlageintensität ist der Anteil der Fixkosten größer.

Bei T_4 (*Fertigung mit partiell mechanisierter Steuerung*; Beispiel: Drehen auf Drehbank mit selbsttätigem Vorschub) ist die Fertigungsablaufplanung formal ebenso komplex wie bei T_3. Allerdings ist die Maschine gegenüber dem Menschen in größerem Ausmaß Träger und Determinante der Kapazität. Da aber der Mensch noch einen erheblichen Teil der Steuerungsvorgänge selbst durchgeführt, sind nicht nur unvermindert Umgebungsflüsse zu berücksichtigen, sondern auch Lerneffekte bei wiederholter Fertigung. Die Lernkurve verläuft gegenüber T_3 noch flacher. Bedingt durch gegenüber T_3 zunehmende Anlagenintensität ist der Fixkostenanteil noch größer[83].

---

[83] In dieser gedrängten Form wirken diese Aussagen vielleicht etwas lapidar. Um die große Bedeutung dieser Aussagen für die Ablaufplanung zu klären, müssen sie im Zusammenhang mit dem Bewertungsansatz optimaler Ablaufpläne von Mensch gesehen werden. Vgl. *Mensch*, G., Ablaufplanung, S. 53—62. Danach setzen sich die Gesamtkosten eines Ablaufplanes aus den pagatorischen Bearbeitungskosten und den kalkulatorischen Opportunitätskosten zusammen. Die Zielfunktion der Kostenminimierung der Ablaufplanung hängt einmal davon ab, ob konstante oder variable Bearbeitungszeiten auftreten. Variable Bearbeitungszeiten sind beim Auftreten von Lernkurven

Bei T_9 (*Fertigung mit total mechanisierter Korrektur*; Beispiel: Fertigung auf Transferstraße bzw. auf einer Erdöldestillations-Anlage) ist die Fertigungsablaufplanung gegenüber T_3 und T_4 weniger komplex. Das Zuordnungsproblem reduziert sich auf die Betriebsmittel und die Aufträge. Die Arbeitskräfte sind den Betriebsmitteln ex ante in überwiegendem Maße fest zugeordnet. Träger der Kapazität ist in der Regel die Maschine bzw. der Maschinenverbund bzw. der Apparat-Maschine-Verbund. Der Mensch determiniert die Kapazität nur bei erforderlichen Anpassungsmaßnahmen, so daß man hier von einem management- bzw. operating-by-exception sprechen kann. Die Leistungsschwankungen des Menschen sind allerdings für die Ausbringung praktisch unbedeutend. Da der Mensch seine Anpassungsmaßnahmen in der Regel in gegenüber den eigentlichen (mechanisierten) Fertigungstätigkeiten isolierten Räumen ausführt, ist die Berücksichtigung unmittelbar fertigungsbedingter Umgebungseinflüsse in der Regel unbedeutend. Hier wäre an die Arbeitsbedingungen in Schalt- und Steuerzentralen zu denken[84]. Lerneffekte sind nur in der Anlaufphase[85] der Fertigung zu berücksichtigen, nicht aber wie bei T_1, T_3 und T_4 auch bei der laufenden Fertigung. Bedingt durch eine erhebliche Anlagenintensität ist der Fixkostenanteil sehr hoch. Dadurch wird das Ziel der Kapazitätsausnutzungsmaximierung dominant[86]. Dieses bedingt einen Zwang zur Kontinuisierung des Fertigungsablaufs. Der Vorbereitungs-

---

gegeben. Dann sind in die Zielfunktion nicht nur die Opportunitätskosten, sondern auch die Bearbeitungskosten einzubeziehen, vgl. ebenda, S. 61 f. Zur Einbeziehung der Fixkosten in die Zielfunktion vgl. ebenda, S. 56—58. Zu genauen Aussagen über die Art der Zielfunktion kann man jedoch im Rahmen der Elementartypenreihe nach dem Mechanisierungsgrad nicht kommen, wenngleich sich hieraus schon wichtige Rückschlüsse ziehen lassen. Man benötigt ferner Aussagen über die Art der zeitlichen Abstimmung (Auftreten von Leer- und Wartezeiten) und Aussagen über die Art der Betriebsmittelanordnung (Auswirkungen auf die Zielbeziehung: Bei Werkstattfertigung Zielkonflikt, bei Fließfertigung Zielkomplementarität zwischen Durchlaufzeitminimierung und Kapazitätsausnutzungsmaximierung; darauf wird noch einzugehen sein), ggfs. müssen ergänzende Aussagen über die Reihenfolge und die Kontinuität des Materialflusses hinzutreten. Im Rahmen einer solchen Verbundtypenbildung könnte man dann genauere Aussagen über die Art der Zielfunktion und über ihre Wertkriterien treffen. Hier kann auf diese äußerst wichtigen Zusammenhänge nur hingewiesen werden. Die Bedeutung typologischer Voruntersuchungen geht in diesem Zusammenhang auch schon aus Menschs Bewertung der Anwendbarkeit von Ablaufplanungsmodellen hervor; vgl. dazu *Mensch*, G., Ablaufplanung, S. 54 f.

[84] Zu Beispielen praktischer Ausgestaltungsmöglichkeiten und den betriebswirtschaftlichen Auswirkungen vgl. bedingt z. B. *Korte*, G., Fertigungszentralen — Automatisierte Datenerfassung in Fertigungszentralen, Hamburg 1965, S. 91 ff. bzw. S. 120 ff.

[85] Vgl. dazu auch *Ellinger*, Th., Ablaufplanung, S. 73 f.

[86] Vgl. nochmals Fußnote 83).

grad[87] der Ablaufplanung ist sehr hoch[88], d. h. der Planungsaufwand ist bei der einmaligen Einrichtung sehr hoch, der laufende Aufwand dagegen vergleichsweise gering.

— *Darstellung der Typenreihe T*

Abb. 59 stellt die bisher erläuterte Typenreihe übersichtlich in einer mit den bisherigen Darstellungsformen vergleichbaren Weise dar. Dabei wird wieder die für ein komplexes Merkmal geeignete Darstellungsform der Flächenskala gewählt. Absolute Merkmalskomponente ist der Prozeßumfang, also die Gesamtzahl der Fertigungstätigkeiten[89]. Differenziert man alle Tätigkeiten in die erläuterten sechs Arten, erkennt man aus Abb. 59, daß sich der zunächst als sechs-polar, partiell abstufbar gefaßte Mechanisierungsgrad[90] auch als kontinuierliches Merkmal darstellen läßt. Grundlegende relative Merkmalskomponente ist der Anteil der auf den Mechanismus übertragenen Tätigkeiten, komplementäre relative Merkmalskomponente der vom Menschen ausgeführte Anteil der Tätigkeiten. Die differenzierte Typenreihe der Abb. 59 kann auch gemäß Abb. 58 vereinfacht werden zu der Reihe: Nicht automati-

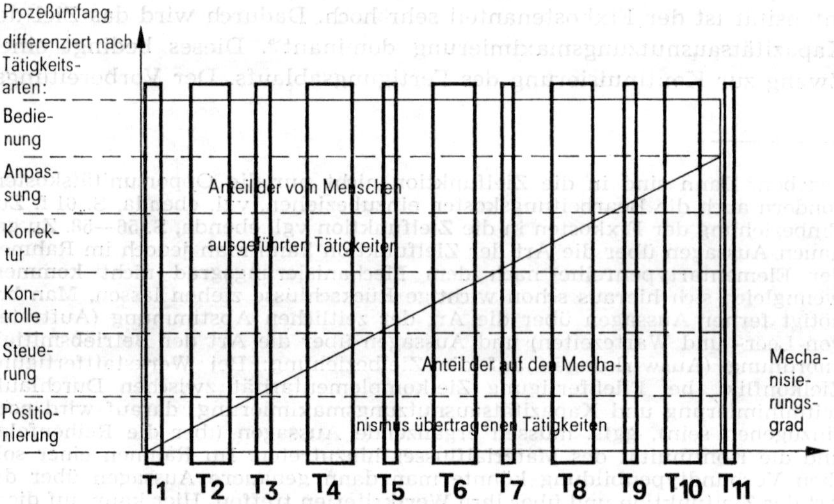

Abb. 59. Typenreihe T, Mechanisierungstypen

[87] Vgl. zum Begriff des Vorbereitungsgrades *Ellinger*, Th., Ablaufplanung, S. 69 f.

[88] Vgl. zur Höhe des Vorbereitungsgrades bei Serienfertigung ebenda, S. 76 f. Im obigen Zusammenhang wird eine Korrelation zwischen Wiederholungsgrad und Mechanisierungsgrad unterstellt.

[89] Vgl. nochmals Kap. 2.3., Komplexe Merkmalsarten.

[90] Vgl. letzten Absatz des Abschnittes ‚Ausprägungen der tätigkeitsbezogenen Komponente'.

sierte (nicht integrierte), teilautomatisierte (teilintegrierte) und vollautomatisierte (vollintegrierte) Fertigung.

3.3.20. Anordnungstypen: Werkstatt- und Fließfertigung (Typenreihe U)

— *Erfassung und Abgrenzung der typbildenden Merkmale*

Das Merkmal der räumlichen Anordnung wurde bereits kurz im *Gesamtzusammenhang* der nach dem syntaktischen Ansatz gegliederten Anordnungsprinzipien kritisch untersucht[1]. Daran soll hier — zuvor kurz rekapitulierend — angeknüpft werden. Die Bildung einer diesen Gesamtzusammenhang einheitlich umfassenden Elementartypenreihe war wegen ihrer geringen spezifischen Aussagefähigkeit abgelehnt worden. Trägerorientierte Anordnungsprinzipien waren als weniger relevant ausgeklammert worden. Tätigkeitsorientierte Anordnungsprinzipien waren in tätigkeitsart- und tätigkeitsablauforientierte eingeteilt worden. Da nun der Tätigkeitsablauf unmittelbar von dem Objekt (Produkt) bestimmt wird, lassen sich tätigkeitsablauforientierte und objektorientierte Prinzipien nicht aussagefähig voneinander trennen. Die Ausrichtung auf den Tätigkeitsablauf ist im wesentlichen eine Ausrichtung auf das Objekt. Objektorientierte Anordnungsprinzipien waren deshalb unter dem spezifischeren Gesichtspunkt der Ortsgebundenheit behandelt worden[2].

Den *tätigkeitsorientierten Anordnungsprinzipien* kommt für die Ablaufplanung infolge ihrer Ausrichtung auf den tragenden Begriff der Tätigkeit hervorragende Bedeutung zu. Im folgenden werden sie auf

---

[1] Vgl. Kap. 3.3.18., Erfassung des Gesamtzusammenhangs.

[2] Ergänzend zur Diskussion um den Gesamtzusammenhang der diesbezüglichen Erscheinungsformen ist hier noch kurz auf die Begriffsbildungen von Schäfer und Mellerowicz hinzuweisen, die jedoch für nicht eindeutig und zweckmäßig und damit für nicht aussagefähig gehalten werden. Schäfer faßt unter dem Begriff Fertigungssysteme die Werkbankfertigung, die Baustellenfertigung, die produktionsmittelorientierte Fertigungsanordnung, das Werkstättensystem und die Fließfertigung zusammen. Vgl. *Schäfer*, E., Industriebetrieb, Bd. 1, S. 158—202. Der Systembegriff ist als „Klammerbegriff" für diese „Typenreihe" Schäfers viel zu generell, als daß er eine spezifische Aussagefähigkeit haben könnte. Vgl. zum Systembegriff Kap. 1.4. der vorliegenden Untersuchung. Dasselbe gilt auch für den „Klammerbegriff" von Mellerowicz, nämlich Organisationstypen, unter dem er Fließfertigung, Straßenfertigung, Gruppenfertigung und Werkstattfertigung zusammenfaßt. Vgl. *Mellerowicz*, K., BWL der Industrie, Bd. II, bes. S. 314—319. Gegenüber Fertigungssystem und Organisationstyp ist der hier verwendete Begriff Anordnungstyp erheblich aussagefähiger. Auf eine eingehende Diskussion aller Meinungen zu diesem Gesamtzusammenhang und der diesbezüglichen „Klammerbegriffe" sei hier verzichtet. Vgl. zu einer Diskussion — vom Begriff Fertigungssystem ausgehend — *Krämer*, E., Das Werkstättensystem, Diss., Erlangen—Nürnberg 1968, bes. 3—14, aber auch die detailliertere Diskussion S. 14—54.

die räumliche Anordnung der Betriebsmittel und in noch weiterer Eingrenzung auf die

räumliche Anordnung der Maschinen[3]

beschränkt, da die Maschinen in Industrieunternehmungen dominierende Kapazitätsträger sind und die Maschinenbelegung Kernstück der laufenden Fertigungsablaufplanung ist, die wesentlich von der „Maschinenfolge“ beeinflußt wird.

Die Entscheidung bezüglich der räumlichen Anordnung ist unter bereits erläuterten Bedingungen[4] überwiegend eine Entscheidung der Potentialplanung. In diesem Fall ist die räumliche Anordnung ein wesentliches Datum der Aktionsplanung, vor allem für die Maschinenbelegungsplanung. Insofern ist allein eine diesbezügliche, eindimensionale (nur mit der Anordnungart) Typenbildung schon für die Fertigungsablaufplanung interessant. Die Typenbildung wird jedoch erheblich relevanter, wenn sie Merkmalsausprägungen bezüglich des Fertigungsablaufs mit einbezieht. Dies gilt um so mehr, wenn die Merkmalsausprägungen des Fertigungsablaufs kausal sind für die räumliche Anordnung der Maschinen. Damit wird die Frage nach der *Kausalität* der räumlichen Anordnung der Maschinen zum wesentlichen Problem dieser Typenbildung[5].

Auf Maschinen (Potentialen) soll ein Programm (Objekte, Sachziele, Produktarten und -mengen) durch Tätigkeiten (Aktionen) erstellt werden. Für die Fertigungsablaufplanung stehen die Tätigkeiten im Mittelpunkt. Aus dem Programm, den Produkteigenschaften und Produkt-

---

[3] Aus Gründen leichterer Lesbarkeit wird hier auf Maschinen abgestellt. Die Ausführungen gelten jedoch auch für Apparate, also insgesamt für Aggregate. Gemeint sind ferner nur schwerbewegliche, größere Aggregate, die in der Regel eines Fundaments bedürfen. Somit bestimmt die später nur schwer veränderliche Anordnung der Aggregate als Teil der Einrichtung einer Fertigung weiterhin mehr oder weniger dauerhaft die laufende Fertigungsablaufplanung. Gemeint sind somit nicht etwa Destillierkolben, Handbohrmaschinen o. ä., deren Anordnung nicht einer besonderen Planung — einer Layoutplanung — bedarf. Aus diesem Grunde werden auch die Werkzeuge ausgeschieden. Auch die Grundstücke und Gebäude sind für die Fertigungsablaufplanung von untergeordnetem Interesse. In einer Halle mit rechteckigem Grundriß können sowohl tätigkeitsartähnliche Maschinengruppen als auch tätigkeitsablauforientierte, hintereinander angeordnete Einzelmaschinen untergebracht sein. Zwischen Form und Anordnung der Grundstücke und Gebäude einerseits und dem Tätigkeitsablauf andererseits besteht kein gesicherter, direkter Zusammenhang.

[4] Vgl. Kap. 3.1.6., Fußnote 44).

[5] Ein gedanklicher Ansatz in dieser Richtung findet sich in impliziter Form bei Nowak. Trotzdem bleibt seine Typenbildung unbefriedigend. Es wird weder zwischen Zeit- und Folgemerkmalen, zwischen Anordnung und Übergangsbeziehungen, noch zwischen Fertigungs- und Transportbeziehungen exakt getrennt. Vgl. *Nowak*, P., Bestimmung der Betriebsindividualität mit Hilfe von Betriebsgliederungen, in: ZfhF, N. F., 6 (1954), S. 489 u. 496 f.

mengen, leiten sich *Art und Häufigkeit der erforderlichen Fertigungs- und Transporttätigkeiten* ab. Das qualitative Potential der Maschinen bemißt sich nach der *Art der auf ihnen durchführbaren Fertigungs- und Transporttätigkeiten.* Diese beiden Tätigkeitskomplexe, die durch die Produkte erforderlichen Tätigkeiten und die auf den Maschinen realisierbaren Tätigkeiten, sind zunächst für die räumliche Anordnung der Maschinen kausal.

Wenn aber bei der räumlichen Anordnung der Maschinen nur das potentielle Leistungsprogramm bekannt ist, zu dem sehr viele Produktarten in unterschiedlichen Mengen gehören können, und wenn zahlreiche Maschinen mehrere Tätigkeiten verrichten können, dann ergibt sich für die Ablaufbeziehungen ein *außerordentlich großer Variationsbereich.* Auf seiner Grundlage kann es unmöglich werden, *differenzierte* Aussagen für die Anordnung von Maschinen zu treffen. Globalaussagen, die etwa in die Grobdifferenzierung Werkstatt- und Fließfertigung hinauslaufen, sind jedoch für die Praxis zu generell und damit wenig aussagefähig. Deshalb sind die bisher getroffenen Aussagen zur Kausalität der Maschinenanordnung darauf zu prüfen, ob der genannte Variationsbereich nicht *reduziert* werden kann.

Geht man davon aus, daß die räumliche Anordnung von Maschinen ein Festlegen von Entfernungen zwischen Maschinen ist, dann wird deutlich, daß dieses Problem auf eine *Wegminimierung zwischen den Maschinen* und damit auf eine *Transportkostenminimierung* hinausläuft. Damit erkennt man, daß es nicht auf die Tätigkeiten schlechthin ankommt, sondern *unmittelbar nur auf die Transporttätigkeiten* und *nicht auf die Fertigungstätigkeiten*[6]. Die Fertigungstätigkeiten sind vielmehr nur von mittelbarem Interesse, und zwar dann, wenn sie unterschiedliche Transporttätigkeiten bedingen.

Dies mag ein *Beispiel* erläutern: Es sollen drei Maschinen A, B und C angeordnet werden. Die Fertigungstätigkeiten, die auf ihnen durchgeführt werden können, sind: Auf A: a, b und c; auf B: m und auf C: r und s. Aufgrund der erwarteten Produkte seien nur vier Ablaufbeziehungen denkbar: a-m-r; b-m-s; c-m-r und c-m-s. Obwohl vier Fertigungstätigkeitsfolgen denkbar sind, ergibt sich nur eine Maschinenfolge bzw. Transporttätigkeitsfolge: A-B-C. Für die Maschinenanordnung ist nur diese Information interessant.

---

[6] Diese Gedanken finden sich auch bei Kosiol: „Das Ziel der Erreichung kürzester Durchlaufzeiten bedingt die zusätzliche Teilforderung, das Prinzip des kürzesten Weges in der Unternehmung zu verwirklichen." „Die Anordnung der Arbeitsplätze wird *in erster Linie durch die technologisch bedingten Transportgänge (Lageveränderungen von Objekten)* (Hervorhebung durch den Verf.) beeinflußt." *Kosiol*, E., Aktionszentrum, S. 86.

Man erkennt, daß sich der Tätigkeitsvariationsbereich reduzieren läßt. Nicht die Tätigkeiten schlechthin sind für die räumliche Anordnung von Maschinen unmittelbar (!) kausal, sondern nur die Transporttätigkeiten. Die erwarteten Transporttätigkeitsfolgen werden etwas anschaulicher als Übergangsbeziehungen zwischen den Maschinen bezeichnet. Auf diesen Begriff wird noch einzugehen sein. Zwar besteht zwischen den Übergangsbeziehungen und der räumlichen Anordnung der Maschinen ein Kausalverhältnis, jedoch ist dies bei der Vielfalt der Möglichkeiten nicht eindeutig. Deshalb wird die

Art der Übergangsbeziehungen (= Art der erwarteten Transporttätigkeitsfolge)

als zweites typbildendes Merkmal hinzugenommen.

Eine derartige Typenbildung, die das Kausalverhältnis einbezieht, erfaßt nicht nur formal-definitorische Sachverhalte, sondern substantielle Ablaufprobleme. Deshalb kann sie nicht eindimensional sein, und zwar allein mit dem Merkmal der Maschinenanordnung. Da die Übergangsbeziehungen Erwartungsgrößen sind, die sich real in der Maschinenanordnung niederschlagen, kann eine auf reale Erscheinungsformen bezogene Typenbildung nicht allein auf den Übergangsbeziehungen aufbauen. Es wird zu zeigen sein, daß die systematische Differenzierung besonders mit dem Merkmal der Übergangsbeziehungen gelingt. Die folgende Elementartypenbildung ist daher *zweidimensional*.

Die vorstehenden Ausführungen begründeten, warum hier *mindestens* zwei Merkmale herangezogen werden. Die folgenden Ausführungen dieses Abschnittes begründen, warum gleichzeitig *höchstens* zwei Merkmale herangezogen werden. Die Begründung setzt speziell am Typ der Fließfertigung an, der in dieser Reihe zu untersuchen ist. Die Kritik des Verfassers an den in der Literatur überwiegend vertretenen Auffassungen[7] liefert die Begründung für den hier zu bildenden Fließfertigungstyp und vor allem für die Dimensionalität (Merkmalszahl) der Typenreihe. Die *Fließfertigung* ist dabei stets als *Gegenstück der Werkstattfertigung* zu sehen. Beide Typen sind nach *identischer Gesetzmäßigkeit* zu bilden.

Auf der Grundlage einer *minimaldimensionalen Elementartypenbildung* ist hier kein Raum für Auffassungen, die den Typ der Fließfertigung mehr oder weniger komplex auffassen, also mit mehr Merkmalen bilden als nur mit der Maschinenanordnung und der Transportfolge. Will man in einer systemanalytischen Betrachtung die Erscheinungsformen präzise erfassen, dann müssen zunächst die Erscheinungsformen auf eine Minimalzahl der Merkmale reduziert werden, um das Wesentliche herauszuarbeiten. Genau dieses Ziel verfolgt die hier ver-

[7] Vgl. nochmals Kap. 3.3.18., insbes. Fußnote 54).

tretene Auffassung einer Elementartypenbildung. Stellt sich dann eine zwangsmäßige Korrelation zwischen den typbildenden Merkmalsausprägungen heraus, dann ist dies in einem zweiten (!) Schritt in der Verbundtypenbildung zu berücksichtigen.

Bei einer *Kritik* an der folgenden Typenreihe ist somit der intendierte Elementarcharakter und der darauf aufbauende Verbundcharakter der Typenbildung zu berücksichtigen. Bei Durchsicht der typologischen Literatur zeigt sich meist, daß eine eilfertige, nicht sehr sorgfältige Verbindung vieler Merkmale viel zu spezielle Typen schafft, mit denen wegen mangelnder Systematisierung nicht die Vielfalt der realen Erscheinungsformen geschlossen werden kann. Dort werden in der Regel Anordnungs- und Zeitmerkmale miteinander verbunden[8]. Die hier vertretene Typenbildung trennt dagegen beide Merkmale. Dem liegt die *Trennung in Ablaufstrukturierung und Zeitberechnung* zugrunde, so wie sie auch von der Netzplantechnik, einem der wichtigsten Ablaufplanungsverfahren, äußerst streng vorgenommen wird. Hierin liegt nicht nur ein Grund für ihren großen Anwendungserfolg, sondern generell ein wesentliches Erfordernis für die Lösung von Ablaufoptimierungsproblemen. Eine anwendungsbezogene Typenbildung muß daher diesen *Anwendungserfordernissen* entsprechen.

Vor allem kommt es bei der Typenbildung auf ein klares Bekenntnis an, welche Merkmale *typbildend* und welche Merkmale lediglich *typbeschreibend* sind. Es ist methodisch nichts dagegen einzuwenden, wenn ein Typ durch wenige Merkmale — also damit relativ generell — gebildet (!) wird und wenn er dann durch weitere Merkmale — also damit beispielhaft veranschaulichend und konkretisierend — beschrieben (!) wird. Die klare Präzisierung erfährt der Typ allerdings nur durch die typbildenden Merkmale.

So können bei der Fließfertigung zu den typbildenden Merkmalen der Maschinenanordnung und Reihenfolgeart noch *typbeschreibend*, besonders wichtige Merkmale, wie die Kontinuität, die zeitliche Abstimmung und der Mechanisierungsgrad hinzugezogen werden, um den Elementartyp zu veranschaulichen und um Ansätze für die spätere Verbundtypenbildung aufzuzeigen; allerdings dürfen dies an dieser Stelle auch nur Ansätze bleiben, will man nicht die geforderte methodische Trennung verwischen.

---

[8] Vgl. hierzu stellvertretend *Berger*, K.-H., Organisationstypen, S. 180. Er übernimmt (nicht zitierend) die grundlegende Definition von *Mäckbach*, F., Was ist Fließarbeit? in: Fließarbeit. Beiträge zu ihrer Einführung, hrsg. von F. Mäckbach und O. Kienzle, Berlin 1928, S. 5. Auf die Merkmalsverbindung wird abschließend bei der Fließfertigung noch einmal eingegangen werden.

Zweifellos läßt sich der Fließcharakter in der zweidimensionalen Elementartypfassung noch nicht unmittelbar aufzeigen. Ob man deshalb schon bei dem folgenden Elementartyp oder erst bei dem betreffenden Verbundtyp von Fließfertigung spricht, ist mehr ein formal-terminologisches Problem[9]. Es erscheint aber sinnvoll, schon den zweidimensionalen Elementartyp als Fließfertigung zu bezeichnen, da er für die Verbundtypenbildung Kausalcharakter hat. So liegt z. B. bei dem Verbundtyp der diskontinuierlichen, zeitlich nicht abgestimmten Chargenfertigung von Fließgütern ebenfalls Fließfertigung vor, wenn die zu erläuternden Maschinenanordnungs- und Reihenfolgebedingungen gegeben sind. Dies entspricht auch dem herrschenden Sprachgebrauch. Dagegen können viele Autoren diese Erscheinungsformen aufgrund viel zu spezieller Typenbildung nicht mehr als Fließfertigung bezeichnen. Ein unbefriedigendes Ergebnis. Diese kurze Andeutung mag erkennen lassen, daß die Verhältnisse bei der Fließfertigung sehr viel verwickelter sind, als es auf den ersten Blick scheinen mag. Nach Meinung des Verfassers führen alle diesbezüglich bisher vorgeschlagenen Terminologien und Typologien bei systematischer Anwendung auf die Vielfalt der Erscheinungsformen zu zahlreichen unbefriedigenden begrifflichen Konsequenzen; dies wird durch eine *generelle Elementartypenbildung* und eine *präzis-systematische spezielle Verbundtypenbildung* vermieden. Nur auf diese Weise können vor allem die zeitlichen Gegebenheiten der Ablaufplanung aussagefähig erfaßt werden.

— *Merkmalsausprägungen*

Das Merkmal

räumliche Anordnung der Maschinen

wird zunächst in *einfacher* Fassung in zwei Ausprägungen differenziert, d. h. es werden zwei Anordnungsprinzipien unterschieden:

Werkstattprinzip

Ein Anordnungsprinzip, das von allen Maschinen, die zur Fertigung des *Gesamtprogramms* erforderlich sind, ausgehend die tätigkeitsähnlichen oder tätigkeitsgleichen Maschinen räumlich zu Gruppen (Werkstätten) zusammenfaßt. Es handelt sich um die räumliche Anordnung

---

[9] Es ist wohl sprachlich genauer, diesen zweidimensionalen Anordnungstyp nicht als Fließfertigung, sondern als Straßenfertigung (Reihenfertigung) zu bezeichnen, da dieser Begriff mehr auf die Anordnung abstellt. Vgl. hierzu z. B. *Kosiol*, E., Aktionszentrum, a. a. O., S. 157. Diese Ansicht ließe sich auch mit *Gutenberg*, E., Produktion, S. 98 f. und *Mellerowicz*, K., BWL der Industrie, Bd. II, S. 346 ff. stützen. Dagegen läßt sich die andere Ansicht stellen, die die Fließfertigung ex definitione als reinen Anordnungstyp auffaßt; vgl. z. B. *Schäfer*, E., Industriebetrieb, Bd. 1, S. 179. Hierfür spricht auch der fachliche Sprachgebrauch, der die Fließfertigung als Gegenstück zur Werkstattfertigung auffaßt. Jedoch haben terminologische Probleme in dieser Untersuchung allenfalls sekundäre Bedeutung. Vgl. Kap. 1.4., Fußnote 34).

nach der *Tätigkeitsart*[10]. Die Anordnung ist *vom Objekt*, einem bestimmten Produkt, *losgelöst*. Sie *häuft* die Maschinen zu einem *Nebeneinander*. Sie leitet sich vom „Verrichtungsprinzip"[11] ab.

Fließprinzip

Ein Anordnungsprinzip, das alle Maschinen, die zur Fertigung *eines Produktes* erforderlich sind, in der technisch-wirtschaftlich erforderlichen *Folge* der Tätigkeiten für dieses Produkt anordnet. Es handelt sich um die räumliche Anordnung nach dem *Tätigkeitsablauf*. Die Anordnung ist *auf das Objekt*, ein bestimmtes Produkt, *bezogen*. Sie *verkettet* die Maschinen zu einem *Nacheinander*. Sie leitet sich vom „Objektprinzip"[12] ab.

Diese beiden, sich diametral gegenüberstehenden, extremen Ausprägungen haben keinen streng polaren Charakter; sie sind also abstufbar. Allerdings würde die Definition der Abstufungen stark formalen, artifiziellen Charakter tragen. Darauf sei deshalb verzichtet. Es sei nur eine Zwischenform unterschieden, eine Mischform aus diesen beiden Anordnungsprinzipien, das

Werkstattfließprinzip.

Ein gemischtes Anordnungsprinzip, das von allen Maschinen, die zur Fertigung einer *Produktgruppe* erforderlich sind, ausgehend, die tätigkeitsähnlichen oder tätigkeitsgleichen Maschinen räumlich zu *Gruppen* (Werkstätten) zusammenfaßt und diese Gruppen in der technisch-wirtschaftlichen *Folge* der Tätigkeiten für diese Produktmenge anordnet, d. h. die Werkstätten selbst nach dem Fließprinzip anordnet.

Das Merkmal räumliche Anordnung der Maschinen ist in dieser *einfachen* Fassung *partiell abstufbar* und weist drei Ausprägungsbereiche auf. In dieser Fassung geht die Abstufung davon aus, daß die Extrema die Anordnungsprinzipien jeweils in reiner Ausprägung aufweisen und daß die Zwischenausprägung dagegen beide Anordnungsprinzipien überlagernd gemischt aufweist. Das Anordnungsmerkmal kann aber auch in *komplexer* Fassung als *kontinuierlich abstufbar* betrachtet werden. In dieser Fassung geht die Abstufung davon aus, daß die beiden Anordnungsprinzipien in reiner Ausprägung isoliert nebeneinander in unterschiedlicher Intensität vorkommen. Absolute Merkmalskomponente ist der Programmumfang. Relative Merkmalskomponenten sind die Anteile der Produktarten bzw. Produktteilearten, die entweder in Fließ- oder in Werkstattfertigung hergestellt werden.

---

[10] Werkstatt ist somit sowohl ein räumlicher — ohne daß es dabei allerdings auf die bauliche Abgrenzung ankommt — als auch ein funktionaler Begriff. Vgl. anders *Gutenberg*, E., Produktion, S. 97.

[11] Vgl. *Kosiol*, E., Aktionszentrum, S. 156 f.

[12] Vgl. *Kosiol*, E., Aktionszentrum, S. 156 f.

Um das zweite typbildende Merkmal, die Art der Reihenfolge der Fertigungs-Transport-Tätigkeiten, differenzieren zu können, müssen zuvor *zwei wesentliche Zustände der Ablaufplanung* unterschieden werden.

Die Entscheidung über die Anordnung der Maschinen ist konstitutiver Art; sie muß vom potentiellen Fertigungsprogramm der Unternehmung ausgehend mit relativ langfristiger Wirkung getroffen werden; sie ist eine (bedingt strategische) Entscheidung der Potentialplanung[13]; sie erfolgt vor Aufnahme der laufenden, relativ kurzfristigen (operationalen) Ablaufplanung, also bezogen auf die Ablaufplanung (Aktionsstrukturierung) *ex ante*. In dieser Sicht wird bei der Anordnung der Maschinen auf die erstmalige Anordnung der Maschinen vor Aufnahme des Fertigungsprozesses abgestellt, auf die Layoutplanung von Maschinen. Veränderungen von Anordnungen während des Prozesses werden im Sinne einer vereinfachenden Präzisierung nicht berücksichtigt. Damit ist der Planungsprozeß bereits grob charakterisiert.

Etwas detaillierter läßt er sich präziser systematisieren: In der Zielsetzungsphase wird das *potentielle Fertigungsprogramm* aufgrund der erwarteten Absatzentwicklung festgelegt. Es enthält nur Erwartungsgrößen in bezug auf zu fertigende Produktarten und -mengen. Inwieweit das potentielle und das aktuelle Fertigungsprogramm voneinander abweichen, hängt vor allem von den Auslösetypen[14], dem Planungshorizont und der Programmperiode ab. Das *aktuelle Fertigungsprogramm* wird aufgrund tatsächlicher Kunden- bzw. Werksaufträge festgelegt. In der anschließenden Zielerreichungsphase werden in der Potentialstrukturierung u. a. die Maschinen räumlich angeordnet. Diese räumliche Anordnung erfolgt auf der Grundlage erwarteter Transporttätigkeitsfolgen. Hier überlappen sich Potential- und Aktionsstrukturierung[15]. Trotzdem soll hier weiterhin streng zwischen beiden Strukturierungsprozessen unterschieden werden. Die Aktionen, die bei der Potentialstrukturierung — also hier bei der räumlichen Anordnung der Maschinen — berücksichtigt werden, sind erwartete, d. h. *potentielle Aktionen*. Ihre Berücksichtigung ist der Ablaufplanung, die auf tatsächliche, d. h. *aktuelle Aktionen* ausgerichtet ist, vorgelagert. Eine ent-

---

[13] Vgl. zu den Bedingungen nochmals Kap. 3.1.6., Fußnote 44) u. Kap. 3.3.20., 3. Absatz; ferner zu den Begriffen strategisch und operational Kap. 3.1.9., bes. Fußnote 70).

[14] Vgl. Kap. 3.3.1.

[15] Dieser Überlappungsbereich bzw. Simultanbereich wird hier — dem Systemansatz entsprechend — „herausdefiniert“, denn der Systemansatz fordert eine gedankliche Aufspaltung zwischen Potentialen und Aktionen, eine gedankliche, d. h. begriffliche, d. h. abstrakte (vgl. zum Begriff abstrakt nochmals Kap. 1.1., Fußnote 2)) Trennung. Also ist die Extension des Überlappungsbereiches eine Funktion der Terminologie. Bei entsprechender Terminologie wird der Überlappungsbereich — wie hier — aufgehoben.

sprechende Terminologie soll dies deutlich zum Ausdruck bringen. Deshalb wird, um den tragenden Begriff dieser Untersuchung Aktion = Tätigkeit nicht zu verwässern, nicht von potentiellen Aktionen (also hier: erwartete Transporttätigkeiten) gesprochen, sondern von *Übergangsbeziehungen* zwischen den Maschinen[16]. Diese Übergangsbeziehungen sind Erwartungswerte und haben — wie alle Erwartungswerte — eine Wahrscheinlichkeit, die Übergangswahrscheinlichkeit. Die Übergangsbeziehungen hängen von den erwarteten Produktarten und (!) -mengen ab. Nach Eingang der Kundenaufträge bzw. nach Vergabe der Werkstattaufträge erfolgt die Ablaufplanung (im Sinne aktueller Aktionsstrukturierung). Nach durchgeführter Ablaufplanung liegen die tatsächlichen Transportfolgen fest. Dieser Zeitpunkt — der Ablaufplanung nachgelagert — wird als *ex post* bezeichnet.

Für die Typenbildung (!) ist allein der Zustand ex ante wesentlich, denn die Anordnung der Maschinen erfolgt allein aufgrund der erwarteten Transportfolge, also aufgrund der Übergangsbeziehungen. Der Zeitpunkt ex post ist dagegen nur für die Typbeschreibung wichtig. Beispielhaft kann dann gezeigt werden, wie die tatsächlichen (!) Transportfolgen bei Vorliegen eines Typs (also nach seiner Bildung bzw. nach Realisation der Anordnung) aussehen können. Die Form der Darstellung wird dieser Zeitpunktdifferenzierung Rechnung tragen müssen.

Das Merkmal Art der Übergangsbeziehungen ist grundsätzlich *kontinuierlich abstufbar*. Es werden aber — den drei Ausprägungsbereichen der Anordnung der Maschinen entsprechend — nur drei Ausprägungen berücksichtigt. In ersten Fall können im Extrem Übergangsbeziehungen zwischen *allen Maschinen* vorliegen. Im zweiten Fall können nur Übergangsbeziehungen zwischen *bestimmten Maschinengruppen* vorliegen, und zwar nur zwischen den Maschinengruppen, die in einer Folge angeordnet sind. Im dritten Fall können nur Übergangsbeziehungen zwischen bestimmten *einzelnen Maschinen* vorliegen, und zwar zwischen Maschinen, die in einer Folge angeordnet sind. Modifikationen zu diesen drei Ausprägungen werden bei der Typenbildung selbst behandelt.

— Bildung der Fertigungstypen

Die folgende Typenbildung wird nach einem *einheitlichen Schema* durchgeführt. Je Typ werden vier Maschinengruppen bzw. vier Maschinen A, B, C und D zugrunde gelegt. Jede Maschinengruppe wird in drei tätigkeitsähnliche Maschinen A′, A″ und A‴ differenziert. Eine Differenzierung in tätigkeitsgleiche Maschinen wird für die Typenbildung als irrelevant ausgeklammert. Die Übergangsbeziehungen, die für die Anordnung — wie bereits ausgeführt — kausal sind, werden

---

[16] Vgl. Kap. 3.3.20., Erfassung.

in dem ex ante-Zeitpunkt in zwei Formen dargestellt, in der Matrix-Darstellung und in der Graphen-Darstellung. Die räumliche Maschinenanordnung wird im ex post-Zeitpunkt in einer Layout-Skizze mit beispielhaften Materialflüssen veranschaulicht. Die Beispiele beziehen sich sowohl auf durchlaufende als auch auf synthetische Fertigung, entweder auf drei Produktarten oder auf eine Produktart. Durch diese auf konkrete Beispiele bezogene Schematisierung wird ein *Höchstmaß an Vergleichbarkeit* erreicht.

U_1 : *Werkstattfertigung*

Werkstattfertigung ist ein Anordnungstyp der Fertigung, bei der die tätigkeitsähnlichen oder tätigkeitsgleichen Maschinen räumlich zu Gruppen zusammengefaßt werden[17] und bei der im Extremfall alle Übergangsbeziehungen zwischen den Maschinen vorkommen können.

Das *potentielle Leistungsprogramm* umfaßt *viele Produktarten mit äußerst geringer Leistungswiederholung*. Zwischen den Maschinen sind im (theoretischen) Extremfall *alle Übergangsbeziehungen* denkbar. Im realistischen Fall ist die Gesamtzahl der Übergangsbeziehungen durch technologische Ablaufrestriktionen eingeschränkt. Die Werkstattfertigung weist ein *Höchstmaß an Varietät* in den Übergangsbeziehungen auf. Diese Varietät resultiert aus der Tatsache, daß die tatsächlich zu fertigenden Produkte ex ante weitestgehend unbekannt sind. Wenn aber die Objekte (Produkte) weitestgehend unbekannt sind, dann kann man die Menschen und Betriebsmittel (hier Maschinen) nur nach der ihnen eigenen Gemeinsamkeit zuordnen, der Ausführungsmöglichkeit einer *Tätigkeitsart*. Es werden tätigkeitsähnliche bzw. -gleiche Maschinen zusammengefaßt, also nach dem *Werkstattprinzip* angeordnet. In dieser Zuordnung ist vor allem ein Ausdruck des *Elastizitätsprinzips* (Anpassungsfähigkeit an verschiedene Produktarten) zu sehen. Die Gruppierung der Maschinen als Ausdruck der Spezialisierung auf eine Tätigkeitsart ist dagegen für die Fertigungsablaufplanung von ungleich geringerer Bedeutung. Durch die mit dieser Gruppierung von Maschinen einhergehende Konzentration *gering spezialisierter, aber hoch qualifizierter Arbeitskräfte* (vor allem gleichartiger Facharbeiter) und durch die weitestgehende Verwendung von Universalmaschinen[18] wird ein *Höchstmaß an Anpassungsfähigkeit* an die unterschiedlichen Anforderungen, die die Vielfalt der potentiellen Produktarten stellt, gesichert[19].

---

[17] Vgl. zur Definition Kap. 3.3.20., Merkmalsausprägungen.

[18] Vgl. zu diesen Elementarfaktortypen Kap. 3.2.3.

[19] Vgl. zu einer weiteren Charakterisierung z. B. *Muther*, R., Production-Line Technique, New York—London 1944, S. 25; ferner *Amrine*, H. T., *Ritchey*, J. A. u. *Hulley*, O. S., Manufacturing Organization and Management, 2. Aufl., Englewood Cliffs, N. J. 1966, S. 184.

Dieser Fertigungstyp kennt daher auch keinen Zwang zur zeitlichen und leistungsmäßigen Abstimmung der Maschinen. Dem *Flexibilitätsvorteil*[20] stehen allerdings einige gravierende Nachteile gegenüber.

Die für die Werkstattfertigung typischen *Nachteile* sind Tatbestände, die in ihrer Art (d. h. in ihrer qualitativen Dimension) für jeden Typ der Reihe *U* in gleicher Weise abgeleitet bzw. kurz skizziert werden sollen. Diese Tatbestände unterscheiden sich nur in ihrer quantitativen Dimension, woraus sich jeweils die Vor- oder Nachteilhaftigkeit ergibt. Die Ableitung dieser Tatbestände erfolgt stets aus dem für diese Typenreihe erkannten Kausalsachverhalt, aus der Art (bzw. Anzahl) der Übergangsbeziehungen zwischen den Maschinen. Für alle Typen (Anordnungsprinzipien) wird dabei — um zu quantifizierbaren Aussagen zu gelangen — derselbe Anordnungsabstand zwischen den Maschinen, dieselbe Transportgeschwindigkeit und derselbe Transportaufwand unterstellt. Ein Abweichen von diesen *Prämissen* würde an der tendenziellen Gültigkeit der Aussagen nichts ändern. Es würde die Aussagen nur verbal verkomplizieren.

Wenn bei der Werkstattfertigung zwischen allen (!) Maschinen Übergangsbeziehungen auftreten können, dann ergeben sich daraus zwei wesentliche Tatbestände:

(1) Die mittlere erwartete *Transportweglänge*, die *Gesamttransportzeiten* und die *Gesamttransportkosten* sind *maximal.*

(2) Die *Überschneidungen der Transportwege* sind maximal.

Die Wahrscheinlichkeit, daß Produkte um die Bearbeitung auf derselben Maschine konkurrieren, ist maximal. Damit sind die *Länge der Warteschlangen* und die *Wartezeiten maximal.*

Aus diesem Sachverhalt sollen nun die Konsequenzen für die Beziehungen zwischen Bereichszielen der Ablaufplanung, der Durchlaufzeitminimierung $Z_j \rightarrow min!$ eines Auftrages j und die Kapazitätsausnutzungsmaximierung $C \rightarrow max!$, aufgezeigt werden[21]. Die *Durchlaufzeit* ergibt sich aus der Addition der Bearbeitungszeiten je Maschine p_{jm}, der Transportzeiten zu jeder Maschine f_{jm} und der ablaufbedingten Wartezeiten vor jeder Maschine w_{jm} zu:

$$Z_j = \sum^{m} p_{jm} + \sum^{m} f_{jm} + \sum^{m} w_{jm}$$

[20] Vgl. zur Flexibilität auch *Buffa*, E. S., Modern Production Management, 2. Aufl., New York—London—Sydney—Tokio 1965, S. 406.

[21] Vgl. zu den folgenden beiden Formeln *Hoss*, K., Fertigungsablaufplanung, S. 20 f.

Bei Konstanz der (technologisch bedingten) Bearbeitungs- und Transportzeiten reduziert sich die Minimierung der Durchlaufzeiten auf eine *Minimierung der ablaufbedingten Wartezeiten.*

Der *Kapazitätsausnutzungsgrad* ergibt sich als der Quotient aus Bearbeitungszeiten je Maschine und Gesamtbelegungszeit als Summe aus den Bearbeitungszeiten und den Leerzeiten je Maschine l_{jm} zu:

$$C = \frac{\sum^{j} \sum^{m} p_{jm}}{\sum^{j} \sum^{m} p_{jm} + \sum^{j} \sum^{m} l_{jm}}$$

Bei Konstanz der Bearbeitungszeiten reduziert sich die Maximierung der Kapazitätsausnutzung auf die *Minimierung der Leerzeiten.*

Konkurrieren nun mehrere Produkte (Aufträge) um die Bearbeitung auf einer Maschine, dann bedeutet eine vollständige Kapazitätsausnutzung die Einplanung von Wartezeiten bzw. ein Vermeiden von Wartezeiten die Einplanung von Leerzeiten. Zwischen den genannten Bereichszielen liegt ein *Zielkonflikt* vor, das Ablaufplanungsdilemma[22]. Dieses spezielle *Dilemma der Werkstattfertigung* findet seine Ursache in der Totalität der Übergangsbeziehungen, in der Überschneidung der Transportwege, in der gleichzeitigen Konkurrenz der Produkte um dieselben Maschinen. Da in diesem Zielkonflikt das entscheidende Ablaufplanungsproblem der Werkstattfertigung liegt, so ist auch das Sinnvolle der zweidimensionalen Elementartypenbildung mit den Kausalmerkmalen der Übergangsbeziehungszahl und der Maschinenanordnung als bewiesen anzusehen.

Somit ergeben sich für die Werkstattfertigung neben dem maximalen Transportaufwand und den maximalen Warte- und Leerzeiten daraus resultierende Nachteile: *Maximale Durchlaufzeiten* mit größter Zwischenlagerbildung und somit *höchste Kapitalbildung*[23]. Aus dem Vorteil der Universalität bzw. Flexibilität und dem Nachteil der großen Durchlaufzeit und der schlechten Kapazitätsausnutzung folgt für die Fertigungsablaufplanung ein doppelter Zwang: Sie muß einerseits *ständig generell neue Ablaufpläne* erstellen, und sie muß andererseits speziell die schwierige *Abstimmungsproblematik optimal* gestalten. Damit wird der *Planungsaufwand maschinenanordnungsbedingt extrem groß.*

Abb. 60 zeigt einerseits die typbildenden, kausalen, totalen Übergangsbeziehungen zwischen vier Maschinengruppen mit je drei tätigkeitsartähnlichen Maschinen *ex ante*, und zwar zunächst in der Matrix-

---

[22] Vgl. Kap. 3.1.7. der vorliegenden Untersuchung.

[23] Vgl. zur Kapitalbildung z. B. *Fackelmeyer*, A., Materialfluß — Planung und Gestaltung, Düsseldorf 1966, bes. S. 43.

	A′	A″	A‴	B′	B″	B‴	C′	C″	C‴	D′	D″	D‴
A′		1	1	1	1	1	1	1	1	1	1	1
A″	1		1	1	1	1	1	1	1	1	1	1
A‴	1	1		1	1	1	1	1	1	1	1	1
B′	1	1	1		1	1	1	1	1	1	1	1
B″	1	1	1	1		1	1	1	1	1	1	1
B‴	1	1	1	1	1		1	1	1	1	1	1
C′	1	1	1	1	1	1		1	1	1	1	1
C″	1	1	1	1	1	1	1		1	1	1	1
C‴	1	1	1	1	1	1	1	1		1	1	1
D′	1	1	1	1	1	1	1	1	1		1	1
D″	1	1	1	1	1	1	1	1	1	1		1
D‴	1	1	1	1	1	1	1	1	1	1	1	

Matrix-Darstellung der Übergangsbeziehungen ex ante ohne Ablaufrestriktionen

(in der Kopfzeile und Kopfspalte stehen die gruppierten Maschinen)

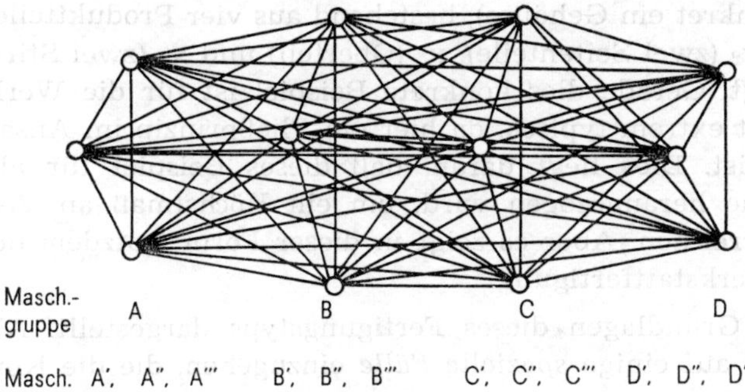

Graphen-Darstellung der Übergangsbeziehungen ex ante ohne Ablaufrestriktionen

(Die Maschinen werden durch Knoten repräsentiert, sie sind gruppiert und von oben nach unten angeordnet, Übergangsbeziehungen in jeder Richtung)

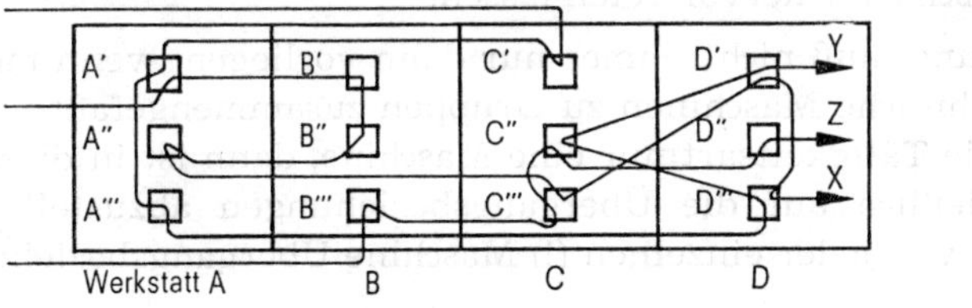

Layout-Skizze des tatsächlichen Materialflusses ex post für durchlaufende Fertigung dreier Endproduktarten x, y und z

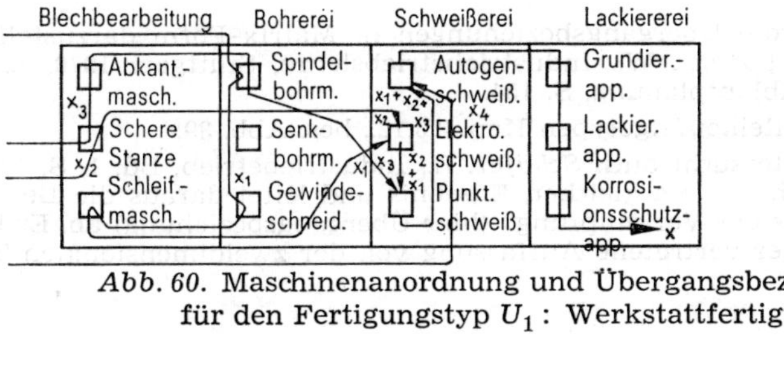

Layout-Skizze des tatsächlichen Materialflusses ex post für synthetische Fertigung einer Endproduktart x bestehend aus vier Produktteilen x_1, x_2, x_3 und x_4

Abb. 60. Maschinenanordnung und Übergangsbeziehungen für den Fertigungstyp U_1 : Werkstattfertigung

Darstellung[24], um die Art (bzw. Anzahl) der Übergangsbeziehungen übersichtsmaximal abzubilden. Dabei ist nur der theoretische Fall berücksichtigt worden, in dem keine technisch-wirtschaftlichen Ablaufrestriktionen vorhanden sind. Andernfalls wären einige Felder unbesetzt geblieben. Weiterhin werden die Übergangsbeziehungen ex ante als Graph dargestellt. Diese Form ist zwar in bezug auf die Art (bzw. Anzahl) der Übergangsbeziehungen weniger übersichtlich, dafür aber anschaulicher: Die Anordnung der Maschinen wird deutlich, und die Übergangsbeziehungen werden als potentielle Transporttätigkeiten vorstellbar; damit wird der potentielle *Materialfluß* deutlich. Schließlich wird die daraus resultierende Maschinenanordnung mit dem *aktuellen (tatsächlichen) Materialfluß* beispielhaft verdeutlicht. Er kann erst geplant werden, wenn die Produktarten und -mengen determiniert sind, wenn also das *tatsächliche Leistungsprogramm* festliegt. Für den Fall durchlaufender Fertigung werden (als abstraktes Beispiel) drei verschiedene Produktarten x, y und z berücksichtigt. Dieses Beispiel zeigt den Materialfluß *ex post.* Es zeigt die für diesen Fertigungstyp charakteristisch *starke Reihenfolgevariabilität.* Aber auch *Reihenfolgeindependenz* ist denkbar[25]. Für den Fall synthetischer Fertigung wird eine Produktart x (hier konkret ein Gehäuse), bestehend aus vier Produktteilen x_1 (Grundplatte), x_2 (zwei Seitenteile), x_3 (Oberteil) und x_4 (zwei Stirnteile) berücksichtigt. Gerade dies konkrete Beispiel ist für die Werkstattfertigung nicht extrem typisch, da hier ein Fließprinzip im Ansatz schon vorhanden ist. Dies liegt daran, daß dieses Beispiel für alle Typen dieser Reihe herangezogen wird, um ein Höchstmaß an Vergleichbarkeit zu erreichen. Aber es zeigt in dieser Form trotzdem den Materialfluß der Werkstattfertigung.

Damit sind die Grundlagen dieses Fertigungstyps dargestellt. Abschließend ist noch auf einige *spezielle Fälle* einzugehen, die die Konturen dieses Typs schärfer hervortreten lassen.

Werkstattfertigung muß nicht immer nur dann vorliegen, wenn mehrere (!) tätigkeitsähnliche Maschinen zu Gruppen zusammengefaßt werden. Gibt es z. B. je Tätigkeitsart nur eine Maschine, dann ist in diesem Grenzfall ausschließlich auf die Übergangsbeziehungen abzustellen[26]. Existieren ex ante von jeder einzelnen (!) Maschine Übergangsbeziehun-

---

[24] Der Gedanke, die Übergangsbeziehungen in Matrix-Form darzustellen, findet sich auch bei *Kern*, W., Industriebetriebslehre, Stuttgart 1970, S. 28 und Neidhart, F., Ablaufplanung, S. 154.

[25] Vgl. zu diesen Reihenfolgetypen Kap. 3.3.12., bes. Abb. 39.

[26] Diesen Fall untersucht auch *Schäfer*, E., Industriebetrieb, Bd. 1, S. 172 f. Er kommt praktisch zu dem gleichen Ergebnis und leitet daraus die Bedeutung des „Merkmals der Verknüpfung" (hier Übergangsbeziehung) ab. Er bestätigt damit die hier vertretene Auffassung von der zweidimensionalen Typenbildung.

gen zu mehreren (!) Maschinen, dann liegt Werkstattfertigung vor; existiert dagegen ex ante von jeder einzelnen Maschine nur eine (!) Übergangsbeziehung zu einer (!) anderen Maschine, dann liegt — das sei hier vorausgreifend festgestellt — Fließfertigung vor.

Es zeigt sich, daß die hier vorgeschlagene Typenbildung jeden Fall eindeutig zuordnen kann, auch den Grenzfall der Fertigung auf zwei verschiedenen Maschinen A und B. Werden pro Periode mehrere Produktarten hintereinander gefertigt und existieren ex ante Übergangsbeziehung A → B und B → A, dann liegt Werkstattfertigung vor; werden aber zwei Produktarten x und y pro Periode reihenfolgekonträr gefertigt, sind die Übergangsbeziehungen für x A → B und für y B → A, dann liegt Fließfertigung vor.

Hieraus ist erkenntlich, daß in Spezialfällen eine Zuordnung mit der Systematik der Abb. 60 allein nicht ohne weiteres möglich sein kann. Es muß dann geprüft werden, ob die Übergangsbeziehungen ex ante identisch sind mit denen ex post. Ist die Identität gegeben, dann liegt Fließfertigung vor. Dies sei hier vorausgreifend festgestellt. Bei der Behandlung der Fließfertigung wird dies deutlicher werden. Es ging hier nur darum festzustellen, daß bestimmte Erscheinungsformen in der hier vorgeschlagenen Systematik u. U. leichter zur Werkstattfertigung zugeordnet werden können, wenn sie von der Fließfertigung negativ abgegrenzt werden.

Wird die Fertigung jedoch nur auf einer einzigen Maschine, z. B. einer Spritzgußmaschine, vorgenommen, dann liegt ein atypischer Fall vor, denn da überhaupt keine Übergangsbeziehungen bestehen, liegt weder Fließ- noch Werkstattfertigung vor. Eine Anordnung von Maschinen zueinander setzt mindestens zwei Maschinen voraus. Dasselbe gilt auch für den Fall einstufiger Fertigung mit mehreren ähnlichen Maschinen, z. B. Kunststoffpressen, auf denen jeweils eine Produktart gefertigt wird. Auch hier existieren keine Übergangsbeziehungen[27]. Mag man auch die Gruppierung dieser Maschinen als Werkstatt bezeichnen; mit Werkstattfertigung hat dieser Fall nicht einmal ansatzweise etwas zu tun.

Die Werkstattfertigung kommt vorwiegend bei mechanisch-synthetischer Fertigung vor, und die meisten Darstellungen in der Literatur beziehen sich auf diesen Fall[28]. Spezifische Beispiele von Industriezwei-

---

[27] Kölbel und Schulze beschreiben für die mehrstufige chemische Fertigung den Fall, in dem zwar auch je Stufe mehrere ähnliche Aggregate zusammengefaßt sind, jedoch keine Übergangsbeziehungen bestehen, also alle Produkte isoliert und parallel gefertigt werden. Sie bestreiten folgerichtig das Vorliegen der Werkstattfertigung. Vgl. *Kölbel*, H., u. *Schulze*, J., Fertigungsvorbereitung, S. 40.

[28] Vgl. z. B. *Schäfer*, E., Industriebetrieb, Bd. 1, S. 171 f.

gen mit Werkstattfertigung sind so lange aussagelos, so lange nichts konkret über das Leistungsprogramm ausgesagt wird. Werkstattfertigung kommt jedoch auch bei mechanischer Fertigung mit anderen verfahrensbedingten Materialflußstrukturen vor. Sie ist ebenfalls, wenn auch weniger häufig, in der chemischen Industrie anzutreffen[29].

U'₂ : Werkstattfließfertigung

Werkstattfließfertigung ist ein Anordnungstyp der Fertigung, bei der die tätigkeitsähnlichen oder tätigkeitsgleichen Maschinen räumlich zu Gruppen zusammengefaßt werden, bei der diese Maschinengruppen in der technisch-wirtschaftlichen Folge der Fertigungstätigkeiten[30] für eine Produktgruppe angeordnet werden[31], und bei der im Extremfall alle Übergangsbeziehungen zwischen den Maschinen einer Gruppe und den Maschinen einer einzigen folgenden Maschinengruppe vorkommen können.

Dieser *Zwischentyp* liegt vor bei der *Realisation des Werkstattfließprinzips*, also der bereits erläuterten Mischform des Werkstatt- und des Fließprinzips[32]. Ob das *potentielle Leistungsprogramm* weniger Produktarten mit größeren Wiederholungsgraden als bei der Werkstattfertigung aufweist, kann mit Sicherheit nicht ausgesagt werden. Darauf kommt es hier auch nicht an.

Entscheidend ist zunächst, daß aus denselben Gründen wie bei der Werkstattfertigung auch hier die tätigkeitsgleichen bzw. -ähnlichen Maschinen zu Gruppen (Werkstätten) zusammengefaßt werden. Wesent-

---

[29] Vgl. *Kölbel*, H., u. *Schulze*, J., Fertigungsvorbereitung, S. 22—24. Sie sprechen hier — im Hinblick auf die chemische Fertigung vielleicht passender — von funktioneller Fertigungsorganisation; vgl. bes. dies., Produktionstypen, S. 155 f.

[30] bzw. reduziert: Transporttätigkeiten.

[31] Vgl. zur Definition bezüglich der Anordnung Kap. 3.3.20., Merkmalsausprägungen.

[32] Dieser Typ wird auch in der Literatur verschiedentlich als Mischtyp erwähnt. Es fehlen jedoch präzise Definitionen, vor allem eine Definition, die die Übergangsbeziehungen zum quantitativen Abstufungsmaß macht. Vgl. zu einer Beschreibung dieses Typs *Reiners*, H., Fließfertigung, S. 164—176. Hinsel spricht in diesem Zusammenhang vom „gebundenen Werkstättensystem". Vgl. *Hinsel*, D., Fertigungssysteme in der Industrie — Ihre Gliederung unter technisch-ökonomischen Gesichtspunkten und ihre schaubildliche Darstellung — Ein Beitrag zur Betriebstypologie, Diss., Nürnberg 1955, S. 80. Vgl. ferner *Schäfer*, E., Industriebetrieb, Bd. 1, S. 177 f. u. *Kölbel*, H. u. *Schulze*, J., Fertigungsvorbereitung, S. 47—49. Die Typologie von Mellerowicz paßt dagegen nicht auf diesen Fertigungstyp, weder die Straßen- oder Linienfertigung (hier bedingt Fließfertigung) noch die Gruppen- oder Gemischtfertigung (hier bedingt Fließinselfertigung). Vgl. *Mellerowicz*, K., BWL der Industrie, Bd. II, S. 346—361; ferner *Krämer*, E., Werkstättensystem, S. 155—161; vgl. in diesem Zusammenhang auch die Verbindung von Maschinenanordnung und Kontinuität zum Typ des „Batteriebetriebes" bei *Riebel*, P., Erzeugungsverfahren, S. 107.

lich ist aber bei diesem Typ, daß die Übergangsbeziehungen nicht mehr zwischen allen Maschinen auftreten, sondern nur innerhalb der Gruppe und von einer Gruppe zu einer (!) anderen Gruppe. Rücklaufbeziehungen treten nicht auf. Außerdem kommen keine Übersprungbeziehungen vor, d. h. jedes Produkt wandert von Gruppe zu Gruppe, ohne eine auszulassen. Kommen dagegen trotzdem Rücklauf- und Übersprungbeziehungen vor, dann liegt je nach Häufigkeit mehr oder minder eine Übergangsform zur Werkstattfertigung vor.

Es soll aber deutlich hervorgehoben werden, daß Werkstattfließfertigung nicht bereits dann schon vorliegt, wenn — wie bei der Werkstattfertigung (!) sehr oft — die Werkstätten in einer erkennbaren Flußrichtung angeordnet sind. Da die Typenbildung hier zweidimensional ist, kommt es nicht allein auf die Maschinenanordnung an, sondern hier vor allem auf die Art der Übergangsbeziehungen. Der *spezifische Unterschied* der Werkstattfließfertigung gegenüber der Werkstattfertigung liegt nicht in der Maschinenanordnung, sondern in der *Reduktion der Übergangsbeziehungszahl*, in der spezifischen Art der Übergangsbeziehungen, wie sie in Abb. 61 veranschaulicht wird.

Diese Art der Übergangsbeziehungen setzt eine gewisse *fertigungswirtschaftliche Verwandtschaft* der Produkte voraus. Bei Betrachtung der Übergangsbeziehungen in Abb. 61 wird deutlich, daß die Produkte keineswegs auf überwiegend denselben Maschinen gefertigt zu werden brauchen, so daß keineswegs Produktsorten vorliegen müssen, sondern daß es sich grundsätzlich um verschiedene Produktarten handelt. Es liegt lediglich eine mehr oder minder lose Verwandtschaft zwischen ihnen vor. Diese Art der Verwandtschaft der meist tätigkeitsartähnlichen Maschinen in derselben Reihenfolge gefertigten Produktarten wird wohl am treffendsten durch den Begriff der *Produktgruppe* gekennzeichnet, der diese Produktarten angehören.

Es braucht hier nicht besonders ausgeführt zu werden, daß die *Varietät* dieses Typs *geringer* ist als die der Werkstattfertigung, so daß auch der *Aufwand der Fertigungsablaufplanung* hier geringer ist. Insofern gelten die Ausführungen zur Werkstattfertigung hier entsprechend abgestuft analog. Vor allem konkurrieren auch hier verschiedene Produkte um dieselben Maschinen, so daß auch hier ein *Dilemma der Ablaufplanung*, d. h. ein Bereichszielkonflikt, vorliegt.

Abb. 61 ist zu Abb. 60 weitestgehend analog aufgebaut. Auch hier berücksichtigen die Übergangs-Matrix und der Übergangs-Graph den theoretischen ex ante-Fall, bei dem keine technologischen Ablaufrestriktionen auftreten. Diese beiden Darstellungen zeigen deutlich und präzise die Reduktion der Varietät der Werkstattfließfertigung gegenüber der Varietät der Werkstattfertigung. Auch das abstrakte Beispiel

	A′	A″	A‴	B′	B″	B‴	C′	C″	C‴	D′	D″	D‴
A′		1	1	1	1	1						
A″	1		1	1	1	1						
A‴	1	1		1	1	1						
B′					1	1	1	1	1			
B″				1		1	1	1	1			
B‴				1	1		1	1	1			
C′								1	1	1	1	1
C″							1		1	1	1	1
C‴							1	1		1	1	1
D′											1	1
D″										1		1
D‴										1	1	

Matrix-Darstellung der Übergangsbeziehungen ex ante ohne Ablaufrestriktionen

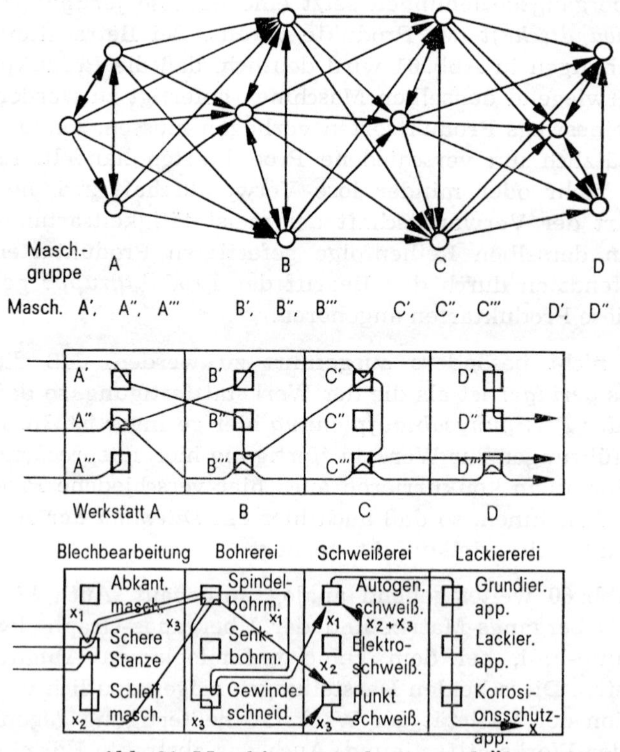

Graphen-Darstellung der Übergangsbeziehungen ex ante ohne Ablaufrestriktionen (Übergangsbeziehungen nur in Pfeilrichtung)

Layout-Skizze des tatsächlichen Materialflusses ex post für durchlaufende Fertigung dreier Endproduktarten x, y und z

Layout-Skizze des tatsächlichen Materialflusses ex post für synthetische Fertigung einer Endproduktart x bestehend aus drei Produktteilen x_1, x_2 und x_3

Abb. 61. Maschinenanordnung und Übergangsbeziehungen für den Fertigungstyp U'_2: Werkstattfließfertigung

der Layout-Skizze für den ex post-Materialfluß der durchlaufenden Fertigung von drei Produktarten ist streng analog. Nur bei dem konkreten Beispiel der synthetischen Fertigung eines Gehäuses entfällt die Teilegruppe Stirnteile. Diese soll die geringere Variabilität des Fertigungsprogramms, die bei diesem Fertigungstyp vorliegt, andeuten.

U''_2 : *Fließinselfertigung*

Fließinselfertigung ist ein Anordnungstyp der Fertigung, bei der ein Teil der Maschinen nach Tätigkeitsarten räumlich gruppiert ist (Verrichtungsprinzip) und der andere Teil in der technisch-wirtschaftlich erforderlichen Folge der Tätigkeiten für bestimmte Produkte (Objektprinzip) angeordnet ist[33]; bei den nach dem Verrichtungsprinzip (Werkstattprinzip) angeordneten Maschinen kommen im Extremfall alle Übergangsbeziehungen vor, und bei den nach dem Objektprinzip (Fließprinzip) angeordneten Maschinen kommt im Extremfall zwischen jeweils zwei Maschinen nur eine einzige direkte Übergangsbeziehung vor.

Dieser Zwischentyp ist somit gegeben, wenn nicht das Werkstattfließprinzip, also eine integrierte Kombination aus Werkstatt- und Fließprinzip, vorliegt, sondern wenn *beide Anordnungsprinzipien* in jeweils reiner Ausprägung *isoliert oder verbunden nebeneinander* vorkommen. Hieraus wird deutlich, daß der Zwischentyp Fließinselfertigung nicht in einer Typenreihe neben (!) dem anderen Zwischentyp Werkstattfließfertigung gebildet werden kann, sondern bedingt durch die andere Art (!) der Abstufung anstelle (!) der Werkstattfließfertigung. Die systematischen Kurzbezeichnungen dieser Zwischentypen weisen dies aus.

Beiden Zwischentypen ist *gemeinsam*, daß sie eine Mischform aus Werkstatt- und Fließfertigung darstellen. Sie *unterscheiden* sich dadurch, daß für die Fließinselfertigung ein „Nebeneinander“ aus den beiden Grundanordnungsprinzipien typbildend ist, während für die Werkstattfließfertigung ein „Übereinander“ beider Grundanordnungsprinzipien typbildend ist: Die Fließfertigung überlagert die Werkstattfertigung, anders formuliert, die Elemente des Fließsystems sind Werkstätten. Diese Form wird mit einem selbständigen, gemischten Anordnungsprinzip, dem Werkstattfließprinzip, gebildet. Für die Fließinselfertigung existiert dagegen kein eigenes Anordnungsprinzip, eben weil die Grundanordnungsprinzipien nebeneinander vorkommen.

Für die Bildung der Fließinselfertigung[34] kommen *zwei Gründe* in Betracht:

---

[33] Vgl. zur Definition Kap. 3.3.20., Merkmalsausprägungen.

[34] Die Fließinselfertigung wird gelegentlich in der Literatur in unterschiedlichem Zusammenhang unter verschiedenen Begriffen, aber nirgends systematisch und präzise definierend, erwähnt. Vgl. *Muther*, R., Fließende Ferti-

1. Fall: *Isoliertes Nebeneinander*

Es werden bestimmte Endproduktarten des Leistungsprogramms in großen Mengen hergestellt, so daß für diese Produktarten eine Fließfertigung in Betracht kommt, und andere Produktarten werden in geringer Menge gefertigt, so daß die hierfür erforderlichen Maschinen nach dem Werkstattprinzip angeordnet werden.

2. Fall: *Verbundenes Nebeneinander*

Es werden alle Endproduktarten in geringer Anzahl gefertigt, jedoch werden für sie bestimmte Teile bzw. Teilegruppen in großer Anzahl benötigt, so daß sich hierfür eine Anordnung der Maschinen nach dem Fließprinzip empfiehlt.

Je nach Intensität der Abstufung dieser beiden Maschinenordnungsmöglichkeiten gelten hier die Ausführungen zur Werkstatt- bzw. Fließfertigung abgestuft, d. h. die Beschreibung der Ausprägungsmöglichkeiten dieses Typs kann leicht aus diesen Ausführungen abgeleitet werden. So nimmt im Hinblick auf die Varietät, Flexibilität, Universalität, Transportkosten, Wartezeiten, Leerzeiten, Kapitalbindung und das Ablaufdilemma dieser Typ wie auch die Werkstattfließfertigung eine Mittelstellung zwischen Werkstatt- und Fließfertigung ein. Um die Untersuchung zu verdichten, sei auf eine Vertiefung dieser Punkte verzichtet. Im übrigen sei dieser Typ anhand der Abb. 62 erläutert.

Abb. 62 ist zu den Abbn. 60 und 61 analog aufgebaut. Die Übergangs-Matrix, der Übergangs-Graph und die Layout-Skizze stellen in größtmöglicher Konzentration die typbildenden Ausprägungsmöglichkeiten dar. Das potentielle Leistungsprogramm umfaßt mehrere Endprodukt-

gung, in: Handbuch des Industrial Engineering, hrsg. von H. B. Maynard, Teil VII, Berlin—Köln—Frankfurt a. M. o. J., S. 141; *Beste*, Th., Fertigungsverfahren, Sp. 1772. In der DDR-Literatur wird sie als „Nestfertigung" bezeichnet. Vgl. z. B. *Arnold*, H., u. a., Der Produktionsprozeß im Industriebetrieb, 2. Aufl., Berlin (Ost) 1968, S. 81 ff. Vgl. aber auch *Rockstroh*, O., Materialfluß, in: ZwF, 57 (1962), S. 193. Vgl. ferner *Reiners*, H., Fließfertigung, S. 243 f. Seine Ausführungen zeigen, daß in der vorliegenden Untersuchung der Begriffsumfang Fließinsel erheblich weiter gesehen wird. Fließinsel braucht nicht nur eine nahezu „punktuelle" Verwirklichung des Fließprinzips innerhalb weit überwiegender Werkstattfertigung zu sein. Die Fließinseln können auch dominieren, so daß die Werkstattfertigung in dem Nebeneinander beider Grundanordnungsprinzipien zurücktritt. Dann ist lediglich der Ausdruck Fließinseln sprachlich nicht mehr befriedigend. Dies führt zu der Überlegung, daß man auch einen Typ Werkstattinselfertigung bilden könnte. Dieser Typ würde z. B. bei einer Fließfertigung mit angegliederten Reparaturabteilungen vorliegen. Nur ist dieser Typ für die Ablaufplanung ungleich weniger bedeutend.

Vgl. ferner *Ohse*, H., Sortenfertigung, 2. Bd., S. 635 f. u. S. 646 f. und *Krämer*, E., Werkstättensystem, S. 142—155. Die Gruppenfertigung nach Mellerowicz entspricht nur bedingt der Fließinselfertigung. Sie enthält auch Elemente der Werkstattfließfertigung. Vgl. *Mellerowicz*, K., BWL der Industrie, Bd. II, bes. S. 354.

	A′	A″	A‴	B′	B″	B‴	C′	C″	C‴	D′	D″	D‴
A′		1										
A″			1									
A‴												
B′					1							
B″						1						
B‴							1					
C′								1	1	1	1	1
C″							1		1	1	1	1
C‴							1	1		1	1	1
D′							1	1	1		1	1
D″							1	1	1	1		1
D‴							1	1	1	1	1	

Matrix-Darstellung der Übergangsbeziehungen ex ante ohne Reihenfolgeausnahmen und ohne Ablaufrestriktionen

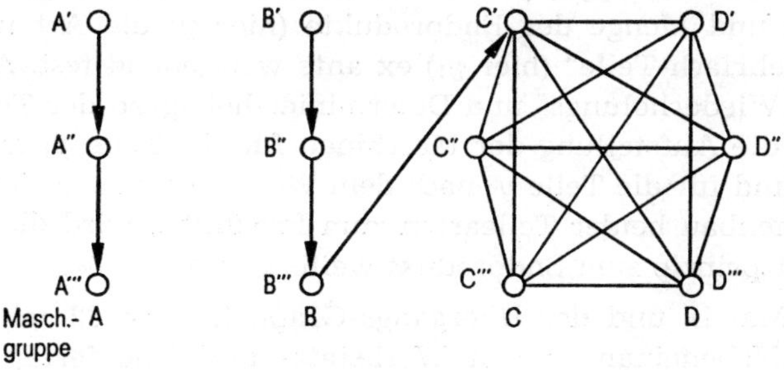

Graphen-Darstellung der Übergangsbeziehungen ex ante ohne Reihenfolgeausnahmen und ohne Ablaufrestriktionen

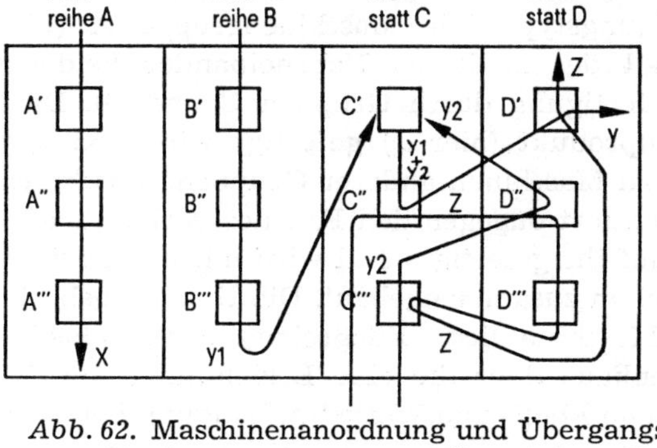

Layout-Skizze des tatsächlichen Materialflusses ex post für durchlaufende Fertigung eines Endproduktes x in Fließfertigung und eines Endproduktes z in Werkstattfertigung und für synthetische Fertigung eines Endproduktes y bestehend aus zwei Produktteilen y1 und y2

Abb. 62. Maschinenanordnung und Übergangsbeziehungen für den Fertigungstyp U''_2: Fließinselfertigung

arten. Einige Endproduktarten werden in großen Mengen gefertigt. Die Maschinen, auf denen sie gefertigt werden, können nach dem Fließprinzip aufgestellt werden. Ihre Übergangsbeziehungen liegen fest, d. h. diejenigen ex ante sind mit denjenigen ex post identisch. Diese Endproduktarten werden in Abb. 62 durch die Endproduktart x repräsentiert, die auf der Maschinenfließreihe A gefertigt wird. Die Maschinenfließreihe A bildet somit eine spezifische Maschinengruppe, die allerdings hier aus tätigkeitsartenverschiedenen Maschinen besteht. Insofern liegt hier bei gleichen Symbolen (A und Strichindices) eine semantische Modifikation vor.

Die übrigen Endproduktarten des potentiellen Leistungsprogramms werden nur in geringen Mengen gefertigt. In Abb. 62 werden sie durch die Endproduktart y repräsentiert. Diese übrigen Endproduktarten bestehen aus zahlreichen Produktteilearten, einmal solchen, die spezifisch je Endproduktart sind und somit nur in geringen Stückzahlen gefertigt werden — in Abb. 62 sind sie durch die Teileart (bzw. -gruppe) y_2 repräsentiert — und zum anderen solchen, die in jede Endproduktart mehrfach eingehen und/oder in mehrere Endproduktarten eingehen und somit in großen Stückzahlen gefertigt werden — in Abb. 62 sind sie durch die Teileart (bzw. -gruppe) y_1 repräsentiert. Außerdem liegt unabhängig von Art und Menge der Endprodukte (hier y) die Art und die Menge der „Mehrfach-Teile" (hier y_1) ex ante weitgehend fest. Aus unterschiedlichem Wiederholungs- und Determiniertheitsgrad der Teile erklärt sich somit die Aufstellung der Maschinen für die Teile y_1 nach dem Fließprinzip und für die Teile y_2 nach dem Werkstattprinzip. Auch nach dem Zusammenbau beider Teilearten zum Produkt y wird dieses nach dem Werkstattprinzip zum Endprodukt weitergefertigt.

Die Übergangs-Matrix und der Übergangs-Graph in Abb. 62 zeigen das beschriebene Nebeneinander von Werkstatt- und Fließfertigung präzise und geben die systematische Grundlage für jede beliebige Abstufung dieses Fertigungstyps. Die Maschinengruppe A (Fließreihe) repräsentiert den Fall des isolierten Nebeneinander beider Grundprinzipien (Werkstattfertigung durch Gruppen C und D). Da auf der Fließreihe A ein Endprodukt (hier x) gefertigt wird, existiert keine Übergangsbeziehung zu Maschinen anderer Gruppen. Maschinengruppe B (Fließreihe) repräsentiert dagegen den Fall des verbundenen Nebeneinanders, denn das auf ihr gefertigte Teil wird mit den übrigen (auf C und D gefertigten) Teilen zusammengebaut. Die Übergangsbeziehungen zwischen der letzten Maschine dieser Fließreihe und den Maschinen des erwarteten Zusammenbaus (hier die eine Beziehung $B''' \rightarrow C'$) stellen die Verbindung zwischen Fließ- und Werkstattfertigung her.

Beispiele für diesen Fertigungstyp sind zahlreich. Besonders typische finden sich im Großmaschinenbau in der Form der Kleinserienfertigung.

Eine Unternehmung stelle z. B. vorwiegend komplette Pumpwerke (in Abb. 62 Produkt y) her. Neben kompletten Pumpwerken produziere sie Einzelpumpen, Getriebe, elektronische Schalteinrichtungen in großer Stückzahl in Fließfertigung (in Abb. 62 Produkt x). Neben diesen Endprodukten, die ihrerseits als Teilegruppen in die Endproduktart Pumpwerke eingehen können, fertige sie Teilegruppen wie Schieber, Ventile u. ä. in großer Stückzahl in Fließfertigung (in Abb. 62 Teil y_1).

Ein weiteres wichtiges Anwendungsbeispiel der Fließinselfertigung ist die Teilefamilienfertigung[35], sofern die Teilefamilien auf Fließreihen und die übrigen Produktteile in Werkstattfertigung produziert werden. Ebenso wie hier auf die Korrelation beider Typen hingewiesen sei, soll hier — bei der Elementartypenbildung — die Trennung zwischen beiden Typen betont werden. Teilefamilienfertigung ist ein Verwandtschaftstyp, Fließinselfertigung dagegen ein Anordnungstyp.

U_3 : *Fließfertigung*

Fließfertigung ist ein Anordnungstyp der Fertigung, bei der die Maschinen, die zur Fertigung eines Produktes erforderlich sind, in der technisch-wirtschaftlich erforderlichen Folge der Tätigkeiten für dieses Produkt angeordnet sind[36] und bei der im Extremfall zwischen jeweils zwei Maschinen nur eine einzige direkte Übergangsbeziehung vorkommt.

Das *potentielle Leistungsprogramm* umfaßt *wenige Produktarten*, selten sogar nur eine Produktart. Wesentlich ist die *äußerst große Leistungswiederholung*. Sieht man zunächst von Ausnahmen ab, dann kommt zwischen den zur Fertigung dieser Produkte aufgestellten Maschinen nur *eine einzige Übergangsbeziehung* von einer Maschine zu einer (!) anderen Maschine vor. Die Fließfertigung weist somit überhaupt *keine Varietät* in den Übergangsbeziehungen auf. Dies resultiert aus der Tatsache, daß die tatsächlich zu fertigenden Produkte ex ante bekannt sind. Da die Produkte überdies mit großem Wiederholungsgrad gefertigt werden, also eine Umrüstung der Maschinen nur selten oder in der Planungsperiode überhaupt nicht in Betracht kommt, ist die Anordnung der Maschinen entsprechend dem *Tätigkeitsablauf* für das betreffende Produkt, also die Anordnung nach dem *Fließprinzip*, wirtschaftlich bzw. produktivitätssteigernd.

In dieser Anordnung drückt sich das *Spezialisierungsprinzip* aus. Es findet — bedingt durch den großen Wiederholungsgrad je Produktart — seinen Ausdruck weiterhin in einem Höchstmaß an Arbeitsteilung und somit in dem Einsatz von *Spezialmaschinen* und *hoch spezialisierten,*

---

[35] Vgl. Kap. 3.3.2., Zwischentypen.

[36] Vgl. zur Definition Kap. 3.3.20., Merkmalsausprägungen.

aber gering qualifizierten Arbeitskräften (vor allem angelernten Arbeitern)[37].

Das *tatsächliche Leistungsprogramm* stimmt mit dem potentiellen Leistungsprogramm in bezug auf die *Produktarten* überein. Die Möglichkeit, eine Produktart fertigen zu können, begründet sich in dem Vorhandensein einer Fließreihe, d. h. einer bezogen auf den Tätigkeitsablauf einer Produktart verketteten Maschinenfolge[38]. Sind mehrere parallele Fließreihen vorhanden, dann können mehrere Produktarten gefertigt werden. Die Aufstellung einer Fließreihe setzt die Erwartung großer Produktmengen voraus. Es besteht nun die Möglichkeit, daß die tatsächliche Menge von der erwarteten abweicht; aber es besteht kaum die Möglichkeit, daß die Schätzung so falsch war, daß anstatt einer großen Menge überhaupt keine Mengeneinheit und damit auch nicht die Produktart tatsächlich gefertigt wird.

Somit weicht das tatsächliche Leistungsprogramm vom potentiellen Leistungsprogramm nicht in bezug auf die Produktarten, sondern nur in bezug auf die *Produktmengen* ab. Die Produktmenge des potentiellen Leistungsprogramms wird durch die Kapazität der Unternehmung bestimmt; die tatsächliche Produktmenge wird jedoch durch die tatsächlichen Absatzverhältnisse — soweit sie bei der tatsächlichen Fertigung berücksichtigt werden — determiniert. Die Verwendung von teuren Spezialmaschinen in Verbindung mit hoher Anlagenintensität zwingt jedoch, die Differenz zwischen tatsächlicher und potentieller Produktmenge zu minimieren, also die Kapazitätsausnutzung zu maximieren (Fixkostenproblem). Somit ist auch die Produktmenge ex ante weitgehend determiniert.

Wenngleich die Produktart — wie ausgeführt — ex ante determiniert ist, so muß dies jedoch nicht für mögliche *Produktsorten* der Produktart gelten. Diese können entstehen, wenn nicht jede Mengeneinheit der Produktart die Fließreihe in exakt gleicher Reihenfolge durchläuft, sondern wenn geringfügige Reihenfolgevariationen — wie Rücktransport oder Überspringen — auftreten[39]. In diesem Fall tritt eine *geringfügige Varietät* in den Übergangsbeziehungen auf. Sortenvariationen bei Fließfertigung können auch durch eine geringfügige quantitative oder qualitative Umrüstung der Maschinen erzielt werden[40].

---

[37] Vgl. zu diesen Elementarfaktortypen Kap. 3.2.3.

[38] Von der Möglichkeit, eine Fließreihe vollständig umrüsten zu können, sei hier abgesehen. Man spricht dann auch von Wechselreihen. Vgl. hierzu *Kienzle*, O., Begriffe für die Fließarbeit, in: Fließarbeit. Beiträge zu ihrer Einführung, hrsg. von F. Mäckbach u. O. Kienzle, Berlin 1928, S. 26.

[39] Vgl. zur gering variablen Reihenfolge Kap. 3.3.12. u. Abb. 39.

[40] Vgl. zur Sortenvariation auch Kap. 3.3.2.

Sieht man von diesen Besonderheiten einmal ab, dann ergibt sich für die Fließfertigung, daß die Übergangsbeziehungen, also die Transportfolgen für die Produktarten und damit die Materialflußstruktur ex ante determiniert sind, oder anders formuliert, daß die Materialflußstruktur ex ante mit der ex post identisch ist. Dies drückt sich in der *Reihenfolgekonstanz* der Produktmengeneinheiten aus, die für diesen Typ ebenso typbildend ist, wie die *ablauforientierte Maschinenanordnung*. Erst bei Sortenvariationen kann auch eine *geringe Reihenfolgevariabilität* auftreten. In besonderen Fällen kann bei der Fließfertigung auch *reihenfolgekonträre* Fertigung[41] auftreten, wie z. B. beim Varionband. Es ist kein einfaches, ungeteiltes Fließband, sondern es besteht aus mehreren (ca. 4—6) parallellaufenden Teilbändern, die z. T. in unterschiedlicher Richtung und mit unterschiedlicher Geschwindigkeit laufen. So kann es zwei langsame Vorlaufbänder, ein schnelles Vorlaufband und ein schnelles Rücklaufband geben. Das Varionband wird vor allem in der Schuh- und Textilindustrie verwendet[42]. Diese Differenzierungsmöglichkeiten zeigen die realitätsbezogene Notwendigkeit einer zweidimensionalen Elementartypenbildung.

Analog zur Behandlung der Nachteile bei Werkstattfertigung[43] können im folgenden die *Vorteile* der Fließfertigung kurz skizziert werden. Wenn bei der Fließfertigung zwischen zwei Maschinen nur eine (direkte) Übergangsbeziehung auftreten kann — von Ausnahmen abgesehen — und die Maschinen nach dem Ablauf angeordnet sind, dann ergeben sich daraus zwei wesentliche Tatbestände:

(1) Die mittlere erwartete *Transportweglänge*, die *Gesamttransportzeiten* und die *Gesamttransportkosten* sind *minimal*.

(2) Es gibt *keine Überschneidungen* der Transportwege. Kein Produkt konkurriert mit einem anderen um die Bearbeitung auf derselben Maschine. Es gibt *keine ablaufstrukturbedingte* (quasi überschneidungsbedingte) Wartezeiten, *nur kapazitätsbedingte Wartezeiten*, die sich bei mangelhafter Abstimmung der Leistungsquerschnitte ergeben. Bei der Tendenz zur Leistungsabstimmung sind die Wartezeiten tendenziell *minimal*.

Diese *kapazitätsbedingten Wartezeiten* ergeben sich, wenn die pro Zeitperiode an einer Bearbeitungsstation ankommende Produktmenge größer ist als die Bearbeitungskapazität der Station. Diese Wartezeiten

---

[41] Vgl. zu diesen Reihenfolgetypen nochmals Kap. 3.3.12.

[42] Vgl. zum Varionband z. B. *Ohse*, H., Sortenfertigung, 2. Bd., S. 640 f.; ferner *Reiners*, H., Fließfertigung, S. 177—181.

[43] Vgl. Kap. 3.3.20., Fertigungstypen.

können durch erhöhte Transportzeiten ausgeglichen werden[44]. Ist jedoch die pro Zeitperiode ankommende Produktmenge kleiner als die Bearbeitungskapazität, entstehen *kapazitätsbedingte Leerzeiten*.

Faßt man vereinfachend die Fertigungs- und die Transportzeit zusammen, da man bei Fließfertigung die Transportzeiten jeder Bearbeitungsstation fest zuordnen kann, so erhält man bei Taktung dieser Zeit die Taktzeit p_o. Das Produkt aus Anzahl der Bearbeitungsstationen (Maschinen) m der Fließreihe und der Taktzeit p_o der Fließreihe ergibt die Durchlaufzeit Z dieser Fließreihe:

$$Z = m \cdot p_o$$

Das Verhältnis aus der Summe aller Leerzeiten der Fließreihe und der so definierten Durchlaufzeit, bezeichnet man als den *relativen Abstimmungsverlust*[45]:

$$AV = \frac{\sum^{m} l_m}{m \cdot p_o}$$

Unter Beachtung der tatsächlichen Bearbeitungszeiten auf jeder Station p_m ergibt sich die *Durchlaufzeit*[46] der Fließreihe zu

$$Z = \sum^{m} p_m + \sum^{m} l_m$$

und ihr *Kapazitätsausnutzungsgrad* zu

$$C = \frac{\sum^{m} p_m}{\sum^{m} p_m + \sum^{m} l_m}$$

Aus dieser Ableitung wird offensichtlich, daß die beiden Hauptziele der Ablaufplanung bei Fließfertigung zueinander komplementär sind. Die Fließfertigung kennt *kein „Ablaufplanungsdilemma"*. Beide Ziele können auf *ein Ziel*, die *Minimierung der kapazitätsbedingten Leerzeiten*, reduziert werden.

Aus dieser Ableitung der Zielkomplementarität bei Fließfertigung, die in der Art der Übergangsbeziehungen ihre Ursache findet, folgen weitere Vorteile der Fließfertigung, *minimale Durchlaufzeiten* mit

---

[44] Diese Reduktionsmöglichkeit wird zwar auch erwähnt von *Hoss*, K., Fertigungsablaufplanung, S. 22; aber ebenso wie die Begründung fehlt dort die erforderliche Ausrichtung ausschließlich auf die Wartezeiten.

[45] Vgl. zu dieser Definition ebenda.
Zur Vereinfachung der Schreibweise wird hier für den Laufindex der Maschinen und für ihre Gesamtzahl dasselbe Symbol m verwendet.

[46] Vgl. zu der formal etwas anderen Ableitung der folgenden beiden Ausdrücke *Hoss*, K., Fertigungsablaufplanung, S. 22 f.

kleinster Zwischenlagerbildung und somit *geringster Kapitalbildung* (Werkstoff- bzw. Produktkapital).

Aus den Zielbeziehungen und dem zur Differenz zwischen potentiellem und tatsächlichem Leistungsprogramm Ausgeführten folgt für den *Einsatz der Fertigungsablaufplanung* der wesentliche *Unterschied gegenüber der Werkstattfertigung*: Der Aufwand der Ablaufplanung ist *einmalig*. Bedingt durch die Leistungswiederholung wird ein Höchstmaß an Planungsintensität wirtschaftlich; d. h. bezogen auf den vergleichsweise kurzen Vorbereitungszeitraum zur Einrichtung der Fließfertigung ist der *relative Planungsaufwand maximal*[47]. Bezogen auf die Gesamtplanungsperiode (den Fertigungszeitraum) ist bei großem Leistungswiederholungsgrad, verglichen mit anderen Anordnungstypen, der absolute *Planungsaufwand minimal*. Es existieren keine *laufenden Fertigungsablaufplanungsprobleme*, wenn man von den genannten Ausnahmen (Sortenvariationen) absieht; andernfalls sind die Planungsprobleme (!) geringfügig; bei erheblichen Sortenvariationen, wie z. B. in der Automobilindustrie, kann jedoch nicht nur der Planungsaufwand erheblich werden, sondern vor allem der Steuerungsaufwand. Sieht man jedoch von Sortenvariationen ab, dann existieren insbesondere *keine laufenden Optimierungsprobleme*, da es keinen Zielkonflikt gibt; insbesondere gibt es auch *kein ablaufbedingtes Kapazitätsausnutzungsproblem*. Die Minimierung der kapazitätsbedingten Leer- und Wartezeiten ist ein Investitionsproblem. Es gibt aber ein erhebliches *programmbedingtes Kapazitätsausnutzungsproblem*, d. h. das Problem, den großen Produktionsmöglichkeiten der hochwertigen, nur auf wenige Produktarten zugeschnittenen Spezialmaschinen die erforderliche Aufnahmebereitschaft des Marktes zu sichern. Aber das ist ein Problem der Absatzplanung und der Programmplanung. Dem Vorteil der hohen Produktivität der Fließfertigung und des geringen laufenden Planungsaufwandes steht der wesentliche *Nachteil der Inflexibilität* gegenüber[48].

Die *Inflexibilität* besteht sowohl im Hinblick auf Produktartenvariationen aufgrund der Spezialisierung als auch im Hinblick auf Produktmengenvariationen aufgrund des Fixkostenproblems. Beide Erscheinungen hängen eng miteinander zusammen: Die Spezialisierung bedingt den Einsatz hochwertiger Spezialmaschinen, also oft einen hohen Mechanisierungsgrad. Dabei hat es nicht nur wirtschaftliche Gründe (Fixkostendeckung), den optimalen Kapazitätsausnutzungsgrad anzustreben;

---

[47] Um eine Vorstellung dieses Planungsaufwandes zu bekommen, vgl. zur Theorie den Überblicksartikel von *Hahn*, R., *Lutz*, L. und *Roschmann*, K., Die Bandabgleichung — ein Problem bei Fließfertigung, in: IO, 37 (1968) 2, S. 85—101, und zur Praxis *Mellerowicz*, K., BWL der Industrie, Bd. II, S. 321 ff.

[48] Vgl. zu weiteren bzw. detaillierter beschriebenen Vor- und Nachteilen der Fließfertigung z. B. *Reiners*, H., Fließfertigung, S. 71—75.

Spezialmaschinen sind oft gegen Intensitätsschwankungen auch aus technisch-wirtschaftlichen Gründen empfindlich (technisch bedingte Arbeitsgeschwindigkeit, Ausschuß bei Geschwindigkeitsabweichungen). Der Zwang zur gleichmäßigen, optimalen Auslastung aller Maschinen bzw. Bearbeitungsstationen bedingt nicht nur tendenziell einen Zwang zur Abstimmung aller Tätigkeitszeiten und einen Trend zur Kontinuisierung[49] des Materialflusses mit Minimierung der Zwischenlagerbildung, sondern auch eine Verwendung oft stetiger und/oder oft hoch mechanisierter Fördermittel[50].

Es soll aber besonders betont werden, daß diese *typbeschreibenden Merkmale* nur tendenziell mit den typbildenden Merkmalen korrelieren. Sie veranschaulichen den Elementartyp. Sie sind für ihn nicht wesentlich[51]. So liegt z. B. bei der rein manuellen Montage auf einem Fließband überhaupt keine Mechanisierung der Fertigungstätigkeiten vor. Ferner liegt bei der diskontinuierlichen Fertigung von Fließgütern mit chemischer Technologie und variablen Durchflußquerschnitten weder zeitliche Abstimmung noch Kontinuität vor. Desgleichen lassen sich bei der Stückgüterfertigung zahlreiche Beispiele für die Fließfertigung mit Leer- und Wartezeiten, also Zwischenlagerbildungen, finden. Diesen Erscheinungsformen ist stets nur eine Merkmalsverbindung gemeinsam, die Anordnung der Maschinen bzw. Bearbeitungsstationen nach dem Fließprinzip und die Konstanz bzw. Fixiertheit der Übergangsbeziehungen. Und nur diese Merkmalsausprägungen sind für diesen Elemen-

---

[49] Vgl. zu einigen Aspekten des Zusammenhangs von zeitlicher Abstimmung und Koninuität *Reiners*, H., Fließfertigung, S. 117—138. Die Ausführungen dieses Autors der zur Fließfertigung u. W. ausführlichsten Arbeit zeigen, daß die zeitliche Abstimmung als typbildendes Merkmal eines Elementartyps Fließfertigung zumindest äußerst fragwürdig ist. Manchmal wird für die Fließfertigung die strenge zeitliche Abstimmung als wesentlich angesehen (vgl. ebenda, S. 163), danach wird jedoch dieser Typ als Fließfertigung i. e. S. bezeichnet, und es werden unter Fließfertigung auch „zeitlich locker gebundene“ Formen subsumiert (vgl. ebenda, S. 203, aber auch S. 189 ff.). Unter dem Thema dieser Arbeit „Erscheinungsformen und Fließfertigung“ werden überdies im Hauptteil und sehr ausführlich Erscheinungsformen der Werkstattfließfertigung behandelt. Damit bleibt die systematische, typbildende (!) Merkmalsverknüpfung unklar. Diese Unklarheiten können bei zahlreichen Autoren aufgezeigt werden. Eine detailliertere Diskussion ist im Rahmen der vorliegenden Untersuchung unmöglich.
Auch Schäfer bezeichnet die Fließfertigung mit zeitlicher Abstimmung als Fließfertigung i. e. S. Vgl. *Schäfer*, E., Industriebetrieb, Bd. 1, S. 194. Als wesentlich stellt er die ablaufbezogene Anordnung der Maschinen heraus. Vgl. ebenda, S. 162 u. S. 179. Dieser Ansicht wird zugestimmt.

[50] Vgl. zu den Transportmitteln und der räumlichen Bindung *Reiners*, H., Fließfertigung, S. 106—117; ferner *Günther*, R., Prinzipien, S. 175—196; REFA (Hrsg.), Das Refa-Buch, Bd. 1, S. 63—71; *Krippendorf*, H., Materialfluß, S. 141—153 und *Riebel*, P., Erzeugungsverfahren, S. 156—165.

[51] Vgl. zur Irrelevanz von Kontinuität und Spezialisierung *Schäfer*, E., Industriebetrieb, Bd. 1, S. 180 f.

tartyp wesentlich und keine anderen. Mit den hier typbeschreibenden Merkmalen sind daher gesonderte Typenreihen gebildet worden.

Abb. 63 zeigt zunächst die typbildenden, kausalen Übergangsbeziehungen zwischen vier Maschinen in Matrix-Form. Dabei wird unter-

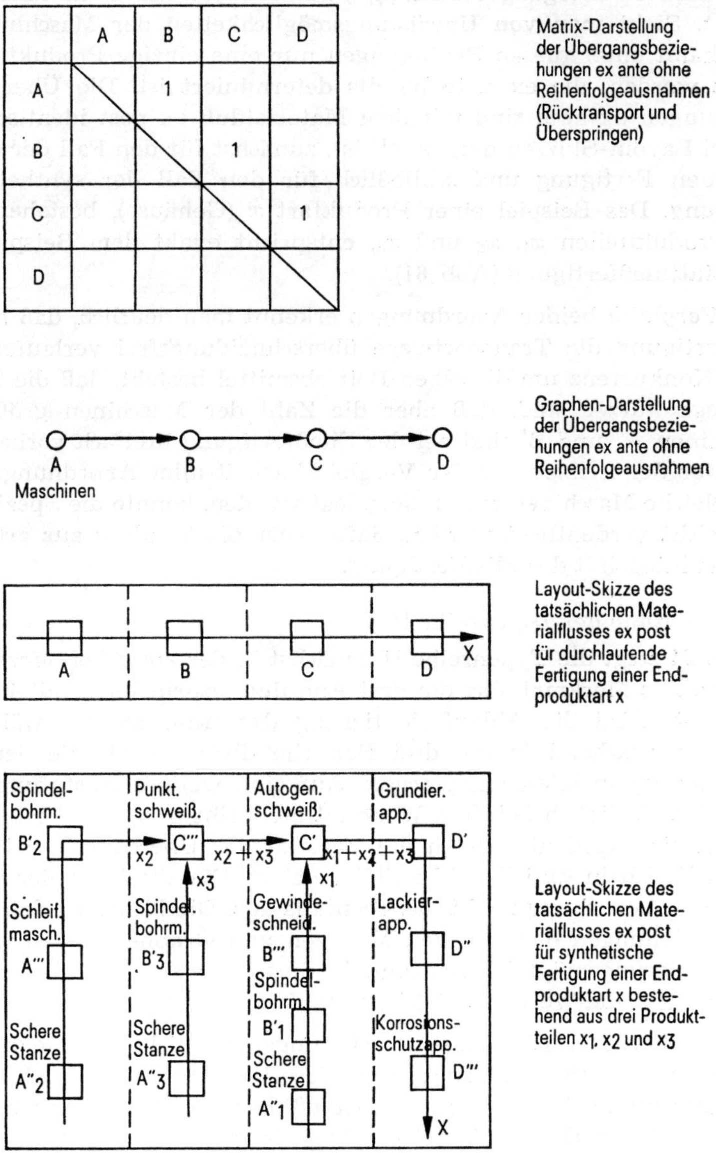

Abb. 63. Maschinenanordnung und Übergangsbeziehungen für den Fertigungstyp U_3: Fließfertigung

stellt, daß keine Reihenfolgeausnahmen (Rücktransport oder Überspringen, also geringe Reihenfolgevariabilität) auftreten. Für diesen Fall zeigt die Graphen-Darstellung die entsprechende Verkettung der Übergangsbeziehungen. Man erkennt, daß in diesem Fall nur eine einzige direkte Übergangsbeziehung zwischen jeweils zwei Maschinen besteht. Sieht man von Umrüstungsmöglichkeiten der Maschinen ab, dann kann unter diesen Bedingungen nur eine einzige Produktart gefertigt werden, die ex ante bereits determiniert ist. Die Übergangsbeziehungen ex ante sind mit dem Materialfluß ex post identisch, der in zwei Layout-Skizzen dargestellt ist, zunächst für den Fall der durchlaufenden Fertigung und schließlich für den Fall der synthetischen Fertigung. Das Beispiel einer Produktart x (Gehäuse), bestehend aus drei Produktteilen x_1, x_2 und x_3, entspricht exakt dem Beispiel der Werkstattfließfertigung (Abb. 61).

Im *Vergleich* beider Anordnungen erkennt man deutlich, daß bei der Fließfertigung die Transportwege überschneidungsfrei verlaufen, daß keine Konkurrenz um dieselben Betriebsmittel besteht, daß die Transportwege kürzer sind, daß aber die Zahl der Maschinen größer ist (Maschinen A″ und B′ sind bei der Fließfertigung dreifach vorhanden). Da unter der Zielsetzung der Vergleichbarkeit aller Anordnungstypen stets gleiche Maschinen zugrunde gelegt wurden, konnte die Spezialisierung nicht verdeutlicht werden, dafür aber die Tendenz zur größeren Anlagenintensität der Fließfertigung.

— *Darstellung der Typenreihe U*

Abb. 64 zeigt die Typenreihe *U* zunächst in der *einfachen Merkmalsfassung*. Als Merkmal, das die drei Anordnungsprinzipien miteinander verbindet, wird die Ablauforientierung der Anordnung gewählt. Es wird vereinfachend in die drei Bereiche differenziert, die den drei Anordnungsprinzipien entsprechen. Auf eine weitere Abstufung wird verzichtet. Lediglich bei dem Werkstattfließprinzip ist die Abstufungsmöglichkeit angedeutet. Auch die Varietät der Übergangsbeziehungen wird lediglich in drei Bereiche differenziert. Für die Ziele der vorliegenden Untersuchung reicht das ebenfalls aus. Die bisher zu den Übergangsbeziehungen dargestellten Matrizen und Graphen zeigen weitere Differenzierungsmöglichkeiten auf. In dieser Weise läßt sich der Zwischentyp U'_2, die Werkstattfließfertigung, darstellen.

Jedoch berücksichtigt diese Darstellungsform nicht die Möglichkeit, daß in der gesamten Unternehmung diese Elementartypen auch nebeneinander und nicht nur jeweils ausschließlich vorkommen können. Diese Möglichkeit berücksichtigt erst die *komplexe Merkmalsfassung*. Dabei wird der Zwischentyp U''_2, die Fließinselfertigung, darstellbar. Absolute Merkmalskomponente ist der Programmumfang, relative Merkmalskomponenten sind die Anteile der Endproduktarten bzw. Produktteilearten, die in Werkstatt- oder Fließfertigung gefertigt werden. Dabei wird vereinfacht: Es wird nur ein Nebeneinander von jeweils reinen Ausprägungen der Werkstatt- bzw. Fließfertigung berücksichtigt; nicht dagegen die gemischte Form der Werkstattfließfertigung.

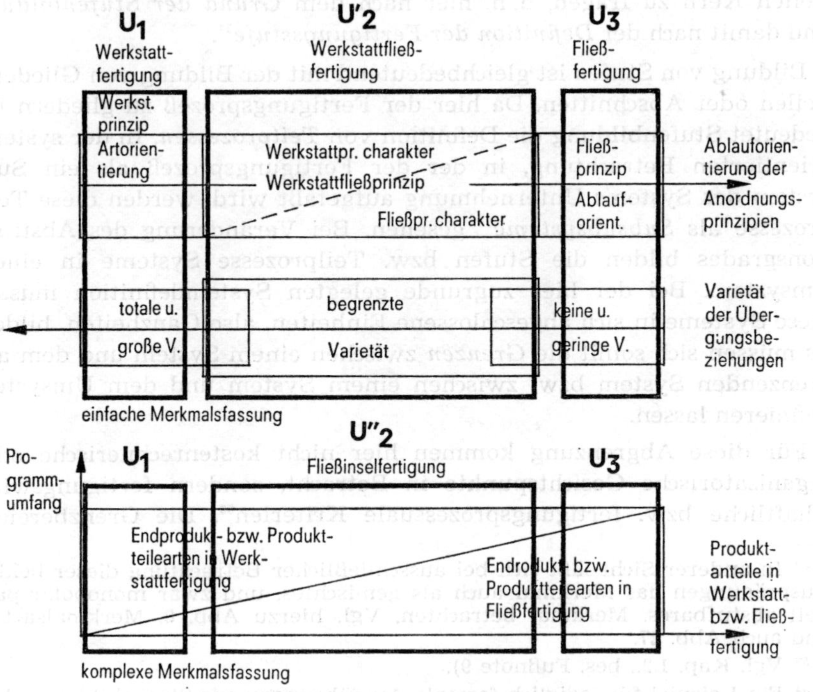

Abb. 64. Typenreihe *U*, Anordnungstypen

3.3.21. Stufenzahltypen: Einstufige und mehrstufige Fertigung (Typenreihe V)

— *Merkmalsausprägungen*

Das Merkmal

Anzahl der Fertigungsstufen

ist formaler, quantitativer Natur. Für eine sachbezogene, ablaufproblemadäquate Typenbildung sind die kardinalen Ausprägungen der Stufenzahl unwesentlich. Das Merkmal ist *kontinuierlich abstufbar.* Es interessieren jedoch im Grunde nur zwei Ausprägungen: ein- und mehrstufig. Kennt man die Abgrenzung zwischen diesen beiden Ausprägungen, dann läßt sich auch im konkreten Fall entscheiden, wieviele Stufen bei mehrstufiger Fertigung vorliegen[52].

Ein Merkmal wurde bereits als Einteilungsgrund bezeichnet[53]. Das deutet an, daß das Wesen eines Merkmals erst deutlich wird, wenn über den Grund für die Merkmalsausprägungen eine Aussage getroffen wird. So ist auch bei einem formalen Merkmal unbedingt nach diesem materiellen Kern zu fragen, d. h. hier nach dem *Grund der Stufenbildung* und damit nach der *Definition der Fertigungsstufe*[54].

Bildung von Stufen ist gleichbedeutend mit der Bildung von Gliedern, Teilen oder Abschnitten. Da hier der Fertigungsprozeß zu gliedern ist, bedeutet Stufenbildung die Definition von *Teilprozessen*. In der systemorientierten Betrachtung, in der der Fertigungsprozeß als ein Subsystem des Systems Unternehmung aufgefaßt wird, werden diese Teilprozesse als *Subsubsysteme*[55] gesehen. Bei Veränderung des Abstraktionsgrades bilden die Stufen bzw. Teilprozesse Systeme in einem Umsystem. Bei der hier zugrunde gelegten Systemdefinition müssen diese Systeme in sich abgeschlossene Einheiten, also Ganzheiten, bilden. Es müssen sich somit die *Grenzen* zwischen einem System und dem angrenzenden System bzw. zwischen einem System und dem Umsystem definieren lassen.

Für diese Abgrenzung kommen hier nicht kostenrechnerische oder organisatorische Gesichtspunkte in Betracht, sondern fertigungswirtschaftliche bzw. fertigungsprozessuale Kriterien[56]. Die Grenzbereiche

---

[52] In anderer Sicht läßt sich bei ausschließlicher Betrachtung dieser beiden Ausprägungen das Merkmal auch als gemischtes, und zwar monopolar-partiell abstufbares, Merkmal betrachten. Vgl. hierzu Abb. 8, Merkmalsart D und auch Abb. 27.

[53] Vgl. Kap. 1.2., bes. Fußnote 9).

[54] Ein Beispiel für lediglich formale Ausführungen zur Stufenbildung, ohne auf die materielle Begründung einzugehen, bildet die Betrachtung Schäfers zu der „Anzahl der Fertigungsphasen und Fertigungsgänge“. Vgl. *Schäfer*, E., Industriebetrieb, Bd. 2, S. 258—260.

[55] Vgl. hierzu auch *Bleicher*, K., Entwicklung, H. 3, S. 113 f. Die Subsubsysteme ließen sich auch als Basissysteme betrachten. Vgl. *Bleicher*, K., Unternehmung, S. 175 f. Vgl. auch den Begriff „elementare technische Produktionseinheit“ bei *Busse von Colbe*, W., Die Planung der Betriebsgröße, Wiesbaden 1964, S. 28.
Vgl. hierzu auch die Aufteilung in „Elementarvorgänge“ in prozessualer Sicht und der darauf aufbauenden Einteilung bei *Stähly*, P., Fabrikationsplanung, S. 28—33 u. S. 58 f.

[56] Beste nennt fünf Stufenbildungskriterien: Arbeitsgang, Verrichtungseinheit, Abteilung, Gliedbetrieb und selbständiges Unternehmen. Alle fünf Kriterien kommen hier nicht in Betracht. Das erste (Tätigkeitsart) und zweite (Tätigkeitskomplex) nicht, weil sie nicht explizit auf Kombinationsprozeßabschnitte abstellen, sondern Tätigkeiten isoliert herausheben. Das dritte nicht, da Beste primär auf organisatorische Gesichtspunkte (Verantwortungsbereich eines Leiters) und kostenrechnerische Erfordernisse (Kostenstellen- u. Platzkostenrechnung) abstellt und allenfalls sekundär auf kapazitative

eines Prozesses waren als *input* und *output* definiert worden[57]. Hierauf muß die Definition einer Fertigungsstufe abstellen[58].

Auf der Einsatzseite stehen die *Potentiale* und die Einsatzstoffe (Werkstoffe oder Halbprodukte). Auf der Ausbringungsseite stehen die *Sachleistungen.* Sie sind entweder Teilleistungen, die als input in eine nachgelagerte Fertigungsstufe, ein Subsystem der Unternehmung, eingehen, oder sie sind Endleistungen, die auf dem Absatzmarkt, dem Umsystem der Unternehmung, verwertet werden.

Betrachtet man zur Definition der Fertigungsstufe sowohl die Potentiale (als Leistungsträger) auf der Einsatzseite als auch die Sachleistungen auf der Ausbringungsseite, dann ergibt sich eine *kapazitative Interpretation* des Begriffes Fertigungsstufe. Da in einer Industrieunternehmung die Betriebsmittel primäre Kapazitätsdeterminanten sind, ist eine Fertigungsstufe eine *definierbare Betriebsmittelgruppe mit einem definierbaren Leistungsvermögen.* Definierbares Leistungsvermögen heißt insbesondere *meßbares Leistungsvermögen.*

Schließlich verbleibt noch, die Betriebsmittelgruppe zu definieren. Es handelt sich im Regelfall um eine Gruppe, also um *mehrere Betriebsmittel,* die unter bestimmten Gesichtspunkten *einen Verbund* bilden, z. B. eine Transferstraße, eine Destillieranlage oder eine Härterei. Es handelt sich im Regelfall nicht um ein Betriebsmittel, denn dann wäre der Begriff Fertigungstufe überflüssig. Es kann nur im Ausnahmefall (Grenzfall) vorkommen, vor allem bei Maschinen, die gleichzeitig mehrere Tätigkeitsarten verrichten[59], wie z. B. Schraubenautomaten, oder bei Betriebsmitteln, denen eine zentrale Bedeutung bei der Fertigung zukommt, wie z. B. bei Porzellanbrennöfen oder Glasschmelzöfen[60].

Hieraus wird deutlich, daß in einer Fertigungsstufe in aller Regel ein Komplex von Aktionen ausgeführt wird, die eine *funktionale Einheit*[61] *bilden.*

Gesichtspunkte, die hier jedoch im Vordergrund stehen. Die letzten beiden Kriterien sind für die Fertigungsablaufplanung zu umfassend bzw. nicht detailliert genug; vgl. *Beste*, Th., Fertigungsstufen, in: HdB, 1. Bd., 3. Aufl., hrsg. von H. Seischab u. K. Schwantag, Stuttgart 1956, Sp. 1757—1762.

[57] Vgl. Kap. 3.2.1. der vorliegenden Untersuchung.

[58] Vgl. zu einer im Ansatz ähnlichen Betrachtung *Pfaffenberger*, U., Über die Verknüpfung von Zuordnungen und Ablaufplanung bei der Produktionsplanung der Mehrprodukten-Mehrstufenfertigung, in: Theoretische und empirische Beiträge zur Wirtschaftsforschung, hrsg. von A. E. Ott, Tübingen 1967, S. 281—289, bes. S. 281 f.

[59] Vgl. den Begriff Prozeßmaschinen bei *Schäfer*, E., Industriebetrieb, Bd. 1, S. 142.

[60] Vgl. dazu ebenda, S. 139.

[61] Vgl. den Begriff der Verrichtungseinheit bei *Beste*, Th., Fertigungsstufen, Sp. 1758. Vgl. besonders die Ausführungen zur Unterscheidung von „Fertigungsprozeß" (hier Teilprozeß) und „Fertigungsverfahren" (hier Tätigkeit) bei *Schäfer*, E., Industriebetrieb, Bd. 2, S. 251—257.

Somit ist die Fertigungsstufe prozessual und ganzheitlich, und zwar syntaktisch, betrachtet worden[62]. Dies entspricht der Interpretation der Fertigungsstufe als einem System. Die Definition bezieht sich auf die Träger (vor allem die Betriebsmittel), die Tätigkeiten und die Objekte (die Sachleistungen). Die kapazitative Interpretation der Fertigungsstufe stellt jedoch vor allem auf die Leistungen ab. Wenn man den Sachleistungsstrom, den Güterstrom, den Stofffluß bzw. den Materialfluß über alle Fertigungsstufen der Unternehmung betrachtet, dann müssen für die Zwecke der Ablaufplanung die Grenzen der Fertigungsstufen dort gezogen werden, wo exakt definierbare Einschnitte des Materialflusses auftreten. Dabei ergeben sich zwei Möglichkeiten.

Einmal kann auf die *Kontinuität des Materialflusses* Bezug genommen werden. Eine Fertigungsstufe wird dann durch eine Betriebsmittelgruppe mit kontinuierlichem Materialfluß gebildet. Grenzen der Fertigungsstufen sind die Ruhepunkte der Werkstoffe; konstruktiv bzw. organisatorisch ausgebildet in Form von Reservebehältern, Lagerplätzen, Abstellflächen, also verschiedenen Formen von Zwischenlägern i. w. S.[63]. Diese Merkmalsverbindung bildet die definitorische Grundlage.

Es kann aber auch zweckmäßig sein, auf die *zeitliche Abstimmung des Materialflusses* Bezug zu nehmen. Eine Fertigungsstufe wird dann durch eine Betriebsmittelgruppe mit zeitlich abgestimmtem Materialfluß gebildet. Grenzen der Fertigungsstufen sind die Wartezeiten der Werkstoffe, die durch mangelnde zeitliche Abstimmung der einzelnen Bearbeitungsvorgänge entstehen (ablaufbedingte Wartezeiten). Diese Merkmalsverbindung bildet eine Ergänzung der definitorischen Grundlage. Auf die zeitliche Abstimmung des Materialflusses Bezug zu nehmen, ist z. B. beim ruckartig bewegten Fließband oder bei der diskontinuierlich arbeitenden Transferstraße zweckmäßiger. Würde man hier die Ruhezustände der Güter als fertigungsstufendefinierend ansehen, wären alle Bearbeitungsstationen einzelne Fertigungsstufen. Im Regelfall ist es aber zweckmäßiger, die Transferstraße oder das Fließband als eine Fertigungsstufe anzusehen. Das ist beim Bezug auf die zeitliche Abstimmung dann der Fall, wenn nur Wartezeiten vor und nach dem Band bzw. der Straße auftreten.

Der Definition der Materialflußeinschnitte mit beiden Merkmalen ist gemeinsam, daß jeweils auf *Ruhezustände im Materialfluß* abgestellt wird, entweder bei technologisch oder technisch-wirtschaftlich bedingter Diskontinuität oder bei ablaufbedingten, d. h. durch mangelnde zeitliche Abstimmung bedingten, Wartezeiten. Damit kann eine *Fertigungsstufe definiert* werden als ein *Teilprozeß* mit dem Charakter eines Subsub-

---

[62] Vgl. nochmals *Große-Oetringhaus*, W., Gliederungsprinzipien, S. 125—127.

[63] Vgl. dazu auch *Männel*, E., Die Entstehung von Zwischenlagerungen in Industriebetrieben, in: IO, 34 (1965), S. 17—34.

systems einer Industrieunternehmung, in dem ein einheitlicher Verbund von Betriebsmitteln in einem Komplex von Tätigkeiten meßbare Leistungen erstellt und der durch Ruhezustände des Stoffflusses begrenzt wird.

— *Bildung und Darstellung der Typenreihe*

Auf der Grundlage dieser Definition einer Fertigungsstufe ergibt sich die Typenbildung unmittelbar. Obwohl die Definition mit mehreren Merkmalen erfolgt, ist die Typenbildung selbst *eindimensional*, da sie nur mit dem einen Formalmerkmal der Stufen*zahl* durchgeführt wird. Diese auf das Formale gerichtete Merkmalsreduktion erfolgt aus Gründen einer verdichteten Darstellung. In einer ausführlicheren Darstellung müßten auch die erläuterten materiellen Merkmale explizit als typbildende, und nicht wie im folgenden als typbeschreibende, Merkmale herangezogen werden.

Dieses Vorgehen hat hier neben dem Grund der Verdichtung auch noch einen *methodischen Grund*. Zur Gliederung des Materialflusses sind die Merkmale Kontinuität und zeitliche Abstimmung herangezogen worden. Mit diesen Merkmalen sind bereits Elementartypen gebildet worden. Würden sie hier als typbildende Merkmale aufgefaßt werden, dann müßte dies zu einer Verbundtypenbildung führen. Deshalb ist das Vorgehen im Bereich der Elementartypenbildung methodisch abzulehnen[64]. Die allerdings aus Gründen materieller Fundierung der Typenbildung vorgenommene Ergänzung um die erläuterten typbeschreibenden Merkmale zeigt jedoch die Verbundenheit der Merkmale, die dem systemorientierten, und damit integrativen, Ansatz durchaus entspricht.

V_1 : *Einstufige Fertigung*

Unter Ablaufplanungsgesichtspunkten ist es nicht sinnvoll, die gesamte Fertigung einer Industrieunternehmung in Abschnitte zu unterteilen. Die gesamte Fertigung bildet eine Einheit, ein Subsystem. Es entstehen keine Zwischenlager. Der Leistungserstellungsprozeß ist entweder kontinuierlich und weist keine Ruhezustände auf, oder er ist zeitlich abgestimmt und weist keine Wartezeiten auf. Es interessieren nur die mit dem Abschluß des gesamten Leistungserstellungsprozesses gefertigten Endleistungen.

V_2 : *Mehrstufige Fertigung*

Unter Ablaufplanungsgesichtspunkten ist es sinnvoll, die gesamte Fertigung einer Industrieunternehmung in mehrere Abschnitte zu unterteilen. Die gesamte Fertigung umfaßt mehrere Einheiten, mehrere Subsubsysteme. Es entstehen mehrere Zwischenlager. Der Leistungs-

[64] Vgl. einen ähnlichen methodischen Hinweis im „angewandten Teil“ in Kap. 3.3.20., Erfassung.

erstellungsprozeß ist entweder diskontinuierlich und weist Ruhezustände auf, oder er ist zeitlich nicht abgestimmt und weist Wartezeiten auf. Es interessieren nicht nur die mit dem Abschluß des gesamten Leistungserstellungsprozesses gefertigten Endleistungen, sondern auch die Endleistungen, die im Verlauf des Fertigungsprozesses entstehen, sowie die dort entstehenden meßbaren Teilleistungen (Zwischenleistungen). Auf eine weitere Differenzierungsmöglichkeit der mehrstufigen Fertigung in *wenig- und vielstufige Fertigung* soll hier nicht weiter eingegangen werden. Sie könnte sich z. B. an den Anwendungsmöglichkeiten von analytischen (bei wenigstufiger Fertigung) und heuristischen (bei vielstufiger Fertigung) Ablaufplanungsverfahren orientieren.

Die äußerst einfache Abb. 65 zeigt eine mögliche Darstellung der Typenreihe *V*. Sie unterstellt ein kontinuierlich abstufbares Merkmal mit exakt abgrenzbaren Ausprägungsgrenzen. Aus Darstellungsgründen ist der Wert „eine Stufe" gespreizt.

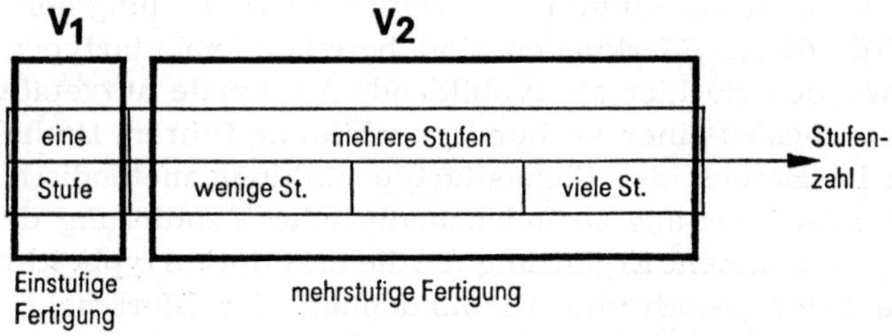

Abb. 65. Typenreihe *V*, Stufenzahltypen

3.3.22. Prozeßzuordnungstypen: Sukzessiv- und Parallelfertigung (Typenreihe W)

— *Merkmalsausprägungen*

Nachdem verschiedene Erscheinungsformen der Gliederung *eines* Fertigungsprozesses untersucht sind, müssen schließlich noch besondere Erscheinungsformen der Zuordnung *mehrerer* Fertigungsprozesse zueinander untersucht werden. Bei den vorangegangenen Typenbildungen ist der Begriff Fertigungsprozeß überwiegend als eine Einheit betrachtet worden[65], d. h. der *Begriff Fertigungsprozeß* umfaßte alle Tätigkeiten der Be- und Verarbeitung (Fertigungsprozeß i. e. S.) bzw. auch des Transports (Fertigungsprozeß i. w. S.), die zur Fertigung *aller* Produkte

---

[65] Bis auf eine differenziertere Betrachtung bei den Verwandtschaftstypen (vgl. Kap. 3.3.2.), den Reihenfolgetypen (vgl. Kap. 3.3.12.) und den Prozeßbindungstypen (vgl. Kap. 3.3.17).

bzw. zur Abwicklung aller Aufträge erforderlich sind. Der Begriff umfaßte also die Summe aller Aktionsfolgen. Im folgenden wird der Begriff Fertigungsprozeß enger gesehen, er umfaßt alle Tätigkeiten der Be- und Verarbeitung und des Transports, die zur Fertigung *eines* Produktes bzw. zur Abwicklung eines Auftrages erforderlich sind. Der Begriff unterscheidet somit verschiedene Aktionsfolgen.

Wenn nun in einer Industrieunternehmung in einer Planungsperiode mehrere gleiche, ähnliche oder verschiedene Produkte gefertigt werden, ergibt sich die Frage nach der Zuordnung dieser Fertigungsprozesse zueinander. Da es sich hierbei im Kern um eine *Zuordnung von Tätigkeiten* zueinander handelt und Tätigkeiten — wie bereits erwähnt — in den *Dimensionen Raum und Zeit* verlaufen, hat auch die Zuordnung eine räumliche und eine zeitliche Komponente.

Somit hat das Merkmal

Zuordnung der Fertigungsprozesse zueinander

zwei Merkmalskomponenten, die

räumliche Zuordnung der Fertigungsprozesse,

die primär betrachtet wird, und die

zeitliche Zuordnung der Fertigungsprozesse,

die sekundär betrachtet wird. Diese beiden Komponenten werden im folgenden als die beiden typbildenden Merkmale der Typenreihe *W* aufgefaßt[66]. Die Betrachtung der Ausprägungen dieser beiden Merkmale, d. h. der Erscheinungsformen der Zuordnung, beschränkt sich auf die Zuordnung von *zwei Fertigungsprozessen*, also die Tätigkeitskomplexe

---

[66] Eine ausschließlich räumliche Betrachtung stellt Schäfer an. Vgl. *Schäfer*, E., Industriebetrieb, Bd. 2, S. 260—265. Sie ist allerdings nur sehr schwer und mit großen Einschränkungen mit obiger Typenbildung vergleichbar. Schäfer betrachtet — in der hier vorliegenden Terminologie — nicht ausschließlich Prozeßzuordnungen, sondern primär Fertigungstätigkeiten. Dadurch lassen sich aber Schäfers Typen nicht eindeutig von den Materialflußtypen (bei Schäfer: Typen nach der Art der Stoffverwertung, vgl. *Schäfer*, E., Industriebetrieb, Bd. 1, S. 19—46) abgrenzen, auch wenn Schäfer dort primär auf den „Leistungszusammenhang mit Vor- und Nachstufe" abstellt. Das wird deutlich, wenn man Schäfers „reine Einstrangfertigung" mit der „durchlaufenden Fertigung", die „Einstrangfertigung mit vorausgehender Zusammenfassung" mit der „synthetischen Fertigung" und die „Einstrangfertigung mit anschließender Gabelung" mit der „analytischen Fertigung" vergleicht. Vgl. zu dem Problem der Abgrenzung bei Schäfers Typen insbes. *Schäfer*, E., Industriebetrieb, Bd. 2, S. 262, aber auch Schäfers andere Interpretation des Stufenbegriffs, ebenda, S. 258. Im Sinne der hier vertretenen Elementartypenbildung (!) müssen derartige Abgrenzungsschwierigkeiten als ein schwerer methodischer Mangel angesehen werden.

Vgl. zu verschiedenen Erscheinungsformen der Prozeßzuordnung bei z. T. anderer Terminologie und anderem Problemumfang *Zimmermann*, W., Fertigungsprogramme, S. 53—62.

für die Fertigung von *zwei Produkten.* Diese grundlegenden Ausführungen klären aber damit auch jede Erweiterungsmöglichkeit auf beliebig viele Produkte.

Für die *räumliche Zuordnung* kommen zunächst zwei extreme Ausprägungen in Betracht, ein *Hintereinander von Fertigungsprozessen,* die *sukzessive Zuordnung,* und ein *Nebeneinander von Fertigungsprozessen,* die *parallele Zuordnung.* Zwischen diesen beiden Extremausprägungen weist das Merkmal jedoch auch jede beliebige Abstufung auf, wenn man die gesamte Fertigung einer Unternehmung mit allen Betriebsmitteln betrachtet. Somit ist es in dieser Sicht nicht bipolar, sondern *kontinuierlich abstufbar.* Diese Zwischenausprägungen sollen hier unter dem Begriff *sukzessiv-parallele Zuordnung* zusammengefaßt werden. Abb. 66 zeigt mit drei Materialflußskizzen diese drei Ausprägungsformen anhand von Beispielen. Sie zeigt aber auch, daß sich die Grenzen der Zuordnungsformen exakt definieren lassen. In dem weiten Bereich der sukzessiv-parallelen Zuordnungsformen lassen sich auch bei gleicher Maschinen- und Produktzahl viele andere Varianten denken.

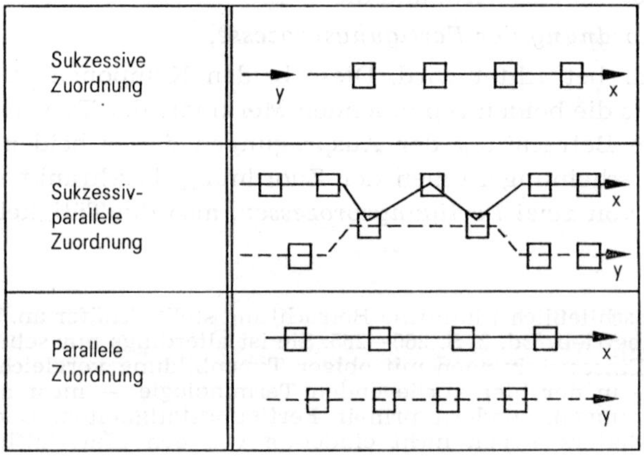

Abb. 66. Ausprägungen des Merkmals räumliche Zuordnung von jeweils zwei Fertigungsprozessen zueinander anhand von Materialflußskizzen

Für die *zeitliche Zuordnung* kommen analog zunächst ebenfalls zwei extreme Ausprägungen in Betracht. Berücksichtigt man lediglich die Gesamtdauer eines Fertigungsprozesses (Aktionsdauer bzw. Durchlaufzeit), dann gibt es einerseits ein *Nacheinander von Fertigungsprozessen,* eine *sukzessive Zuordnung,* und ein *Nebeneinander von Fertigungsprozessen,* eine *parallele (simultane) Zuordnung.* Da sich die Durchlaufzeiten der Fertigungsprozesse kontinuierlich von sukzessiver Folge bis zur Simultaneität gegeneinander verschieben lassen, ist das Merkmal in dieser Sicht *kontinuierlich abstufbar*. Die Zwischenausprägungen sollen hier ebenfalls wieder unter dem Begriff sukzessiv-parallele Zuordnung zusammengefaßt werden. Dabei liegt eine zeitlich sukzessiv-parallele Zuordnung dann vor, wenn *ein Teil* der Durchlaufzeit eines Fertigungs-

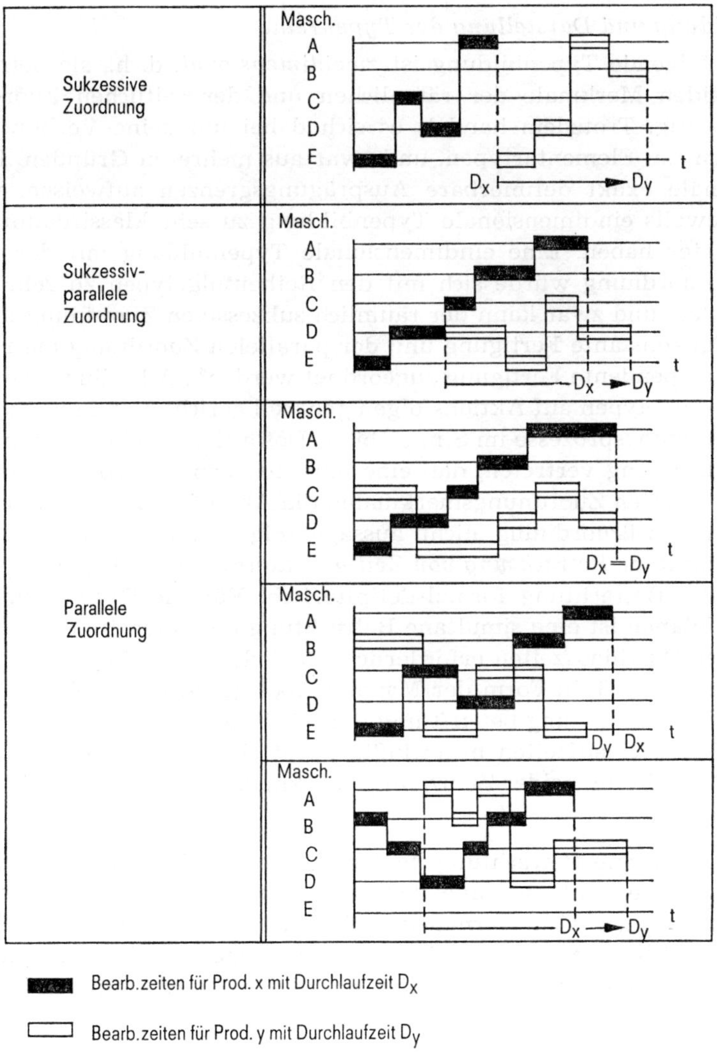

Abb. 67. Ausprägungen des Merkmals zeitliche Zuordnung von jeweils zwei Fertigungsprozessen zueinander anhand von Balkendiagrammen

prozesses parallel zu *einem Teil* der Durchlaufzeit eines anderen Fertigungsprozesses liegt. Wenn jedoch die *gesamte* Durchlaufzeit eines Fertigungsprozesses parallel zu *einem Teil* eines anderen Fertigungsprozesses liegt, dann wird von paralleler Zuordnung gesprochen. Für parallele Zuordnung von zwei Prozessen ist also nicht erforderlich, daß Beginn und Ende beider Prozesse miteinander übereinstimmen. Abb. 67 zeigt mit Balkendiagrammen die erläuterten drei Ausprägungen, und zwar die zeitlich parallele Zuordnung anhand von drei Varianten.

— *Bildung und Darstellung der Typenreihe*

Die folgende Typenbildung ist *zweidimensional*, d. h., sie betrachtet die beiden Merkmale der räumlichen und der zeitlichen Zuordnung gleichzeitig. Trotzdem handelt es sich dabei um keine Verbundtypen sondern um Elementartypen, und zwar aus mehreren Gründen. Da die Merkmale exakt definierbare Ausprägungsgrenzen aufweisen, würde eine jeweils eindimensionale Typenbildung zu sehr klassifikatorischen Charakter haben. Eine eindimensionale Typenbildung mit der räumlchen Zuordnung würde sich mit den Reihenfolgetypen zu sehr überschneiden, und zwar kann der räumlich sukzessiven Zuordnung die reihenfolgekonstante Fertigung und der parallelen Zuordnung die reihenfolgeindependente Fertigung zugeordnet werden[67]. Allerdings waren die Reihenfolgetypen auf Aktionsfolgen generell gerichtet und nicht speziell auf Fertigungsprozesse im Sinne obiger Definition. Außerdem wird hier die Auffassung vertreten, daß eine eindimensionale Typenbildung mit den genannten Zuordnungsmerkmalen die Ablaufprobleme bei der Fertigungsprozeßzuordnung nicht aussagefähig genug erfaßt; hierzu ist eine *simultane Betrachtung von Zeit und Raum* erforderlich; andernfalls wäre die Betrachtung formal-definitorisch. Für die Optimierung von Ablaufplänen ist eine simultane Betrachtung der Kapazitätsausnutzung und der Durchlaufzeiten erforderlich. Da jedoch die räumliche Prozeßzuordnung (z. B. in Form der Maschinenbelegung) unmittelbar nur die Kapazitätsausnutzung betrifft und die zeitliche Prozeßzuordnung direkt nur die Durchlaufzeiten beeinflußt, ergibt sich somit, daß eine simultane Betrachtung beider Zuordnungsmerkmale sinnvoll, wenn nicht notwendig, ist.

Die simultane Betrachtung beider Merkmale läßt den typologischen Charakter der Untersuchung deutlich erkennen: Die Merkmalsausprägungen werden nicht formal-kombinatorisch verbunden, denn dabei würden nicht *sinnvolle Verbindungen* entstehen. So ist eine räumlich sukzessive Zuordnung bei zeitlich paralleler Zuordnung nur im Aus-

---

[67] Vgl. Abb. 66 einerseits und Kap. 3.3.18., Erfassung, und Abb. 39 andererseits.

nahmefall denkbar, nämlich nur dann, wenn der erste Bearbeitungsvorgang eines Fertigungsprozesses mit dem ersten Bearbeitungsvorgang eines folgenden Fertigungsprozesses auf einer Maschine gleichzeitig durchgeführt werden kann. Dieser Fall wird als atypisch betrachtet. Weiterhin ist räumlich parallele Zuordnung zusammen mit zeitlich sukzessiver Zuordnung zwar denkbar, aber offensichtlich nicht sinnvoll, denn wenn z. B. zwei parallele Fließreihen zur Verfügung stehen, auf denen jeweils ein Produkt gefertigt wird, dann braucht der Fertigungsbeginn des einen Produktes nicht auf das Fertigungsende des anderen Produktes zu warten. Dieser Fall ist atypisch. Typisch ist dagegen, daß bei räumlich paralleler Zuordnung auch eine zeitlich parallele Zuordnung erfolgt.

Bei sinnvoller Zuordnung ergeben sich folgende Typen:

W_1 *: Sukzessivfertigung*

Dieser Fertigungstyp liegt dann vor, wenn sowohl eine räumlich sukzessive als auch eine zeitlich sukzessive Zuordnung erfolgt[68]. Das ist z. B. dann der Fall, wenn zwei verschiedene Produkte auf denselben Universalbetriebsmitteln gefertigt werden, die bei Produktwechsel vollständig umgerüstet werden, und wenn die Umrüstung der Betriebsmittel wechselseitig voneinander abhängt, so daß der erste Bearbeitungsvorgang des folgenden Produktes erst nach Abschluß des letzten Bearbeitungsvorgangs des vorhergehenden Produktes ablaufen kann. Abb. 68 zeigt diesen Typ in der erläuterten Darstellungsweise.

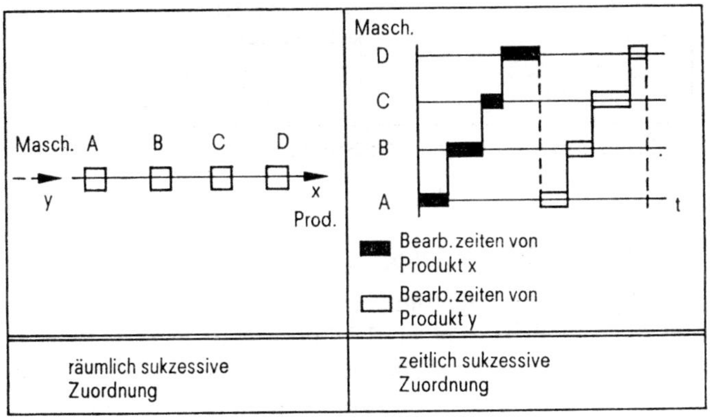

Abb. 68. Fertigungstyp W_1: Sukzessivfertigung

[68] Denselben Terminus verwendet Moews. Vgl. *Moews*, D., Zur Aussagefähigkeit neuerer Kostenrechnungsverfahren, Berlin 1969, S. 53. Dagegen verwendet Ohse — allerdings ohne nähere Begründung und Erläuterung — den Ausdruck Wechselfertigung. Vgl. *Ohse*, H., Sortenfertigung, Bd. 1, S. 39.

W_2 : Sukzessiv-Parallel-Fertigung

Dieser Fertigungstyp liegt dann vor, wenn eine räumlich sukzessive und eine zeitlich sukzessiv-parallele Zuordnung erfolgt. Das ist z. B. dann der Fall, wenn zwei ähnliche Produkte (Sorten) hintereinander auf denselben Betriebsmitteln gefertigt werden, die bei Sortenwechsel geringfügig umgerüstet werden, ohne daß die Umrüstung der Betriebsmittel wechselseitig voneinander abhängt, so daß der erste Bearbeitungsvorgang der folgenden Sorte noch während der Durchlaufzeit der vorhergehenden Sorte ablaufen kann. Abb. 69 zeigt diesen Typ in zwei Varianten.

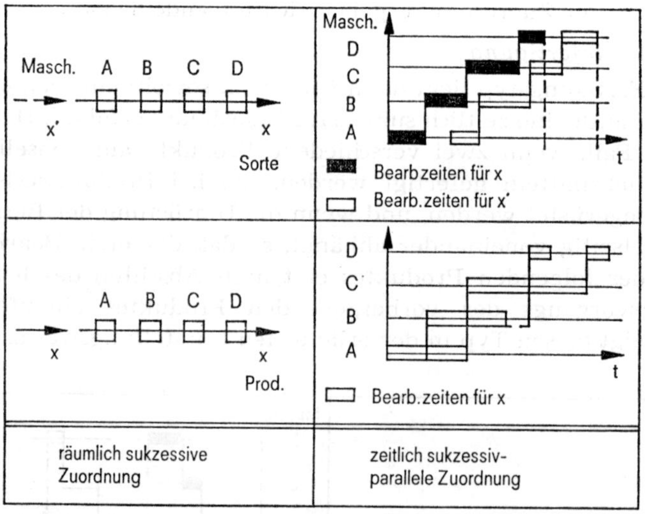

Abb. 69. Fertigungstyp W_2: Sukzessiv-Parallel-Fertigung

W_3 : Parallel-Sukzessiv-Fertigung

Dieser Fertigungstyp liegt dann vor, wenn eine räumlich sukzessiv-parallele und eine zeitlich parallele Zuordnung erfolgt. Bei Bezug auf die gesamte Unternehmung dürfte dieser Typ am häufigsten sein. Er findet sich bei Werkstattfertigung, wenn für verschiedene Produkte teilweise verschiedene, teilweise dieselben Betriebsmittel verwendet werden; aber auch bei Fließfertigung, wenn z. B. parallele Fließreihen bei zentralen Betriebsmitteln, wie Lackierstationen, Öfen usw., zusammenlaufen und die Produkte anschließend auf parallelen Fließreihen montiert bzw. verpackt werden. Abb. 70 zeigt diesen Typ in einer möglichen Ausprägung.

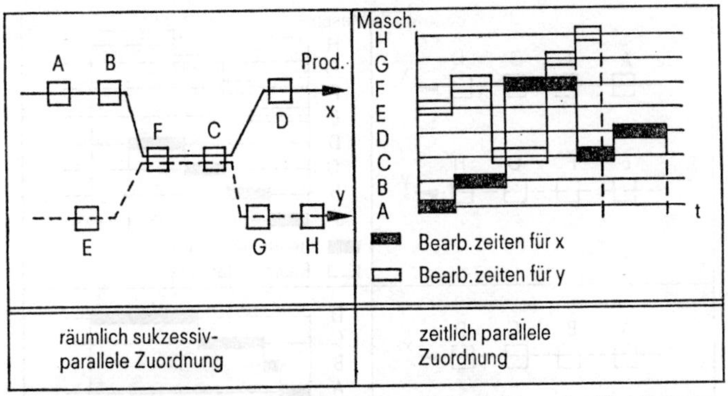

Abb. 70. Fertigungstyp W_3: Parallel-Sukzessiv-Fertigung

W_4 : Parallelfertigung

Dieser Fertigungstyp liegt dann vor, wenn eine räumlich und zeitlich parallele Zuordnung erfolgt[69]. Das ist z. B. dann der Fall, wenn zwei verschiedene Produkte auf zwei parallelen, verschiedenartigen Fließreihen gefertigt werden und ihre Fertigung in etwa gleichzeitig beginnt, wie z. B. in der Automobilendmontage. Aber auch dann, wenn keine räumlich in etwa parallelen Fließreihen vorhanden sind, kann im Prinzip Parallelfertigung vorliegen, denn typbildende Merkmalsausprägung in bezug auf die räumliche Zuordnung ist lediglich die Forderung, daß Produkte auf jeweils unterschiedlichen Maschinen gefertigt werden. Insofern liegt bei Werkstattfertigung sehr häufig Parallelfertigung vor[70]. Schließlich ist auch noch die Variante wichtig, in der Fließreihen oder einzelne Betriebsmittel vervielfacht werden, um das Leistungsvermögen zu steigern. Dann liegt eine gleichzeitige Fertigung von gleichen Produkten auf mehreren, gleichartigen Fließreihen vor[71], wie z. B. in Spinnereien. Abb. 71 zeigt diesen Fertigungstyp in beiden Varianten.

---

[69] Moews betrachtet primär die zeitliche Zuordnung, deshalb spricht er hier von Simultanfertigung. Vgl. *Moews*, D., Kostenrechnungsverfahren, S. 53. Hier wird aber primär die räumliche Zuordnung betrachtet. Deshalb wird der Terminus Parallelfertigung verwendet. Der Terminus simultane Fertigung ist außerdem schon bei der verbundenen Fertigung verwandt worden. Vgl. Kap. 3.3.17. Dort bezeichnet er auch annähernd denselben Sachverhalt wie bei Moews. Werden gleichzeitig entstehende Spaltprodukte eines Kuppelprozesses simultan weiterverarbeitet, dann wird dies von Moews und vom Verfasser als Simultanfertigung bezeichnet. Es liegt aber keine Parallelfertigung vor, da es sich nur um einen Fertigungsprozeß handelt und nicht um die Zuordnung mehrerer getrennter Fertigungsprozesse.

[70] Dieses Beispiel nennt auch *Schäfer*, E., Industriebetrieb, Bd. 2, S. 262.

[71] Schäfer sieht diese Variante als primäre Erscheinungsform für die Parallelfertigung. Er spricht auch von homogener Mehrstrangfertigung. Vgl. *Schäfer*, E., Industriebetrieb, Bd. 2, S. 262.

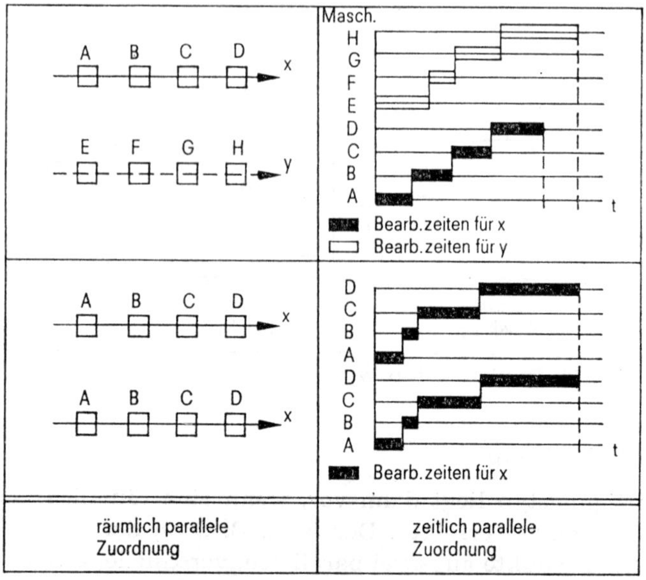

Abb. 71. Fertigungstyp W_4: Parallelfertigung

Abb. 72 faßt die erläuterte Typenbildung übersichtlich zusammen. Damit wird die zweidimensionale Typenreihe mit der versetzten Verbindung der Merkmalsausprägungen deutlich, die für diese Reihe wesentlich ist.

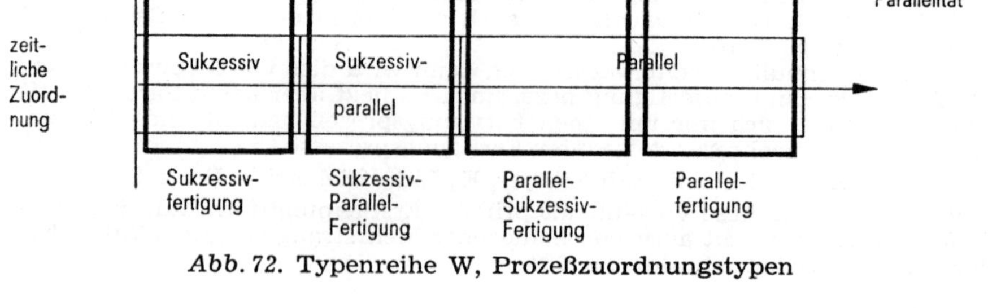

Abb. 72. Typenreihe W, Prozeßzuordnungstypen

3.4. Bildung und Darstellung von Verbundtypen

3.4.0. Methodische Vorbemerkungen

Nach der Bildung aller für die Fertigungsablaufplanung in systemtheoretischer Sicht wichtigen Elementartypenreihen müssen nun die Verbindungen zwischen den Elementartypenreihen aufgezeigt werden. Für die Verbundtypenbildung ist bisher erhebliche *Vorarbeit* geleistet worden. Dies betrifft vor allem die theoretische Darstellung der Verbundtypenbildung, aber auch die Darstellung der angewandten Elementartypenbildung. Einmal sind nicht nur eindimensionale, sondern hauptsächlich mehrdimensionale Elementartypen gebildet worden. Somit wurde bereits unter der Bedingung einer sinnvollen Elementartypendefinition eine begrenzte Verbindung von Merkmalsausprägungen hergestellt, die Ansätze für weitere Verbindungen aufzeigt. Zum anderen wurde die Untersuchung auf eine streng methodische Grundlage gestellt, und zwar im wesentlichen auf den syntaktisch-systemtheoretischen Ansatz; somit kann diese Systematik Grundsätze zur Verbundtypenbildung liefern. Schließlich sind die Elementartypen fast immer durch einige typbeschreibende Merkmale spezifischer gekennzeichnet worden. Besonders aus diesen Merkmalen ergeben sich Ansätze zur Verbindung mit Elementartypen.

Die vorliegende Arbeit ist grundsätzlicher und — für eine typologische Arbeit — ziemlich abstrakter Natur. Bei dem für diesen Rahmen ungewöhnlich großen Untersuchungsbereich konnte sie nicht *empirisch untermauert* werden, obwohl dies für eine typologische Untersuchung sicherlich sehr wünschenswert gewesen wäre, und zwar besonders für die Verbundtypenbildung. Diese kann sich nur auf die wesentlichen Grundzüge beschränken. Da aber jede Typenbildung von der Realität, von realen Erscheinungsformen, auszugehen hat, kann dieser Bezug auf die Realität hier nur darin bestehen, *allgemeine Erfahrungen* aus der Realität zugrunde zu legen. Eine fundierte empirische Basis würde nur dann vorliegen, wenn genaue Unternehmungsbeschreibungen und vor allem die Auswertung von Statistiken hinzugezogen würden. Bei der Vielfalt der realen Erscheinungsformen in diesem großen Untersuchungsbereich ist das aber im Rahmen der vorliegenden Untersuchung praktisch unmöglich. Die Verbundtypenbildung trägt somit *teilweise hypothetischen Charakter*. Diese Beschränkung in der Untersuchungsmethode scheint dem Verfasser beim gegenwärtigen Forschungsstand auf dem typologischen Gebiet gerechtfertigt zu sein[1].

---

[1] Obwohl von Schäfer und seinen Schülern die bisher wohl umfangreichsten und detailliertesten typologischen Untersuchungen abgefaßt worden sind, schreibt Schäfer nach einigen grundsätzlichen Bemerkungen über die Merkmalsverbindungen: „... auf eine komplette Systematisierung muß jedoch beim gegenwärtigen Stand der Industrieforschung verzichtet werden.“ *Schäfer*, E., Industriebetrieb, Bd. 2, S. 310.

Da der Verfasser jedoch auch in diesem Kapitel eine gewisse Geschlossenheit anstrebt, muß die Darstellung stark verdichtet werden. Die graphische Abbildung wird wesentliches Darstellungsmittel. Die verbale Darstellung muß sich auf eine kurze Erläuterung beschränken.

In der voranstehenden Untersuchung sind 125 Elementartypen explizit gebildet worden. Darüber hinaus ist auf zahlreiche Typen hingewiesen worden. Es wurden ca. 86 Merkmale explizit herangezogen und darüber hinaus zahlreiche implizit berücksichtigt. Es wurden allein 64 Grundelementartypen mit der allgemeinen Symbolik X_i ($X = A$ bis W und $i = 1$ bis 11) untersucht. Auf diese *Grundelementartypen* wird sich die folgende Verbundtypenbildung im wesentlichen beschränken. Nur bei wenigen Elementartypenreihen werden auch differenzierte Grundelementartypen hinzugezogen (bei den Produktzahl-, den Quantitätswiederholungs-, den Materialfluß- und den Stufenzahltypen). Die 11 Mechanisierungstypen werden auf die auch schon erwähnten drei zusammengefaßt.

Eine Verbundtypenbildung, die auf demselben Detaillierungsgrad wie die Darstellung der jeweiligen Elementartypenreihen basiert, ist im folgenden nicht praktikabel und auch nicht sinnvoll. Es sollen nur wesentliche Grundzusammenhänge aufgezeigt werden. Deshalb werden die *Grundelementartypen als einfache Flächen* dargestellt. Da die weitaus überwiegende Anzahl der Elementartypen mit abstufbaren Merkmalen gebildet wurde, liegt auch den sie darstellenden Flächen (der Basisstrecke) die Vorstellung der Abstufung zugrunde. Zur genauen Definition der durch manche Typenabgrenzungen gebildeten Teilflächen müssen die Elementartypendarstellungen hinzugezogen werden.

3.4.1. Übersicht über die Elementartypen und hypothetischer Grundansatz über ihre Korrelationen

Kernstück der Verbundtypenbildung ist die Untersuchung eigenschaftsbedingter, zwangsmäßiger Beziehungen zwischen den Elementartypen, um Leit- und Folgemerkmale erkennen zu können. Diese Beziehungen waren als Korrelationen bezeichnet worden[2]. Um den sog. *Verbundenheitsgrad*[2] zwischen Elementartypen ermitteln zu können, ist ein Verfahren vorgeschlagen worden, das sowohl den Grad der Korrelation als auch den Grad der Häufigkeit, mit der die Beziehung auftritt, ermittelt; aus der Multiplikation des sog. Korrelationskoeffizienten mit dem sog. Häufigkeitskoeffizienten ergibt sich der Intensitätsgrad einer Beziehung zwischen zwei Elementartypen; aus der Addition der Intensitätsgrade aller paarweisen (direkten) Elementartypbeziehungen in

[2] Vgl. Kap. 2.6.

einem Verbundtyp ergibt sich der Verbundenheitsgrad, mit dem Leitmerkmale relativ gesichert definiert werden können[2].

Um dieses relativ einfache Verfahren aussagefähig anwenden zu können, muß jedoch für die Quantifizierung der Korrelation und der Häufigkeit eine *empirische Basis* vorhanden sein. Die *Häufigkeitskoeffizienten* könnten aus detaillierten und umfassenden Unternehmungsstatistiken abgeleitet werden. Hier kommen Statistiken des Statistischen Jahrbuchs der BRD, weitere Veröffentlichungen des Statistischen Bundesamtes, Aufstellungen der Industrie- und Handelskammern und der Fachverbände in Betracht. Für die Ermittlung von *Korrelationskoeffizienten* sind diese Statistiken besonders für eine spezielle Fertigungstypologie nur von bedingtem Aussagewert. Hierzu müßten besonders wissenschaftliche Veröffentlichungen einschließlich von Dissertationen und Diplomarbeiten und Forschungsarbeiten von Universitäten und Technischen Hochschulen ausgewertet werden. Spezielle Unternehmensbesichtigungen müßten die Lücken verkleinern. Da der vorliegenden Arbeit — wie bereits erwähnt — diese empirische Basis fehlt, kann das vorgeschlagene *Verbundtypenermittlungsverfahren nicht angewandt* werden, denn lediglich allgemeine Erfahrungen aus der Realität können bei der erfolgreichen Quantifizierung nicht zu signifikanten, differenzierten Verbundtypenbildungen führen. Deshalb werden hier nur *generelle Grundzüge* in den Beziehungen aufgezeigt.

Die Untersuchung beginnt zunächst mit einer *umfassenden Übersicht* über alle bisher gebildeten Elementartypenreihen. Sie ist in Abb. 73 dargestellt. Dort wird nochmals die Systematik der Typenbildung deutlich. Je nach den typbildenden Merkmalen und der ihnen zugrunde liegenden Klassifikation[3] wird in output-, input- und prozeßorientierte Typen unterschieden und innerhalb der prozeßorientierten Typen in aktions-, objekt- und potentialorientierte Typen. Damit wird der *ganzheitliche Ansatz* der Elementartypenbildung erneut deutlich. Eine ganzheitliche Verbundtypenbildung muß diese Gruppierungen berücksichtigen.

Abb. 73 berücksichtigt nur *Grundelementartypen* bis auf die schon erwähnten Modifikationen. Diese Elementartypen sind dabei so angeordnet worden, daß in vertikaler Verbindung eine gewisse Korrelation vorliegt. Die Abstufungsreihenfolge wurde exakt beibehalten, jedoch sind die Abstufungsrichtungen der Merkmalsintensitäten einige Male so umgestellt worden, daß die Korrelation in vertikaler Verbindung deutlich wird. In dieser Übersicht können jedoch noch keine Typenbildungen explizit ausgewiesen werden, da die Übersicht alle Merkmale enthält, also auch diejenigen, zwischen denen keine eindeutigen Korrelationen vor-

[3] Vgl. Kap. 3.2.1.

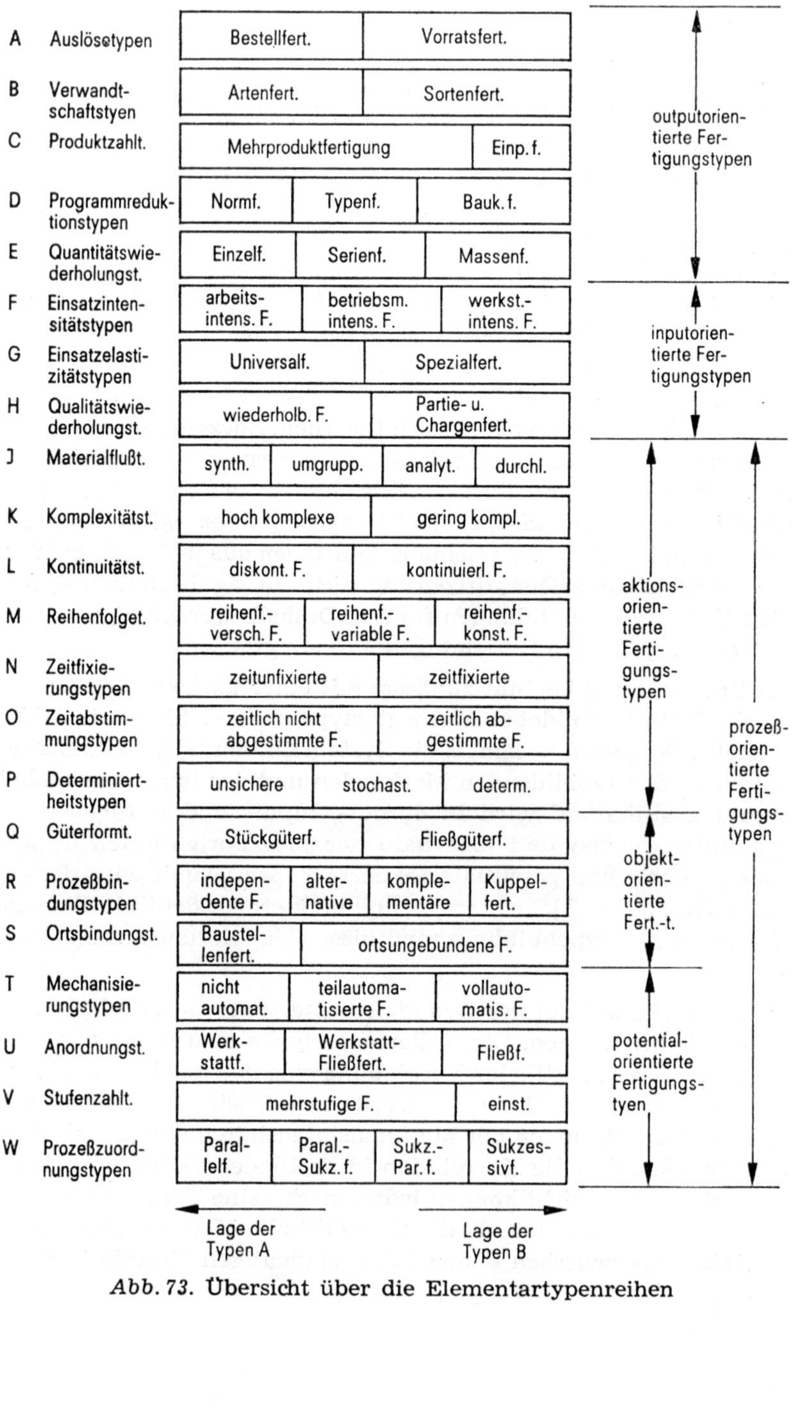

Abb. 73. Übersicht über die Elementartypenreihen

liegen. Außerdem werden in dieser Übersicht nicht nur Korrelationen zwischen zwei unmittelbar untereinander stehenden Typenreihen berücksichtigt, sondern *Korrelationen aller Elementartypen gleicher Position* (Links-, Mittel- und Rechtslage). Deshalb kann die Aussage, daß alle linksstehenden Elementartypen und alle rechtsstehenden Elementartypen miteinander korrelieren, nur eine erste *Ausgangshypothese* sein. Für die Verifikation der Hypothese lassen sich zwar zahlreiche Beispiele nennen, aber sicherlich auch einige für ihre Falsifikation. Dies wird genauer zu untersuchen sein.

Wenn aber die Hypothese Gültigkeit hat, dann müssen alle Verbundtypen, die überwiegend mit Extremtypen gebildet werden, eine deutliche Links- oder Rechtslage aufweisen. Die in Abb. 73 primär links liegenden Typen werden mit *A* und die primär rechts liegenden mit *B* gekennzeichnet. Die Verbundtypenbildung wird damit vereinfachend im Grundansatz auf eine *bipolare Extremtypenbildung* zurückgeführt.

3.4.2. Bildung eines Fließverbundtyps

Die Verbundtypenbildung muß zunächst von der Realität ausgehen. Hierzu wird ein *repräsentativer Querschnitt von Unternehmungen* auf das Vorhandensein der genannten Merkmalsausprägungen bzw. Elementartypen untersucht. Stellt man die Elementartypenreihen als Balkendiagramm dar und trägt dort die bei jeder Unternehmung gefundenen Merkmalsausprägungswerte bzw. Elementartypen ein und verbindet diese Werte, dann erhält man das die betreffende Unternehmung charakterisierende *Merkmalsprofildiagramm* bzw. eine *Profillinie.*

Bei der *Auswertung der Profildiagramme* wird man für bestimmte Unternehmungsgruppen charakteristische Ähnlichkeiten in den Merkmalsbeziehungen feststellen, d. h., die Profillinien laufen mehr oder minder eng beieinander. Wenn die Unternehmungsgruppe entsprechend groß ist, dann wird man feststellen, daß zwischen einigen Merkmalen die Profillinien ständig stark voneinander abweichen. Zwischen diesen Merkmalen und seinen Ausprägungen kommen somit Merkmalskorrelationen nur selten vor, d. h., der Häufigkeitskoeffizient für eine bestimmte Korrelation hat einen geringen Wert. Für die Bildung von zwangsmäßigen Verbundtypen werden diese Merkmale aus der Betrachtung ausgeschieden.

Für die restlichen Merkmale laufen dann die Profillinien relativ (bezogen auf die Größe der Unternehmungsgruppe) eng nebeneinander her. Die Linienabschnitte in extremer Links- bzw. Rechtslage schließen eine schmale Fläche ein, die man als das *typologische Profilband* der Unternehmungsgruppe bezeichnen kann. Das Profilband ist um so breiter, je größer die Unternehmungsgruppe ist und je weniger verwandt die Unternehmungen sind. Wesentlich ist, daß die Breite des Profilbandes weitaus unterproportional zur Größe der Unternehmungsgruppe wächst, denn darin liegt das *typologische Phänomen* begründet: Einer bestimmten Unternehmungsgruppe mit einer großen Vielfalt von realen Individualerscheinungsformen sind stets gleiche oder sehr ähnliche Merkmalsbeziehungen gemeinsam.

Eine derartige Gruppierung von Erscheinungsformen der Fertigung bzw. eine *Zusammenfassung von Profillinien zu schmalen Profilbändern* über eine größere Zahl von Merkmalen bzw. Elementartypen hinweg führt zu einer umfassenden Fertigungsverbundtypenbildung[4].

Ein so abgeleiteter Verbundtyp ist in Abb. 74 dargestellt, der *Fließverbundtyp* B_F. Er liegt z. B. vor bei Unternehmungen der chemischen Grundstoffindustrie, der Petrochemie, dem Hochofenwerk, der Gas-Koks-Erzeugung, der Fertigung von Tafelglas, der Zementherstellung und der Fertigung von Papier und Kartonagen, also der *Massenfertigung von Fließgütern in Fließfertigung*[5].

Abb. 74 zeigt einige Elementartypenreihen in anderer Anordnungsrichtung als in Abb. 73, denn Abb. 75 knüpft zum Vergleich noch einmal direkt an die Darstellungsweise der einzelnen Elementartypenreihen an. Deshalb sind noch einmal die typbildenden Merkmalsarten explizit angeführt worden. Würde man die Elementartypen ebenso wie in Abb. 73 anordnen, dann würde die *Rechtslage* des Fließverbundtyps deutlich werden, die zur Benennung *B* (= Rechtslage) führt. Damit wird eine erste Verifikation der Hypothese in bezug auf Abb. 73 erzielt. Der Index *F* steht für Fließverbundtyp. Da bei diesem Typ keine ausgeprägten Beziehungen zu den Verwandtschaftstypen (*B*), den Programmreduktionstypen (*D*), den Ortsbindungstypen (*S*) und den Prozeßzuordnungstypen (*W*) auftreten, entfallen diese vier Typenreihen.

3.4.3. Bildung von Stückverbundtypen

Die genannten vier Typenreihen entfallen ebenfalls bei den in Abb. 75 dargestellten *Stückverbundtypen*. Dort sind die Elementartypen wieder in der Art der Abb. 73 angeordnet, die im folgenden beibehalten wird.

---

[4] Der Verfasser hat für eine große Zahl von Erscheinungsformen der Fertigung solche Profillinien aufgezeichnet und sie dann gruppiert. Diese darstellungsmäßig aufwendigen, die realen Individualerscheinungsformen betreffenden Voruntersuchungen können hier nicht wiedergegeben werden.

[5] Dieser Typ findet sich in den Grundzügen auch bei Schäfer. Er bezeichnet ihn als Prozeßbetrieb. Es sei darauf hingewiesen, daß Schäfer nicht Fertigungstypen, sondern Industrieunternehmungstypen bildet. Vgl. *Schäfer*, E., Industriebetrieb, Bd. 2, S. 319 f.

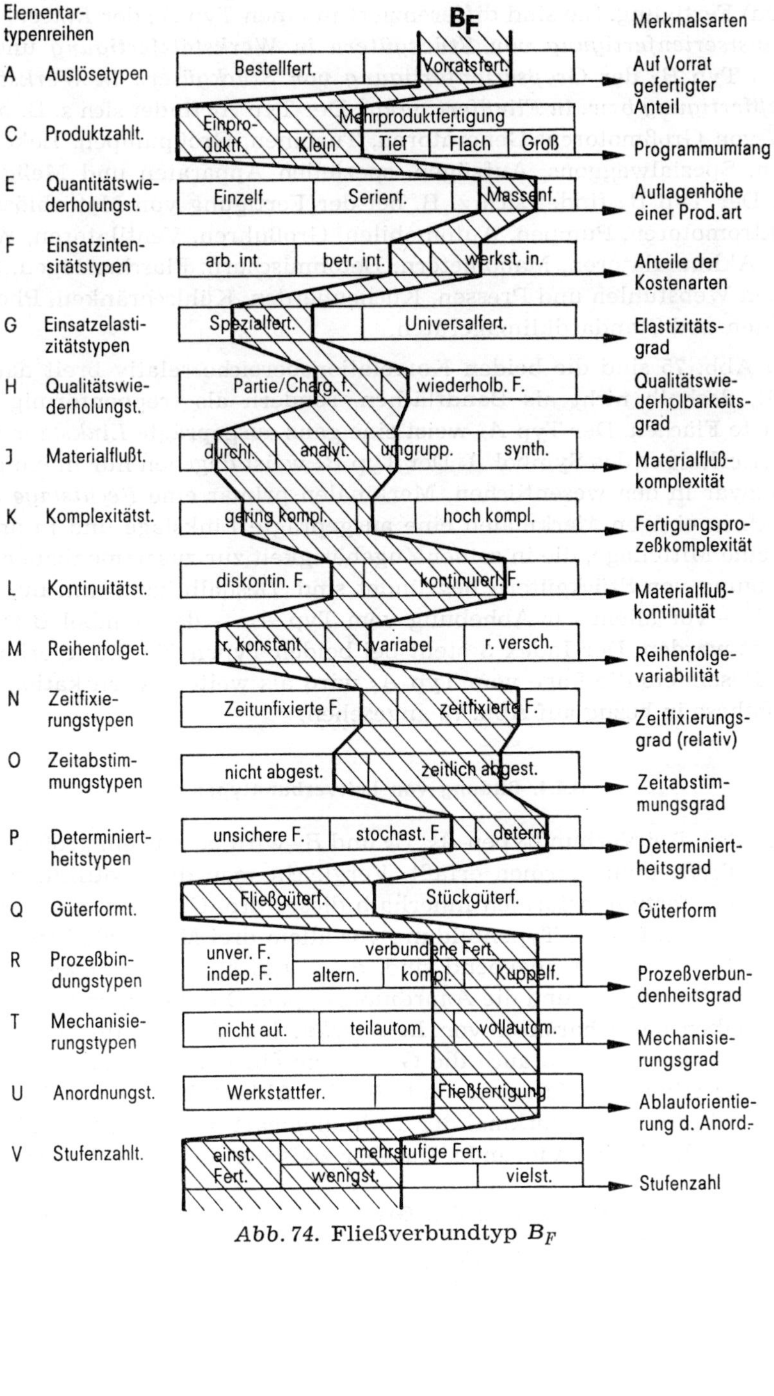

Abb. 74. Fließverbundtyp B_F

Die beiden Verbundtypen betreffen vor allem die große Gruppe des Maschinenbaus, damit eine Gruppe der zusammenbauenden (synthetischen) Fertigung. Sie sind differenziert in einen Typ A_S der *Einzel- und Kleinstserienfertigung von Stückgütern in Werkstattfertigung* und in einen Typ B_S der *Großserienfertigung von Stückgütern in Werkstatt-Fließfertigung bzw. in Fließfertigung*[6]. Der Typ A_S findet sich z. B. beim Bau von Großmotoren, Generatoren, Turbinen, Großpumpen, Lokomotiven, Spezialwaggons, Aufzügen, speziellen Apparaten und Meßgeräten. Der Typ B_S findet sich z. B. bei der Fertigung von Motorblöcken, Elektromotoren, Pumpen, Automobilen, Großuhren, Ventilatoren, Waagen, Akkumulatoren, Manometern, Betonmischern, Flaschenzügen, einfachen Webstühlen und Pressen, Küchenherden, Kühlschränken, Phonogeräten und Standardklimageräten.

In Abb. 75 sind die beiden Korrelationsbereiche relativ breit dargestellt, deshalb nicht als Bandflächen, sondern als treppenförmig begrenzte Flächen. Der Typ A_S weist eine ganz ausgeprägte *Linkslage* auf; daher erhält er das Symbol *A*. Der Typ B_S weist dagegen nur in einigen, und zwar in den wesentlichen, Merkmalen primär eine *Rechtslage* auf, jedoch in einigen Merkmalen eine ausgeprägte Linkslage und in anderen eine Mittellage, die in seiner Zugehörigkeit zur zusammenbauenden Fertigung von Stückgütern begründet sind. Deshalb kann ihm nur bedingt — vor allem zur Abhebung vom Typ A_S — das Symbol *B* zugeordnet werden. Der Index *S* steht bei beiden Typen für Stückverbundtyp. Besonders die Lage vom Typ A_S wird als weitere Verifikation der Hypothese in bezug auf Abb. 73 angesehen.

3.4.4. Bildung von Leitverbundtypen

Mit den drei Verbundtypen A_S, B_S und B_F wird bereits ein großer Teil realer Erscheinungsformen erfaßt. Vergleicht man die Profillinien der einzelnen Fertigungsformen innerhalb dieser drei Gruppen, dann stellt man fest, daß für die Typenbildung vor allem drei Merkmale bzw. Elementartypenreihen maßgebend sind, die *Auslösetypen*, die *Quantitätswiederholungstypen* und die *Anordnungstypen*. Die sie bildenden Merkmale haben den Charakter von *Leitmerkmalen*. Bedingt (in bezug auf einige Merkmale) kann auch die *Güterform* ein Leitmerkmal sein. Ihm liegt das schwer zu fassende und für die Ablaufplanung unmittelbar weniger bedeutende Merkmal der Technologieart (mechanische und chemische Technologie[7]) zugrunde. Da aber zwischen ihm und den drei ge-

---

[6] Diese Typen finden sich in den Grundzügen auch bei Schäfer unter den Bezeichnungen allgemeine bzw. klassische Maschinenfabrik und Maschinenfabrik in Serienfertigung. Vgl. *Schäfer*, E., Industriebetrieb, Bd. 2, S. 314—317.

[7] Vgl. zu diesem Merkmal *Schäfer*, E., Industriebetrieb, Bd. 1, S. 46 ff.

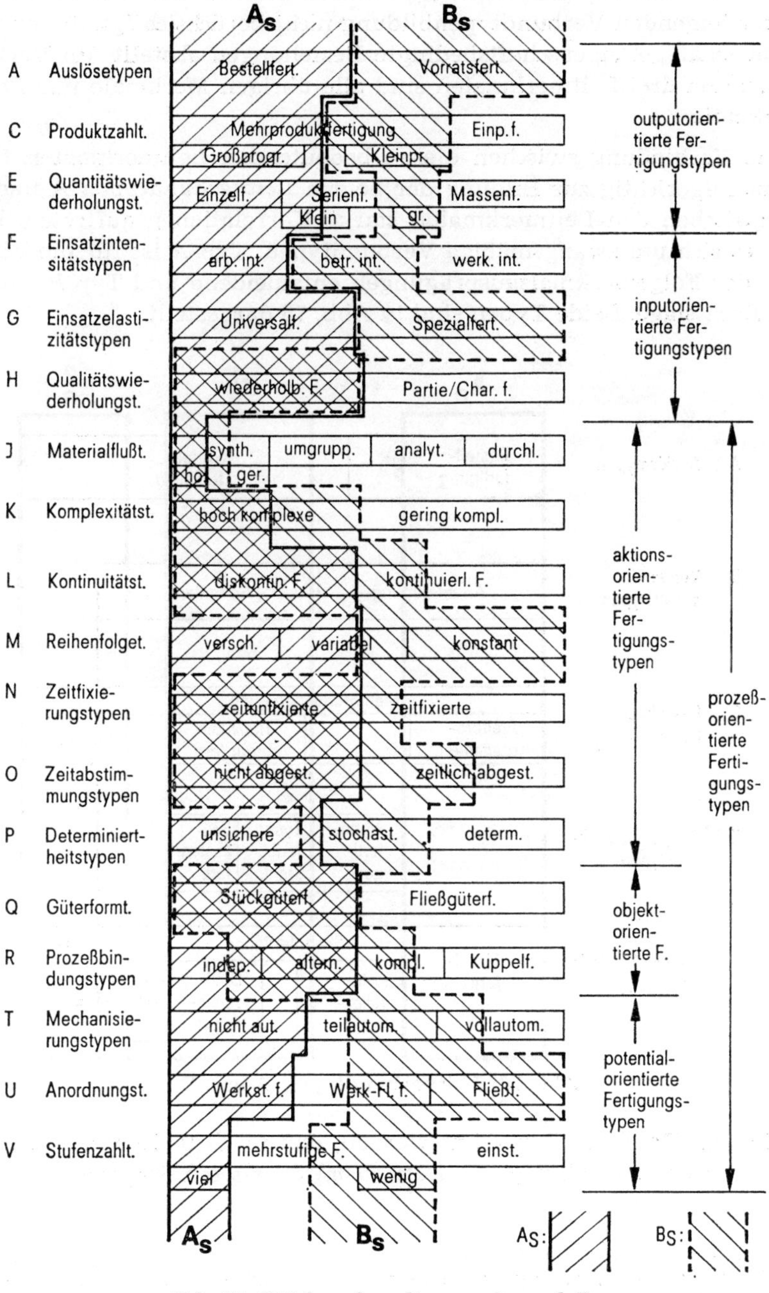

Abb. 75. Stückverbundtypen A_S und B_S

nannten Leitmerkmalen keine signifikante Korrelation auftritt, wird es in der folgenden Verbundtypenbildung nicht berücksichtigt, die nur auf zwangsmäßige, eigenschaftsbedingte Beziehungen abstellt. Im Verhältnis zu den drei Leitmerkmalen sind alle übrigen Merkmale nur *Folgemerkmale.*

Die Verbindung zwischen diesen bedeutenden Leitmerkmalen führt somit folgerichtig zur Bildung der beiden *Leitverbundtypen A* und *B*[8]. Da zwischen den Leitmerkmalen starke Korrelationen auftreten, handelt es sich um zwangsmäßige Verbundtypen. Typ *A* ist für die Linkslage der Folgemerkmalsausprägungen entscheidend und Typ *B* für deren Rechtslage. Beide Typen sind in Abb. 76 dargestellt.

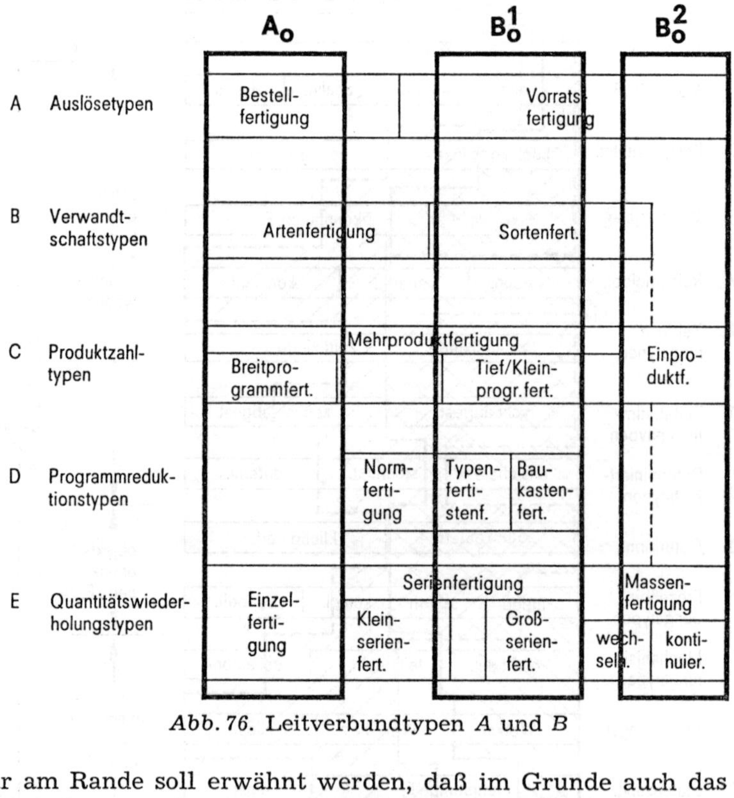

Abb. 76. Leitverbundtypen *A* und *B*

Nur am Rande soll erwähnt werden, daß im Grunde auch das Leitmerkmal der *Anordnung der Betriebsmittel* als ein Folgemerkmal der

[8] Diese Verbundtypen finden sich im Prinzip auch bei *Geiger*, E., Die Produkt- und Mengenplanung im Serienfertigungsbetrieb, Zürich 1961, S. 14. Sie werden übernommen von *Stähly*, P., Fabrikationsplanung, S. 10; vgl. auch *Schäfer*, E., Industriebetrieb, Bd. 2, S. 317.

programm- bzw. outputorientierten Fertigungstypen angesehen werden kann. Das kann auch nicht überraschen, denn Angaben in bezug auf das Sachziel (Produktart (Stoffeigenschaft) und Produktmengen (Wiederholung)) müssen Angaben in bezug auf die Sachzielerreichung (z. B. Anordnung der Betriebsmittel) nach sich ziehen. Trotzdem sind die Anordnungstypen, als potential- bzw. prozeßorientierte Fertigungstypen, für die Fertigungsablaufplanung von unmittelbarerem Interesse. Daher ist die Ausrichtung der meisten Fertigungsablaufdarstellungen durchaus begründet, wenn sie primär nach den Anordnungstypen Werkstatt- und Fließfertigung unterscheiden. Hierin liegt auch der Grund dafür, daß in der Elementartypenbildung so ausführlich auf die Anordnungstypen eingegangen wurde.

Fragt man nach der Feststellung der Leitmerkmale nach den Folgemerkmalen, also denjenigen Merkmalen, die zwangsmäßig, eigenschaftsbedingt mit ihnen verbunden sind, dann ergeben sich vor allem die Folgemerkmale der Abb. 77. Geht man von den Leitmerkmalsausprägungen der Leitverbundtypen A und B aus, dann ergeben sich die Verbindungen der *erweiterten Leitverbundtypen* A' und B'. Der Verbundenheitsgrad ist hier schwächer als bei den reinen Leitverbundtypen, besonders die Intensitätsgrade zu den Einsatzintensitäts-, aber auch zu den Determiniertheitstypen. So kann z. B. die Bestellfertigung als Einzelfertigung durchaus auch werkstoffintensiv sein, wie dies z. B. beim Schiffbau der Fall ist. Dies liegt jedoch daran, daß zahlreiche Fertigungstätigkeiten im Schiffbau stark mechanisiert sind, z. B. Oberflächenbehandlung der Bleche, Formgebung der Bleche, Motorenfertigung, Fertigung von Teilen der Inneneinrichtung, Transport der schweren Teile durch Großkräne. Somit müssen *bei der Typenbildung* und der Zuordnung der realen Erscheinungsformen zu ihnen stets die *Ausprägungen aller (!) typbildenden Merkmale beachtet* werden. Das bedeutet beim Typ A', daß die Bestellfertigung nur dann mit der arbeitsintensiven Fertigung korreliert, wenn gleichzeitig auch nicht automatisierte oder gering teilautomatisierte Fertigung vorliegt. Die weiteren typbildenden Korrelationen von A' und B' sind nicht allzu problematisch und können aus den bisherigen Ausführungen zu den Elementartypen relativ leicht abgeleitet werden. Auf ihre Erläuterung muß hier verzichtet werden.

Bei dieser Typenbildung ist eine ausgeprägte Linkslage des Typs A' und eine ausgeprägte Rechtslage des Typs B' deutlich. Diese Erweiterung der Leitverbundtypen kann weiterhin als eine *Verifikation der Hypothese* in bezug auf die Korrelation der Merkmalsausprägungen in Abb. 73 angesehen werden.

Es soll schließlich noch darauf hingewiesen werden, daß die Bildung der erweiterten Leitverbundtypen *ganzheitlichen Charakter* hat, da von

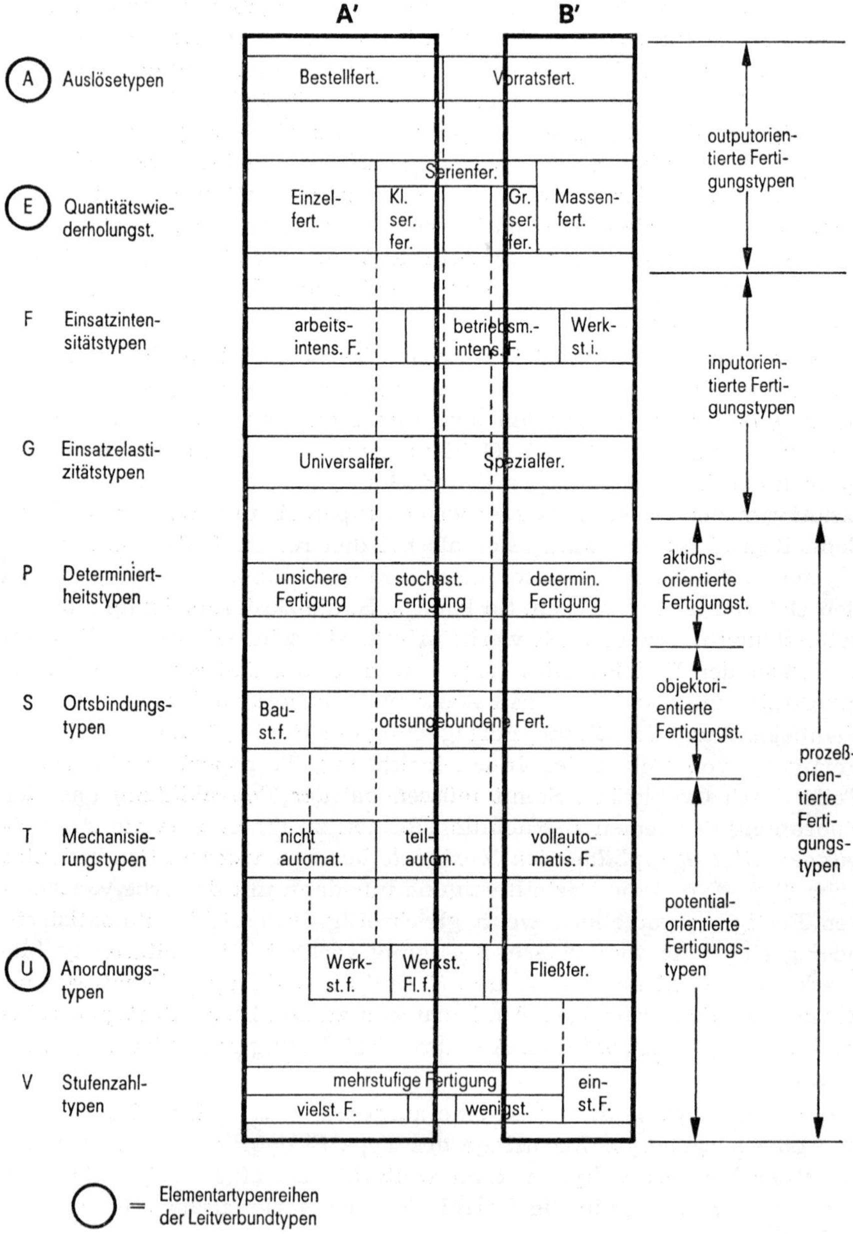

Abb. 77. Erweiterte Leitverbundtypen *A'* und *B'*

allen gebildeten Merkmalsklassen bzw. Elementartypenreihengruppen mindestens eins bzw. eine herangezogen wird. Vergleicht man die herangezogenen Elementartypenreihen mit den insgesamt vorhandenen Elementartypenreihen (vgl. dazu Abb. 73), dann stellt man fest, daß vor allem noch Aussagen in bezug auf die outputorientierten und die aktionsorientierten Fertigungstypen fehlen. Für eine ganzheitliche Verbundtypenbildung sind daher noch diesbezügliche Aussagen zu treffen.

3.4.5. Bildung von Outputverbundtypen

In der Bildung von erweiterten Leitverbundtypen sind nur die beiden wichtigsten *outputorientierten Merkmale* enthalten, die Fertigungsauslösung und die Leistungswiederholung. Das liegt daran, daß die Ausprägungen dieser beiden Merkmale relativ stark miteinander korrelieren, d. h., die erläuterten Häufigkeits- und Korrelationskoeffizienten haben relativ hohe Werte. Ihre Korrelation mit den Ausprägungen der übrigen drei outputorientierten Merkmale ist erheblich schwächer. Die gesamten outputorientierten Merkmale werden somit einer Bildung von gesonderten *Outputverbundtypen* unterworfen, die in Abb. 78 dargestellt sind.

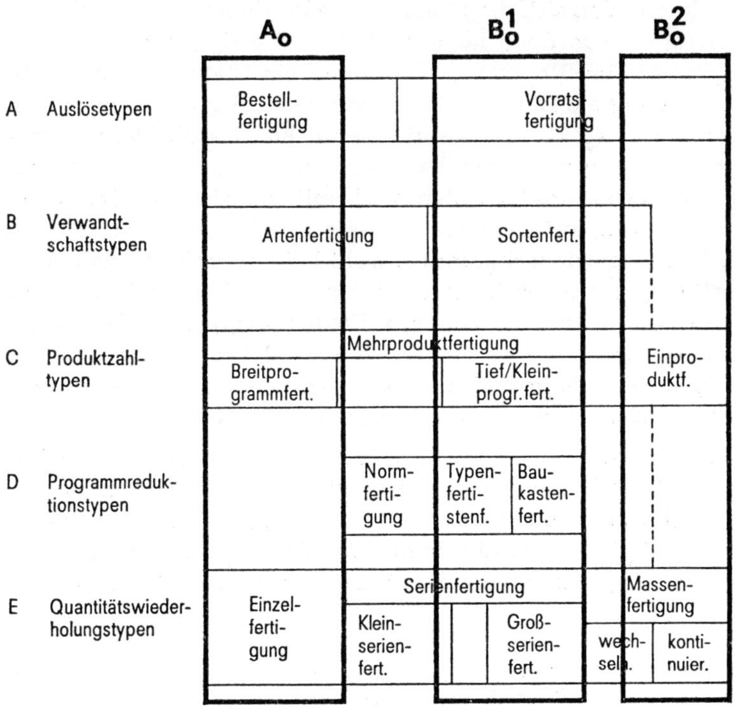

Abb. 78. Outputverbundtypen A_o, B^1_o und B^2_o

Der *Typ* A_0 liegt vor, wenn bei Einzelfertigung als Bestellfertigung viele Endproduktarten in keinen oder ganz wenigen Sorten (breites Programm) ohne oder mit sehr geringfügiger Verwendung von Normteilen gefertigt werden, wie z. B. beim Großmaschinenbau.

Der *Typ* B_0^1 liegt vor, wenn bei Serienfertigung (vor allem Großserienfertigung) als Vorratsfertigung entweder wenige typisierte Endproduktarten in wenigen Sorten (kleines Programm) mit vielen Normteilen (= Typenfertigung: hoher Anteil von Normteilen und typisierten Endprodukten) gefertigt werden oder wenn wenige Endproduktarten in vielen Sorten (tiefes Programm; Differenzierung durch Baukastenfertigung bedingt) mit vielen Normteilen und kombinierbaren Teilegruppen gefertigt werden[9]. Beispiele für beide Varianten finden sich in der Haushaltselektrogeräteindustrie und bei der Pumpenfertigung.

Typ B_0^2 liegt vor bei Massenfertigung als Vorratsfertigung einer Produktart, und zwar entweder als wechselnde Massenfertigung einer Produktart in verschiedenen Sorten (Beispiel: Brauerei, die nur Bier herstellt, und zwar in den Sorten Hell, Pils und Export) oder als kontinuierliche Massenfertigung einer Produktart ohne Sortendifferenzierung (Beispiel: Herstellung von Portland-Zement).

Man erkennt, daß sich die Programmreduktionstypen nur sinnvoll der Serienfertigung zuordnen lassen; bei Einzelfertigung mit breitem Programm ist für eine Programmreduktion kein Platz, ebenso wie bei der Massenfertigung als Einproduktfertigung, da hier die Programmreduktion bereits einen Extremzustand erreicht hat. Da die Programmreduktionstypen auf die zusammenbauende Fertigung (Stückgüterfertigung) definitorisch beschränkt worden sind, mit der sie auch typischerweise zusammenhängen, auf der anderen Seite jedoch die Serienfertigung (begrenzte Leistungswiederholung) sowohl bei Stückgüter- als auch Fließgüterfertigung vorliegen kann, sind Aussagen über die *Korrelation der Outputverbundtypen mit weiteren Elementartypen* problematisch, da die meisten übrigen Elementartypen sowohl bei Stückgüter- als auch bei Fließgüterfertigung vorliegen können. Die vorliegende *Begrenzung der Outputverbundtypen* erscheint somit gerechtfertigt.

Abb. 78 zeigt die Lage der Outputverbundtypen in bezug auf die anfangs hypothetisch festgelegte Anordnung der Elementartypen[10]. Für Typ A_0 ergibt sich eine ausgeprägte Linkslage (daher das Symbol *A*), für den Typ B_0^1 eine schwächer und für den Typ B_0^2 eine stark ausgeprägte Rechtslage (daher die Symbole *B*; das Symbol $_0$ steht bei allen

---

[9] Vgl. Kap. 3.2.2.2., Kap. 3.3.3., Merkmalsausprägungen u. Kap. 3.3.3., Bildung der Typenreihe C, sowie Kap. 3.3.4.

[10] Vgl. Abb. 73.

für Outputverbundtypen). Auch hiermit ergibt sich eine *Verifikation der Hypothese* in bezug auf die Korrelation aller Elementartypen.

3.4.6. Bildung von Aktionsverbundtypen

In der Bildung von erweiterten Leitverbundtypen (Abb. 77) ist nur ein einziges aktionsorientiertes Merkmal enthalten, der Determiniertheitsgrad des Fertigungsprozesses bzw. der Aktionsfolge. Somit sind noch Aussagen in bezug auf die übrigen *aktionsorientierten Merkmale* zu treffen. Dies gestaltet sich jedoch äußerst schwierig, da die diesbezüglichen Elementartypen, so wie sie in Abb. 79 dargestellt sind, nur *schwach miteinander korrelieren.*

Die Verbindung der sich nur auf die aktionsorientierten Merkmale beziehenden Elementartypen führt zur Bildung von *Aktionsverbundtypen.* Hier ist die Bildung von *zwangsmäßigen Verbundtypen* ebenso problematisch wie bei den Outputverbundtypen. Geht man zunächst von den Materialflußtypen aus, dann ergibt sich zwar eine relativ signifikante Korrelation zu den Komplexitätstypen, die bereits ausführlich bei der Bildung der Materialflußtypen erläutert wurde[11], jedoch liegt dann keine signifikante Korrelation mit den übrigen Elementartypen vor. Lediglich zwischen den übrigen Elementartypen (der Typenreihen *L* bis *P*) läßt sich wiederum eine relativ signifikante Korrelation feststellen. Deshalb ist in Abb. 79 auch keine Korrelationslinie (gestrichelte Linie) zwischen den Reihen *J* und *K* einerseits und den Reihen *L* bis *P* andererseits eingezeichnet. Dies ist leicht einzusehen, denn z. B. kann auch eine synthetische Fertigung reihenfolgekonstant und zeitlich abgestimmt sein.

Trotz der Schwierigkeiten ist die in Abb. 79 ausgewiesene Verbundtypenbildung sinnvoll. Obwohl sich die Aktionstypenbildung ebenso wie die Outputverbundtypenbildung nur auf eine Merkmalsklasse beschränkt (hier auf die aktionsorientierten Merkmale), muß sie im Zusammenhang mit den weiteren Merkmalen gesehen werden. Diese umfassende Sicht ist Kennzeichen der *ganzheitlichen Verbundtypenbildung.*

Wenn man die synthetische und umgruppierende Fertigung primär mit der Einzelfertigung in Beziehung bringt und die durchlaufende und analytische Fertigung primär mit der Massenfertigung — unter Beachtung der weiteren Korrelationen —, dann werden auch die bei den Aktionsverbundtypen A_a und B_a ausgewiesenen Korrelationen verständlich. Der Typ A_a liegt z. B. beim Großmaschinenbau vor und der Typ B_a beim Walzwerk oder bei der Erdölverarbeitung. Damit sind beide Ty-

[11] Vgl. bes. Kap. 3.3.9., Differenzierung.

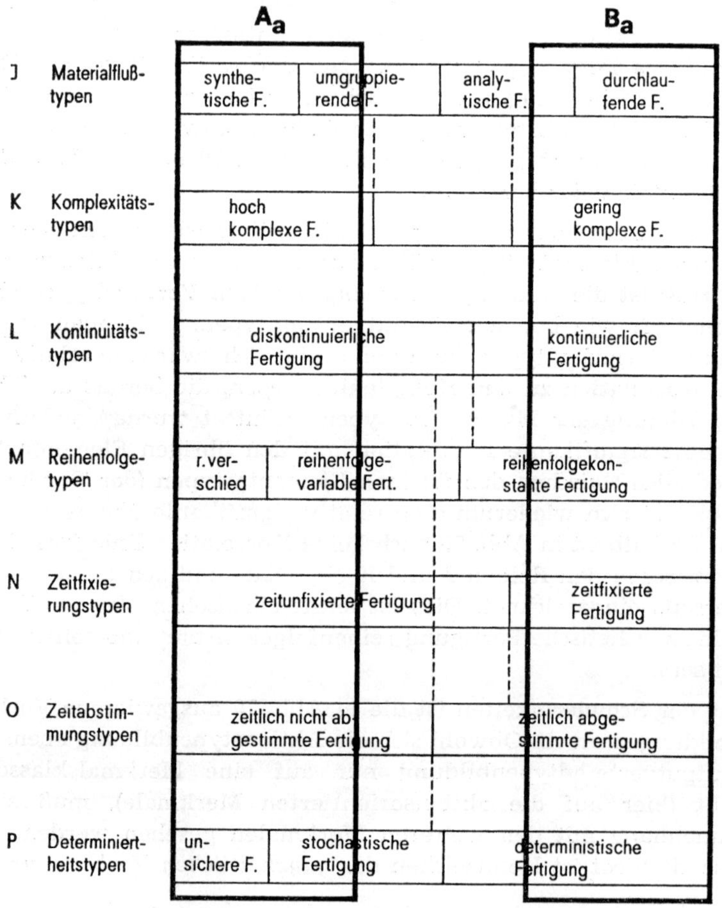

Abb. 79. Aktionsverbundtypen A_a und B_a

pen weitgehend in den anfänglich gebildeten Verbundtypen enthalten, A_a in dem Stückverbundtyp A_S (vgl. Abb. 75) und B_a in dem Fließverbundtyp B_F (vgl. Abb. 74).

In der zugrunde gelegten Anordnung ergibt sich eine ausgeprägte Links- bzw. Rechtslage, somit eine weitere *Verifikation der Hypothese* in bezug auf die Anordnung der Abb. 73. Da die Verbundtypenbildung umfassend bei themenadäquater Gewichtung einen gewissen Abschluß findet, kann diese Hypothese im *Ergebnis als zumindest sinnvoll* angesehen werden, d. h. eine *Verbundtypenbildung, die im Ansatz von dieser Elementartypenanordnung und den ihr zugrunde liegenden tendenziellen Korrelationen ausgeht, erfaßt wesentliche Erscheinungsformen.*

Obwohl bei der bisher relativ groben Betrachtung bei den verschiedenen Abstraktionsstufen und den verschiedenen Ansätzen der Verbundtypenbildung der klare *Grundsatz* als sinnvoll bestätigt wird, der in der *Ausrichtung auf bipolare Extremtypen* besteht, muß deutlich gemacht werden, daß besonders bei den Aktionstypen die aufgezeigten Korrelationen zwar häufig in dieser Weise anzutreffen sind, jedoch keineswegs immer so vorliegen. Besonders die Beziehungen zwischen den Zeitmerkmalen und dem Reihenfolge-, dem Kontinuitäts- und dem Güterformmerkmal (Technologieart) müßten noch genauer untersucht werden.

3.4.7. Grundlagen für die Bildung von gemischten und freien Verbundtypen

Wenn die Werte der erläuterten Häufigkeits- und Korrelationskoeffizienten relativ niedrig sind, ergibt sich Raum für die Bildung von *freien Verbundtypen* oder — im Zusammenhang mit zwangsmäßigen Verbundtypen — von *gemischten Verbundtypen*[12]. Hierauf — die Untersuchung der Verbundtypen abschließend — zumindest grundlegend einzugehen, ist unbedingt erforderlich, um Möglichkeiten zu eventuellen Mißverständnissen in bezug auf die Verbundtypenbildung auszuschließen. Mißverständnisse, die durch die — in Anbetracht der Fülle der Probleme und des zur Verfügung stehenden Rahmens — sehr verdichtete Darstellung entstehen könnten.

Zwischen allen Elementartypen — reduziert auf die sog. Grundelementartypen — sind *Korrelationen aufgezeigt* worden (vgl. Abb. 73). Bis auf die Prozeßzuordnungstypen sind *alle Grundelementartypen in eine Verbundtypenbildung einbezogen* worden. Es wurde schon mehrfach darauf hingewiesen, daß Art und Häufigkeit der Korrelationen zwischen den Elementartypen unterschiedlich sind. Zwischen wenigen besteht häufig eine totale Korrelation, zwischen vielen besteht häufig eine partielle Korrelation, zwischen wenigen besteht häufig keine Korrela-

[12] Vgl. nochmals Kap. 2.7.

tion. Die Extremwerte des Häufigkeitskoeffizienten „nie" und „immer" kommen angesichts der Vielfalt der realen Erscheinungsformen kaum vor.

Wenn von dem Verfasser die vorstehenden Verbundtypen gebildet worden sind, dann schließt dies ex definitione — und zwar gemäß der Definition des Typus — die Behauptung ein, daß diese Typen *wesentlich* sind, und zwar wesentlich für die Fertigungsablaufplanung. Die Behauptung bleibt infolge der fehlenden empirischen Basis *unbewiesen*. Die Typenbildung kann durch einige Beispiele nur plausibel gemacht werden. Viele der aufgezeigten Korrelationen zwischen den Merkmalen bzw. Elementartypen können somit *auch in anderer Form* vorkommen. Für diejenigen Merkmale, für die das häufig zutrifft (Häufigkeitskoeffizient in bezug auf die bisherige Darstellungsweise ist gering), sollen die Korrelationen in einer gegenüber der bisherigen Darstellungsweise veränderten, und zwar *allgemeingültigeren*, Form aufgezeigt werden.

Die *Bildung freier Verbundtypen* wird ausschließlich *vom Untersuchungsziel* bestimmt, d. h. insbesondere, daß die freien Verbundtypen um so spezieller sind, je spezieller das Untersuchungsziel ist[13]. Bei ihrer Bildung werden ausschließlich Merkmale herangezogen, zwischen denen nur *schwache bzw. nicht signifikante Korrelationen* bestehen. Die Merkmalsausprägungen sind bei Beachtung des Untersuchungszieles *weitestgehend frei kombinierbar*. Die Kombinierbarkeit wird nicht durch eigenschaftsbedingte Beziehungen wie bei den zwangsmäßigen Verbundtypen eingeschränkt. Die Bildung gemischter Verbundtypen nimmt offensichtlich zwischen diesen Extrema eine ambivalente Stellung ein, da sie sowohl Merkmale mit starken als auch solche mit schwachen Korrelationen heranzieht.

Wenn nun bei der Bildung freier Verbundtypen von einer großen Kombinierbarkeit ausgegangen werden kann, dann ist in Anbetracht des sog. generellen Untersuchungsziels, das dieser Arbeit zugrunde liegt, nämlich Ausrichtung auf die Fertigungsablaufplanung, eine Bildung freier Verbundtypen schwer möglich, weil das Untersuchungsziel zu generell ist. Dies gilt entsprechend (je nach Anteil frei verbindbarer Merkmale) auch für die *gemischten Verbundtypen*. Auch auf ihre Bildung sei verzichtet. Deshalb sollen hier nur die Grundlagen angedeutet werden, die in dem Aufzeigen der vorhandenen bzw. nicht vorhandenen Korrelationen zwischen den Elementartypen bestehen.

Für die *Darstellung von gemischten Verbundtypen* ist die *Würfeldarstellung* geeignet, wenn nicht mehr als sechs Merkmale herangezogen werden müssen. Sie ist deshalb so geeignet, weil sie die Möglichkeit

---

[13] Vgl. hierzu Kap. 1.3.

bietet, auf einigen Würfelseiten Typenreihen so einander zuzuordnen, daß sich deutliche Korrelationen zwischen den Elementartypen ergeben, und durch Zuordnung auf bestimmten anderen Würfelseiten die Elementartypen nicht miteinander korrelieren zu lassen.

Es sei am Rande vermerkt, daß das *Balkendiagramm* in der bisher angewandten Form, also mit parallelen Merkmalsintensitäten, den Fall „keine Korrelation zwischen den Elementartypen" nicht befriedigend abzubilden vermag, da bei untereinander angeordneten Ausprägungsbereichen bzw. Elementartypen eine Korrelation zumindest vermutet wird. Die Vermutung existiert dann, wenn keine Korrelationslinien eingezeichnet sind. Der *Würfel* trägt den Erfordernissen der Darstellung gemischter Verbundtypen besser Rechnung.

Abb. 80 zeigt diese Darstellungsweise. Da — wie begründet — keine gemischten Verbundtypen explizit gebildet werden, handelt es sich hier um einen sog. *Korrelationswürfel*, dem — je nach Ziel — leicht Verbundtypen zugeordnet werden könnten. Abb. 80 zeigt zunächst die Korrelationen zwischen den *Leitmerkmalen*; durch die Anordnung der Typenreihen auf der oberen, der vorderen und der unteren Würfelseite werden diese Elementartypen als miteinander korrelierend dargestellt.

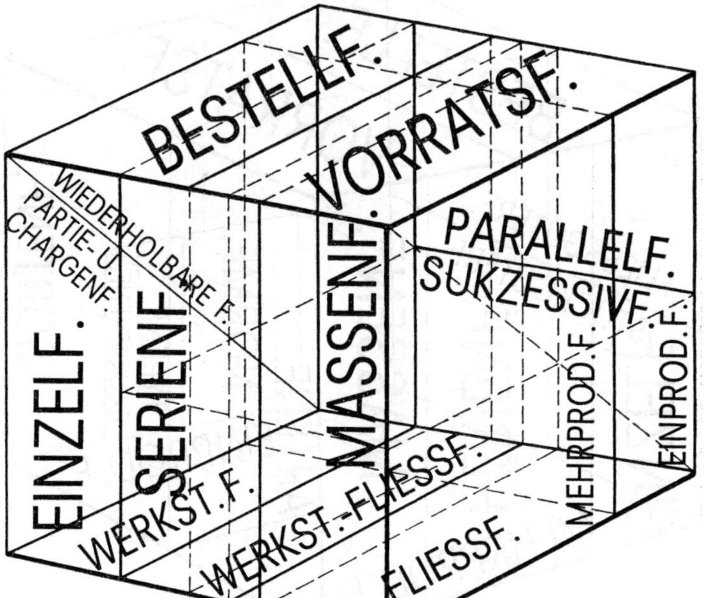

Abb. 80. Korrelationswürfel —
primär für Leitmerkmale und das Prozeßzuordnungsmerkmal

Diese Darstellung — der sich die Leitverbundtypen leicht zuordnen lassen — entspricht exakt der Darstellung von Abb. 76. Vor allem wird dann das Prozeßzuordnungsmerkmal herangezogen. Zu den genannten Leitmerkmalen besteht ganz offensichtlich keine signifikante Korrelation außer der Tatsache, daß bei Einzelfertigung keine Parallel- und Sukzessivfertigung vorliegen kann. Auch bei den *Produktzahltypen* ist im Verhältnis zu den genannten vier Typenreihen keine signifikante Korrelation feststellbar. Die Tatsache, daß Einproduktfertigung wesentlich seltener ist als Mehrproduktfertigung, wird in Abb. 80 durch ein kleineres Feld angedeutet. Schließlich sind in einer hinteren Seite die *Qualitätswiederholungstypen* eingezeichnet. Zwischen ihnen und den Leitmerkmalen besteht keine signifikante Korrelation. Dieser Fall wird exakt dargestellt. Jedoch besteht eine schwache Korrelation zwischen ihnen und den Prozeßzuordnungstypen: Wenn Parallelfertigung vorliegt, ist sie meist wiederholbar, denn was man doppelt fertigt, kann man meist in gleicher Qualität wiederholen. Somit ist das Flächensegment im „Feld der wiederholbaren Fertigung“, das durch die Projektion des „Parallelfertigungsfeldes“ entsteht, erheblich größer als das entsprechend gebildete komplementäre Segment. Auch zwischen den Quan-

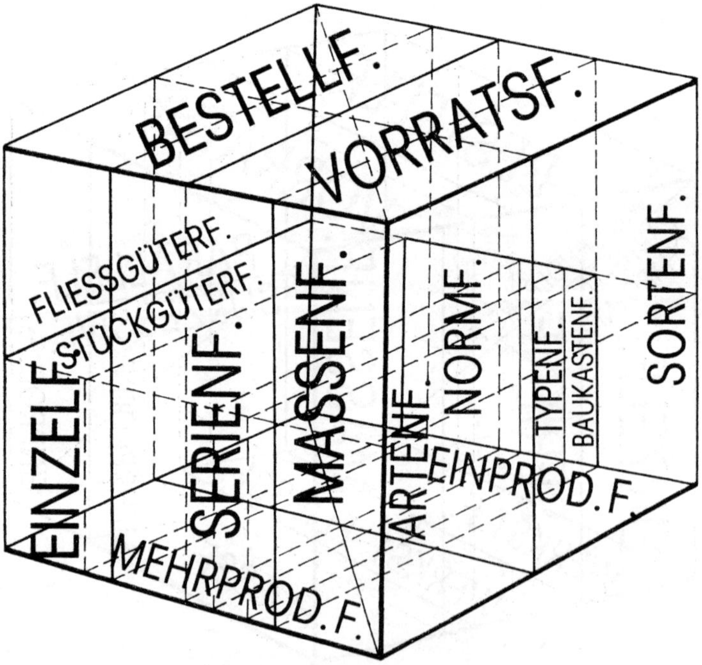

Abb. 81. Korrelationswürfel für Outputmerkmale und Güterformmerkmal

titätswiederholungstypen und den Produktzahltypen liegt eine schwache Korrelation vor: Bei Einproduktfertigung kommt Partie- und Chargenfertigung selten vor.

Abb. 81 stellt die vorhandenen bzw. nicht vorhandenen Korrelationen zwischen allen Outputmerkmalen und dem Güterformmerkmal dar. Die Korrelation zwischen beiden Leitmerkmalen (Leistungsauslösung und Leistungswiederholung) ist bekannt. Ansonsten besagt die Darstellung, daß zu allen übrigen Merkmalen und bei diesen untereinander keine Korrelationen bestehen mit zwei Ausnahmen: Die Programmreduktionstypen werden — wie bisher — ausschließlich der Serienfertigung als Stückgüterfertigung zugeordnet; weiterhin wird die Artenfertigung der Mehrproduktfertigung und die Sortenfertigung der Einproduktfertigung zugeordnet. Diese Zuordnung ist vor allem im Hinblick auf die Definitionen dieser Typen exakt. Mehrproduktfertigung ist immer Artenfertigung (da mehrere Produktarten gefertigt werden; sie kann aber gleichzeitig auch Sortenfertigung sein), Einproduktfertigung ist nie Artenfertigung (da nur eine Produktart gefertigt wird; sie kann (!) Sortenfertigung sein; der Fall, daß sie weder Arten- noch Sortenfertigung ist, wird in der folgenden Abb. 82 nicht berücksichtigt; er ist sehr selten).

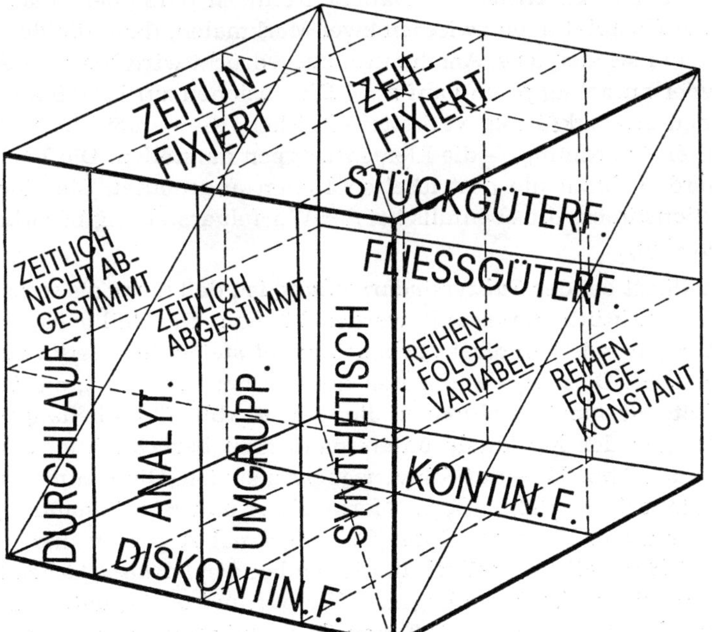

Abb. 82. Korrelationswürfel
für Aktionsmerkmale und Güterformmerkmal

Abb. 82 stellt die vorhandenen bzw. nicht vorhandenen Korrelationen zwischen den *Aktionsmerkmalen* und dem *Güterformmerkmal* dar. Zwischen den Materialflußtypen, den Güterformtypen und den Kontinuitätstypen liegen keine signifikanten Korrelationen vor. Zwischen Zeitabstimmungs- und Reihenfolgetypen liegt eine totale Korrelation vor. Reihenfolgekonstanz ist eine Bedingung für zeitliche Abstimmung. Zwischen diesen beiden Typenreihen und den Güterformtypen besteht keine signifikante Korrelation, und eine schwache besteht zwischen ihnen und den Kontinuitätstypen, da die Fläche für kontinuierliche Fertigung etwas kleiner gezeichnet ist als die für diskontinuierliche Fertigung, weil kontinuierliche Fertigung seltener vorkommt. Die übrigen Korrelationen sind leichter abzulesen als zu beschreiben. Unbefriedigend bleibt, daß die Zeitfixiertheit von der durchlaufenden zur synthetischen Fertigung zunimmt. Das kann so sein, wird jedoch oft nicht gegeben sein. Hier zeigen sich durch begrenzte Zuordnungsmöglichkeiten auch die *Probleme der Würfeldarstellung.*

Diese Probleme vermeidet die Darstellung der Abb. 83, da sie nicht wie die Würfeldarstellung die Elementartypen alle einander quasi simultan zuordnet, sondern dies in *sukzessiver Folge* durchführt. Dadurch, daß die Merkmalsintensitäten im Winkel von 90° zueinander stehen, lassen sich Nicht-Korrelationen einfach darstellen. Man untersucht die Korrelationen zwischen zwei Merkmalen, dann die des letzten mit einem nächsten usw. Anschaulich ausgedrückt wird hierbei der Würfel wieder aufgeklappt und auf zwei Dimensionen zurückgeführt. Somit entstehen zickzackförmig verkettete Flächen, die — am besten in quadratischer Anordnung — die Elementartypen darstellen. Die Verkettungen werden durch die gestrichelten Linien angedeutet. Sie sind quasi Projektionslinien, die ebenfalls bei der Würfeldarstellung berücksichtigt worden sind.

Vorteilhaft bei der *Sukzessivdarstellung* ist, daß mehr als sechs Merkmale übersichtlich dargestellt werden können. Nachteilig ist, daß nur Beziehungen zwischen direkt nebeneinander stehenden Merkmalen darstellbar sind. Dies liegt am Wesen dieser Darstellungsart, an der Sukzessivität. *Flächendarstellungen*, die — wie Abb. 73 — behaupten, alle Beziehungen der Merkmale untereinander zu berücksichtigen, müssen — wie auch Abb. 73 — auf Schwierigkeiten stoßen. Die *Hauptschwierigkeit* besteht darin, daß z. B. die Merkmale *A* und *B* miteinander positiv korrelieren, daß Merkmal *C* mit dem Merkmal *A* positiv und mit dem Merkmal *B* negativ korreliert. In diesem bei der *Parallelflächendarstellung*[14] unlösbaren Problem liegt der Hauptgrund dafür, daß in der Korrelationsübersicht der Abb. 73 eine Typenbildung grundsätzlich nicht

---

[14] z. B. Balkendiagramm, Merkmalsintensitätsskalen parallel.

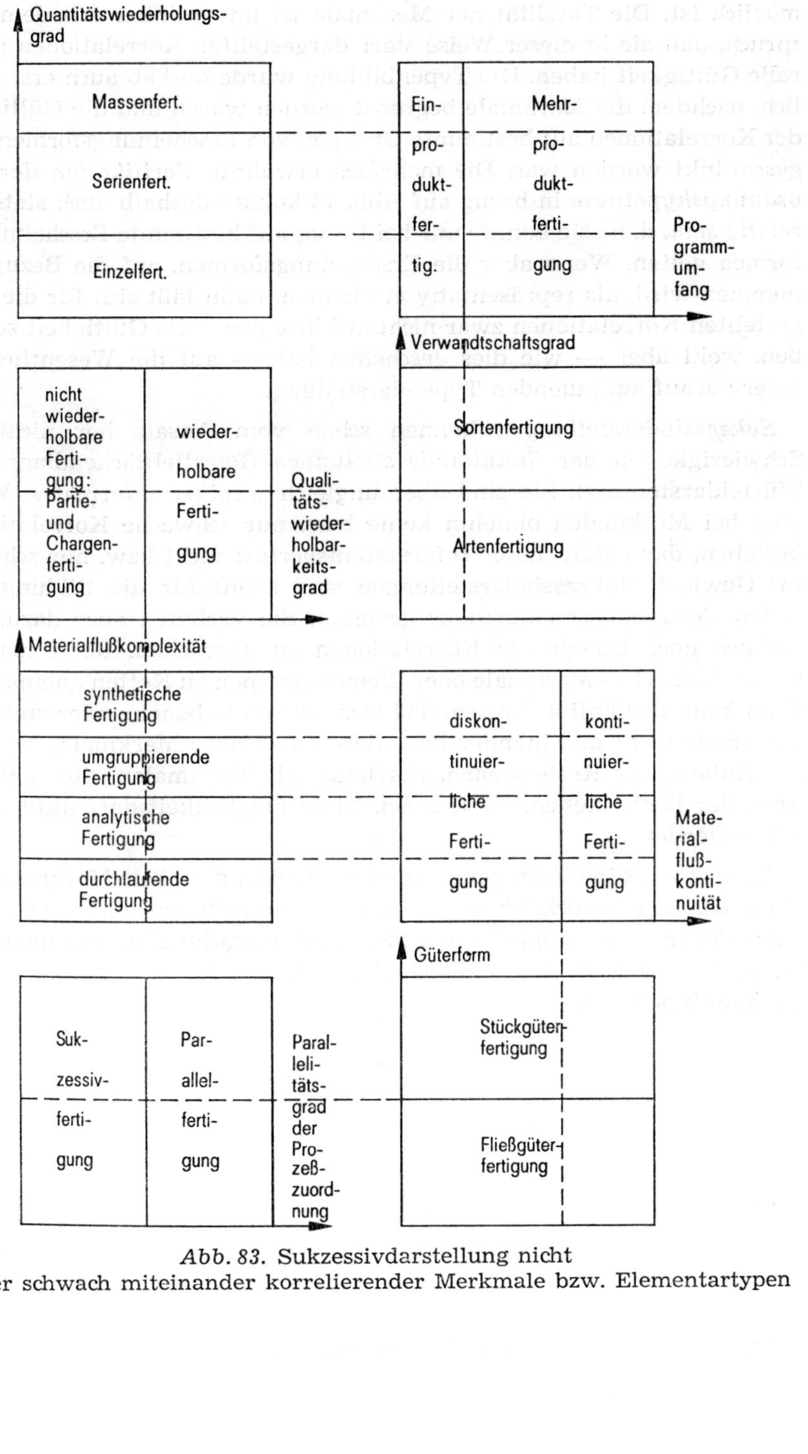

Abb. 83. Sukzessivdarstellung nicht oder schwach miteinander korrelierender Merkmale bzw. Elementartypen

möglich ist. Die Totalität der Merkmale ist unvereinbar mit dem Anspruch, daß die in dieser Weise starr dargestellten Korrelationen generelle Gültigkeit haben. Die Typenbildung wurde deshab auch erst möglich, nachdem die Merkmale begrenzt worden waren und die Gültigkeit der Korrelationen auf bestimmte Gruppen von Erscheinungsformen eingeschränkt worden war. Die mehrfach erwähnte *Verifikation der Anordnungshypothese* in bezug auf Abb. 73 konnte deshalb auch stets *nur relativ sein*, d. h., sie konnte nur bei Bezug auf bestimmte Erscheinungsformen gelten. Wenn aber die Erscheinungsformen, auf die Bezug genommen wird, als repräsentativ erscheinen, dann läßt sich für die dargestellten Korrelationen zwar nicht auf ihre generelle Gültigkeit schließen, wohl aber — wie dies geschehen ist[15] — auf die Wesentlichkeit einer darauf aufbauenden Typendarstellung.

Sukzessivdarstellungen kennen schon vom Ansatz her nicht die Schwierigkeiten der *Simultandarstellungen* (Parallelflächendiagramm, Würfeldarstellung). Sie sind aber ungleich weniger informativ. Wenn aber bei Merkmalen ohnehin keine bzw. nur schwache Korrelationen bestehen, dann fällt dieser *Informationsverlust* nicht bzw. nur schwach ins Gewicht. Sukzessivdarstellungen sind somit für die Bildung von freien Verbundtypen durchaus geeignet. Sie verleiten aber dazu, tatsächlich doch bestehende Korrelationen zu übersehen. Reiht man — wie in Abb. 83 — Merkmale oder Elementartypen zu Ketten aneinander, dann kann der Fall auftreten, daß zwar direkt nebeneinander stehende Merkmale nicht miteinander korrelieren, daß aber Merkmale, die z. B. am Anfang der Kette stehen, durchaus mit Merkmalen, die z. B. am Ende der Kette stehen, korrelieren. Diese Möglichkeit darf nicht übersehen werden.

Abb. 83 zeigt in einem *ganzheitlichen Ansatz*, d. h. hier Merkmale aus allen Klassen berücksichtigend, alle Elementartypenreihen auf, zwischen denen keine signifikanten bzw. nur schwache Korrelationen auftreten. Sie zeigt dann grundlegend den Raum für die Bildung freier Verbundtypen auf.

---

[15] Vgl. Kap. 3.4.6. u. Kap. 3.4.7., erste Absätze.

4. Abschließende Betrachtung der Bedeutung der Typologie

Die typologische Methode ist in der vorliegenden Untersuchung auf Erscheinungsformen aus dem Bereich der Fertigung angewandt worden. Die Ausführungen zum theoretischen Teil haben jedoch erkennen lassen, daß der typologischen Methode eine *generelle Bedeutung* zukommt.

Im Vergleich von theoretischen Verfahren und praktischen Anforderungen ist unschwer zu erkennen, daß der Fülle von Datenverarbeitungsverfahren ein *Mangel an Datenerfassungsverfahren* gegenübersteht. Bei stets komplexer werdenden realen Erscheinungsformen wächst die Bedeutung, systematisierende Instrumente zu entwickeln, die durch die Erfassung wesentlicher Erscheinungsformen den Überblick sichern, die die *Vieldimensionalität der Erscheinungsformen transparenter* machen.

Auswahlkriterium für diesbezügliche Instrumente ist ihr *Realitätsbezug* und die Unmittelbarkeit ihrer Orientierung an den Unternehmungszielen. Klassifikationen scheitern oft an der Vieldimensionalität, der mangelnden Abgrenzbarkeit der Merkmalsausprägungen und ihren Überlappungen bei komplexen Sachverhalten.

Wenn *praktische Probleme* auftauchen, dann müssen Problemlösungsmöglichkeiten entwickelt werden, die den spezifischen Erscheinungsformen, aus denen die Probleme entstehen, Rechnung tragen, z. B. der spezifischen Umwelt, der spezifischen Unternehmungsorganisation, der besonderen Managementposition usw. Abstrakte Problemlösungsvorschläge, die von diesen Spezifika losgelöst sind, haben selten Aussicht auf Erfolg[16]. Deshalb müssen die Problemlösungen im ersten Schritt die spezifischen Anwendungssituationen erfassen. Hierbei kann die Typologie einen wesentlichen Beitrag leisten.

Der Nachweis dieser *Leistungsfähigkeit* konnte in der vorliegenden Untersuchung — wie bereits zu Anfang erwähnt — nicht in dem eigentlich wünschenswerten Maße erbracht werden. Der Umfang des Untersuchungsgegenstandes setzte der Differenzierung der Typen sowie ihrer empirischen Fundierung *Grenzen.* Diese Grenzen liegen jedoch nur innerhalb dieser Untersuchung, nicht innerhalb der typologischen Methode selbst. Ihre Grenzen liegen dagegen darin, daß sie zur *Problemlösung* nichts unmittelbar beiträgt.

Teilt man den Entscheidungsprozeß — wie hinlänglich bekannt — in

[16] Vgl. hierzu z. B. *Reinermann*, H., Planungssysteme, bes. S. 4 u. S. 26.

Anregungs-, Such- und Optimierungsphase auf und unterteilt man die Anregungsphase in Ziel- und Problemdefinition, dann unterstützt die typologische Methode primär bzw. unmittelbar nur die *Problemdefinition*, da sie auf Erfassung der Realität der Problemsituation gerichtet ist.

Sie erfaßt damit *Anwendungsbedingungen für die in der Suchphase zu entwickelnden alternativen Handlungsmöglichkeiten*. Dadurch aber übt sie auf die Suchphase einen selektierenden bzw. modifizierenden Einfluß aus, da sie hilft, anwendbare von nicht anwendbaren Verfahren bzw. Verfahrensteilen zu unterscheiden. Dieser mittelbare, selektierende Einfluß konnte hier nicht mehr explizit und konkret anhand von Planungsverfahren aufgezeigt werden. Deshalb kann hier nur abstrakt behauptet werden, daß die Typologie zwar keine Problemlösungen unmittelbar aufzeigt, jedoch bei ihrer Auswahl hilft.

Jedoch ist die Bedeutung der Typologie nicht allein in dem Prozeß der Anwendung von Problemlösungen für bestimmte Problemsituationen zu sehen, wenngleich dies in der vorliegenden Untersuchung als die umgreifende Konzeption für die typologische Methode angesehen wird. So können auch die Typen selbst eine unmittelbare Bedeutung erlangen.

Im Bereich der Fertigungstypen gilt dies besonders für die *Fließfertigung*. Obwohl diese bereits am ausführlichsten diskutiert wurde, wären hier noch weitere Differenzierungen erforderlich. Für moderne Industriegesellschaften ist dieser Fertigungstyp besonders wichtig. Deshalb wird er gegenwärtig besonders heftig diskutiert. Um die Monotonie der Arbeitswiederholung und die Entfremdung der Arbeitenden vom Produkt zu mildern, werden zahlreiche Zwischentypen zur Werkstattfertigung gesucht bzw. z. B. von einigen Automobilherstellern gegenwärtig erprobt. Wenn aber die Vorteile dieses Typs weniger stark als die Nachteile gemindert werden sollen, dann müssen nicht nur (wie meist diskutiert) die typbeschreibenden, sondern vor allem die typbildenden Merkmale und ihre Beziehungen zu den Zielen der Ablaufplanung (Zeit, Kapazität und Kosten) bekannt sein.

Bei der *Bildung neuer Zwischentypen* wird bald folgendes deutlich:

— Die *Abstufbarkeit* der typbildenden Merkmale muß bekannt sein.

— Realitätsnahe Zwischentypbildung erfordert die Beachtung zahlreicher Merkmale und ihrer *Kombinierbarkeit*.

— Dazu sind Definitionen von eindimensionalen Extremtypen nicht ausreichend; vielmehr müssen die *Gesetzmäßigkeiten* ihrer Bildung bekannt sein.

— Bei der Beurteilung der Auswirkungen auf die Ablaufplanungsziele müssen mehrere Merkmale herangezogen werden, deren *Quantifizierbarkeit* geklärt sein muß.

Zusammenfassend ergibt sich für die realitätsnahe Zwischentypenbildung: Die verbale Definition einiger Elementartypen ist wenig aussagefähig für reale Ablaufplanungsprobleme; vielmehr ist die *gesetzmäßige, systematische und quantifizierbare Bildung von zwangsmäßigen und freien Verbundtypen* erforderlich.

Im Beispiel der Bildung von Alternativen zur Fließfertigung können die Auswirkungen auf die Ablaufplanungsziele nur dann fundiert werden, wenn man unter Beachtung dieser Gesichtspunkte die meisten der in der vorliegenden Arbeit behandelten Merkmale untersucht, da die Auswahl dieser Merkmale auf systematischer Grundlage erfolgte. Bei der Vieldimensionalität der Ablaufplanungsprobleme können systematische Voruntersuchungen helfen. Die vorliegende Arbeit verfolgte diesen *Zweck* vom Standpunkt eines grundlegenden Versuchs.

In der vorliegenden Untersuchung wurde die typologische Methode auf den Fertigungsbereich unter dem Gesichtspunkt der Fertigungsablaufplanung angewandt. Demzufolge wurde der Fertigungs*prozeß* vor allem unter Zeit-, Kapazitäts- und Reihenfolgemerkmalen untersucht.

Eine *Erweiterung* der vorliegenden Fertigungstypologie zu einer Industrie- bzw. — noch allgemeiner — Unternehmungstypologie müßte vor allem vermehrt *Inputmerkmale* (Einsatzfaktormerkmale) und *Outputmerkmale* (Leistungsprogrammerkmale) berücksichtigen.

Jedoch wurde auch der gesamte Kombinationsprozeß der Unternehmung sehr eingeengt betrachtet, da nur die sog. Kernfunktion *Fertigung* untersucht wurde.

Die erwähnte *Erweiterung* zur Industrietypologie müßte hier vor allem bei der *Beschaffung*, der *Finanzierung* und dem *Absatz* ansetzen.

Weiterhin bewirkte die Orientierung am Fertigungsablauf eine tendenzielle Ausrichtung auf die Rangstufe *„Ausführung“* bzw. auf den Kombinationsprozeß selbst. Es wurde damit weniger die Rangstufe „Führung“ bzw. der Produktiv-Faktor Führung, der den Kombinationsprozeß gestaltet, behandelt.

Eine allgemeine Erweiterung müßte somit an dem Produktiv-Faktor *Führung* ansetzen. Auf dem Gebiet der Führungssysteme und Führungsstile und dem Gebiet der organisatorischen Gestaltung und der Personen bzw. Personengruppen[17], auf die die organisatorischen Maßnahmen abzielen, öffnet sich ein weites Feld für die typologischen Untersuchungen, das bisher erst ansatzweise und vor allem mit nicht in sich geschlossenen Ansätzen bearbeitet worden ist. Es ist offensichtlich, daß dieselbe umgreifende Konzeption, die für die vorliegende Unter-

---

[17] Vgl. hierzu auch *Reinermann*, H., Planungssysteme, S. 26.

suchung „Fertigungstypologie" grundsätzlich besteht, nämlich Anwendungsbedingungen für Planungsverfahren zu formulieren, im Prinzip auch für eine „Organisationstypologie" relevant ist, nämlich Anwendungsbedingungen für organisatorische Maßnahmen zu formulieren.

Die Ausrichtung der vorliegenden Untersuchung auf Gesichtspunkte der Fertigungsablaufplanung bewirkte eine primär *operational-orientierte* und *insystembezogene* Untersuchung.

Die erwähnte *Erweiterung* zu einer Unternehmungs-Typologie müßte darüber hinaus *strategisch-orientiert* und *umsystembezogen* sein. Hier ergibt sich ein ganz besonders wichtiges Feld für die Typologie. Für die Anwendungsbedingungen für Strategien (grundsätzliche Handlungsmaximen mit Rahmencharakter für operationale Aktionen) sind vor allem Umweltmerkmale in bezug auf Kunden und Konkurrenz, ferner Merkmale in bezug auf die Zielgrößen z. B. Marktanteil und Wachstum und deren Dimensionen, z. B. Risiko, Veränderungsgeschwindigkeit oder Stabilität. Die realitätsbezogene Erfassung von Erscheinungsformen der Märkte und Produkte ist von grundlegender Bedeutung, nicht nur für die Anwendung der mikro-ökonomischen Theorie, sondern vor allem für die Anwendung durchgreifender Strategien.

Es ist interessant, wenn man sich unter diesen Gesichtspunkten als *Beispiel* die Empfehlungen der Boston Consulting Group[18] betrachtet, die begrenzt für andere Beratungsgesellschaften vorbildlich zu sein scheinen. Ein Teil des Erfolges dieser Beratergruppe beruht darauf, reale Erscheinungsformen zu wesentlichen zu verdichten, wesentliche Merkmale einfach zu korrelieren, Abstufungsmöglichkeiten zu quantifizieren, wesentliche Ausprägungsbereiche zu definieren, mehrdimensionale Typen zu bilden und in anschaulicher Form darzustellen. Dieses — im Grundansatz — typologische Vorgehen wird primär angewandt auf das Marktwachstum und den relativen Marktanteil (in bezug auf den größten Konkurrenten) einerseits und Preis-Kosten-Konstellationen und deren Veränderungen andererseits. Mit den Ausprägungen dieser Merkmale, die man auch als die wesentlichen Erfolgsfaktoren bezeichnen kann, werden Produkttypen gebildet, für die konsequente Strategien innerhalb einer ganzheitlichen Betrachtung (portfolio-Ansatz) vorgeschlagen werden. An diesem Beispiel, das nicht empirisches Vorgehen schlechthin, sondern typologisches Vorgehen in impliziter Form illustrieren sollte, mag die generelle Bedeutung der Typologie sichtbar werden.

---

[18] Vgl. The Boston Consulting Group, Inc., perspectives on experience, 3. Aufl., Boston 1972; ferner dies., unveröffentlichte Vortragsunterlage zu einem Vortrag „Developing a Corporate Strategy for Growth", gehalten am 15. 2. 1973 in Toronto, Ontario.

Literaturverzeichnis

(In den Fußnoten des voranstehenden Textes ist beim ersten Literaturverweis bzw. Zitat jeweils der volle Titel mit bibliographischen Daten aufgenommen worden. Beim wiederholten Zitat bzw. Verweis ist über den Verfassernamen hinaus nur noch ein Kurztitel (bestehend aus einem Wort) aufgenommen worden, wenn der Originaltitel aus mehr als einem Wort besteht. Der Kurztitel ist im folgenden Literaturverzeichnis in Klammern ans Ende jeder Literaturstelle gesetzt worden.

Zeitschriften sind formal vereinfacht zitiert worden, und zwar nach dem Schema x (y) z. Dabei bedeutet x den Verlagsjahrgang, y den kalendarischen Jahrgang und z die Heftnummer. Die Heftnummer fehlt manchmal dann, wenn der Jahrgang fortlaufende Seitenangaben aufweist.)

Adam, A., *Helten*, E. u. *Scholl*, F., Kybernetische Modelle und Methoden, Köln—Opladen 1970.

Adam, D., Simultane Ablauf- und Programmplanung bei Sortenfertigung mit ganzzahliger linearer Programmierung, in: ZfB, 33 (1963), S. 233—245.

Albach, H., Maschinenbelegungspläne bei Einzelfertigung, in: Jahrbuch 1965, hrsg. vom Landesamt für Forschung des Landes Nordrhein-Westfalen, Köln—Opladen 1965, S. 12—48.

Albert, H., Probleme der Theorienbildung, in: Theorie und Realität, hrsg. von H. Albert, Tübingen 1964, S. 3—70, (Theorienbildung).

Amrine, H. T., *Ritchey*, J. A. a. *Hulley*, O. S., Manufacturing Organization and Management, 2. Aufl., Englewood Cliffs, N. J. 1966.

Ansoff, H. J., Managementstrategie, Übersetzung ins Deutsche von H. Folchert, München 1966.

Arnold, H., u. a., Der Produktionsprozeß im Industriebetrieb, 2. Aufl., Berlin (Ost) 1968.

Ashby, W. R., Design for a Brain, The origin of adaptive behaviour, Frome—London 1960, (Design).

Baur, W., Neue Wege der betrieblichen Planung, Berlin—Heidelberg—New York 1967.

Beer, St., Kybernetik und Management, Übersetzung ins Deutsche von I. Grubrich, Frankfurt a. M. 1962, (Kybernetik).

Berger, K.-H., Organisationstypen der Produktion, in: Industrielle Produktion, hrsg. von K. Aghte, H. Blohm u. E. Schnaufer, Baden-Baden u. Bad Homburg v. d. H. 1967, S. 177—188, (Organisationstypen).

Berrien, F. K., General and Social Systems, New Brunswick, N. J. 1968.

Bertalanffy, L. v., General System Theory, New York 1968.

Beste, Th., Fertigungsstufen, in: HdB, 1. Bd., 3. Aufl., hrsg. von H. Seischab u. K. Schwantag, Stuttgart 1956, Sp. 1757—1762, (Fertigungsstufen).

— Fertigungsverfahren, in: HdB, 1. Bd., 3. Aufl., hrsg. von H. Seischab u. K. Schwantag, Stuttgart 1956, Sp. 1764—1774, (Fertigungsverfahren).

— Fertigungswirtschaft und Beschaffungswesen, in: HdW, Bd. 1, hrsg. von K. Hax und Th. Wessels, 2. Aufl., Köln—Opladen 1966, S. 111—275, (Fertigungswirtschaft).

Bircher, B. u. *Krieg*, W., Systemmethodik und langfristige Unternehmungsplanung, in: IO, 42 (1973) 4, S. 157—164.

Bleicher, K., Organisation der Unternehmensplanung, in: Unternehmensplanung, hrsg. von K. Aghte u. E. Schnaufer, Baden-Baden 1963, S. 121—161.

— Zentralisation und Dezentralisation von Aufgaben in der Organisation der Unternehmungen, Berlin 1966.

— Die Entwicklung eines systemorientierten Organisations- und Führungsmodells der Unternehmung, in: ZfürO, 39 (1970), H. 1, S. 3—8, H. 2, S. 59—63, H. 3, S. 111—120, H. 4, S. 166—176, (Entwicklung).

— Organisation in programmierter Form, in: ZfürO, 40 (1971), H. 2, S. 91—94, H. 3, S. 143—146, H. 6, S. 313—318, (Organisation).

— Die Organisation der Unternehmung in systemtheoretischer Sicht, in: ZfürO, 40 (1971) 4, S. 171—177, (Unternehmung).

— Perspektiven für Organisation und Führung von Unternehmungen, Baden-Baden u. Bad Homburg v. d. H. 1971, (Perspektiven).

Blohm, H., Kybernetisches Denken aus betriebswirtschaftlicher und betriebstechnischer Sicht; in: Rationalisierung, 18 (1967) 9, S. 214—218.

— Metainformationen zur Annäherung an optimale Organisationsstrukturen und Abläufe, in: ZfürO, 39 (1970) 1, S. 9—16.

Bochenski, J. M., Die zeitgenössischen Denkmethoden, 2. Aufl., München 1959.

Borowski, K.-H., Das Baukastensystem in der Technik, Berlin—Göttingen—Heidelberg 1961.

Bruhn, E.-E., Die Bedeutung der Potentialfaktoren für die Unternehmungspolitik, Berlin 1965.

Brunnberg, J. u. *Kiehne*, R., Systeme — Eine Begriffsanalyse, in: ZfB, 39 (1969), S. 605—608, (Systeme).

Büchel, A., Systems Engineering, in: IO, 38 (1969) 9, S. 373—385.

Buffa, E. S., Modern Production Management, 2. Aufl., New York—London—Sydney—Tokio 1965.

Busse von *Colbe*, W., Die Planung der Betriebsgröße, Wiesbaden 1964.

Carnap, R., Einführung in die symbolische Logik — mit besonderer Berücksichtigung ihrer Anwendungen, 2. Aufl., Wien 1960, (Einführung).

— Meaning and Necessity. A Study in Semantics and Modal Logic, 4. Aufl., Chicago—London 1964.

— Logische Syntax der Sprache, 2. Aufl., Wien—New York 1968.

Castan, E., Typologie der Betriebe, Stuttgart 1963, (Typologie).

Charnes, A., *Cooper*, W. W., *DeVoe*, J. K. a. *Learner*, D. B., *Demon*: Decision Mapping via Optimum Go-No Networks — A Model for Marketing New Products, in M Sc, 12 (1966) 11, S. 865—887.

Chmelik, G. u. *Kappler*, E., Konstitutive Entscheidungen, in: Industriebetriebslehre — Entscheidungen im Industriebetrieb, hrsg. von E. Heinen, Wiesbaden 1972, S. 71—195.

Churchman, C. W., *Ackoff*, R. L. u. *Arnoff*, E. L., Operations Research — Eine Einführung in die Unternehmensforschung, 3. Aufl., Übertragung ins Deutsche von E. Schlecht und F. Ferschl, Wien—München 1966.

Clar, P., Die Kapazitätsausnutzung in der Industrieunternehmung, Berlin 1964.

Czayka, L., Eine Typologie für Superordinationsstrukturen in Unternehmungen, in: ZfbF, 19 (1967), S. 257—278.

Däniker, H. R., Der Systembegriff, in: IO, 38 (1969) 7, S. 295—302.

Dickhut, E. O., Zur Problematik der optimalen Fertigungsablaufplanung in der Einzel- und Kleinserienfertigung, Diss., Aachen 1966, (Problematik).

Dreger, W., Grundzüge der Netzplantechnik, in: Industrie-Anzeiger, 88 (1966) 43, S. 907—913.

Eisfeld, C., Zur Lehre von der Gestaltung der Unternehmung, in: ZfhF, N. F., 3 (1951), S. 289—320 u. S. 337—353, (Gestaltung).

Eisler, R., Handwörterbuch der Philosophie, Berlin 1913, Stichwörter: Typus, S. 691, Realität, S. 541, ideal, S. 287, abstrakt, S. 4, System, S. 666.

Eisner, H., A Generalized Network Approach to the Planning and Scheduling of a Research Project, in: OR, 10 (1962) 1, S. 115—125.

Ellinger, Th., Ablaufplanung, Stuttgart 1959.

Elmaghraby, S. E., An Algebra for the Analysis of Generalized Networks, in: M Sc, 10 (1964) 3, S. 494—514.

— On Generalized Activity Networks, in: J. of Ind. Eng., 17 (1966) 11, S. 621—631.

Engel, K. H. u. *Bösherz*, F., Die Automation und ihre Probleme, in: Industrielle Produktion, hrsg. von K. Agthe, H. Blohm u. E. Schnaufer, Baden-Baden u. Bad Homburg v. d. H. 1967, S. 201—225.

Engelhardt, W., Grundprobleme der Einzelwirtschaftstypologie, Diss., Köln 1957.

Fackelmeyer, A., Materialfluß — Planung und Gestaltung, Düsseldorf 1966.

Fässler, K. u. *Reichwald*, R., Fertigungswirtschaft, in: Industriebetriebslehre — Entscheidungen im Industriebetrieb, hrsg. von E. Heinen, Wiesbaden 1972, S. 245—344.

Falkenhausen, H. v., Prinzipien und Rechenverfahren der Netzplantechnik, 2. Aufl., Kiel 1968.

Flechtner, H.-J., Grundbegriffe der Kybernetik — Eine Einführung, 3. Aufl., Stuttgart 1968, (Grundbegriffe).

Franke, G., Zur Ablaufplanung in Netzwerken, in: ZfbF, 23 (1971) 2, S. 106—118.

Frese, E., Kontrolle und Unternehmungsführung. Entscheidungs- und organisationstheoretische Grundfragen, Wiesbaden 1968.

Fuchs, H., Systemtheorie, in: HWO, hrsg. von E. Grochla, Stuttgart 1969, Sp. 1618—1630.

Gäfgen, G., Theorie der wirtschaftlichen Entscheidung, 2. Aufl., Tübingen 1968.

Geiger, E., Die Produkt- und Mengenplanung im Serienfertigungsbetrieb, Zürich 1961.

Glöckner, P.-H., Das Finden von Begriffen, Stuttgart 1963.

Grochla, E., Automation und Organisation, Wiesbaden 1966, (Automation).

— Systemtheorie und Organisationstheorie, in: ZfB, 40 (1970) 1, S. 1—16.

Große-Oetringhaus, W., Möglichkeiten zur Steigerung der Effizienz bei der Anfertigung schriftlicher Prüfungsarbeiten (Teil I: Gliederungsprinzipien), in: Wirtschaftswissenschaftliches Studium, 1 (1972) 3, S. 123—127, (Gliederungsprinzipien).

Grün, O., Entscheidung, in: HWO, hrsg. von E. Grochla, Stuttgart 1969, Sp. 474—483.

Günther, H., Das Dilemma der Arbeitsablaufplanung, Berlin 1971, (Dilemma).

Günther, R., Prinzipien des Transport- und Lagerwesens im Industriebetrieb unter besonderer Berücksichtigung der Fertigungssysteme, Diss., Erlangen—Nürnberg 1968, (Prinzipien).

Gutenberg, E., Grundlagen der Betriebswirtschaftslehre, 1. Bd., Die Produktion, 13. Aufl., Berlin—Heidelberg—New York 1967, (Produktion).

Hack, E., Die Normung und Typisierung industrieller Erzeugnisse unter besonderer Berücksichtigung der Maschinen- und Kraftfahrzeugindustrie, Diss., Erlangen—Nürnberg 1962.

Hahn, D., Planung als Instrument der Unternehmensführung, in: Unternehmensführung auf neuen Wegen, Hrsg. R. W. Stöhr, Wiesbaden 1967, S. 191—229.

— Wachstumspolitik industrieller Unternehmungen, in: BFuP, 22 (1970) 11, S. 609—626, (Wachstumspolitik).

— Führung des Systems Unternehmung, in: ZfürO, 40 (1971) 4, S. 161—169, (Führung).

— Entscheidungsprozeß und Entscheidungstraining bei Anwendung der Fallmethode im betriebswirtschaftlichen Hochschulunterricht, in: ZfbF, 23 (1971) 1, S. 1—14, (Entscheidungsprozeß).

— Integrierte ergebnis- und liquiditätsorientierte Planungs- und Kontrollrechnung als Instrument der Unternehmungsführung, Manuskript eines Vortrages gehalten auf der Tagung des Verbandes der Hochschullehrer für Betriebswirtschaft e. V., Augsburg, 13. 6. 1973, Veröffentlichung in Vorbereitung.

Hahn, R., *Lutz*, L. u. *Roschmann*, K., Die Bandabgleichung — ein Problem bei Fließfertigung, in: IO, 37 (1968) 2, S. 85—101.

Hall, A. D., A Methology for Systems Engineering, Princeton, N. J.—Toronto—London—New York 1966.

Haller, H., Typus und Gesetz in der Nationalökonomie, Stuttgart—Köln 1950, (Typus).

Haussmann, U., Zur Anwendung der Grundgedanken des Regelns auf Probleme der Produktionslenkung, in: Werkstattstechnik, 55 (1965) 9, S. 431—437.

Hax, K., Industriebetrieb, in: HdSW, 5. Bd., Stuttgart—Tübingen—Göttingen 1956, S. 243—257.

— Industriebetriebswirtschaftslehre auf typologischer Grundlage (Besprechungsaufsatz), in: ZfbF, 23 (1971) 4, S. 248—250.

Heber, A., Die Abrechnung wechselnder Massenerzeugnisse in Rohstoff-, Halbfertig-, Fertig- und Teilerzeugnis-Betrieben, in: ZfhF, 31 (1937), S. 1—15 u. S. 57—88.

Heber, H. u. *Nowak*, P., Betriebstyp und Abrechnungstechnik in der Industrie, in: Festschrift für E. Schmalenbach, Leipzig 1933, S. 141—172.

Heinen, E., Betriebswirtschaftliche Kostenlehre, Bd. I, Begriff und Theorie der Kosten, 2. Aufl., Wiesbaden 1965, (Kosten).

— Das Zielsystem der Unternehmung, Wiesbaden 1966, (Zielsystem).

— Einführung in die Betriebswirtschaftslehre, Wiesbaden 1968, (Einführung).

— Der entscheidungsorientierte Ansatz der Betriebswirtschaftslehre, in: ZfB, 41 (1971) 7, S. 429—444.

— Industriebetriebslehre als Entscheidungslehre, in: Industriebetriebslehre — Entscheidungen im Industriebetrieb, hrsg. von E. Heinen, Wiesbaden 1972, S. 21—70.

Hempel, C. G. u. *Oppenheim*, P., Der Typusbegriff im Lichte der neuen Logik, Leiden 1936, (Typusbegriff).

Henzel, Friedr., Die Kostenrechnung, 4. Aufl., Essen 1964.

Heyde, J. H., Typus — Ein Beitrag zur Typologik, in: Studium Generale, 5 (1952) 4, S. 243 ff., (Typus).

Hill, W., Betriebswirtschaftslehre als Wissenschaft, Bd. 13 der St. Galler Wirtschaftswissenschaftlichen Forschungen, Zürich und St. Gallen 1957.

Hinsel, D., Fertigungssysteme in der Industrie — Ihre Gliederung unter technisch-ökonomischen Gesichtspunkten und ihre schaubildliche Darstellung — Ein Beitrag zur Betriebstypologie, Diss., Nürnberg 1955.

Hirsch, W. Z., Firm Progress Ratios, in: Econometrica, 24 (1956), S. 136—143.

Hoffmeister, J., (Hrsg.), Wörterbuch der philosophischen Begriffe, 2. Aufl., Hamburg 1955, Stichwörter: Typus, S. 623 f., real, S. 510, abstrakt, S. 9 f., System, S. 598 f.

Horvath, P., Betriebliche Entscheidungen als Teile eines Lernprozesses, Meisenheim am Glan 1971.

Hoss, K., Fertigungsablaufplanung mittels operationsanalytischer Methoden, Würzburg—Wien 1965, (Fertigungsablaufplanung).

Hutchison, T. W., Theoretische Ökonomie als Sprachsystem, in: Theorie und Realität, hrsg. von H. Albert, Tübingen 1964, S. 273—285.

Ireson, W. G., Factory Planning and Plant Layout, 6th print., Englewood Cliffs, N. J. 1963.

Jaensch, E. R., Grundformen menschlichen Seins, Berlin 1929.

Johnson, R. A., *Kast*, F. E. u. *Rosenzweig*, J. E., The Theory and Management of Systems, Second edition, New York—St. Louis—San Francisco—Toronto —London—Sydney 1967.

Kalveram, W., Industriebetriebslehre, 7. Aufl., Wiesbaden 1960.

Kant, I., Kritik der reinen Vernunft. (3. Hauptstück: Die Architektonik der reinen Vernunft), nach der 1. u. 2. Originalausgabe neu hrsg. von R. Schmidt, Leipzig 1944.

Keachie, E. C., Manufacturing Cost Reduction through the Curve of Natural Productivity Increase, Berkeley 1964.

Kempski, J. v., Zur Logik der Ordnungsbegriffe, besonders in den Sozialwissenschaften, in: Theorie u. Realität, hrsg. von H. Albert, Tübingen 1964, S. 209—232.

Kern, W., Die Messung industrieller Fertigungskapazitäten und ihrer Ausnutzung, Köln—Opladen 1962.

— Industriebetriebslehre, Stuttgart 1970.

Kienzle, O., Begriffe für die Fließarbeit, in: Fließarbeit. Beiträge zu ihrer Einführung, hrsg. von F. Mäckbach u. O. Kienzle, Berlin 1928, S. 25—28.

Kirsch, W., Entscheidungsprozesse, 3. Bd., Entscheidungen in Organisationen, Wiesbaden 1971, (Entscheidungsprozesse).

Kirsch, W. u. *Meffert*, H., Organisationstheorien und Betriebswirtschaftslehre, Wiesbaden 1970.

Klaus, G., (Hrsg.), Wörterbuch der Kybernetik, Bd. 1 u. Bd. 2, Frankfurt a. M. —Hamburg 1969,
Stichwörter: System, S. 634, Automatisierung, S. 70, Ultrastabilität, S. 674, Multistabilität, S. 434 f., div. Stichwörter, S. 556—560, lernender Automat, S. 349—353.

Knight, F. H., Risk, Uncertainty and Profit, Neudruck der 1. Aufl. Boston—New York 1921, London—Bradford 1948.

Knoblich, H., Die Typologie der Waren als Kernstück einer wirtschaftlichen Warenlehre, in: ZfbF, 17 (1965), S. 686—712.

— Betriebswirtschaftliche Warentypologie, Köln—Opladen 1969, (Warentypologie).

— Die typologische Methode in der Betriebswirtschaftslehre, in: Wirtschaftswissenschaftliches Studium, 1 (1972) 4, S. 141—147.

Koch, H., Betriebliche Planung, Wiesbaden 191.

Kockelkorn, G., Verweilzeitverteilungen und Prognosen im betrieblichen Produktionsbereich, in: ZfbF, 23 (1971) 2, S. 83—105.

Köhler, R., Theoretische Systeme der Betriebswirtschaftslehre im Lichte der neueren Wirtschaftslogik, Stuttgart 1966.

— Informationssysteme für die Unternehmensführung, in: ZfB, 41 (1971) 1, S. 27—58.

Kölbel, H. u. *Schulze*, J., Die Abgrenzung chemischer Produktionstypen nach Leistungsprogramm, Fertigungsorganisation und Prozeßführung, in: IO, 34 (1965) 4, S. 149—162, (Produktionstypen).

— u. — Fertigungsvorbereitung in der Chemischen Industrie, Wiesbaden 1967, (Fertigungsvorbereitung).

Kohlitz, A., Vereinheitlichung durch Typenbeschränkung und Normung aus der Sicht des Praktikers, in: Beste, Th. u. Kohlitz, A., Grundlagen der Typenbeschränkung und Normung, Dortmund 1956, S. 33—66.

Koreimann, D., Kybernetik und Betriebswirtschaft, in: Die Unternehmung, 17 (1963), S. 26—35.

— Kybernetik und Betriebspraxis, in: Die Unternehmung, 17 (1963), S. 144—155.

Korte, G., Fertigungszentralen — Automatisierte Datenerfassung in Fertigungszentralen, Hamburg 1965.

Kosiol, E., Modellanalyse als Grundlage unternehmerischer Entscheidungen, in: ZfhF, N. F., 13 (1961), S. 318—334, (Modellanalyse).

— Organisation der Unternehmung, Wiesbaden 1962, (Organisation).

— Die Unternehmung als wirtschaftliches Aktionszentrum, Reinbek 1966, (Aktionszentrum).

— Grundlagen und Methoden der Organisationsforschung, 2. Aufl., Berlin 1968, (Organisationsforschung).

— Aufgabenanalyse, in: HWO, hrsg. von E. Grochla, Stuttgart 1969, Sp. 199—212.

Kosiol, E., *Szyperski*, N., *Chmielewicz*, K., Zum Standort der Systemforschung im Rahmen der Wissenschaften, in: ZfbF, 17 (1965), S. 337—378, (Systemforschung).

Krämer, E., Das Werkstättensystem, Diss., Erlangen—Nürnberg 1968, (Werkstättensystem).

Kramer, R., Information und Kommunikation. Betriebswirtschaftliche Bedeutung und Einordnung in die Organisation der Unternehmung, Berlin 1965.

Krippendorff, H., Integrierter Materialfluß, München 1965, (Materialfluß).

Krüger, G., Planung des Erzeugnisprogrammes, in: Industrielle Produktion, hrsg. von K. Agthe, H. Blohm u. E. Schnaufer, Baden-Baden u. Bad Homburg v. d. H. 1967, S. 87—115.

Langen, H., Der Betrieb als Regelkreis, in: Organisation und Rechnungswesen, Festschrift für E. Kosiol, hrsg. von E. Grochla, Berlin 1964, S. 81—100.

Langen, H., u. a., Unternehmensplanung mit Verweilzeitverteilungen, Berlin 1971.

Littger, K., Bearbeitung komplexer Reihenfolgeprobleme mit elektronischen Datenverarbeitungsanlagen, in: Elektronische Rechenanlagen, 6 (1964) 4, S. 184—197, (Reihenfolgeprobleme).

Luhmann, N., Zweckbegriff und Systemrationalität — über die Funktion von Zwecken in sozialen Systemen, Tübingen 1968, (Zweckbegriff).

Mäckbach, F., Was ist Fließarbeit? in: Fließarbeit. Beiträge zu ihrer Einführung, hrsg. von F. Mäckbach u. O. Kienzle, Berlin 1928, S. 1—15.

Männel, E., Die Entstehung von Zwischenlagerungen in Industriebetrieben, in: IO, 34 (1965), S. 17—34.

Magee, J. F., How to Use Decision Trees in Capital Investment, in: HBR, 42 (1964) 5, S. 79—96.

— Decision Trees for Decision Making, in: HBR, 42 (1964) 4, S. 126—138.

Mellerowicz, K., Idealtypische und realtypische Betrachtungsweise in der Betriebswirtschaftslehre, in: ZfB, 23 (1953) 10, S. 553—567.

— Kosten und Kostenrechnung, Bd. 1, Theorie der Kosten, 3. Aufl., Berlin 1957, (Kosten).

— Betriebswirtschaftslehre der Industrie, Bd. I u. Bd. II, 6. Aufl., Freiburg i. Br. 1968, (BWL der Industrie).

Mensch, G., Ablaufplanung, Köln—Opladen 1968.

— Das Trilemma der Ablaufplanung, in: ZfB, 42 (1972) 2, S. 77—88, (Trilemma).

Mesch, F., Selbsttätige Optimierung in der Betriebswirtschaft, in: Unternehmensforschung, Bd. 8, 1964, S. 204—215.

Miller, R. W., Zeit-Planung und Kosten-Kontrolle durch PERT, Hamburg—Berlin 1965.

Moews, D., Zur Aussagefähigkeit neuerer Kostenrechnungsverfahren, Berlin 1969, (Kostenrechnungsverfahren).

Müller-Merbach, H., Die Behandlung von Kapazitätsrestriktionen in der Netzplantechnik, in: Anwendung der Netzplantechnik im Betrieb, Schriften zur Unternehmensführung, hrsg. von H. Jacob, Bd. 9, Wiesbaden 1969, S. 41—52.

— Operations Research, Berlin—Frankfurt a. M. 1969.

— Optimale Reihenfolgen, Berlin—Heidelberg—New York 1970.

Muscati, M., Die zeitliche Optimierung von Objektfolgen bei kontinuierlichen mehrstufigen Prozessen, in: ZfbF, 19 (1967), S. 297—305.

Muther, R., Production-Line Technique, New York—London 1944.

— Fließende Fertigung, in: Handbuch des Industrial Engineering, hrsg. von H. B. Maynard, Teil VII, Berlin—Köln—Frankfurt a. M. o. J., S. 139—182.

Nagel, E., Über die Aussage: „Das Ganze ist mehr als die Summe seiner Teile“., in: Logik der Sozialwissenschaften, hrsg. von E. Topitsch, 6. Aufl., Köln—Berlin 1970, S. 225—235.

Neidhart, F., Methoden der Fein- und Ablaufplanung, in: IO, 36 (1967) 4, S. 134—156, (Ablaufplanung).

Niedereichholz, J., Grundlagen der optimalen organisatorischen Reihenfolgeplanung in der Arbeitsvorbereitung, in: ZfürO, 35 (1970) 6, S. 262—269.

Nordsieck, F. u. *Nordsieck-Schröer*, H., Aufgabe, in: HWO, hrsg. von E. Grochla, Stuttgart 1969, Sp. 191—199.

Nowak, P., Betriebstyp und Kalkulationsverfahren, Wuppertal-Elberfeld 1936.

— Bestimmung der Betriebsindividualität mit Hilfe von Betriebsgliederungen, in: ZfhF, N. F., 6 (1954), S. 484—499.

Nürck, R., Unternehmensführung — Ein Regelungsproblem, in: BFuP, 12 (1960), S. 230—238.

— Funktions- und strukturbedingte Regelungsmaßnahmen der Unternehmung, in: ZfB, 30 (1960), S. 744—756.

Nürck, R., Wirtschaftskybernetik — Ein Schlüssel zur Ganzheitsbetrachtung, in: ZfB, 35 (1965), S. 573—592.

Oettle, K., Finanzwirtschaftliche Typen industrieller Unternehmungen — Fragen ihrer Nützlichkeit und ihrer Bildung, in: ZfbH, 17 (1965), S. 379—391.

Ohse, H., Wirtschaftliche Probleme industrieller Sortenfertigung, 1. u. 2. Bd., Köln—Opladen 1963, (Sortenfertigung).

Opitz, H., Die Grundideen der Teilefamilienfertigung, in: IO, 34 (1965) 7, S. 270—281.

— Teilefamilienfertigung, in: ZwF, 62 (1967) 3, S. 101—111.

Opitz, H., *Eversheim*, W. u. *Brankamp*, K., Fertigungsorganisation, in: HWO, hrsg. von E. Grochla, Stuttgart 1969, Sp. 521—535.

Pentzlin, K., Rationelle Produktion, 2. Aufl., Kassel 1950.

Petersen, H., Zur Aufgabe und Methode der Unternehmungstypologie, Diss., Hamburg 1955, (Unternehmungstypologie).

Pfaffenberger, U., Über die Verknüpfung von Zuordnungen und Ablaufplanung bei der Produktionsplanung der Mehrprodukten-Mehrstufenfertigung, in: Theoretische und empirische Beiträge zur Wirtschaftsforschung, hrsg. von A. E. Ott, Tübingen 1967, S. 281—289.

Popper, K. P., Naturgesetze und theoretische Systeme, in: Theorie und Realität, hrsg. von H. Albert, Tübingen 1964, S. 87—102.

REFA (Hrsg.), Das REFA-Buch, Bd. 2, Zeitvorgabe, München 1958.

— Das REFA-Buch, Bd. 1, Arbeitsgestaltung, 10. Aufl., München 1961.

Reinermann, H., Formale Planungssysteme und Entscheidungsstrukturen in öffentlichen Organisationen, 8. (bisher unveröffentlichter) Beitrag zur Tagung des Verbandes der Hochschullehrer für Betriebswirtschaft e. V., Augsburg, 13. 6. 1973, (Planungssysteme).

Reiners, H., Erscheinungsformen der Fließfertigung, Diss., Erlangen—Nürnberg 1968, (Fließfertigung).

Riebel, P., Die Elastizität des Betriebes, Köln—Opladen 1954.

— Die Kuppelproduktion, Köln—Opladen 1955, (Kuppelproduktion).

— Kostengestaltung bei chargenweiser Produktion, in: Der Industriebetrieb und sein Rechnungswesen, hrsg. von C. E. Schulz, Wiesbaden 1956, S. 136—155.

— Industrielle Erzeugungsverfahren in betriebswirtschaftlicher Sicht, Wiesbaden 1963, (Erzeugungsverfahren).

— Typen der Markt- und Kundenproduktion in produktions- und absatzwirtschaftlicher Sicht, in: ZfbF, 17 (1965), S. 663—685.

Riedelbauch, H., Partie- und Chargenfertigung in betriebswirtschaftlicher Sicht, in: ZfhF, N. F., 9 (1957), S. 532—553, (Partie- und Chargenfertigung).

Riedesser, A., Der Diagonalalgorithmus zur Ablaufplanung, in: ZfbF, 23 (1971) 9, S. 649—669.

Riester, W. F. u. *Schwinn*, R., Projektplanungsmodelle, Würzburg—Wien 1970.

Rockstroh, O., Materialfluß, in: ZwF, 57 (1962), S. 191—193.

Roschmann, K., Automatisierung der Fertigungssteuerung, in: Werkstattstechnik, 55 (1965) 10, S. 469—476.

Rosenkranz, F., Netzwerktechnik und wirtschaftliche Anwendung — Mit besonderer Berücksichtigung der Netzplantechnik, Meisenheim am Glan 1968.

Schäfer, E., Die Aufgabe der Absatzwirtschaft, 2. Aufl., Köln—Opladen 1950, (Aufgabe).

— Absatzwirtschaft, in: HdW, Bd. 1, hrsg. von K. Hax u. Th. Wessels, 2. Aufl., Köln—Opladen 1966, S. 277—341.

— Der Industriebetrieb — Betriebswirtschaftslehre der Industrie auf typologischer Grundlage, Bd. 1, Köln—Opladen 1969 u. Bd. 2, Opladen 1971, (Industriebetrieb).

Schlick, M., Über den Begriff der Ganzheit, in: Logik der Sozialwissenschaften, hrsg. von E. Topitsch, 6. Aufl., Köln—Berlin 1970, S. 213—224.

Schlörb, H. P., Die Beherrschbarkeit des Produktionsergebnisses, Diss., Erlangen—Nürnberg 1969, (Beherrschbarkeit).

Schmidt-Sudhoff, U., Unternehmerziele und unternehmerisches Zielsystem, Wiesbaden 1967.

Schneider, D., „Lernkurven“ und ihre Bedeutung für Produktionsplanung und Kostentheorie, in: ZfbF, 17 (1965) 8/9, S. 501—515.

Schneider, E., Einführung in die Wirtschaftstheorie, II. Teil, Wirtschaftspläne und wirtschaftliches Gleichgewicht in der Verkehrswirtschaft, 9. Aufl., Tübingen 1964.

Schnutenhaus, O. R., Die Entscheidungsanalyse der Unternehmungsführung, Herne—Berlin 1969, (Entscheidungsanalyse).

Schönfeld, H.-M., Kostenrechnung, 2. Aufl., Stuttgart 1964.

Schwarz, H., Betriebsorganisation als Führungsaufgabe, 2. Aufl., München 1970.

Schweitzer, M., Probleme der Ablauforganisation in Unternehmungen, Berlin 1964, (Ablauforganisation).

— Methodologische und entscheidungstheoretische Grundfragen der betriebswirtschaftlichen Prozeßstrukturierung, in: ZfbF, 19 (1967), S. 279—296, (Prozeßstrukturierung).

Schwinn, R., Maximale und minimale Wegzahlen in Netzen, in: IO, 33 (1964) 6, S. 247—250.

Stähly, P., Kurzfristige Fabrikationsplanung in der industriellen Werkstattfertigung, Würzburg—Wien 1964, (Fabrikationsplanung).

Steffens, F., Struktur und Strukturmaß, in: ZfB, 39 (1969) 2. Erg.-Heft, S. 25—59.

Stegmüller, W., Das Wahrheitsproblem und die Idee der Semantik, Wien 1957.

— Hauptströmungen der Gegenwartsphilosophie, 2. Aufl., Stuttgart 1960.

Steinbuch, K., Systemanalyse — Versuch einer Abgrenzung, Methoden und Beispiele, in: IBM-Nachrichten, 17 (1967) 182, S. 446—456.

Steiner, G. A., Top Management Planning, London 1969.

Strunz, K., Zur Methodologie der psychologischen Typenforschung, in: Studium Generale, 4 (1951) 7, S. 402 ff.

Szyperski, N., Analyse der Merkmale und Formen der Büroarbeit, in: Bürowirtschaftliche Forschung, Hrsg. E. Kosiol, Berlin 1961, S. 75—132, (Analyse).

— Zur Problematik der quantitativen Terminologie in der Betriebswirtschaftslehre, Berlin 1962.

The Boston Consulting Group, Inc., perspectives on experience, 3. Aufl., Boston 1972.

The Boston Consulting Group, Inc., Developing a Corporate Strategy for Growth, unveröffentlichte Vortragsunterlage zu einem Vortrag gehalten am 15. 2. 1973 in Toronto, Ontario.

Theuer, G. u. *Scheuch*, F., Die Vertriebsmethoden des Einzelhandels im typologischen Ansatz, in: ZfB, 39 (1969) 10, S. 641—654.

Thumb, N., Grundlagen und Praxis der Netzplantechnik, München 1968.

Tietz, B., Bildung und Verwendung von Typen in der Betriebswirtschaftslehre dargelegt am Beispiel der Typologie der Messen und Ausstellungen, Köln—Opladen 1960, (Typen in der BWL).

Trux, W. R., Einkauf und Lagerdisposition mit Datenverarbeitung, München 1968.

Ulrich, H., Die Unternehmung als produktives soziales System — Grundlagen der allgemeinen Unternehmenslehre, Bern—Stuttgart 1968, (Unternehmung).

Weber, H., Die Spannweite des Betriebswirtschaftlichen Planungsbegriffes, in: ZfbF, 16 (1964), S. 716—724.

Weber, H. K., Der Absatzmarkt der industriellen Unternehmung — Formen und Typen, Köln—Opladen 1969, (Absatzmarkt).

Weber, K., Projektanalyse unter Verwendung des Theorems von Bayes, in: IO, 36 (1967) 7, S. 293—298.

— Lernkurven: Modelle und Anwendungsmöglichkeiten, in: IO, 38 (1969) 9, S. 401—405.

Wegner, G., Systemanalyse, in: HWO, hrsg. von E. Grochla, Stuttgart 1969, Sp. 1610—1617.

Weisser, G., Morphologie der Betriebe, in: HdB, 3. Bd., 3. Aufl., hrsg. von H. Seischab u. K. Schwantag, Stuttgart 1960, Sp. 4036—4044.

— Wirtschaftstypen, in: HdSW, 12. Bd., Stuttgart—Tübingen—Göttingen 1965, S. 269—280.

Wieser, W., Organismen, Strukturen, Maschinen, Frankfurt a. M. 1959, (Organismen).

Wild, J., Grundlagen und Probleme der betriebswirtschaftlichen Organisationslehre, Berlin 1966.

Withauer, K. F., Planung und Kontrolle von Kosten und Leistung bei Projekten, in: BFuP, 23 (1971) 11, S. 609—622.

Witte, E., Die Organisation komplexer Entscheidungsverläufe — ein Forschungsbericht, in: ZfhF, N. F., 20 (1968) 9, S. 581—599.

— Phasen-Theorem und Organisation komplexer Entscheidungsverläufe, in: ZfhF, N. F., 20 (1968) 10, S. 625—647, (Phasen-Theorem).

Wöhe, G., Methodologische Grundprobleme der Betriebswirtschaftslehre, Meisenheim am Glan 1959.

— Einführung in die Allgemeine Betriebswirtschaftslehre, 8. Aufl., Berlin—Frankfurt a. M. 1968.

Wundt, W., Logik — Eine Untersuchung der Prinzipien der Erkenntnis und der Methoden wissenschaftlicher Forschung, 2. Bd.; Logik der exakten Wissenschaften, 4. Aufl., Stuttgart 1920, (Logik).

Zimmermann, W., Modellanalytische Verfahren zur Bestimmung optimaler Fertigungsprogramme, Berlin 1966, (Fertigungsprogramme).

o. V., System, in: Der Neue Brockhaus, 5. Bd., 4. Aufl., Wiesbaden 1968, S. 187.

— Der Große Duden, Bd. 7, Etymologie, Mannheim 1963, Stichwörter: ordnen, S. 482 f., System, S. 697.

Betriebswirtschaftliche Forschungsergebnisse

1. **Plankostenrechnung als Instrument moderner Unternehmensführung.** Hrsg. von E. Kosiol. 2. Aufl. 353 S. 1960. Lw. DM 33,60
2. **Einkaufsplanung und Produktionsumfang.** Von E. Kosiol und Mitarbeitern. 132 S. mit zahlreichen Tab. 1956. Lw. DM 22,—
3. **Grundlagen und Methoden der Organisationsforschung.** Von E. Kosiol. 2. überarbeitete und erweiterte Auflage. 153 S. 1968. Lw. DM 29,80
4. **Organisation des Entscheidungsprozesses.** Hrsg. von E. Kosiol. 221 S. mit 23 Abb. 1959. Lw. DM 32,60
5. **Organisation der innerbetrieblichen Materialbewegung.** Von D. Köhler. 142 S. mit 1 Ausschlagtafel. 1959. Lw. DM 23,60
6. **Grundlagen und Formen der Entlohnung.** Von H. Martens. 128 S. mit 20 Abb. 1958. Lw. DM 22,60
7. **Institut für Industrieforschung 1948—1958.** Von E. Kosiol. 141 S. mit 5 Kunstdrucktafeln und 1 Ausschlagtafel. 1959. Lw. DM 21,80
8. **Betriebsverband und Verbandbetrieb.** Von E. Grochla. 338 S. mit 10 Schaubildern. 1959. Lw. DM 36,60
9. **Aufbauorganisation der industriellen Lagerwirtschaft.** Von J. Göldner. 305 S. mit 50 Abb. 1960. Lw. DM 36,60
10. **Freiwillige soziale Leistungen der industriellen Unternehmung.** Von U. Pleiß. 248 S. 1960. Lw. DM 32,60
11. **Untersuchungen zur Aufbauorganisation der Arbeitsvorbereitung und des Einkaufs industrieller Unternehmungen.** Von E. Kosiol und Mitarbeitern. 170 S. mit zahlreichen Abb. 1960. Lw. DM 24,60
12. **Die Entwicklung der industriellen Kostenrechnung in Deutschland.** Von G. Dorn. 232 S. 1961. Lw. DM 32,60
13. **Bürowirtschaftliche Forschung.** Hrsg. von E. Kosiol. 291 S. mit 15 Tab. und 7 Abb. 1961. Lw. DM 39,60
14. **Bibliographie der Organisationsliteratur.** Hrsg. von E. Kosiol. 184 S. 1961. Lw. DM 44,60
15. **Kritische Analyse der ertragsgesetzlichen Kostenaussage.** Von G. Dlugos. 132 S. mit 16 Abb. 1961. Lw. DM 22,80
16. **Zur Problematik der quantitativen Terminologie in der Betriebswirtschaftslehre.** Von N. Szyperski. 169 S. 1962. Lw. DM 22,60
17. **Die Bewertung des Anlagevermögens in amerikanischen Bilanzen.** Von H.-J. Dux. 186 S. 1962. Lw. DM 29,60
18. **Aufbauorganisation der internen Revision in tiefgegliederten Unternehmungen und Konzernen.** Von A. Brimberg. 156 S. mit 48 Abb. 1962. Lw. DM 28,60
19. **Die Gewinnverwendung der Unternehmung.** Von R.-B. Schmidt. 242 S. 1963. Lw. DM 38,60
20. **Die Kapazitätsnutzung in der Industrieunternehmung.** Von P. Clar. 283 S. 1964. Lw. DM 39,80
21. **Ablauforganisation der industriellen Lagerwirtschaft.** Von J. Göldner. 348 S. 1964. Lw. DM 49,60

22. **Probleme der Ablauforganisation in Unternehmungen.** Von M. Schweitzer. 158 S. mit 25 Abb. 1964. Lw. DM 28,60

23. **Information und Kommunikation.** Von R. Kramer. 194 S. mit 25 Abb. 1965. Lw. DM 36,60

24. **Wesen und Formen des Verbundbetriebes.** Von H. Lehmann. 195 S. mit 4 Schaubildern. 1965. Lw. DM 36,60

25. **Zum Problem der Messung des wirtschaftlichen Handelns mit Hilfe der Bilanz.** Von H.-H. Schulze. 247 S. 1966. Lw. DM 38,—

26. **Zentralisation und Dezentralisation von Aufgaben in der Organisation der Unternehmungen.** Von K. Bleicher. 291 S. mit 34 Abb. 1966. Lw. DM 56,60

27. **Informale Erscheinungen in der Betriebsorganisation.** Von O. Grün. 131 S. 1966. Lw. DM 24,80

28. **Grundlagen und Probleme der betriebswirtschaftlichen Organisationslehre.** Von E. Wild. 227 S. 1966. Lw. DM 42,—

29. **Die optimale Beschaffungsmenge.** Von E. Kottke. 148 S. mit 21 Abb. und 8 Tab. 1966. Lw. DM 44,80

30. **Informationen und Vorgänge ihrer Bearbeitung in der Unternehmung.** Von J. Berthel. 212 S. mit 3 Tab. und 2 Abb. 1967. Lw. DM 46,60

31. **Neuere Organisationsforschung in betriebswirtschaftlicher Sicht.** Von J. Wild. 270 S. 1967. Lw. DM 49,80

32. **Liquidität und Gewinn im industriellen Unternehmensprozeß.** Von H. Schweitzer. 166 S. 1967. Lw. DM 58,—

33. **Die Bedeutung interpersonaler Beziehungen für die Organisation der Unternehmung.** Von K. Sommer. 153 S. 1968. Lw. DM 39,60

34. **Die Umsatzeinnahmen als Gegenstand der unternehmerischen Liquiditätsplanung und Liquiditätspolitik.** Von H. Kossbiel. 295 S. 1968. Lw. DM 78,60

35. **Grundlagen der industriellen Produktgestaltung.** Von K. Chmielewicz. 257 S. 1968. Lw. DM 59,60

36. **Kritische Untersuchungen über den Geltungsbereich des Prinzips der Gewinnmaximierung.** Von F. X. Bea. 149 S. 1968. Lw. DM 38,60

37. **Der Prozeß der Unternehmensentscheidung bei unvollkommener Information.** Von H. Griem. 197 S. 1968. Lw. DM 39,80

38. **Das Leistungsziel als Verhaltensdeterminante von Bankunternehmungen der öffentlichen Hand.** Von R. Kroll. 187 S. 1968. Lw. DM 42,60

39. **Zur Aussagefähigkeit neuer Kostenrechnungsverfahren.** Von D. Moews. 216 S. 1969. Lw. DM 56,60

40. **Die Steuerung dezentraler Kostenentscheidungen im Herstellungsbereich industrieller Unternehmungen.** Von D. Hamann. 171 S. 1969. Lw. DM 38,60

41. **Kybernetische Ansätze zur Organisation des Führungsprozesses der Unternehmung.** Von H. Flik. 152 S. mit 18 Abb. 1969. Lw. DM 42,60

42. **Organisationsprinzipien.** Von R. Beensen. 234 S. 1969. Lw. DM 48,60

43. **Elemente und Strukturdeterminanten des informatorischen Kommunikationssystems industrieller Unternehmungen.** Von H.-J. Drumm. 176 S. 1969. Lw. DM 39,60

44. **Information und Planung in industriellen Unternehmungen.** Von J. Berthel und D. Moews. 206 S. 1970. Lw. DM 44,60

45. **Unternehmensgröße, Wachstum und Reorganisation.** Von D. Schulz. 225 S. 1970. Lw. DM 44,60

46. **Unternehmungswachstum und Produktinnovation.** Von A. Kieser. 242 S. mit 34 Abb. und 33 Tab. 1970. Lw. DM 64,60

47. **Automation und Leitungsstruktur.** Von H. J. Drumm. 145 S. 1970. Lw. DM 36,60

48. **Zum Normenproblem in der Wirtschaftswissenschaft.** Von A. Ruffner. 175 S. 1970. Lw. DM 48,60

49. **Unternehmenswirtschaftliche Reservierung.** Von P. R. Wossidlo. 266 S. mit 11 Abb. und 10 Tab. 1970. Lw. DM 66,60

50. **Zur Anwendung mathematischer Programmierungsverfahren auf die Bestimmung wirtschaftlich optimaler Informationsvorgänge.** Von H. Krug. 122 S. 1970. Lw. DM 36,60

51. **Kommunikation und Kollegialorgane.** Von C. K. Kanellopoulos. 187 S. 1970. Lw. DM 44,80

52. **Probleme der simultanen Optimierung von Leistungsprozessen in Unternehmungen.** Von W. Matthes. 360 S. 1970. Lw. DM 88,60

53. **Modelle zur Bestimmung der Gewinnerwartung im Rahmen der Neuprodukt-Planung.** Von G. Kreußlein. 199 S. 1971. Lw. DM 59,60

54. **Simultane Produktions-Investitionsplanung mit Hilfe der Portfolio Selection.** Von L. Peters. 148 S. 1971. Lw. DM 48,—

55. **Zur Gliederung der betriebswirtschaftlichen Bilanz.** Von J. Fudickar. 203 S. 1971. Lw. DM 48,60

56. **Erfolgskonsolidierung in Konzernabschlüssen.** Von J. Weitkamp. 110 S. 1971. Lw. DM 33,60

57. **Struktur und Funktion der Bilanz.** Von M. Schweitzer. 250 S. 1972. Brosch. DM 28,—; Lw. DM 38,—

58. **Entscheidungsstrategien bei Produktverbundenheit.** Von F. J. Berners. 228 S. 1972. Lw. DM 68,60

59. **Grundlagen, Probleme und Instrumente der Konflikthandhabung in der Unternehmung.** Von W. Krüger. 200 S. 1972. Lw. DM 49,60

60. **Beteiligungsentscheidungen.** Betriebswirtschaftliche Grundlagen des Erwerbs und der Veräußerung von Unternehmensbeteiligungen. Von H. Schierenbeck. 197 S. 1973. Lw. DM 54,60

61. **Managementkonzeption des Öffentlichen Verwaltungsbetriebes.** Von Ch. Reichard. 207 S. 1973. Lw. DM 56,60

62. **Bausteine der Betriebswirtschaftslehre.** Von E. Kosiol. 2 Bde. I: Methodologie, Grundlagen und Organisation. 592 S. 1973. Lw. DM 124,—; II: Rechnungswesen. S. 593—1323. 1973. Lw. DM 175,—

63. **Grundlagen einer Theorie der betrieblichen Mitbestimmung.** Von H.-U. Küpper. 281 S. 1974. Lw. DM 66,60

64. **Bilanz und Bewertung.** Von F. Dinkel. 234 S. 1974. Lw. DM 68,60